安全工程国家级实验教学示范中心（河南理工大学）
中原经济区煤层（页岩）气河南省协同创新中心　资助出版

复杂条件下受限空间煤尘爆炸传播规律及伤害模型

景国勋　贾智伟　程　磊等　著

科学出版社
北　京

内 容 简 介

本书针对复杂条件下受限空间煤尘爆炸冲击波、火焰、有毒有害气体的传播规律及伤害模型问题进行研究。本书论述了我国煤尘爆炸事故研究的背景及意义，分析了近年来我国发生煤尘爆炸事故的原因，阐述了煤尘爆炸事故的危害性，论证了煤尘爆炸传播规律及伤害模型研究的意义。对煤尘爆炸传播特性进行了理论分析，包括煤尘爆炸的化学反应机理、物理特性、传播过程中的影响因素及伤害机理。通过实验、数值模拟研究煤尘爆炸冲击波、火焰、毒气在不同尺寸类型管道及巷道内的传播规律，建立了煤尘爆炸冲击波、火焰、毒气伤害模型，进一步完善了煤尘爆炸传播机理，为预防和控制煤矿煤尘爆炸事故及灾后损失评估提供理论基础和科学依据。

本书可供各类工科高等院校和科研院所科技工作者、煤矿企业管理人员及职工阅读参考，也可作为安全工程专业、采矿工程专业的研究生和本科生以及安全管理人员、生产技术和研究人员的参考书。

图书在版编目（CIP）数据

复杂条件下受限空间煤尘爆炸传播规律及伤害模型/景国勋等著. —北京：科学出版社，2020.11

ISBN 978-7-03-066556-0

Ⅰ. ①复…　Ⅱ. ①景…　Ⅲ. ①煤尘爆炸-研究　Ⅳ. ①TD714

中国版本图书馆 CIP 数据核字（2020）第 208632 号

责任编辑：刘　冉　孙静惠 / 责任校对：杜子昂

责任印制：吴兆东 / 封面设计：北京图阅盛世

科学出版社 出版

北京东黄城根北街 16 号

邮政编码：100717

http://www.sciencep.com

北京中石油彩色印刷有限责任公司 印刷

科学出版社发行　各地新华书店经销

*

2020 年 11 月第　一　版　开本：720 × 1000　B5

2021 年 1 月第二次印刷　印张：19 3/4

字数：400 000

定价：138.00 元

（如有印装质量问题，我社负责调换）

本书编写人员

景国勋　贾智伟　程　磊
段振伟　杨书召　高志扬
沈　玲　李　辉　班　涛
张瑞霞

作 者 简 介

景国勋 1963年生，教授，博士生导师，享受国务院政府特殊津贴，国家安全生产专家，国家煤炭行业专业技术人才知识更新工程(简称“653工程”)安全管理首席专家。曾任河南理工大学副校长、中原经济区煤层(页岩)气河南省协同创新中心主任，现任安阳工学院校长、河南理工大学教授。《国际职业安全与人机工程杂志》(*JOSE*)编委，《安全与环境学报》编委，《安全与环境工程》编委，《科技导报》编委。

主持国家自然科学基金、省(部)级及企业委托课题40余项，出版著作、教材等10余部，发表论文170余篇。曾获“中国煤炭工业十大科技成果奖”1项，中国煤炭工业企业管理现代化部级优秀成果一等奖1项，河南省科技进步奖二等奖2项、三等奖4项，煤炭部科技进步奖三等奖1项，河南省高等教育教学成果特等奖1项、一等奖2项，中国青年科技创新优秀奖，中国科学技术发展基金会孙越崎科技教育基金“优秀青年科技奖”，河南省优秀中青年骨干教师，河南省跨世纪学术和技术带头人，河南省高等学校创新人才，河南省杰出青年科学基金，河南省第二届青年科技创新杰出奖，河南省高等学校教学名师奖，中国煤炭工业技术创新优秀人才，河南省优秀专家，河南省优秀共产党员，河南省高等学校优秀共产党员，河南高等教育十大突出贡献人物，改革开放40周年影响河南十大教育人物等荣誉。

作者简介

前　言

矿井发生的煤尘爆炸，往往是煤尘瓦斯混合爆炸，在瓦斯爆炸冲击波的作用下，巷道里沉积的煤尘形成煤尘云被瓦斯火焰点爆或点燃，沿途巷道的煤尘参与爆炸燃烧，使爆炸得以延续和发展，使原来较弱的瓦斯爆炸发展成为煤尘参与的强爆炸。煤尘的参与极大地增加了爆炸的剧烈程度，其造成的危害程度和范围都要比单一的瓦斯爆炸大得多，具有破坏性大和复杂程度高的特点。瓦斯煤尘气固两相混合爆炸的复杂性，大大增加了解决这一问题的难度。煤尘爆炸灾害长期以来一直受到国家及广大煤矿安全专家和学者的高度重视，国家相继出台了一系列煤矿煤尘防治办法和技术防范措施，专家学者们也对煤尘爆炸事故的预防及控制进行了大量的研究。虽然这些努力对预防和控制煤尘爆炸起到了一定的作用，但是煤尘爆炸事故还时有发生。

为了有效地改变目前的这种状况，必须应用现代科学理论和高新技术的原理与方法以及多学科交叉的集成攻关来提高和发展传统理论和技术，以求在煤矿煤尘爆炸灾害防治理论与技术方面取得新的突破。

煤尘爆炸传播过程中的冲击波、火焰和毒害气体的发展变化特性决定了爆炸事故破坏和伤害程度的大小，只有熟知矿井煤尘爆炸传播规律，才能科学地确立爆炸事故爆源的位置、事故类型、爆炸波及范围等，从而可以确定爆炸事故发生的原因和造成的损失。所以，对复杂条件下受限空间煤尘爆炸的机理、煤尘爆炸的传播特性以及影响因素、煤尘爆炸过程中的传质传热过程及伤害模型等基础理论的研究对于有效防治煤矿煤尘爆炸事故的发生、降低煤尘爆炸所造成的损失具有十分重要的经济和社会意义。

本书系统地研究了复杂条件下受限空间管道和巷道内煤尘爆炸冲击波、火焰波、有毒有害气体的传播规律，在此基础上建立了煤尘爆炸伤害模型。主要采用理论分析、实验研究和数值模拟对比分析的研究方法，对不同尺寸类型管道和巷道内受限空间煤尘爆炸传播规律进行研究。对煤尘爆炸传播特性进行了理论分析，包括煤尘爆炸的化学反应机理、物理特性、传播过程中的影响因素及伤害机理。根据实验需求搭建了实验平台，研究煤尘爆炸冲击波、火焰、毒气在不同尺寸类型管道和巷道内的传播规律。建立了与实验平台相同的数值计算模型，通过数值模拟研究煤尘爆炸冲击波、火焰、毒气在不同类型管道内的传播规律。建立了煤尘爆炸伤害模型，确立了事故伤害死亡区、重伤区、轻伤区(简称三区)，并且进行了实例分析。

本书由河南理工大学景国勋教授等著，编写人员由来自河南理工大学和河南理工大学的具有丰富教学和科研经验的老师组成，具体分工为：河南理工大学景国勋教授编写第 1 章、第 2 章，贾智伟副教授编写第 2 章，程磊副教授编写第 3 章，段振伟老师编写第 4 章，高志扬、张瑞霞老师编写第 5 章，沈玲老师编写第 6 章，李辉副教授、张瑞霞老师编写第 7 章，班涛老师编写第 8 章，河南工程学院杨书召教授编写第 4 章、第 6 章，全书由景国勋教授统稿。

本书的研究工作得到了国家自然科学基金“复杂条件下受限空间瓦斯煤尘爆炸耦合机理及伤害模型研究”(编号：51774120)的资助，在此表示感谢！另外，本书的出版得到了科学出版社的大力支持和帮助，在此对科学出版社的支持和帮助表示由衷的感谢！对有益于本书编写的所有参考文献的作者们表示真诚的感谢！

本书相关研究成果在研究过程中，硕士生史果、张胜旗、吴昱楼、邵泓源、刘闯、郜阳参与了有关工作，在此一并表示感谢！

由于著者的水平有限，书中有不当之处，敬请读者批评指正！

著　者

2020 年 4 月

目　录

第1章 绪　　论

1.1　我国煤尘爆炸研究背景及意义

1.1.1　研究背景

随着国民经济快速发展、我国经济结构调整、技术进步和节能降耗水平的提高，尽管新能源和可再生能源得到了大力推广和应用，预计至 2050 年煤炭在我国能源中的比重仍然在 50%以上[1]。在未来相当长的时期内，我国仍将是以煤炭为主的能源结构，国家制定了坚持以煤为主的能源战略，煤矿安全生产对国民经济发展具有重要影响[1]。

煤矿是我国工矿企业灾害事故的主要来源，多年来一直困扰着我国煤炭工业的快速发展。随着开采强度的不断加大，预计开采深度平均每年增加 10～20m，煤矿相对瓦斯涌出量平均每年增加 $1m^3/t$，地应力、瓦斯压力也增大，高瓦斯和煤与瓦斯突出矿井的比例逐渐增大，煤与瓦斯突出危险与冲击地压灾害耦合现象将会凸现出来[2]。我国煤矿 95%是地下开采，而井工矿井生产过程中的自然灾害，如煤与瓦斯突出、瓦斯煤尘爆炸、冲击地压、煤层自燃发火、矿井突水、冒顶、热害、尘害、放射性物质等事故频发。分析我国煤矿安全事故的原因，主要是我国煤矿绝大多数是井工开采，地质条件复杂、灾害类型多、分布面广和缺乏有效的控制技术措施等。

我国历年煤矿事故统计资料呈现出的一个重要特点是，一次死亡人数在 3 人以上的重特大事故、煤尘参与的瓦斯爆炸和煤尘爆炸事故占有相当大的比重。事故勘察发现，一旦煤矿井下发生爆炸，即使爆炸事故的原因最后被定性为瓦斯爆炸或者是煤尘爆炸，爆炸过程也多是由瓦斯和煤尘共同参与的，因为煤矿井下瓦斯和煤尘始终是同时存在的，只是参与爆炸的煤尘量或者瓦斯量多少而已。重特大瓦斯煤尘和煤尘爆炸事故是导致我国煤矿安全生产形势严峻的主要原因。煤尘或瓦斯爆炸事故的频繁出现，不仅造成重大人员伤亡、财产损失，而且限制了矿井生产能力，制约了国民经济的快速发展，更为严重的是还损害了我国的国际形象。因此，各级政府及其煤炭工业主管部门、煤矿企业都将煤尘和瓦斯煤尘爆炸事故防治作为煤矿安全工作的重点。

1.1.2　研究意义

在矿井爆炸事故中，煤尘爆炸事故通常是瓦斯和煤尘混合爆炸，瓦斯爆炸形成的冲击波卷扬起沉积的煤尘形成煤尘云参与爆炸，其危害程度和范围要比单一瓦斯爆炸大得多，具有破坏性大和复杂性强的特点。所以瓦斯煤尘爆炸灾害长期以来一直受到国家及广大煤矿安全专家和学者的高度重视。多年来，特别是近几年国家相继出台了一系列煤矿瓦斯防治办法和技术防范措施，学者们对瓦斯煤尘爆炸的预防及控制进行了不少的研究，对预防和控制瓦斯爆炸起到一定的作用，但是瓦斯煤尘爆炸事故频发的势头仍然不能被遏制。

从基础理论角度来讲，研究矿井瓦斯煤尘爆炸，能够从根本上消除产生瓦斯煤尘爆炸的条件或者能够控制瓦斯爆炸的进一步传播，把灾害消灭在萌芽时期或限制在一定范围之内，将破坏降到最小。从管理角度上讲，研究矿井瓦斯煤尘爆炸，及时采取防灾减灾措施消除爆炸隐患，也是减少事故发生的另一个重要途径。从基础理论方面进行研究能正确揭示复杂的矿井环境下的瓦斯煤尘爆炸机理，其研究成果将直接服务于对煤矿瓦斯爆炸事故的安全管理措施的制定，是制定防灾减灾措施的基础。

国家也高度重视煤矿瓦斯煤尘灾害方面的防治技术的研究。科技部于 2001 年批准了“十五”国家科技攻关计划项目“矿山重大瓦斯煤尘爆炸事故预防与监控技术”，旨在加强瓦斯灾害监测监控与瓦斯煤尘爆炸事故预防研究。国家重点技术创新项目“瓦斯煤尘爆炸抑爆、隔爆技术”注重加强爆炸事故发生后的限制灾害范围扩大的研究。科技部于 2005 年批准了国家重点基础研究发展计划(973计划)项目“预防煤矿瓦斯动力灾害的基础研究”，旨在建立有效预防瓦斯灾害事故的基础理论体系，开发煤矿瓦斯灾害预防技术，建立煤矿瓦斯灾害有效预警预防机制。国家自然科学基金委员会针对煤矿瓦斯煤尘灾害的严重性，也相应资助了一些项目，开展了有关方面的研究工作。

在矿井瓦斯煤尘爆炸事故中，一般是瓦斯、煤尘在空气中的浓度达到爆炸界限，遇到火源引起爆炸，爆炸产生冲击波、火焰、有毒有害气体，在矿井巷道受限空间内进行传播，破坏巷道及巷道内设备设施，对人员的身体、生命造成伤害。冲击波超压强度、火焰温度、有毒有害气体的浓度及传播的范围影响破坏与伤害程度的大小。因此，研究爆炸冲击波、火焰、有毒有害气体的传播的规律尤显重要。也只有在研究了煤尘爆炸传播规律之后，才能针对矿井具体条件采取有效防爆、抑爆措施和阻隔爆设施，预防和控制矿井瓦斯煤尘爆炸，将爆炸限定在一定范围内，减少爆炸造成的灾害与损失；才能在爆炸事故发生之后，及时有效地组织救援，在其后进行的事故调查中，科学地分析爆炸事故中爆源的位置、爆炸波及范围、爆炸事故发生的原因和造成的损失；才能从理论方面奠定瓦斯、煤尘爆炸预防和控制新技术的研究基础，有助于研制出安全可靠的阻、隔爆设施与性能稳定的避灾抗灾设施。

因此，无论是煤矿煤尘爆炸事故的防灾减灾，还是矿山应急救援以及新技术、新设备的研发，都应该对爆炸的机理与传播特性进行研究，研究受限空间内煤尘爆炸传播规律，对于有效预防与减少煤矿煤尘爆炸事故所带来的灾害与损失，具有十分重要的经济和社会意义。

1.2　煤尘爆炸国内外研究现状

瓦斯煤尘爆炸是煤矿生产中最严重的灾害。矿井瓦斯煤尘爆炸可以说是随着矿井井工开采的开始便有发生，特别是进入二十世纪全球经济快速增长，煤炭能源的需求急剧膨胀，随之而来的煤矿生产安全问题尤其是瓦斯煤尘爆炸灾害，越来越引起国内外的高度重视和关注。

煤尘或瓦斯煤尘爆炸事故伴随着煤矿开采而存在，随着科学技术的进步、煤矿生产方式的变革，人们对瓦斯煤尘爆炸事故的原因、过程及其影响因素等方面的认识逐渐深化，有关学术成果已经成为煤矿安全科学理论的重要组成部分。为有效地预防煤矿井下爆炸事故的发生，国内外专家、学者对瓦斯、煤尘爆炸的基本参数(如爆炸极限、最小点火能、极限氧浓度、最大爆炸压力、最大压力上升速率等)、爆炸的作用后果、防爆及抑爆等方面进行了广泛而深入的研究。

瓦斯煤尘爆炸事故从工业革命开始即一直时有发生，大多数工业国家如美国、俄罗斯、波兰和德国等对瓦斯煤尘爆炸进行过试验研究，尤其在可燃碳氢气体与氧气和空气混合后的引燃、传播以及工业粉尘(包括煤尘)爆炸、传播方面均有不少研究。

国外对煤矿安全生产方面研究较早。伴随着西方工业革命，煤矿瓦斯爆炸事故也时有发生，很多工业化国家，如俄罗斯、美国、英国、波兰、南斯拉夫和日本等对煤矿瓦斯爆炸都进行了大量的试验研究，尤其在可燃碳氢气体与氧气或空气混合物的引燃、传播和工业粉尘的爆炸特性方面均有大量的研究。到目前各主要产煤国家都相继建立了大型瓦斯煤尘爆炸试验巷道。例如，波兰巴尔巴拉瓦斯煤尘爆炸试验巷道长400m，截面7.5m^2；日本九州试验巷道长400m，截面6m^2；英国巴赫斯顿试验巷道长366m，截面5.6m^2；美国布鲁斯顿试验巷道长390m，截面5.9m^2；法国试验巷道长145m，截面10m^2；德国特雷毛尼阿试验巷道长1200m，截面8～18m^2，这是目前世界上最长的爆炸试验巷道[3]。

苏联的C. K. 萨文科，通过在125mm和300mm的管道模型试验，得出了空气冲击波通过分岔和转弯处的衰减系数，还做了薄膜侧压试验，得出了冲击波压力沿直线巷道长度的衰减特征[4]。

美国匹兹堡研究中心也做了大量瓦斯爆炸相关试验，研制出主动触发式抑制矿井瓦斯爆炸装置，利用火焰的传播规律和压力的增长，激发装置动作，抑制矿井瓦斯爆炸的传播，并在试验矿井中进行了试验[5]。

澳大利亚的 A. R. 格林、I. 利伯和 R. W. 尤普福尔德建立了瓦斯和煤尘爆炸过程的理论框架及计算机模型。该模型采用三个经验常数，计算火焰加速度、发火能量和可燃物与氧气的比值，此模型忽略了黏性和扩散燃烧传递性质[6]。

英国 G. A. Lull 和 A. F. Roberts 做了瓦斯浓度在 0～4.2%范围内煤尘与瓦斯混合体在长 366m 的巷道中点火试验，研究结果表明：爆炸强度随瓦斯浓度的增加而增大[6]。

日本学者 Inaba 等对高温试验反应器(HTTR)氢气生产系统的半开放空间天然气和瓦斯爆炸特性进行了研究[7]。

其他国家如南斯拉夫和波兰合作研究了波斯尼亚和黑塞哥维那矿井煤尘爆炸特性。他们在试验室和井下分别进行了试验，得出煤尘爆炸的最大压力、最大压力上升速率和煤尘爆炸下限等参数。

我国在这方面的研究起步较晚。煤炭科学研究总院重庆分院于 1974 年开工建设 900m 长的瓦斯与煤尘爆炸试验巷道，1981 年交付使用，开展瓦斯与煤尘爆炸方面的研究，取得了许多科研成果。北京理工大学、中国科学院力学研究所、中北大学、中国矿业大学、南京理工大学、河南理工大学等相继建立了井下巷道或管道爆炸试验系统，进行气体与粉尘在爆炸特性及传播方面的基础研究与科技攻关，在试验研究、数值模拟分析计算方面取得了一定的成果，同时也进行了相应的理论探索。

1.2.1 煤尘爆炸机理研究

国内外对瓦斯爆炸的研究成果表明，矿井内瓦斯与空气易形成有爆炸性的混合气体，遇到火源就发生爆炸，形成严重灾害事故。矿井瓦斯的主要成分为甲烷(CH_4)，瓦斯爆炸可以看作甲烷气体在外界热源激发下的剧烈的化学反应过程，其最终化学反应式可简单表示如下：

$$CH_4 + 2O_2 \longrightarrow CO_2 + 2H_2O + 886.2\text{kJ/mol}$$

或

$$CH_4 + 2(O_2 + 4N_2) \longrightarrow CO_2 + 2H_2O + 8N_2 + 886.2\text{kJ/mol}$$

矿井瓦斯爆炸事故发生必须具备三个基本条件，即瓦斯浓度处于瓦斯爆炸极限范围内(5%～16%)；有氧气存在且最低浓度不低于 12%；有大于引燃瓦斯最小点火能 0.28mJ 的火源存在。

瓦斯爆炸过程是一个复杂的化学反应过程，上式只是反应的最终结果，远远不能表达瓦斯爆炸过程物理和化学反应本质特性。当爆炸混合物吸收一定的能量后，反应物分子的链即行断裂，离解成两个或两个以上的游离基(自由基)。这种游离基具有很强的化学活性，成为反应连续进行的氧化中心，在适当的条件下，每个游离基又可进一步分解，产生两个或两个以上的游离基，如此循环不已，化学反应速率越来越快，最后发展成为燃烧或爆炸式的反应，最终产物为二氧化碳(CO_2)和水(H_2O)。如果氧不足，反应则不完全，会产生一氧化碳(CO)。但是，试验研究和事故分析表明，瓦斯爆炸受很多因素影响，如混合气体比、环境压力、环境温度等。

当有其他可燃气体混入瓦斯-空气混合气体中时，会造成两个方面的影响：一是改变了混合气体的爆炸下限；二是降低了混合气体中氧气的浓度。因此，不能采用单纯的瓦斯爆炸三角形判别法来判断矿井的爆炸危险性。混合气体周围的环境温度越高，则瓦斯的爆炸界限范围越大。煤炭科学研究总院抚顺分院在内径60mm的爆炸管中的试验结果表明，当环境温度为3000℃时，甲烷的爆炸上限可达17%，下限降到3.5%。甲烷-空气混合气体的爆炸范围还与爆炸地点的压力有关，随着爆炸地点压力的升高，混合气体的爆炸范围逐渐扩大。

决定煤尘爆炸性的主要因素是挥发分含量。我国大多数煤矿的煤尘在可燃挥发分含量超过10%后就具有爆炸性。苏联也是把可燃挥发分含量等于10%作为一个界限值，日本、美国和英国分别为11%、10%、15%[3]。煤尘的最小点火能量随其挥发分含量的增加急剧下降，当挥发分为40%左右时，只需十几毫焦耳的电火花就能点燃煤尘云。混合物中可燃气体的存在会降低爆炸下限，增高最大爆炸压力，减小最小点火能量。一般认为煤尘爆炸上限浓度为2000g/m^{3}左右。但是对于下限浓度认识不统一，因此研究得较多。有人认为煤尘爆炸下限浓度随其挥发分含量的增加而降低。影响煤尘爆炸下限的因素很多，如水分、灰分、挥发分、氧浓度、煤尘粒度等，煤尘爆炸的下限浓度为30～45g/m^3。

煤尘的存在对瓦斯的爆炸下限也会产生影响。当空气中煤尘云的浓度达到一定浓度时，瓦斯爆炸下限有所下降。并且随着煤尘云浓度的升高，瓦斯的爆炸下限继续下降。煤尘的爆炸大大增加了瓦斯爆炸的威力。为了弄清其中的各种原因，许多学者对煤尘爆炸机理进行了研究。研究认为：煤炭粉碎成煤尘后，煤尘的表面化学活性及氧化产热的能力提高，外界热源使煤尘升温至300～400℃时就可放出可燃性气体，聚集在煤尘颗粒的周围，形成气体外壳，当达到一定浓度并吸收一定能量时，链反应过程开始，自由基迅速增加，发生尘粒的闪燃，放出热量并传递给周围的尘粒，使之参加链反应，致使反应速率急剧增加，燃烧循环地继续下去，煤尘的燃烧便在一定的临界条件下跳跃式地转变为爆炸。为了防止可能发生的煤尘爆炸事故，许多学者对煤尘爆炸机理进行了研究[8-10]，认为煤尘粒子受热后生成挥发气体，主要成分是甲烷，还有乙烷、丙烷、氢气和 1%左右的其他碳氢化合物。这些可燃气体集聚于煤尘颗粒的周围，形成气体外壳。当这些气体外壳内的气体达到一定浓度并吸收一定能量时，链反应过程开始，游离基迅速增加，发生颗粒的闪燃，若氧化放出的能量有效地传递给周围的颗粒，并使之参与链反应，反应速率急剧增加，达到一定程度时，便发展成爆炸。

北美、欧洲的科学家对于包括煤尘在内的许多可燃性粉尘的点火特性和爆炸压力进行了大量的研究，在试验室和井下分别进行了试验，得出煤尘爆炸的最大压力、压力最大上升速率和煤尘爆炸下限等参数。Torrent 在长 2m、直径为 192mm 的管道中通过试验研究了 1%、2%、3%的甲烷对五种不同煤尘的最小点火能、最大压力、压力最大上升速率以及甲烷含量与不燃物质灭火效果关系曲线[11]。Amyotte 等在 26L 球形容器中，对煤与甲烷混合粉尘的可燃性进行了研究，结果表明，甲烷的存在使煤尘的爆炸下限降低，可以使给定浓度的煤粉利用更小的能量着火；煤尘粒径的减小和煤尘挥发分的增加也会使煤尘的爆炸下限降低[12]。Cashdollar 对甲烷、煤尘混合物也进行了点火试验，试验表明随着点火能量的增加，混合物点火的下限降低，甲烷的存在、煤尘中挥发分的增加以及煤尘粒度的降低都会使点火的下限降低[13]。Ajrash 等通过球形爆炸装置，研究了混合燃料的最小爆炸浓度(MEC)、超压上升(OPR)、爆轰指数(K_{st})和爆炸区域[14]。Kylafis 等基于对由于纳米颗粒的意外分散而导致的甲烷-空气混合物爆炸严重程度变化的了解，通过与纯甲烷-空气爆炸试验结果的比较，研究了纳米颗粒分散量对爆炸严重程度的影响[15]。Man 等研究了在不同形状的腔体内大颗粒煤尘参与的煤尘爆炸特性[16]。

煤矿中发生的重大爆炸事故往往是瓦斯、煤尘都参与爆炸引起的。当瓦斯爆炸后，沉积煤尘在瓦斯爆炸冲击波的作用下，会从沉积状态变为飞扬状态，即形成煤尘云，而煤尘云又被瓦斯爆炸火焰点爆或点燃，由于沿巷道煤尘参与反应，使爆炸得以自身延续和发展，其结果使原来的弱(或较弱)瓦斯爆炸发展成为煤尘参与的强爆炸，从而造成严重破坏。

煤尘爆炸必须同时具备 3 个条件：煤尘本身具有爆炸性；煤尘悬浮在空中(即形成煤尘云)并达到一定的浓度；存在具有足够的能量，能引起煤尘爆炸的着火源。中国矿业大学赵雪峰等分析煤尘爆炸的机理和过程时认为，煤尘悬浮在空气中，因颗粒小与氧气接触面积增大，加快了煤的燃烧速度和强度；煤尘受热后可产生大量的可燃气，如 1kg 的焦煤(挥发分在 20%～26%)受热后可产生 290～350L 的可燃气体[10]。煤尘爆炸第一阶段，煤尘在热源的作用下氧化释放大量可燃气体；第二阶段，可燃气体和空气混合后促使强烈氧化燃烧；第三阶段，热分子传导和火焰辐射在介质中迅速传播，煤尘扬起，受热燃烧，之后燃烧产物迅速膨胀而形成火焰，前面的压缩波、冲击波使火焰前方气体压力增高，引起火焰自动加速，继续循环下去，因煤尘的存在可持续发生剧烈的化学反应，使火焰跳跃或发生爆炸。这个过程是瞬间的。在煤尘爆炸地点发生激烈的化学反应，空气受热膨胀形成负压区，其负压值可达 5MPa，造成逆向冲击波。如爆炸地点仍有煤尘瓦斯时可诱发第二次爆炸。该地点爆炸力正反向交错，支架和物料设备移动方向紊乱，这是判明二次爆炸的重要依据。

周心权等对瓦斯爆炸诱导煤尘爆炸的机理进行了试验研究，认为一旦沉积煤尘粒子受到扬升动力大于所需的最小动力，则煤尘粒子被飞扬起来。不同的煤尘粒子运动的轨迹各不相同，煤尘粒子在飞扬过程中还会相互碰撞，以上这些因素使煤尘粒子在爆压作用下形成紊流状态。由于瓦斯爆炸的火焰也随巷道传播，当遇到飞扬区中达到爆炸浓度的煤尘时，就会发生爆炸[17]。

吴洪波通过试验对甲烷火焰诱导煤尘燃烧爆炸的机理研究后认为，在甲烷火焰掠过煤尘床诱导煤尘燃烧的过程中，煤尘的着火有一个延滞期，甲烷火焰先于煤尘火焰，煤尘着火后，存在两个明显的火焰阵面。然后，煤尘火焰将赶上甲烷火焰，最终形成混合火焰[18]。

李志宪对含爆炸性气体、粉尘系统爆炸危险性及特性进行分析研究，建立了相应的评价模型，开发了智能决策系统程序[19]；刘贞堂教授研究了瓦斯煤尘爆炸特征参数的变化规律及爆炸后气体、固体成分的变化规律[20]；邬燕云采用自由落锤冲击、旋转摩擦和高速冲击三种摩擦火花试验装置，研究了影响摩擦火花引燃瓦斯煤尘爆炸的因素并提出防止切割摩擦引燃的安全技术措施，即采用合理截齿材质、结构和湿式喷雾方式结合的综合措施[21]。

煤炭科学研究总院李学来等完成了瓦斯煤尘共存爆炸特性参数试验研究，建立了瓦斯煤尘存在条件下煤尘云着火特征参数计算方法[22]。大连理工大学王岳、王洪雨研究了密闭空间内纯煤尘、甲烷及它们的混合物的爆炸特性及影响爆炸强度大小的各种因素，并对煤尘-甲烷混合物与纯煤尘的爆炸特性进行了对比分析[23,24]。中国科学技术大学刘义、陈东梁研究了封闭燃烧管道中甲烷空气预混火焰的传播特性及其甲烷含量、煤尘种类、浓度和粒径对甲烷煤尘混合物中煤尘最低爆炸浓度以及甲烷煤尘复合火焰传播特性的影响[25,26]。

1.2.2 瓦斯煤尘爆炸传播规律研究

矿井巷道中瓦斯爆炸传播是以冲击波和火焰阵面的方式传播的。随着传播时间和空间的推移，冲击波结构要发生变化。在起始阶段，以爆燃波(爆轰波)方式传播，随着甲烷气体燃烧完毕，则演变为单纯空气波传播。矿井中煤尘爆炸是先由瓦斯爆炸引燃煤尘而引发瓦斯煤尘爆炸，瓦斯煤尘混合爆炸传播存在显著的卷吸作用，冲击波在传播过程中会携带经过地点的预混物一同前进，使得瓦斯煤尘爆炸的燃烧区域远大于原始预混物分布区域。而瓦斯煤尘共同参与的爆炸，其危害程度远远大于单纯的瓦斯爆炸。但是，目前国内外还没有专门针对瓦斯煤尘气固两相爆炸传播规律进行系统研究。瓦斯煤尘爆炸传播的影响因素很多，主要有巷道中的障碍物、巷道壁面的粗糙度、巷道弯道和变坡、巷道分岔、煤尘爆炸特性及颗粒大小等。

陆守香教授等对瓦斯以及瓦斯、煤尘混合燃烧爆炸在不同条件下瓦斯火焰的传播特性(如从开口端、封闭端点火，两端封闭或开口情况下点火)、不同条件下瓦斯燃烧过程、有障碍物情况下瓦斯及其瓦斯煤尘混合火焰的燃烧传播情况进行了研究[27,28]。周宁主要运用高速彩色摄像和压力测试系统全面研究有、无沉积煤尘的管道中瓦斯火焰的传播特性[29]。

徐景德指出矿井瓦斯爆炸传播属于管状空间的气体爆炸传播过程，他分析、研究了一定条件下瓦斯爆炸状态由爆燃向爆轰转化的物理机制，以及瓦斯爆燃、爆轰路线上火焰的分布状况与爆炸冲击波的传播规律及影响瓦斯爆炸的因素[30]；林柏泉教授提出了管道内瓦斯爆炸能量方程，研究了管道内壁有无绝热材料、管道截面变化情况、管道分岔情况、管道终端开口闭口情况对瓦斯爆炸后火焰、爆炸波的传播的影响及变化规律，重点立足于火焰传播[31]。周同龄建立了煤尘云生成系统，并将分形理论应用于研究瓦斯-煤尘云爆炸机理，进行了火焰内部流场结构的试验研究[32]；叶青研究了管道内瓦斯爆炸传播火焰加速的机理，研究了直管、分岔、拐弯、U 形管、Z 形管等不同形状对爆炸火焰、冲击波的传播及其抑爆机理、方法，管壁粗糙度对瓦斯煤尘爆炸过程的影响非常大。相比光滑管道，粗糙管道的瓦斯爆炸过程中的火焰速度、峰值超压等物理参数均有大幅提高[33]。不同绝对粗糙度的管内粗糙层对瓦斯爆炸过程的影响趋势呈现双峰三区形状的曲线规律，即壁面粗糙层的绝对高度在不同区间取值时，对瓦斯爆炸过程影响程度的趋势按照双峰三区形状的曲线变化。刘天奇等对比研究了喷粉压力和点火延迟时间对不同变质程度煤尘的爆炸特性的影响，发现不同煤尘最大爆炸压力和最大压力上升速率对应的喷粉压力和点火延迟时间有所差别[34]。气体爆炸特性的测量一般采用能量较小的电点火能，粉尘爆炸特性测量多是采用 10kJ 的化学点火能进行，而对于气体粉尘耦合系统所需的点火能量没有统一的规定。不同的学者采用不同的点火能量对气体与粉尘耦合爆炸特性进行了研究[35,36]。

林伯泉等在 80mm × 80mm，总长 24m 的钢质方形瓦斯爆炸试验腔体内对瓦斯爆炸过程中火焰传播规律及其加速机理进行了研究。研究结果表明，障碍物对瓦斯爆炸过程中火焰传播规律具有重要影响。当有障碍物存在时，瓦斯爆炸过程中火焰的传播速度将迅速提高。在沿火焰传播的通道上设置障碍物，对气相火焰传播具有加速作用，这种加速作用的机理可归功于障碍物诱导的湍流区对燃烧过程的正反馈[37]。

陆守香教授、范宝春等对不同特征尺寸的障碍物加速瓦斯爆炸火焰的过程，以及爆炸火焰点燃煤尘火焰传播过程进行了一系列试验研究。试验在长 1.5m，截面 100mm×100mm 的透明火焰加速管中进行，试验结果表明：浓度越接近化学计量比的甲烷空气混合气体，火焰传播速度越快；对于同一浓度的甲烷火焰传播过程，障碍物的特征尺寸越大，火焰加速越显著；对于同一特征尺寸的障碍物，甲烷浓度越接近化学计量比，火焰加速越显著[38]。

翟成等对分岔管道瓦斯爆炸传播试验研究发现：管道分岔时，管道分岔处为一扰动源，诱导附加湍流，气流湍流度增大，使瓦斯爆炸过程中火焰的传播速度迅速提高，分岔管路支管中火焰在前端是增大的，然后迅速减小；火焰在分岔管路支管管段范围是加速的[39]。

王大龙等对火焰波传播规律进行了试验研究，即火焰波加速传播达到某一临界速度，并最终以此速度向前传播直至耗尽瓦斯；火焰波在消失之前，会经历加速和减速两个阶段。试验分析认为，完整的瓦斯爆炸火焰波传播经历三个阶段：首先，火焰波加速到峰值速度；其次，火焰波加速至峰值速度后，随即减速传播到某一速度，此速度可看作层流预混气体正常燃烧速度，这时可以将前驱冲击波对火焰波前气体状态的影响忽略，完成瓦斯爆炸向层流预混气体正常燃烧的转变；最后，火焰波以燃烧速度恒速传播至耗尽瓦斯[40]。

王冬雪等分析了煤尘粒径以及挥发分对爆炸火焰长度的影响及其变化规律 [41]。李小东等利用管道爆炸系统进行煤尘爆炸试验，研究了煤尘粒径和煤尘挥发分对爆炸特性的影响，并研究了抑爆剂的特征对煤尘爆炸的抑制作用[42]。何琰儒等利用 20L 球形爆炸装置进行煤尘爆炸试验并进行了数值模拟，研究了煤尘粒径以及煤尘浓度对煤尘爆炸特性的影响[43]。

瓦斯煤尘爆炸火焰传播机理的研究主要是通过建立模拟试验管道开展的。例如，Barr 等分别在管道内、短柱容器和半径为 30.5cm 的圆柱形容器内研究了不同的障碍物对甲烷火焰的加速作用[44]。Lebecki 用近似的原理分析了爆炸的发生、压力波的形成以及向冲击波转变的条件[45]。Dunn-Rankin 和 McCann 在长 11.72m 的长方形管道内，对障碍物加速湍流爆炸火焰传播的超压进行了试验研究，并建立了障碍物加速火焰传播的二维数学模型，揭示出了不同开口管道内火焰超压增长变化过程[46]。Moen 等研究了瓦斯火焰的加速特征，尤其是障碍物对火焰的加速作用，发现火焰在螺旋形通道中的传播速率比没有放置障碍物时增加了将近 24 倍[47,48]。

Mishra 等研究了粒径、粉尘浓度、粉尘扩散-空气压力等 3 个重要参数对煤尘云最小点火温度(MIT)和爆炸过程的影响[49]。Zlochower 等通过试验，研究了岩石粉尘对煤尘的爆炸的惯性效应与各组比表面积的关系[50]。Ajrash 等在大尺度直管内进行瓦斯-煤尘爆燃特性的研究，发现低浓度悬浮煤尘对瓦斯爆炸有促进作用[51]。Li 等运用 20L 爆炸容器，进行粒径和粒径分散性对煤粉粉尘爆炸特性的影响试验研究[52]。Song 等为了研究局部瓦斯爆炸后粉尘层的抬升、分散和点燃过程及其抑制，模拟了预混甲烷局部爆炸在管道底部点燃沉积的煤/惰性岩屑的过程。研究发现，巷道地面上的岩土粉尘对煤尘瓦斯爆炸超压、火焰温度和速度有明显的抑制作用[53]。

Xie 等研究了煤尘云对甲烷燃烧火焰的影响，结果表明当煤粉粒径在 53～63μm 和 75～90μm 范围内时，无论当量比大小如何，层流燃烧速度随煤粉粒径的增大而减小。当颗粒尺寸在 0～25μm 范围内，当量比为 0.75 时，燃烧速度有提高的现象[54]。2018 年 Kundu 在球形管道容器中研究了瓦斯煤尘超压传播，结果表明在甲烷浓度固定的容器中加入煤尘颗粒后，爆炸压力上升幅度减小，点火能量对容器和管道中的压力变化都存在很大影响[55]。Taveau 等的研究认为化学点火器产生的高温可能使未燃区的粉尘提前预热并形成气体和粉尘的耦合物，在 20L 容器得到的爆炸指数过高，不能代表粉尘爆炸的真实值[56]。

1.2.3 煤尘爆炸传播规律数值模拟研究

由于煤尘爆炸的复杂性，近年来，随着计算流体力学的发展，国内外研究者采用数值模拟方法对气相和气固两相爆炸进行了广泛研究。国外研究机构开发了 AutoReaGas、Fluent 等软件包，可以较为准确地模拟瓦斯爆炸传播规律。Salzano 等对瓦斯爆炸传播过程中障碍物的激励效应进行数值模拟，数值模拟结果与试验结果较为吻合[57-61]。

在煤尘爆炸波与障碍物相互作用的数值研究方面，徐景德等以试验研究结果为基础，基于激励效应传播的物理机制分析，对矿井瓦斯爆炸传播过程的激励效应进行了数值模拟和理论分析[62,63]。模拟结果显示，瓦斯爆炸的传播是冲击波、火焰传播和爆炸气体流动的综合流动的结果。当爆炸冲击波经过障碍物时，其附近的压力变化明显，而且压力上升显著。无论燃烧区或非燃烧区，同样存在障碍物的激励效应，但是激励程度取决于瓦斯爆炸状态和压力峰值。高温区的压力提高会使冲击波的强度变大。因此，除了高温区原来的热作用之外，冲击波的破坏效应明显增强，高温区的温度对冲击波的形成和传播没有作用。障碍物的激励效应主要体现在障碍物的存在引起其附近速度和压力的突然改变。障碍物的激励效果与经过其附近的爆炸冲击波的压力、速度密切相关，若冲击波压力高、传播速度大，则激励效应引起的速度增量高。计算结果与试验吻合较好。

吴兵等从三维 Navier-Stokes(N-S)方程出发，用总变差递减(TVD)格式，对瓦斯爆炸过程中火焰产生压力波的过程进行了数值模拟。同时，也研究了瓦斯爆炸过程中压力波、火焰与障碍物的相互作用。瓦斯爆炸后，火焰阵面附近区域，障碍物迎火上角和管子封闭端附近区域温度变化较为陡峭。在火焰传播的管道中设置的障碍物对气相火焰具有加速的作用，这是由障碍物诱导的湍流区对燃烧过程的正回馈造成的。当火焰遇到障碍物时，火焰面发生变形，燃烧面扩大，燃烧速度加快，火焰对前驱冲击波提供的能量突然增加，使得前驱冲击波的压力和速度等参数突然上升，出现火焰正的激励效应。另外，管道的截面减小，气流速度增大，湍流度增加。火焰传播过程中的湍流效应是产生冲击波的主要因素，爆炸火焰的传播速度的大小直接影响着爆炸冲击波的生成和加强程度[64-68]。

范宝春等在试验结果的基础上，基于流体模型，在弱点火条件下对大型卧式管中铝粉-空气两相悬浮流的湍流燃烧加速导致爆炸过程进行了数值模拟，其结果揭示了管中湍流火焰的加速机理[69,70]。

司荣军等以连续相、燃烧、颗粒相数理方程建立瓦斯煤尘爆炸传播数理模型，并应用连续相、颗粒相计算方法，依据大型巷道瓦斯爆炸、瓦斯煤尘爆炸传播试验数据，借助普遍应用的流场模拟平台，开发了瓦斯、煤尘爆炸数值仿真系统。该系统可以有效地模拟煤矿瓦斯、煤尘的爆炸事故过程，对瓦斯爆炸的爆燃转爆轰、煤尘是否参与爆炸、爆炸冲击传播速度、衰减规律以及爆炸灾害的波及范围都能进行较准确的模拟[71,72]。

Xu 等运用模拟软件，模拟了半密闭腔内安装三个障碍物的预混合甲烷空气爆燃，分析了火焰流场和压力的变化[73]。Cloney 等采用数值模拟的方法对点火能量为 10kJ 的化学点火头引起的过驱动效应进行了研究，认为高能点火头会使环境中的粉尘由中心向外围移动，导致局部粉尘浓度升高[74]。

1.2.4 瓦斯煤尘爆炸伤害和破坏效应研究

瓦斯爆炸过程从时间上可以分成两个阶段，即瓦斯-空气混合气体的点火阶段和气体爆炸的传播阶段。瓦斯爆炸的点火阶段的研究属于化学动力学的研究范畴，目前有显著价值的研究成果体现在两个方面：第一，根据瓦斯爆炸的化学反应式确定了瓦斯爆炸的最小点火能；第二，以不同大小的能量引爆瓦斯，爆炸过程中的力、速度和热力学参数变化的差异性。研究表明，当用猛炸药等高能流密度火源引爆瓦斯时，可以诱发爆轰现象。

瓦斯爆炸的传播过程是瓦斯爆炸的关键阶段，瓦斯爆炸的破坏效应也体现在这一阶段。试验室研究和矿井瓦斯爆炸事故现场勘察结果表明，瓦斯爆炸产生的致命危险因素有三个：火焰锋面(高温灼烧)、冲击波(超压破坏)和井巷大气成分(有毒有害气体)的变化。试验室测试显示火焰锋面的最大传播速度可达 2500m/s，爆炸现场的温度可以达到 2300℃。爆炸后一段时间内的受冲击的矿井巷道大气成分会发生明显变化，当 CH_4 为 9.5%这一最佳浓度时，爆炸产物中 O_2 下降到 6%, CO 最高达 12%， CO_2 达 9%。若瓦斯爆炸再引发煤尘爆炸，CO 浓度会更高，如此高的 CO，在极短时间即可致人死亡。瓦斯爆炸冲击波的峰值压力可达 3MPa，其传播速度不低于声速。冲击波的破坏范围可达数千米，在一些矿井瓦斯爆炸产生的冲击波甚至通过井口破坏地面建筑物，伤害地面人员[75]。

在爆炸冲击波及高压伤害研究方面，Brode 从理论上推导了理想气体中产生的冲击波入射超压和正向入射冲量。Eisenberg 和 Hirsch 等对冲击波的肺伤害，以及耳鼓膜的伤害进行了一定的研究，而 White 则对冲击波的头部致死进行了较深入的研究[76]。在我国，朱建华、宇德明博士对炸药爆炸对冲击波所产生冲击波伤害进行了较深入的研究；第三军医大学大坪医院野战外科研究所的杨志焕等对冲击波的危害也进行了一定的研究[77,78]，提出了冲击波伤害准则，得出了冲击波对肺伤害、身体撞击、头部撞击的致死半径公式。目前对于自由空间冲击波伤害效应的研究比较成熟，而对于井下巷道这个受限空间，其伤害效应公式大多数是在自由空间冲击波伤害效应公式的基础上推导得出的，有一定的局限性。李润之采用大型巷道试验系统，研究了 100m^3 的瓦斯空气混合气体发生爆炸后对不同传播距离内 SD 大鼠的损伤效应。通过研究得出：瓦斯爆炸产生的爆炸冲击伤害是造成动物死亡的主要原因，即使远在 240m 处，SD 大鼠也会由于爆炸冲击而出现死亡。井下 100m^3 瓦斯爆炸过程中，爆炸火焰波及了 40m 的范围，安装在 40m 处笼子内的 SD 大鼠除了受到爆炸冲击伤害外，还受到了高温灼伤的伤害[79]。王海宾选择甲烷气体，利用大鼠作为模型动物，在模拟巷道内进行气体爆炸冲击波对动物损伤生物学效应、损伤机理以及损伤部位及程度等研究[80]。朱邵飞等研究了瓦斯爆炸对地下巷道壁面结构的冲击作用规律以及瓦斯爆炸与巷道壁面耦合效应，利用有限元分析软件 ANSYS/LS-DYNA 建立管道物理模型，数值模拟了耦合和解耦合条件下管道内瓦斯爆炸压力变化、压力等值线分布、能量变化及管道等效应力的变化情况[81]。卢细苗研究了瓦斯爆炸载荷与地应力耦合作用下巷道损伤破坏效应，综合运用理论分析、试验研究及数值模拟相结合的方法，研究了巷道围岩材料及其结构的动力响应及围岩损伤特性，研究了煤岩体材料的静、动态力学性能，揭示了其在高速冲击压缩过程中的裂隙演化规律及损伤特征[82]。

曲志明等用燃烧学、爆炸力学和应用数学理论和试验，对瓦斯爆炸衰减规律和破坏效应进行了深入研究[83]。瓦斯爆炸的破坏和伤害体现在爆炸的传播过程中，瓦斯被点燃后，燃烧产物膨胀，火焰阵面前形成冲击波，并压缩未反应的混合物，这种冲击波阵面到火焰阵面之间面积收敛，形成了较大的附加压缩，其最终的流场性质从冲击波到火焰是逐渐增加的。火焰传播速度越大，冲击波阵面到火焰阵面之间面积收敛越急剧，超压值就越大。试验和理论分析均表明，点火阶段在瓦斯爆炸过程中所占时间极短，瓦斯爆炸事故的时间主要体现在传播阶段 [84]。从传播空间上，瓦斯爆炸的传播可分为含瓦斯气体和一般空气两个区域中传播。在含瓦斯气体区域，瓦斯爆炸传播的物理机制是：点火阶段形成的高温、高压气体迅速向远离火源方向冲击，高温高压气体与前方气体之间在压力、温度、速度等物理参数上存在突变，即数学间断，表现出明显的波动效应，两种气体的接触面为前驱冲击波的波阵面。紧随前驱冲击波后面的是火焰波阵面，火焰波阵面实际上是在已受扰动的气体中传播，而火焰波后面的气体则与火焰区有显著差异。因此，这一阶段的爆炸冲击波结构是前驱冲击波波阵面和火焰波阵面的双波三区结构，由于火焰波不断补充能量，前驱冲击波的压力、波速是处于递增状态。在一般空气区域，瓦斯气体燃烧完毕，火焰波消失，爆炸波演变为一般空气冲击波传播阶段，由于摩擦、巷道壁面的吸热，冲击波的压力、温度、速度参数沿传播方向呈衰减状态，最终恢复至正常大气参数。在这一阶段，气体冲击波的冲量、波阵面的超压是决定其伤害与破坏的关键因素。煤矿瓦斯爆炸的属性一般为爆燃过程，但在一定条件下(瓦斯浓度分布条件、引爆方式和强度、瓦斯爆炸空间几何特性等)，有可能发展为爆轰过程。煤矿巷道发生爆燃，其主要破坏特征是热破坏效应，机械破坏作用较为有限，但一旦发生瓦斯爆轰，出现激波，其形成的爆压、爆温、爆速对矿井的破坏效应比爆燃要大得多、惨重得多。火焰与超压之间的相互关系是：冲击波阵面的强度与火焰的传播速度有关，火焰速度大于100m/s时，超压较小。由于超压是反映冲击波阵面强度的重要指标，因此，当火焰速度小于100m/s时，反映出冲击波阵面强度较弱；一旦火焰速度超过200m/s，超压明显增大，冲击波阵面的强度提高。程磊等研究了煤尘爆炸后冲击波的传播规律。基于粉尘爆炸理论，采用理论与试验研究方法，研究了爆炸空气冲击波超压在巷道内的传播规律及超压所造成的伤害规律。结果表明，煤尘爆炸冲击波超压与传播距离、巷道截面面积的平方根成反比，理论与试验分析的结果基本吻合，在此基础上划分了冲击波超压所造成的不同伤害范围[85]。杨书召等运用爆炸气体动力学理论，对煤矿掘进巷道瓦斯爆炸冲击气流的衰减规律进行研究，对瓦斯爆炸冲击气流的衰减规律分析表明，爆炸冲击气流的冲击速度与传播距离和巷道截面面积的平方根成反比，与瓦斯的初始爆炸能量成正比，在分析的基础上，建立了冲击气流伤害模型[86]。

国内外有关瓦斯煤尘爆炸事故中高温烫伤伤害和有毒有害气体伤害研究文献较少。由于高温烟气灼伤伤害范围受限，高温烟气烫伤及火焰灼伤，大部分采用自由空间蒸气云爆炸火球热辐射规律理论进行研究[87,88]。瓦斯煤尘爆炸过程中毒气扩散引起大量人员伤亡的研究，采用自由空间毒气扩散规律研究得较多[89-94]。刘永立等对瓦斯爆炸生成的毒害气体传播过程进行了初步分析，其他针对矿井巷道受限空间内煤尘爆炸所产生有毒有害气体伤害效应的相关研究基本没有[95]。景国勋等针对瓦斯爆炸事故3种危害中的高温热辐射伤害进行研究，结合火灾爆炸事故中的火球热辐射的传播公式，得出适合井下瓦斯爆炸事故的火球传播规律公式。依据该公式划分了瓦斯爆炸事故中火球热辐射的死亡、重伤、轻伤的半径公式[96]。基于质量守恒定律与空气动力学理论，建立煤尘爆炸后风流作用下的毒害气体在受限空间内的数学传播模型，得到巷道内毒气传播的弥散系数，计算出沿爆炸传播方向毒气浓度随距离变化的关系，划分伤害三区并推导出相应的伤害范围计算公式[97]。

伤害模型研究方面，主要以海因里希(Heinrich)提出的多米诺骨牌事故模型为主。进入20世纪80年代，人们对事故的发生机理研究更加深入，提出了很多事故模型，主要有泰勒斯(Talanch)提出的变化论模型，陈宝智提出的两类危险源的观点，Reason 提出的人因事故原因模型，张力提出的复杂人-机系统中人因失误的事故模型，何学秋提出的事故发展变化的流变-突变理论，赵正宏等提出的工业安全管理的实用事故模型，董希琳提出的常见有毒化学品泄漏事故模型，魏引尚提出的瓦斯爆炸的突变模型，这些模型虽然揭示了一些事故发生的机理，但还不完善，特别是很少有针对煤矿煤尘事故的模型。

1.2.5 存在的问题

煤尘爆炸或瓦斯煤尘爆炸是一个十分复杂的过程，是包括传热、传质及链式连环反应的复杂的物理化学反应过程，其机理仍有待进一步研究；同时爆炸传播过程中火焰的传播，爆炸冲击波的形成、发展与传播以及冲击波与火焰波的正反馈作用也非常复杂。虽然有许多学者对此进行了大量研究，但仍然存在许多理论和技术问题，仅煤尘爆炸机理、特性、爆炸传播与影响因素这几方面还有许多需要解决的问题。

(1) 煤尘爆炸机理、爆炸影响因素等方面的研究还不够充分，煤尘爆炸的上下界限、气固成分、环境条件、引爆能量等的关系还有待于进一步研究；由于煤尘爆炸的瞬时性和影响因素的复杂多变性，爆炸过程中所显示出来的物理、化学现象没有彻底研究清楚。

(2) 目前对瓦斯爆炸传播规律进行试验研究较多，其成果主要集中在瓦斯爆炸火焰与冲击波共同作用区域的传播规律，在一般空气内爆炸传播规律的研究成果较少。而专门针对瓦斯煤尘气固两相、煤尘单一固相的爆炸传播规律进行的研究更少。

(3) 有关瓦斯爆炸传播的规律主要是针对直线管道内的，而煤矿井下实际巷道存在很多分岔、弯道、转弯、截面变化等多种形式，针对不同巷道变化形式瓦斯爆炸传播规律的研究成果较少，一般空气内爆炸传播规律的研究成果少，而针对煤尘爆炸冲击波一般空气区内传播规律的研究更少。

(4) 煤尘爆炸试验模型与实际巷道的尺寸效应还不清楚，目前对煤尘爆炸传播的研究普遍采用模型试验研究方法，由于瓦斯煤尘爆炸传播过程实际上是爆炸冲击波传播，传播过程中存在复杂的燃烧、冲击的动力现象，不能用低速条件下流体力学相似定律描述。

(5) 专门针对煤矿井下网络巷道进行的研究非常缺乏，煤矿井下有分岔、弯道、转弯、截面变化等形式，又组合成复杂的网络结构，爆炸在煤矿井下受限空间、复杂网络内的传播规律还很不清楚。

总之，有关煤尘爆炸虽然已经做了大量研究工作，但仍有大量要解决的问题。

1.3 本章小结

本章基于当前煤矿安全形势，论述了我国开展煤尘爆炸研究的意义，详细阐述了本领域国内外研究进展状况，提出了煤尘爆炸机理、煤尘爆炸传播规律及数值模拟、瓦斯煤尘爆炸伤害和破坏效应等方面研究存在的不足之处。

第 2 章　煤尘爆炸传播特性分析

煤尘爆炸是悬浮煤尘与空气混合物在点火源的作用下，发生剧烈化学反应的过程，矿井煤尘爆炸是在封闭或半封闭的巷道受限空间内进行的。煤尘和空气混合物爆炸是一个非常复杂的过程，除了具备一定浓度的煤尘、点火温度和充足的氧气等三个条件外，研究表明，煤尘只有成为煤尘云才能与空气混合参与爆炸，煤尘层或层状煤尘一般不能参与爆炸，而爆炸破坏和伤害作用主要发生在爆炸传播过程中。煤矿井下煤层开采过程中会产生大量煤尘，当矿井煤尘达到爆炸浓度界限，遇到火源就可能引起爆炸。爆炸火焰、冲击波和毒害气体等迅速传播，并在传播过程中对人员生命安全和矿井设施造成危害。而煤矿生产中发生的爆炸事故并不是单一的煤尘爆炸，往往是有瓦斯参与的瓦斯煤尘混合爆炸，这就使得爆炸的反应机理十分复杂，所以研究分析瓦斯煤尘混合爆炸的爆炸特性具有十分重要的工程意义。

2.1　煤尘爆炸的条件

煤矿粉尘是煤矿生产过程中所产生的各种矿物细微颗粒的总称，一般分为煤尘和岩尘，通常把粒径在 75～1000μm 的煤粒称为煤尘。煤矿开采过程中会产生大量的煤尘，煤尘的危害极大，是矿山五大自然灾害(顶板事故、瓦斯事故、煤尘事故、火灾、水灾)之一。井下空气中悬浮的煤尘到达一定的浓度，遇到明火就会发生爆炸。

矿井巷道中会沉积大量煤尘，但这些沉积的煤尘一般情况下是不会发生爆炸的。因为煤尘发生爆炸只有在本身具有爆炸性的前提下，形成粉尘云(即悬浮于空中，并达到一定的浓度)，并在一定能量的火源引燃下才会发生爆炸。一般来说，在空间比较大的开放型空间里，煤尘发生爆炸的概率是比较小的，但是在矿井巷道这样的封闭或者半封闭的受限空间里，煤尘爆炸的概率就大大提高。综上可知，煤尘发生爆炸的三个条件如下：

(1) 煤尘本身具有爆炸性。就煤尘自身的爆炸性而言，决定性的因素是煤的挥发分含量，也就是煤中有机质的可挥发的热分解产物。煤尘中可燃挥发分的含量越高，煤尘的爆炸性也就越强。一般来说，挥发分含量在 10%以上的煤尘具有爆炸性。

(2) 游浮于空中形成粉尘云，并达到一定的浓度；煤尘达到爆炸条件还需要其本身有合适的粒径、浓度和分布状态。煤尘的爆炸浓度是指煤尘云的爆炸界限，煤尘只有在介于爆炸下限(爆炸的最低浓度)和爆炸上限(爆炸的最高浓度)之间的浓度范围才会发生爆炸。影响煤尘云爆炸上下限的因素有很多，如煤种、煤尘粒径、氧浓度等。多数学者的试验证明，一般情况下煤矿可燃煤尘的爆炸下限浓度在 40g/m^3，煤尘浓度大于 1000g/m^3 就很难再发生爆炸了。因为在煤矿实际的生产中，煤尘要达到爆炸上限是十分困难的，所以对煤尘上限的研究不具有现实意义。在煤矿井下，煤尘爆炸下限浓度越低，爆炸危险性也就越高，在煤尘的爆炸界限范围中，爆炸威力最大的煤尘浓度范围是 300～500g/m^3。煤尘的爆炸下限浓度随参与爆炸的瓦斯浓度的增加而降低。但对于在纯煤尘条件下爆炸下限浓度较高、着火较钝化的低挥发分或挥发分高而灰分也高的煤尘来说，加入瓦斯后，煤尘爆炸下限浓度下降的幅度更为明显。例如淮北煤，爆炸下限浓度由纯煤尘的 100g/m^3，分别下降到 2% CH_4 的 30g/m^3 和 4% CH_4 的 10g/m^3，下降到低于原爆炸下限浓度的 1/3 和 1/10；而对于湔江煤，爆炸下限浓度仅从纯煤尘的 35g/m^3，下降到 30g/m^3 (2% CH_4)和 5g/m^3(4% CH_4)，下降幅度比淮北煤小得多。在所有的煤尘中，当瓦斯含量达到 4%时，煤尘爆炸下限浓度均达到了 15g/m^3 以下，也就是说在这样的瓦斯浓度下，仅需极少量的煤尘就能点燃。

(3) 有一定能量的引燃火源。由于煤矿井下氧浓度一般为 21%，满足煤尘爆炸的需氧浓度(18%以上)，所以氧浓度可不予考虑。煤尘要在一定温度的火源引燃下才会发生爆炸，引燃火源的温度范围也比较大，它会随着煤种、煤尘浓度等条件的变化而变化。试验证明，我国煤尘爆炸的引燃温度在 610～1015℃，通常情况下 700～800℃就可以点燃煤尘，最小点火能可以达到 4.5～40mJ。鉴于这样的温度条件，煤矿井下几乎所有的火源均可满足，如机械摩擦、放炮火焰、瓦斯燃烧或爆炸、煤自燃等都有可能是瓦斯爆炸的引燃火源。

2.1.1　煤尘及煤尘云的特性

1. 煤尘的成分

煤尘中挥发分、灰分和水分含量的多少，是影响煤尘爆炸的最重要因素。因为煤尘爆炸属于气固两相爆炸，主要依靠尘粒分解的可燃气体(挥发分)进行。

一般情况下，煤尘的可燃挥发分含量与煤尘爆炸性成正比，而最高爆炸压力越大，压力上升速度也越快。

煤尘挥发分指数的计算如下：

$$v=\frac{V_{\mathrm{f}}}{100-W_{\mathrm{f}}-A_{\mathrm{f}}}\times 100\% \tag{2-1}$$

式中，V_f 为挥发分；W_f 为水分；A_f 为灰分；ν 为煤尘挥发指数，也称煤尘爆炸指数。

煤尘中灰分和水分都对爆炸性影响较大。水分能够吸收燃烧中的热量，同时能使漂浮的细微尘粒积聚，成为体积相对较大的尘粒，并使一部分尘粒附着巷道内壁，减小空间内的尘粒数量；灰分虽然不参与燃烧，但能直接影响煤尘的爆炸性，在煤尘爆炸过程中，灰分吸收燃烧产生的热量，阻断链反应，当煤的灰分小于15%时，灰分对爆炸性的影响最为显著。

2. 煤尘粒度

煤尘粒度是影响煤尘爆炸性的一个重要因素，单位质量的煤尘粒度与爆炸危险性成反比，粒度越小，爆炸性越强。研究表明：爆炸性最强的粒子直径为 0.03～0.075mm，而煤尘粒径在 1mm 以下的粒子都可能是爆炸的直接参与者，但煤尘粒子直径小于 0.01mm 的粒子不会发生爆炸，因为粒子体积太小，在空气中迅速被氧化。

对于煤尘粒子的研究，煤炭科学研究总院重庆分院也曾得出如下结论：同一煤种的煤尘粒度越小，爆炸压力越大，产生的爆炸影响区域也越大，爆炸压力随煤尘粒度的减小而同幅上升，引燃温度随煤尘粒子的减小而同幅下降。

此外，对爆炸产生影响的因素还有煤尘的形状，球状的煤尘由于具有最小的比表面积，反应相对其他形状的煤尘困难，产生的爆炸压力也较低。煤粉形状与爆炸压力关系[98]见图 2-1。

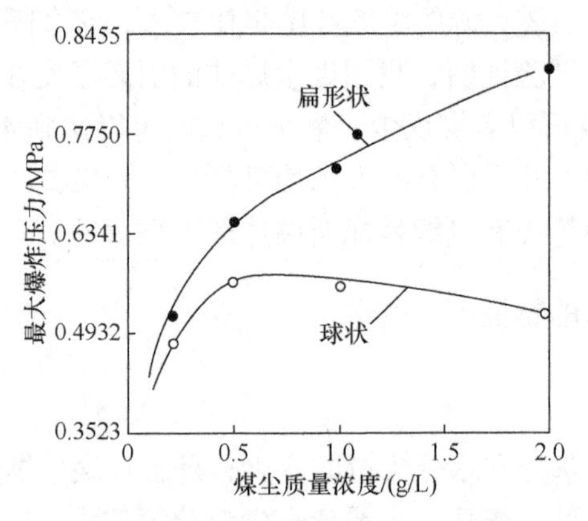

图 2-1　煤尘形状对爆炸压力的影响

3. 煤尘浓度

煤尘的爆炸浓度也有上限和下限，煤尘爆炸的上限最高可达 2000g/m^3，而下限不是一个定常数，具有比较大的浮动，主要受限于煤尘的挥发分和灰分。因此可以确定最适合的条件下，煤矿井下有 40%的沉积煤尘能飞扬悬浮。

4. 煤尘云的分散度

煤尘不像气体一样容易均匀分布，往往存在一定的偏聚，所以同样质量分数的煤尘-空气混合体系往往测出差距很大的爆炸特性参数。煤尘云的分散度越好，说明聚集的煤尘越少，参与有效反应的煤尘越多，爆炸极限也会越宽，最大爆炸压力和爆炸压力上升速度也越大。

2.1.2 外界条件

1. 空气湿度

煤尘及所处环境空气温度越高，空气中水分越多，水分的存在导致初始反应难以顺利进行，所以煤尘云及环境空气湿度越大，煤尘爆炸所需要的最小点火能也越高，但从目前的研究看，空气湿度对爆炸极限的影响似乎不大。

2. 点火能量

煤尘爆炸的最小点火能为4.5～40mJ，点燃温度为700～800℃，点火能量与煤尘爆炸压力有着密切的关系，随着点火能量的增大，煤尘被点爆的概率增大，相应地，煤尘爆炸压力也迅速增大。

3. 点火位置

在煤尘爆炸中还需要考虑的一个重要因素是点火位置，点火位置不仅会影响爆炸强度和爆炸传播速率，而且会对爆炸冲击波超压峰值产生影响，表2-1以一端封闭的巷道为例来说明点火位置对瓦斯爆炸的影响[99]。

表2-1 点火位置对瓦斯爆炸的影响

点火位置	爆炸传播方向	对爆炸冲击波超压峰值的影响
瓦斯区的封闭端	向巷道开口方向传播	火焰波与压力波互相作用，使爆炸冲击波超压峰值更大，传播距离长
瓦斯区的中间	向巷道开口端与封闭端同时传播	能量损失，爆炸冲击波超压峰值大小与传播距离都受影响

4. 壁面粗糙度

管道的壁面粗糙层同时引入了抑制因素和激励因素[100]。抑制因素即管道的摩擦阻力，其值与管道壁面几何粗糙程度成正比。管道的壁面粗糙度对瓦斯爆炸的激励作用在于：瓦斯爆炸是化学性爆炸，在爆炸传播中是一系列复杂的连锁化学反应，管道壁面粗糙度增加燃烧区的湍流度，从而增加化学反应物分子级别的接触率，提高化学反应速率，加速燃烧速度，而加速燃烧产生的能量又推动化学反应的进行和加速传播。因此，壁面粗糙度的抑制因素和激励因素同时影响着瓦斯爆炸的过程。

5. 管道拐弯、分岔、截面积突变等

管道的变化对火焰波和前驱冲击波的传播都会产生很大的影响，会使火焰波的主体在管道壁面上形成反射，引起湍流效应的突然加强，从而引起火焰波较明显的加速。先期到达管道拐弯处的前驱压力波，会形成部分反射波，这部分反射波与火焰波相遇时，会对火焰波起到抑制作用，使火焰速度迅速下降。管道拐弯既增加了燃烧区的湍流度而加速燃烧产生能量以推动加速传播，同时也因为拐弯而增大了总阻力和热量向壁面的传递，弯角处膨胀波也会抑制瓦斯爆炸的传播。管道拐弯对爆炸传播特性的影响取决于抑制因素和激励因素的综合作用。在煤矿井下，其巷道会出现断面积变化、分岔等情况，所以为模拟井下实际情况，实验系统管道也会建造成断面积突变、分岔形状。巷道的变形，会导致爆炸波在传播中出现湍流，湍流使冲击波和火焰波加速，从而形成爆炸波的正反馈。

2.2 煤尘爆炸的过程与动力学特征

煤尘爆炸是空气中的氧气与煤尘在一定的高温或具有一定能量的热源的作用下发生的剧烈的氧化反应，是链式连环反应的复杂的物理化学反应过程[101,102]。单个煤尘粒子如图 2-2 所示，为粒径 1μm 放大 1 万倍后的粒形图，从图中可以得出煤尘粒子表面与混合气体内部含有大量的空隙，总表面积增大，自由表面能也随着增大，从而提高了煤尘的表面化学活性及氧化产热的能力[103,104]。一般认为其爆炸过程如图 2-3 所示。

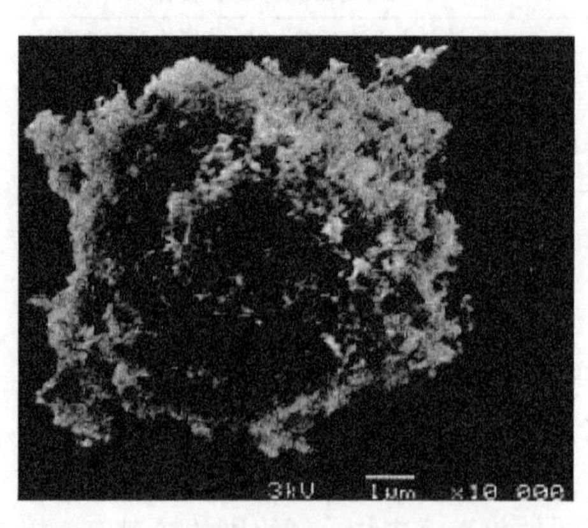

图 2-2 煤尘粒子

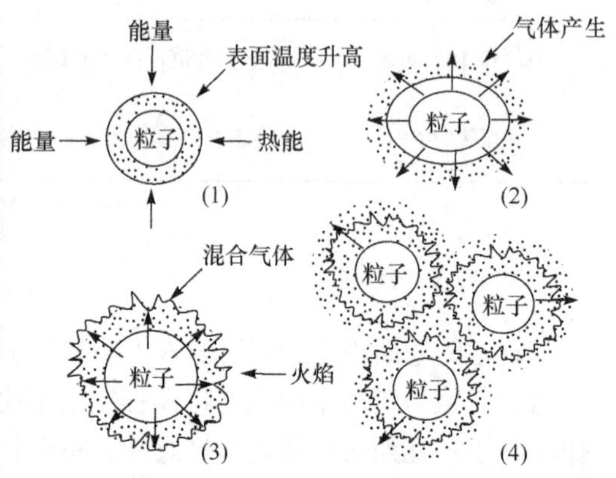

图 2-3 煤尘爆炸发展过程

煤尘的燃烧爆炸，既包括均相过程也包括非均相过程。概括起来，有下列四个主要过程[105,106]：

(1) 空气中的氧气分子扩散到煤尘粒子表面。

煤是复杂的固体化合物，本身也是可燃物质，被破碎成微细的煤尘后，总表面积显著增加，当它悬浮于空气中，吸氧和被氧化的能力大大增强，一旦遇到高温热源，便开始氧化反应。

(2) 挥发分以及由煤中析出的碳氢化合物扩散出来。.

在外界高温热源的作用下，悬浮的煤尘单位时间内能吸收更多的热量，大约 300～400℃时，就可放出可燃性气体，其主要成分为甲烷，以及乙烷、丙烷、丁烷、氢和 1%左右的其他碳氢化合物。

(3) 进行化学反应，形成的可燃气体与空气混合在高温作用下吸收能量。

扩散出来的可燃性气体积聚于尘粒周围，形成气体外壳，当这个外壳内的气体达到一定浓度并吸收一定能量后，链反应过程开始，自由基迅速增加，就发生了尘粒的闪燃。

(4) 反应产物转移到气相中。

闪燃的尘粒被氧化放出的热量，以分子传导和火焰辐射的方式传递给周围的尘粒，并使之参与链反应，反应速率急剧增加，燃烧循环地继续下去；由于燃烧产物的迅速膨胀而在火焰波波阵面前方形成压缩波，压缩波在不断压缩的介质中传播时，后波可以赶上前波；这些单波叠加，使火焰面前方气体的压力逐渐增高，因而引起了火焰传播的自动加速；当火焰速度达到每秒数百米以后，煤尘的燃烧便在一定的临界条件下跳跃式地转变为爆炸。

一般情况下，正常生产矿井中，煤尘云浓度比较难以达到爆炸浓度下限，但是在爆炸、爆破等其他冲击作用下，能使地面、巷帮的落尘飞扬起来，在短时间内使空气中悬浮煤尘的量大增，达到爆炸浓度范围。据粗略估计，巷道截面为 $4m^2$，其周壁沉积一层 0.04mm 厚的煤尘，一旦飞扬起来就足以引起爆炸。空气中含有瓦斯时，会使煤尘的爆炸下限降低，增加了爆炸的危害性。实际矿井中，多是瓦斯爆炸发生后，扬起煤尘，达到可爆浓度，飞溅的火花和辐射热可提供点火源，从而引起煤尘爆炸。

基于以上对煤尘的认识，进行了煤尘的点火试验。粒径为 0.074mm，采用高能量 10kJ 的点火具。为比较煤尘点火的效果，进行了如下试验：

(1) 在空气中直接引燃点火具，由于点火具有较大的能量，引燃后可以看到强光与火焰，但瞬间消失。

(2) 用一层报纸包裹住点火具，然后引燃，可以看到强光与火焰，但瞬间消失，看到包裹点火具部分的报纸被烧烂，但没有继续燃烧，与火焰存在时间较短有关。

(3) 进行煤尘点火试验。取 30g 煤尘堆放在铁盘上，将点火具放在煤尘堆中，上面覆盖一薄层煤尘，保证氧气的充分供给，然后进行点火，共试验三次；然后将点火具深埋在煤尘中，同样也试验三次。这六次试验结果完全相同，每次都能看到强光与火焰，瞬间便消失，可以判定这仅是点火具燃烧发出的光与火焰。观察煤尘情况，发现点火具周围有少量焦渣，证明有少量煤尘参与燃烧。靠近火焰的报纸有轻微烧焦现象。

(4) 在爆炸腔体形成煤尘云后进行点燃，煤尘均可发生爆炸。

通过试验证明：堆积的煤尘，仅是以固相存在，不可点爆，而煤尘云则近似为以气相或气固两相存在，能点火引爆。

2.2.1　煤尘爆炸冲击波的结构和形式

冲击波可以看作无数道微波叠加而形成，冲击波扫过后，气体的压力、密度、温度都会突变，它是超声速气流中特有的一种物理现象。煤尘爆炸冲击波的形成如图 2-4 所示。该图表明最初的压缩波形(a)、后面的压缩波追赶先行的压缩波形成的波形(b)、最后形成的冲击波(c)，离爆源一定距离并充分发育的爆炸冲击波波形与爆源压力和温度无关。常见的冲击波有正冲击波、斜冲击波、曲线冲击波。

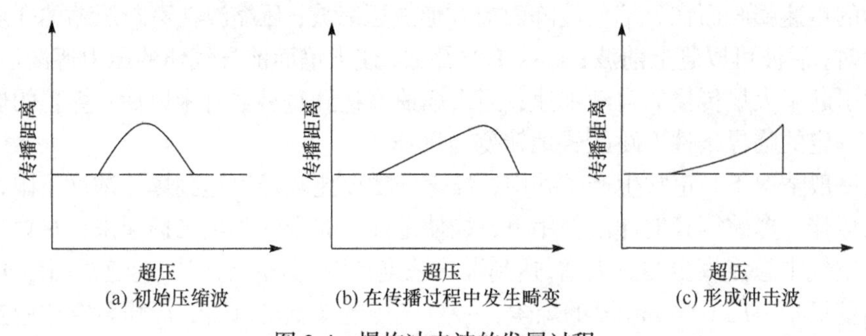

图 2-4　爆炸冲击波的发展过程

爆炸冲击波的结构如图 2-5 所示，表示离爆源一定距离的某一点的冲击波峰值超压图(ΔP 为超压峰值)，由于爆轰产物的剧烈膨胀，高压气体迅速向外运动，对周围气体猛烈进行压缩，形成冲击波。冲击波到达前，为大气压力，冲击波到达瞬间，压力突跃了ΔP，然后峰值超压迅速衰减，由于惯性作用，压力降到大气压力后还继续下降，出现了低于周围大气压力的负压区。

通过正冲击波波阵面的质点气流方向与波面垂直；通过斜冲击波的质点气流方向与波面斜交；曲线冲击波的波形为曲线。煤尘爆炸冲击波，一般可当作正激波来研究，在管道转弯的地方会出现斜激波。

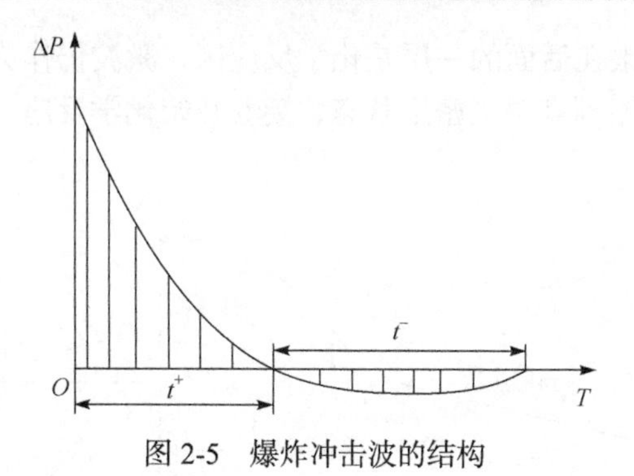

图 2-5　爆炸冲击波的结构

煤尘及瓦斯煤尘爆炸的传播可分为两个阶段，第一阶段是煤尘与高温气流共存、爆炸冲击波与火焰波共同作用，互相影响向前传播，表现为气固两相流爆轰波传播；第二阶段是煤尘燃烧结束后，爆炸演变为单纯空气波传播，向前传播，也称爆炸冲击波的自由传播。

2.2.2　煤尘空气两相流爆轰波传播特性

当激波在煤尘和空气组成的悬浮流中传播时，波的高温气流加热煤尘颗粒，经一段诱导期后使之燃烧，如果燃烧释放的热足以支持激波稳定传播，这样就形成了两相爆轰波。气固两相爆轰较气相复杂得多，迄今还无法进行多维结构的理论研究和数值模拟，即使是试验研究，与气相相比也显得相当粗糙。

C-J 理论是柴普曼(D. L. Chamman)和柔格(E. Jouguet)于 1905 年及 1917 年各自独立提出来的关于爆轰波的平面一维液体动力学理论，把爆轰波简化为一个冲击压缩间断面，其上的化学反应瞬时完成，在间断面两侧的初态、终态各参量可以用质量、动量和能量三个守恒定律联系起来。该理论明显成功之处在于即便利用当时已有的相当粗糙的热力学函数值对气相爆轰波速度进行预报，其精度仍在 2%的量级内[107, 108]。

ZND 模型是由 Zel'dovich(苏联，1940 年)、von Neumann(美国，1942 年)和 Doring(德国，1943 年)各自独立提出的，是对 C-J 理论的根本性改进。该模型基于欧拉的无黏性液体动力学方程，不考虑输运效应和能量耗散过程，只考虑化学反应效应，把爆轰波看作前端冲击波和紧随其后的化学反应区组成的间断，如图 2-6 所示。前导冲击波阵面(图中 N-N'面)过后原始爆炸物受到强烈冲击压缩具备了激发高速化学反应的压力与温度条件，但尚未发生化学反应，反应区的末端截面(如 M -M'面)处化学反应完成并形成爆轰产物，该截面即为 C-J 面。这样前导冲击波与紧跟其后的高速化学反应区构成了一个完整的爆轰波阵面，它以同一爆速 D 传播，并将原始爆炸物与爆轰终了产物隔开[107, 108]。可见，爆轰波是后面带有一个高速化学反应区的强冲击波，爆轰波具有双层结构：前面一层是以超声速推进的激波，紧跟在后面的一层是化学反应区，激波仍作为一个强间断面，爆轰物质被瞬时地压缩到高温高密度状态，接着开始化学反应，直到反应区末端达到 C-J 面。

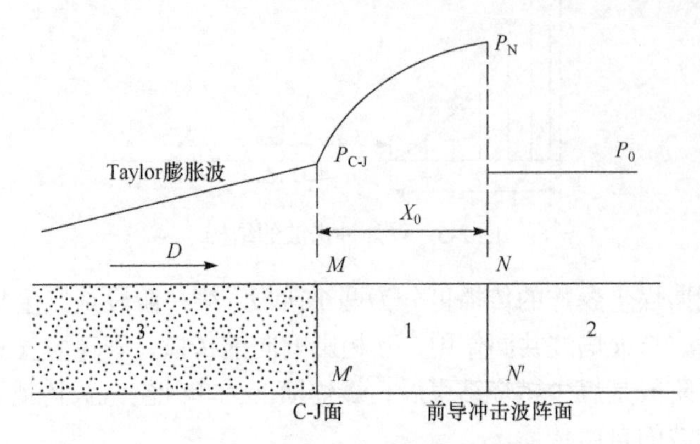

图 2-6　爆轰冲击波的 ZND 模型

1-原始爆炸物；2-化学反应区；3-爆轰产物；N-N'面-前导冲击波阵面；M-M'面-反应末端断面

图 2-6 展示的是一个正在沿爆炸物传播的爆轰波。在前导冲击波后压力突跃到 P_N(称为 von Neumann 峰)，随着化学反应的进行，压力急剧下降，在反应终了断面压力降至 C-J 压力 P_{C-J}。C-J 面后为爆轰产物的等熵膨胀流动区，称为 Taylor 膨胀波，在该区内压力随着膨胀而平缓地下降。该模型假设一是爆轰波是由前导冲击波与后跟的化学反应区组成的。假设二是反应区内发生的化学反应流是一维的，以单一向前的速率反应，井然有序地向前层层展开，一直进行到完成，反应过程不可逆。假设三是除爆炸预混物在反应区的各断面处的热力学变量都处于热力学平衡状态[109]。

该模型是一种非常理想化的经典爆轰波模型，并未完全反映爆轰波阵面内发生过程的实际情况。在反应区内所发生的化学反应过程，并不像模型所描述的那样井然有序。爆轰介质的密度及化学成分的不均匀性，冲击起爆时爆炸化学反应响应的多样性，冲击起爆所引起的爆轰面的非理想性，冲击引爆介质内部扰动波系的相互作用以及边界效应等，都可能导致理想爆轰条件的偏离。此外，爆轰介质内部化学反应及流体分子运动的微观涨落等也能发展成对化学反应区内反应流动的宏观偏离，加之介质的黏性、热传导、扩散等耗散效应的影响，都可能引起爆轰波反应区结构畸变。在试验中实际观察到的螺旋爆轰、胞格结构等现象，就是典型的与 ZND 模型不相符的现象。尽管如此，借助于该模型，可以利用流体力学的欧拉方程与化学反应动力学方程一起组成方程组，在跟随爆轰波面一起运动的坐标系中对整个爆轰反应区的反应流动进行分析求解。

2.2.3 煤尘爆炸冲击波自由传播的特性

煤尘爆炸冲击波的自由传播，是指冲击波形成后，煤尘燃烧完毕后，在无外界能量继续补充情况下的传播，是单纯的煤尘爆炸空气冲击波传播，该阶段可以认为煤尘已燃烧完毕，燃烧产物颗粒虽然在压缩气流的携带下向前运动，其运动速度低于冲击波传播速度，研究该阶段冲击波的传播规律可以忽略固相。

空气冲击波在传播过程中，受到巷道壁边界的制约以及巷道壁面粗糙度的影响，使冲击波发生折转，出现反射。从冲击波的反射理论可知，冲击波遇到刚性壁面发生的反射可以分成两类：规则反射和非规则反射。反射类型取决于波的反射角大小，如图 2-7 所示[110]。

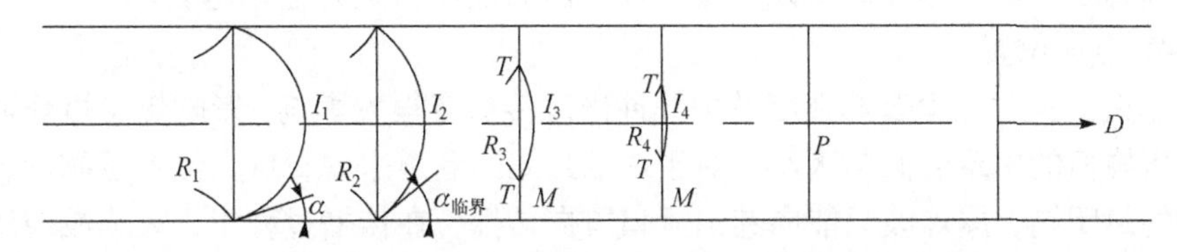

图 2-7　爆炸冲击波由曲面波发展为平面波的过程

R_1、R_2、R_3、R_4-反射波；I_1、I_2、I_3、I_4-入射波；α-入射角；M-马赫杆；$\alpha_{临界}$-临界入射角；D-平面冲击波速度；T-三波点；P-平面空气冲击波压力

当入射角 α 较小时，球面冲击波与管道壁面发生规则反射。随着传播的继续，冲击波的球面波阵面不断增大，球面冲击波与管道壁面的接触面积越来越大，入射角也逐渐增大，此时冲击波波阵面与管道壁面碰撞依然发生规则反射。当入射角到达临界值($\alpha_{临界}$)时，开始发生马赫反射，这时产生一个新的垂直于管道壁面的新波阵面 M，这个新波称为马赫杆。入射波不与管道壁面直接接触，管道上、下壁面出现了压力相等而温度和密度不相等的方向相反的马赫反射。随着冲击波的进一步传播，马赫杆不断增高，最后形成均匀的平面波[111]。

冲击波压力大小取决于爆炸所释放的能量和距爆源的距离。一般说来，爆炸时所释放的能量越大及距爆源越近(距爆源一定距离外)，则爆炸冲击压力就越大。实践证明，爆炸后破坏和伤害最严重的地方不是在爆源处，而是在形成了尖峰压力的地方。

2.2.4 影响煤尘爆炸传播的主要因素

1. 煤尘燃烧爆炸区内冲击波传播影响因素

1) 煤尘浓度与粒度

在氧气处于正常浓度条件下，煤尘的爆炸下限在 20～60g/m^3，上限在 2000～6000g/m^3 之间，最佳爆炸浓度在 400～500g/m^3。煤尘的粒度越小，则表面积越大，其吸热氧化能力越强，越容易爆炸。因此合适的浓度与较小的煤尘粒径，有利于提高煤尘的爆炸强度，表现为峰值压力大，传播距离长[112]。

2) 煤尘量及煤尘云聚积区长度

参与爆炸的煤尘量，对煤尘爆炸后产生的冲击波峰值压力有较大影响。参与爆炸的煤尘量越大，煤尘云聚积区越长，产生的爆炸冲击波压力峰值压力越大，爆炸威力越大。

3) 点火能量

煤尘发生爆炸必须有能引燃煤尘的火源，并要求其温度一般要达到 700～800℃，最小点火能为 4.5～40mJ，在这种情况下才能发生爆炸。点火能量越大，煤尘越容易点爆，爆炸感应期越短，爆炸压力及压力上升速率越大。

4) 点火位置

点火位置对煤尘爆炸强度及爆炸冲击波传播有很大影响，影响煤尘爆炸冲击波超压峰值的出现时间与大小。对于一端封闭的巷道来说，点火位置越靠近煤尘云区的封闭端，爆炸波只能向巷道开口方向传播，在传播过程中，火焰波与压力波互相作用，使爆炸冲击波超压峰值越大，而且传播距离越长；当点火位置在煤尘云区的中间时，点火起爆后，爆炸将向巷道开口端与封闭端同时传播，爆炸传播到封闭端经反射后，再向开口端传播，其能量有所损失，爆炸冲击波超压峰值大小与传播距离都受影响。

5) 壁面粗糙度

壁面粗糙度对于煤尘爆炸冲击波的传播既有抑制作用，又有激励作用。抑制作用在于，壁面越粗糙，其摩擦阻力也就越大，使得冲击波能量损失也就越大。激励作用在于煤尘爆炸过程是一个复杂的连锁性化学反应，在煤尘燃烧爆炸区传播时，粗糙的壁面提高了燃烧区内的湍流程度，从微观角度而言在分子级别上增加了化学反应物接触的概率，同时参与反应的数量增多；从宏观上看，燃烧速度加快，化学反应速率增加。总的来说，随壁面粗糙程度的增加，爆炸过程中的火焰传播速度、冲击波峰值超压等物理参数增大，激励因素起主导作用；当达到一定程度之后，又随之下降，壁面的粗糙程度的抑制作用大于了激励作用。

6) 巷道变形

在煤矿井下，其巷道会出现截面积变化、转弯、分岔及巷道中堆积有局部障碍物，这些变化均会影响爆炸的传播。巷道的变形，导致爆炸波在传播中出现湍流，湍流使冲击波和火焰波加速，加速的冲击波和火焰波又增强湍流，从而对爆炸波的传播起加强作用。

在爆炸过程中，如遇有障碍物、巷道的拐弯或截面的突变，爆炸压力将猛增，如表 2-2 所示。尤其是连续爆炸时，第二次爆炸的理论压力为第一次爆炸压力的 5～7 倍，第三次爆炸又为第二次爆炸的 5～7 倍，依此类推。所以在连续爆炸时，离爆源越远，其破坏力越大。或者说，往往破坏最严重处，不是第一次爆源处。

表 2-2　障碍物对煤尘爆炸压力的影响

距爆源距离/m	爆炸压力/MPa	
	无障碍物	有障碍物
91.8	0.082	0.116
120.9	0.046	0.583
137.2	0.112	1.069

7) 其他条件

空气的成分、环境的温度和湿度等因素对煤尘爆炸产生很大的影响。空气中的 N_2、CO_2 等对煤尘爆炸起到抑制作用，温度低、湿度较大时，要求煤尘点火能量也得大。

2. 煤尘爆炸单纯空气冲击波传播影响因素

1) 冲击波传播通过的距离和管道水力直径

煤尘燃烧完毕后，爆炸冲击波没有外在能量来补充，所以传播的距离越长，衰减越厉害。

2) 爆炸冲击波峰值超压

爆炸冲击波峰值超压越大，所能传播的距离就越长，冲击波的衰减速度也越快。

3) 管道的变形

管道的变形有截面积变化、拐弯、分岔等及障碍物。管道截面积突然变小的情况下，冲击波强度会加强，是因为冲击波波阵面突然变小，使得冲击波波阵面单位面积上的能量加大。反之，管道截面积突然变大的情况下，冲击波强度会减弱。管道拐弯情况下，冲击波在拐弯处发生反射，局部有可能出现高压区，是因为冲击波发生多次反射后发展不均匀，随着冲击波继续向前传播，冲击波的强度有所降低，是因为管道壁面不是刚体，冲击波反射损耗了一定的能量。

4) 管道壁面上的能量损耗

冲击波迅速衰减，一个原因是冲击波向前传播的过程不是等熵的，管道壁面散热损失一部分的能量，空气受冲击波压缩后一部分机械能转变为热能消耗掉，冲击波波阵面的能量逐渐减小；另一个原因是冲击波波阵面以超声速向前传播，而波阵面的后部的稀疏波以当地声速向前传播，这样波阵面前端的传播速度大于后端的传播速度，正压区不断被拉大，压缩区内空气量不断增加，正压作用时间不断加长，这样就使得冲击波波阵面内单位质量的空气的平均能量逐步降低，冲击波波阵面的超压迅速衰减。

5) 流体质点的雷诺数和运动黏性系数

进入冲击波波阵面的流体质点雷诺数和运动黏性系数越大，冲击波衰减系数就越大，衰减越快。

2.2.5 煤尘爆炸火焰燃烧机制

在一定空间中，煤变成煤尘状态大量存在，增加了与氧分子接触的概率，其吸附能力大大增强，当达到燃烧条件时，发生剧烈的化学反应，并伴随质量和热量的传递、动量和能量的交换，是一个复杂的多相燃烧反应。

研究过程中，一般假定煤尘颗粒是多孔状的，因此燃烧过程可以分为两种情形，一是颗粒的外表面发生燃烧反应，二是由孔隙进入颗粒内部发生燃烧反应。主要进行以下反应[113]：

$$\left.\begin{array}{l} C+O_2 \longrightarrow CO_2 \\ C+\frac{1}{2}O_2 \longrightarrow CO \\ C+CO_2 \longrightarrow 2CO \\ C+O \longrightarrow CO \\ C+H_2O \longrightarrow CO_2+H_2 \end{array}\right\} \text{颗粒外表面反应及孔内表面反应}$$

$$\left.\begin{array}{l} CO+\frac{1}{2}O_2 \longrightarrow CO_2 \\ H_2+\frac{1}{2}O_2 \longrightarrow H_2O \\ C+H_2O \longrightarrow CO_2+H_2 \end{array}\right\} \text{气相反应}$$

综合上述反应，煤尘的燃烧反应可归纳如下。

在较低温度下(t <1200℃)：

$$4C+3O_2 \longrightarrow 2CO_2+2CO$$

$$2CO+O_2 \longrightarrow 2CO_2$$

在此种情况下，碳粒与周围空气中的氧气发生氧化反应，生成CO和CO_2，并不断向外扩散，由于氧气充足，CO与多余的氧气燃烧又生成CO_2。

在较高温度时(t >1200℃)：

$$3C+2O_2 \longrightarrow CO_2+2CO$$

$$C + CO_2 \longrightarrow 2CO$$

在此种情况下，碳粒表面温度升高，与氧气的反应更加剧烈，生成的CO更多，弥散的CO遇氧燃烧生成CO_2，此时，周围环境中的氧气已被消耗殆尽，大量的CO_2附着碳粒表面与其反应生成CO，并向远处扩散。

碳粒表面各种气体的浓度变化如图 2-8(a)(t<1200℃时)和图 2-8(b)(t>1200℃时)所示。

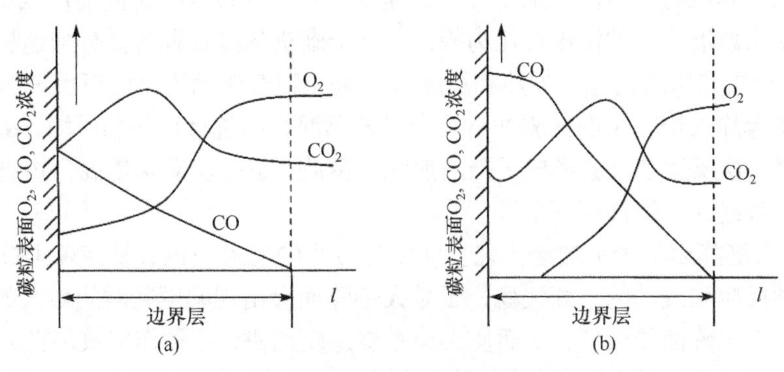

图 2-8　碳粒表面的气体浓度变化

(a) t <1200℃；(b) t >1200℃

煤尘爆炸的导火索是煤尘燃烧产生的热量足以点燃爆炸前方的煤尘云，此时爆炸会不间断地向前传播，如果产生的热量不能点燃爆炸前方的煤尘云时，爆炸会转变为燃烧反应，此过程的关键是煤尘燃烧的放热速度与放热量。

煤尘的燃烧过程可以总结为三个阶段，第一阶段为开始燃烧阶段，煤尘云达到爆炸极限在巷道断面遇到火源引燃，形成火焰球，并向前传播，巷道内的压力和温度在压力波的影响下开始稍有上升；第二阶段为燃烧加剧阶段，燃烧释放大量的热量，推动燃烧以更快的速度向前传播，形成的压力波与前方的压力波叠加，致使压力波的速度达到超声波的速度，作用于未燃区域，此时巷道内煤尘云温度有明显的增加，燃烧继续向前传播；第三阶段是燃烧数衰减阶段，煤尘燃烧和火焰传播距离达到最大值，此时冲击波也达到顶峰，煤尘云被燃烧殆尽，燃烧开始出现衰减，巷道内压力和温度慢慢减小，最后减至声波的速度。

2.2.6　煤尘爆炸火焰传播的加速机理

煤尘爆炸火焰运动的描述常用的物理量是燃烧速度和火焰传播速度。燃烧速度是指火焰沿其法线方向上进入预混可燃混合物的速度，也就是火焰锋面与未燃混合物间的相对速度。火焰传播速度是指火焰沿管道的相对固定坐标系的传播速度。火焰传播是热传导和扩散作用的结果，主要涉及燃烧速度和火焰传播速度，这一过程的始动力来自火焰锋面的燃烧反应，燃烧速度越快，火焰传播的始动力越大，火焰锋面前方的混合物受始动力扰动和推动，向前传播的速度越快。目前煤尘爆炸火焰自加速传播的机理主要有以下四种：

(1) 火焰阵面微分加速机理。火焰阵面的微分加速机理，主要是基于以下两个方面：一方面，在管道煤尘爆炸燃烧时，波后的燃烧产物被闭口限制，从而使燃烧波后的压力和温度迅速升高；另一方面，燃烧形成的压缩波也会提高未燃混合物的温度和压力，从而增加了燃烧的速度，这又反过来再次向前形成压缩波，进一步使未燃混合物的温度和压力提高，这个渐进的过程称为微分加速机理[114]。

(2) 加热和压缩机理。加热和压缩机理是一种气体动力学的正反馈机理，主要是由于爆炸火焰产生的前驱冲击波会对未燃混合物进行加热和压缩，从而加速火焰传播，这反过来又会形成更强的前驱冲击波，进一步对未燃混合物进行加热和压缩，最终使火焰加速到爆轰。

(3) 火焰阵面不稳定加速机理。即使是微小的扰动，也容易使煤尘爆炸过程中的化学反应和流动的平衡失稳，于是火焰阵面会出现幅度随时间增大的皱褶，造成平面火焰阵面的破坏，从而使火焰燃烧速度加快，这种作用效果在火焰点燃阶段要比传播阶段明显得多[115]。导致火焰阵面不稳定的因素还有气体膨胀、扩散热效应、重力等，而预混火焰的自身不稳定性主要存在水力效应、体积效应和扩散热效应这三种不同类型的现象。

(4) 火焰阵面湍流加速机理。煤尘爆炸湍流火焰的形成主要受火焰前未燃混合物流动中雷诺数和火焰传播过程中压力波的影响。与层流火焰不同，湍流火焰中的热量和质量传输不是以分子扩散方式来进行，而主要是以涡团混合来进行。煤尘爆炸火焰传播过程中，由于气体黏性和管壁附面效应，火焰速度在横截面上分布差异很大，火焰面因而产生变形，燃烧面积增大，这样在横截面上，燃烧面积增大，燃烧速度加快，燃烧速度加快又导致火焰传播速度的加速，火焰传播加速又导致火焰阵面更大的变形，最终形成一个极其扭曲的火焰阵面，这就建立起了气体动力学流动结构与火焰燃烧速率之间的正反馈机理——湍流火焰加速机理。在煤尘爆炸燃烧过程中，主要是湍流、冲击波和火焰相互作用，不难想象，某些微小差别的试验条件，就会造成试验现象与结果相差甚大，一般也没有明显的依赖关系。因此，试图用试验参数来校正转变距离，是很困难的[116]。

在煤尘爆炸过程中，加速时间和距离长短、管道具体情况等因素所起作用的大小，决定了火焰传播时，具体哪种机理起主导作用。

煤尘爆炸产生强大破坏作用的能量主要来自于煤尘爆炸时的火焰波，而火焰波的形成和传播情况则通常与着火的难易、煤尘的物理化学性质和状态有着很大的关系，另外还有巷道的形状、壁面粗糙程度、环境温度和湿度等[116]。

2.3　煤尘爆炸传播规律理论分析

煤尘爆炸的破坏作用主要体现在传播阶段，因此为防治煤尘爆炸事故，减少灾害损失，研究煤尘爆炸的传播规律非常必要。煤尘爆炸在空间上可分为爆炸燃烧区和非爆炸燃烧区，爆炸燃烧区内冲击波和火焰是相互耦合的；在非爆炸燃烧区，燃烧不存在、火焰波消失，只剩一般空气冲击波在管道内传播。目前在瓦斯燃烧区内进行的研究较多，有关在煤尘燃烧区内的传播研究较少，而对非燃烧爆炸区瓦斯、煤尘爆炸冲击波的传播规律进行系统定量研究的更少，已有的研究也多是关于直巷道内的。而矿井实际环境并非都是直巷道，爆炸事故发生后，冲击波沿巷道传播，巷道截面突变、拐弯、单向分岔、双向分岔等类型的变化都会影响爆炸冲击波的传播，爆炸事故就在由多种变化类型的井巷组成的复杂网络内传播。传播又分为煤尘空气两相流传播与空气冲击波自由传播，空气冲击波自由传播范围较大，扩大了灾害区域。

基于流体动力学理论，在对煤尘爆炸冲击波传播特性及传播影响因素认识的基础上，研究管道在单向分岔、双向分岔时非煤尘燃烧区内爆炸后空气冲击波传播的数学模型，推导冲击波在单向分岔、双向分岔内传播规律的表达式。

2.3.1　煤尘爆炸冲击波在管道中的传播理论分析

1. 爆炸冲击波在直线巷道中的传播

冲击波在宏观上表现为一个高速运动的高温、高压、高密度曲面或平面，穿过该曲面时介质的压力、密度、温度等物理量都发生急剧的变化，也称间断。在数学上，间断面表现为一个没有厚度的数学平面，各个物理量的空间分布函数在间断面上发生跃变，如图 2-9(a)所示。而实际上，冲击波是具有一定厚度的，约为几个分子平均自由程(约 10^{-8}m 量级)[117]，在这个区间内各物理量发生迅速的变化，变化虽急剧，但仍是连续的，如图 2-9(b)所示。这是因为实际的物质具有黏性和热传导等性质，其耗散效应保证了物理量变化的连续性。而数学上的间断解则是由于在描述运动的流体力学方程中略去了黏性和热传导[118,119]。

而实际中研究的是介质在远远大于分子自由程尺度上的宏观运动，就可以把该区间作为一个数学平面来处理，于是各物理量就发生了如 2-9(a)所示的跃变。但是各物理量在跃变前后的值依然满足理想流体力学方程组的间断面关系式，即质量、动量和能量守恒关系式[117,118]。

分析运动冲击波的传播规律，需借助于驻立冲击波来研究，因此需首先把运动冲击波转化为驻立冲击波，如图 2-10 所示。

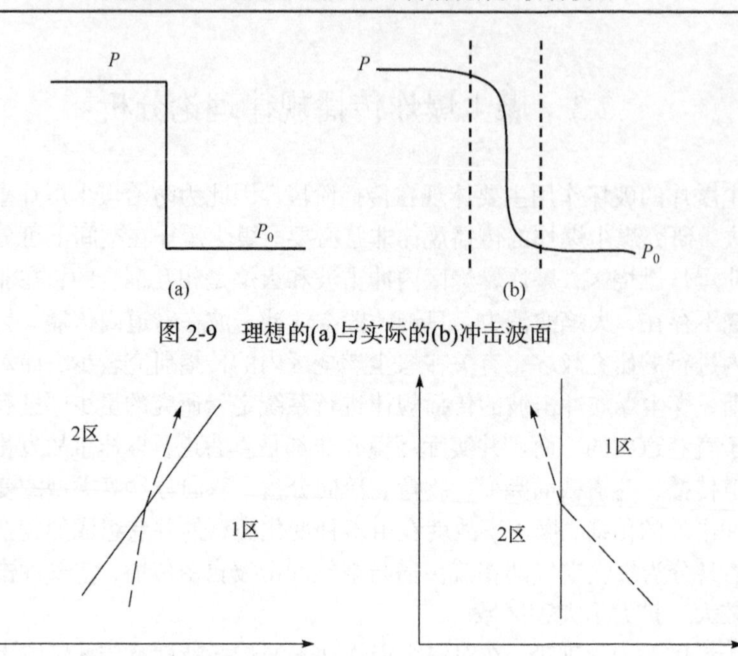

图 2-9 理想的(a)与实际的(b)冲击波面

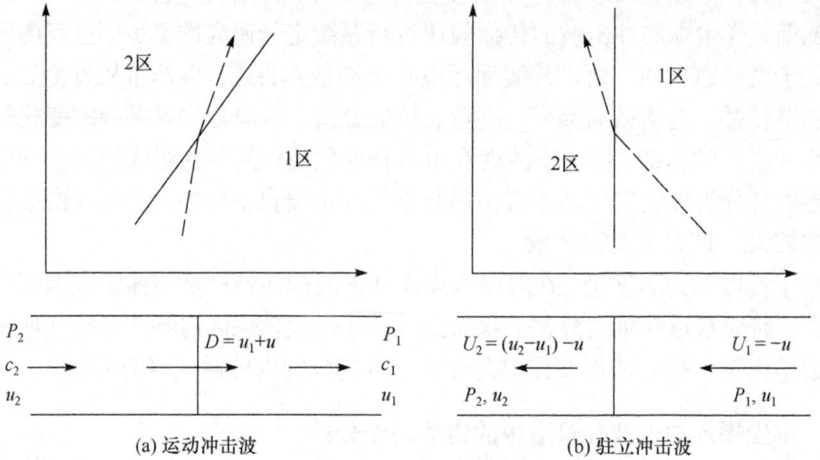

(a) 运动冲击波　　(b) 驻立冲击波

图 2-10 右传冲击波

图 2-10 中，D 为波的绝对速度，u 为相对于波前气流的相对速度，u_1 为波前气流本身的绝对速度。图 2-10(a)表示一道向右传冲击波向参数均匀的 1 区等速传播，冲击波的绝对速度为 $D=u_1+u$，经冲击波作用后形成另一个均匀区 2 区。若一名观察者随冲击波一起运动来观察流体的运动状态，则相当于把原来的流动与一个速度为 $-D=-(u_1+u)$ 的直流匀速叠加起来，冲击波速度则变为零，转化成驻立冲击波[117]。

由此，根据质量、动量、能量守恒关系，就可列出在绝对坐标系中运动冲击波的基本方程：

$$\rho_1(D-u_1)=\rho_2(D-u_2) \tag{2-2}$$

$$P_1+\rho_1(D-u_1)^2=P_2+\rho_2(D-u_2)^2 \tag{2-3}$$

$$e_1+\frac{P_1}{\rho_1}+\frac{1}{2}(D-u_1)^2=e_2+\frac{P_2}{\rho_2}+\frac{1}{2}(D-u_2)^2 \tag{2-4}$$

上述三个方程中共有七个未知数，$P_1,\rho_1,u_1,P_2,\rho_2,u_2$ 和 D, e_1, e_2 为比内能，

可利用方程由 P 和 ρ 求出，不算作未知数。上述七个未知数中有四个参数是独立的，若给定其中任意四个量的值，其余的量可唯一确定。例如，给定了波前状态 P_1,ρ_1,u_1，再给出波后参数中任一个，则其余参量和冲击波速度就可以确定[117,118]。

2. 爆炸冲击波在单向分岔巷道中的传播

冲击波在单向分岔巷道中的传播如图 2-11 所示，巷道 1 到 2 为直线巷道，巷道 3 与直线巷道夹角为 β，冲击波从巷道 1 传入，从 2、3 巷道传出。

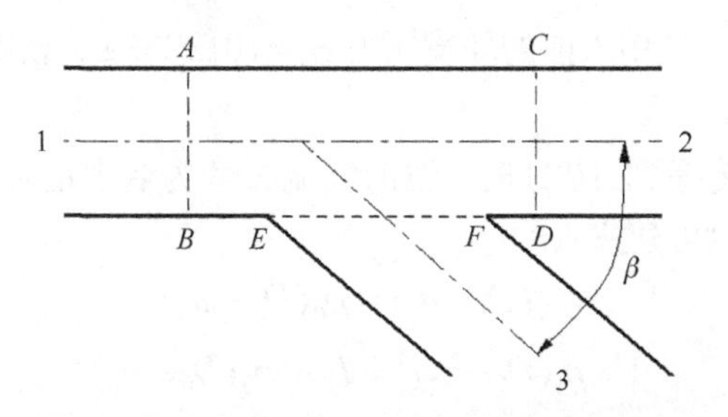

图 2-11　冲击波在单向分岔巷道中传播示意图

由于冲击波传播是空气介质在远远大于分子自由程尺度上的宏观运动，冲击波波阵面的各物理量在跃变前后的值依然是连续的；冲击波压力的数量级一般为 MPa，促使矿井下风流流动压力数量级一般为 Pa，因此风流流动对冲击波的传播影响可以忽略；研究分岔点前后冲击波的衰减规律，由于长度较小，壁面阻力可以忽略。因此，为进行理论推导，对于冲击波在分岔巷道中的传播，可作如下假设：

(1) 设气流为理想气体，忽略巷道的壁面作用力，巷道 1、2、3 的流通面积相等。

(2) 冲击波在巷道 1 中以一维正冲击波传播，到达 AB 处时冲击波受到分岔巷道的影响，形成冲击波的反射、衍射等一系列复杂波系，当冲击波传入巷道 2 一段距离后，到达 CD 处时，冲击波恢复一维正冲击波传播形式。对于传入巷道 3 的冲击波也是如此，冲击波从 EF 口进入巷道 3 一段距离后也以一维正冲击波形式传播。

(3) 在直线巷道中建立控制体，如图 2-12 中的 $ABDC$ 所示。假设入射冲击波从 AB 处瞬间传播到 CD 处后恢复一维正冲击波，波后压力为 P_2，波前压力为环境压力 P_0。由于冲击波瞬间传播可认为冲击波到达 CD 处时 AB 处的气流参数仍为入射时的冲击波参数，即 AB 处的压力为 P_1。冲击波传播到巷道 3 并恢复一维正冲击波后，波后压力为 P_3，波前压力为 P_0。

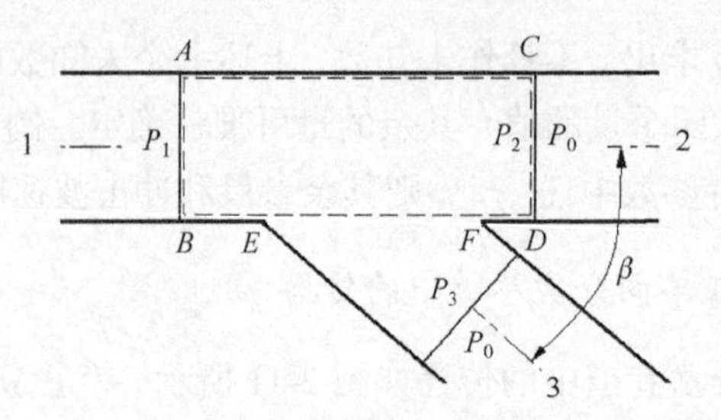

图 2-12　控制体示意图

(4) 设巷道中冲击波传入前的环境压力 $P_0 = 101325\text{Pa}$，密度 $\rho_0 = 1.225\text{kg/m}^3$，速度 $u_0 = 0\text{m/s}$。

当入射冲击波传播到 AB 处时，波前气流参数为巷道的环境参数，根据质量、动量和能量守恒定律可建立：

$$\rho_1(D_1 - u_1) = \rho_0(D_0 - u_0) \tag{2-5}$$

$$P_1 + \rho_1(D_1 - u_1)^2 = P_0 + \rho_0(D_0 - u_0)^2 \tag{2-6}$$

$$e_1 + \frac{P_1}{\rho_1} + \frac{1}{2}(D_1 - u_1)^2 = e_0 + \frac{P_0}{\rho_0} + \frac{1}{2}(D_0 - u_0)^2 \tag{2-7}$$

式中，e_1、e_0 为气体的内能；D_1 为入射冲击波传播速度。根据理想气体状态方程：

$$e = \frac{1}{\gamma - 1}\frac{P}{\rho} \tag{2-8}$$

将式(2-8)代入式(2-7)，整理得

$$\frac{\gamma}{\gamma - 1}\frac{P_1}{\rho_1} + \frac{1}{2}(D_1 - u_1)^2 = \frac{\gamma}{\gamma - 1}\frac{P_0}{\rho_0} + \frac{1}{2}(D_0 - u_0)^2 \tag{2-9}$$

由式(2-5)、式(2-6)、式(2-9)联立求解，得

$$\rho_1 = \rho_0 \frac{(\gamma + 1)P_1 + (\gamma - 1)P_0}{(\gamma + 1)P_0 + (\gamma - 1)P_1} \tag{2-10}$$

$$D_1 - u_0 = \sqrt{\frac{P_1 - P_0}{\rho_1 - \rho_0}\frac{\rho_1}{\rho_0}} \tag{2-11}$$

$$D_1 - u_1 = \sqrt{\frac{P_1 - P_0}{\rho_1 - \rho_0}\frac{\rho_0}{\rho_1}} \tag{2-12}$$

式(2-11)、式(2-12)中由于 $u_0 = 0$，可解出

$$D_1 = \sqrt{\frac{P_1 - P_0\rho_1}{\rho_1 - \rho_0\rho_0}} \tag{2-13}$$

$$u_1 = \sqrt{(P_1 - P_0)\frac{P_1 - \rho_0}{\rho_1\rho_0}} \tag{2-14}$$

入射冲击波的压力 P_1 为已知，再由式(2-10)、式(2-13)、式(2-14)可得入射冲

击波波后的所有气流参数。

通过上述求解入射冲击波波后参数过程，可得出巷道 2 和巷道 3 中出射冲击波的波后各参数。

$$\rho_2 = \rho_0 \frac{(\gamma+1)P_2 + (\gamma-1)P_0}{(\gamma+1)P_0 + (\gamma-1)P_2} \tag{2-15}$$

$$D_2 = \sqrt{\frac{P_2 - P_0\rho_2}{\rho_2 - \rho_0\rho_0}} \tag{2-16}$$

$$u_2 = \sqrt{(P_2 - P_0)\frac{P_2 - \rho_0}{\rho_2\rho_0}} \tag{2-17}$$

式(2-15)、式(2-16)、式(2-17)是巷道 2 中密度、冲击波传播速度、波后气流速度以压力 P_2 为函数的表达式。

$$\rho_3 = \rho_0 \frac{(\gamma+1)P_3 + (\gamma-1)P_0}{(\gamma+1)P_0 + (\gamma-1)P_3} \tag{2-18}$$

$$D_3 = \sqrt{\frac{P_3 - P_0\rho_3}{\rho_3 - \rho_0\rho_0}} \tag{2-19}$$

$$u_3 = \sqrt{(P_3 - P_0)\frac{P_3 - \rho_0}{\rho_3\rho_0}} \tag{2-20}$$

式(2-18)、式(2-19)、式(2-20)是巷道 3 中密度、冲击波传播速度、波后气流速度以压力 P_3 为函数的表达式。

对图 2-12 中的控制体 *ABDC* 建立质量守恒方程，单位时间流入控制体的质量为 $\rho_1 u_1$，从巷道 2 流出的质量为 $\rho_2 u_2$，从控制体 *EF* 处流出的质量就是巷道 3 流出的质量 $\rho_3 u_3$，因此有

$$\rho_1 u_1 = \rho_2 u_2 + \rho_3 u_3 \tag{2-21}$$

对图 2-12 中的控制体 *ABDC* 建立沿直线巷道方向的动量守恒方程。由假设可知 *AB* 处的状态参数为 ρ_1、u_1、P_1。在 *CD* 处控制面取在冲击波的左边，即该处气流参数为巷道 2 的出射冲击波波后压力。取控制体随巷道 2 处的出射冲击波一起运动。对于 *EF* 处流出控制体的动量，由于此处正处于分岔处，冲击波系复杂，因此无法确定其准确的流入动量。*ABDC* 控制体是把坐标系建立在巷道 2 中的冲击波上，而此时巷道 3 中的冲击波相对于控制体是非定常的，为了在控制体上建立巷道 3 的冲击波关系，这里相对地改变巷道中冲击波前气流的初始速度，在巷道 2 中相当于一股气流以速度 D_2 从巷道 2 向巷道 1 中运动，同时巷道 3 中也是一样。因此在巷道 3 中冲击波后气流速度变成 $(D_2 - u_3)$，从 *EF* 处流入控制体的

动量在巷道 1 轴向方向上的分量就为 $\rho_3(D_2-u_3)^2\cos^2\beta$。根据以上分析，可得动量方程：

$$P_1+\rho_1(D_2-u_1)^2=P_2+\rho_2(D_2-u_0)^2+\rho_3(D_2-u_3)^2\cos^2\beta \tag{2-22}$$

为了求出 P_2、P_3 的值，将式(2-15)代入式(2-16)，得

$$D_2=\sqrt{\frac{(\gamma+1)P_2+(\gamma-1)P_0}{2\rho_0}} \tag{2-23}$$

将式(2-15)代入式(2-17)，得

$$u_2=(P_2-P_0)\sqrt{\frac{2}{\rho_0[(\gamma+1)P_2+(\gamma-1)P_0]}} \tag{2-24}$$

将式(2-18)代入式(2-20)，得

$$u_3=(P_3-P_0)\sqrt{\frac{2}{\rho_0[(\gamma+1)P_3+(\gamma-1)P_0]}} \tag{2-25}$$

由式(2-15)、式(2-18)、式(2-23)、式(2-24)、式(2-25)得出，ρ_2、ρ_3、D_2、u_2、u_3 分别为 P_2 或 P_3 的函数，将这些函数关系式代入式(2-21)和式(2-22)，通过联立求解式(2-21)和式(2-22)就得到 P_2、P_3。

在给定初始压力的条件下，利用方程组(2-26)就可以求出 P_1/P_2、P_1/P_3，从而可得出单向分岔巷道中直线巷道、分岔支线巷道的衰减系数，得出爆炸冲击波在单向分岔巷道内的传播规律。

$$\begin{cases}\rho_1=\rho_0\dfrac{(\gamma+1)P_1+(\gamma-1)P_0}{(\gamma+1)P_0+(\gamma-1)P_1}\\ \rho_2=\rho_0\dfrac{(\gamma+1)P_2+(\gamma-1)P_0}{(\gamma+1)P_0+(\gamma-1)P_2}\\ \rho_3=\rho_0\dfrac{(\gamma+1)P_3+(\gamma-1)P_0}{(\gamma+1)P_0+(\gamma-1)P_3}\\ D_2=\sqrt{\dfrac{(\gamma+1)P_2+(\gamma-1)P_0}{2\rho_0}}\\ u_2=(P_2-P_0)\sqrt{\dfrac{2}{\rho_0[(\gamma+1)P_2+(\gamma-1)P_0]}}\\ u_3=(P_3-P_0)\sqrt{\dfrac{2}{\rho_0[(\gamma+1)P_3+(\gamma-1)P_0]}}\\ \rho_1u_1=\rho_2u_2+\rho_3u_3\\ P_1+\rho_1(D_2-u_1)^2=P_2+\rho_2(D_2-u_0)^2+\rho_3(D_2-u_3)^2\cos^2\beta\end{cases} \tag{2-26}$$

该方程组求解较为复杂，通过程序进行循环迭代求解比较快捷方便，因此采用 Fortran 语言编写了相应的求解程序，求解过程如图 2-13 所示。

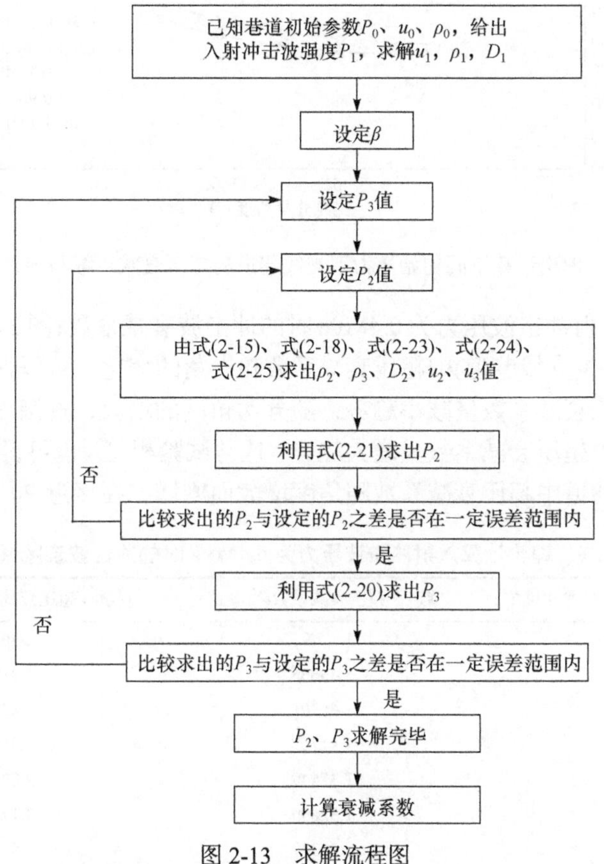

图 2-13　求解流程图

表 2-3、图 2-14 是理论计算的单向分岔巷道内不同初始压力下支线巷道的超压衰减系数随分岔角的变化情况，从中可以得出，随初始压力的增加，其衰减系数呈增加的趋势，与试验结果一致。

表 2-3　理论计算不同初始压力单向分岔巷道中支线的冲击波衰减系数

单向分岔巷道支线分岔角度/(°)	0.3MPa	0.5MPa	0.7MPa	0.9MPa	1.1MPa
20	1.7279	1.8134	1.8590	1.8874	1.9068
30	1.7610	1.8489	1.8957	1.9249	1.9449
40	1.8157	1.9075	1.9565	1.9871	2.0080
50	1.9057	2.0040	2.0565	2.0893	2.1118
60	2.0633	2.1728	2.2315	2.2682	2.2934
70	2.3837	2.5159	2.5871	2.6319	2.6626
80	3.3258	3.5240	3.6320	3.7005	3.7478

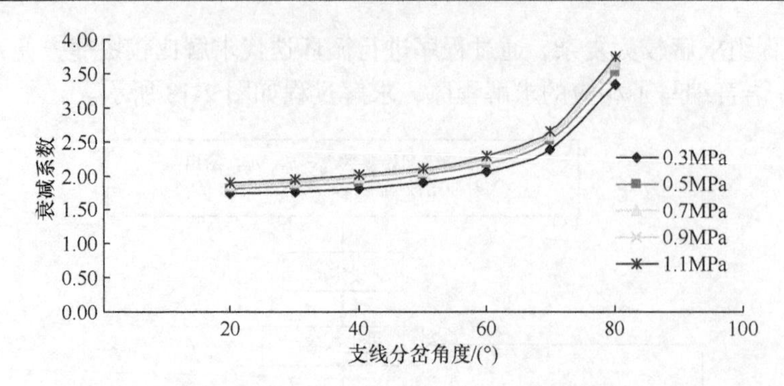

图 2-14　理论计算不同初始压力下支线巷道的超压衰减系数与夹角的变化

表 2-4 为入射冲击波压力为 0.4MPa 时的冲击波衰减系数,图 2-15 为巷道 2(直线巷道)和巷道 3(支线巷道)中超压衰减系数随夹角的变化。可以得出在 90°以下直线巷道中超压衰减系数呈减小趋势，随分岔角度的增大，逐渐靠近于 1。单向分岔支线巷道中超压衰减系数呈增大趋势，这与试验相符。也可得出大于 70°时，单向分岔支线巷道中超压衰减系数随角度增大而剧增，在接近 90°时误差较大。

表 2-4　理论计算入射冲击波压力为 0.4MPa 时的冲击波衰减系数

单向分岔巷道支线分岔角度/(°)	巷道 2 超压衰减系数(直巷道)	巷道 3 超压衰减系数(支线巷道)
10	1.47796	1.80009
20	1.46666	1.81889
30	1.44701	1.85368
40	1.41767	1.91127
50	1.37649	2.00605
60	1.32009	2.17193
70	1.24327	2.50912
80	1.13809	3.50081
85	1.07195	5.39551
87	1.04307	7.82373
89	1.01379	19.45013

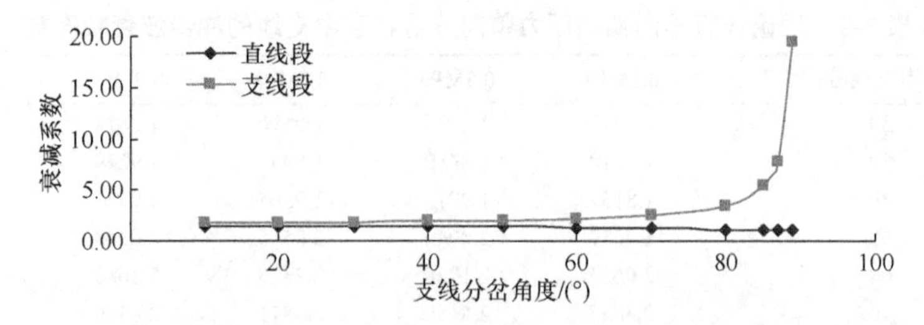

图 2-15　单向分岔巷道中直线段和支线段的超压衰减系数随夹角变化

一般空气区煤尘爆炸冲击波在单向分岔巷道内的传播规律的理论推算公式分析如下：

(1) 将冲击波的基本间断关系式应用到单向分岔巷道情况下，建立了单向分岔巷道情况下爆炸冲击波两侧间断关系式，得到一般空气区煤尘爆炸冲击波在单向分岔情况下的直线巷道、分岔支线巷道内的压力计算公式。在已知初始条件下，不需要给定冲击波的传播速度，能够直接计算出冲击波在单向分岔巷道内分岔点后的压力变化规律。

(2) 理论分析推算出单向分岔巷道分岔点后直线段、支线段的压力表达式，从而可以求出相应衰减系数，P_0、β 是已知数，在给定入射波强度 P_1 的情况下就能够计算出单向分岔巷道内直线段、支线段的冲击波压力 P_2、P_3，基于 Fortran 语言编制了计算程序。

(3) 单向分岔巷道在分岔点处冲击波的反射非常复杂，出射波在单向分岔点后沿分岔直线段、支线段内的规则传播，是理想情况。在实际过程中，爆炸冲击波在分岔处要经历多次反射，传播一定的距离后才能看作沿管道拐弯后方向规则传播。试验布置测点考虑此种情况，测点选择在岔点 6 倍管径后。

(4) 推导单向分岔巷道内直线段、支线段压力计算的过程中，认为冲击波的传播速度不变，这与实际情况有误差。冲击波经过巷道分岔处，其波长、速度、压力等都会改变，爆炸冲击波经过巷道分岔处时会产生斜激波、附体波、脱体波，使得在此呈现非常复杂的状态。过分岔点后冲击波传播方向不一定和管道分岔后的传播方向一致，随分岔角度的增大，斜激波的反射角度越来越大，甚至造成回流。而在理论推导过程中均未考虑到这些因素的影响，因此推导出的压力计算公式，在支线分岔角小于 70°的情况下与试验结果吻合，随分岔角度增大，计算衰减系数差值增大。

3. 爆炸冲击波在双向分岔管道中的传播

冲击波在双向分岔巷道中传播如图 2-16 所示，入射冲击波从巷道 1 中传入巷道 2、巷道 3。

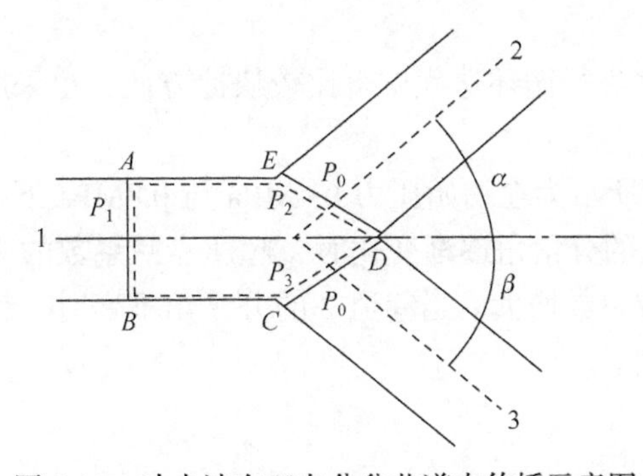

图 2-16　冲击波在双向分岔巷道中传播示意图

在分岔处建立控制体 *ABCDE*，在此所作的假设和前面一样。在控制体上建立沿巷道 1 轴向方向的动量守恒方程，设控制体随 D_2 在巷道 1 流向上的分量速度运动，可有

$$P_1+\rho_1(u_1-D_2\cos\alpha)^2=P_2\cos\alpha+\rho_2(u_2\cos\alpha-D_2\cos\alpha)^2+P_3\cos\beta+\rho_3(u_3\cos\beta-D_2\cos\beta)^2 \tag{2-27}$$

由于双向分岔巷道中的冲击波传播公式推导与单向分岔的区别就在于式 (2-27)和式(2-22)不同，其他推导过程均一样，在这里不再重复叙述。

$$\begin{cases}\rho_1=\rho_0\dfrac{(\gamma+1)P_1+(\gamma-1)P_0}{(\gamma+1)P_0+(\gamma-1)P_1}\\ \rho_2=\rho_0\dfrac{(\gamma+1)P_2+(\gamma-1)P_0}{(\gamma+1)P_0+(\gamma-1)P_2}\\ \rho_3=\rho_0\dfrac{(\gamma+1)P_3+(\gamma-1)P_0}{(\gamma+1)P_0+(\gamma-1)P_3}\\ D_2=\sqrt{\dfrac{(\gamma+1)P_2+(\gamma-1)P_0}{2\rho_0}}\\ u_2=(P_2-P_0)\sqrt{\dfrac{2}{\rho_0[(\gamma+1)P_2+(\gamma-1)P_0]}}\\ u_3=(P_3-P_0)\sqrt{\dfrac{2}{\rho_0[(\gamma+1)P_3+(\gamma-1)P_0]}}\\ \rho_1u_1=\rho_2u_2+\rho_3u_3\\ P_1+\rho_1(u_1-D_2\cos\alpha)^2=P_2\cos\alpha+\rho_2(u_2\cos\alpha-D_2\cos\alpha)^2\\ \qquad+P_3\cos\beta+\rho_3(u_3\cos\beta-D_2\cos\beta)^2\end{cases} \tag{2-28}$$

在给定初始压力的条件下，利用方程组(2-28)就可以求出 P_1/P_2、P_1/P_3，从而可得出双向分岔巷道中巷道 2、巷道 3 的衰减系数，得出爆炸冲击波在双向分岔巷道内的传播规律。

同样，通过程序进行循环迭代求解比较快捷方便，也采用 Fortran 语言编写了相应的求解程序。

表 2-5、图 2-17 所示为在初始压力 0.4MPa 与 0.8MPa 下，巷道 2 的分岔角为 30°不变时，巷道 3 的分岔角逐渐变化时，超压衰减系数的变化。可以得出初始压力增大，超压衰减系数增大。当巷道 2 的分岔角不变时，巷道 3 的衰减系数随分岔角的增大而增大。

表 2-5　巷道 2 的分岔角为 30°时巷道 3 的超压衰减系数随巷道 3 夹角的变化

巷道 3 夹角/(°)	0.4MPa	0.8MPa
20	1.4457	1.7699
30	1.6221	1.9566
40	1.7292	2.0848
50	1.9002	2.3178
60	2.1822	2.5902
70	2.7430	3.3056

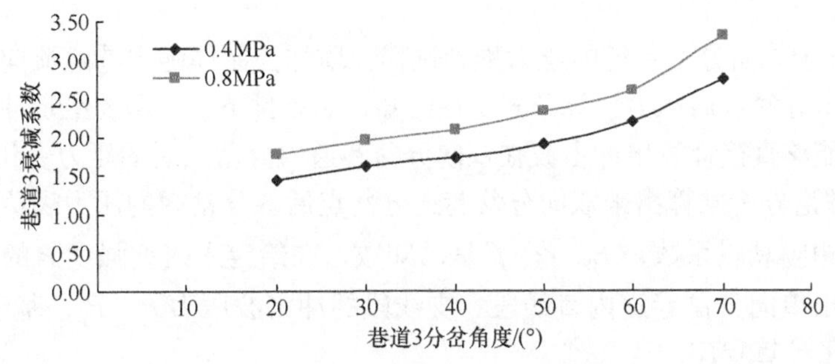

图 2-17　巷道 2 的分岔角为 30°时巷道 3 的超压衰减系数随巷道 3 夹角的变化

表 2-6、图 2-18 对应于表 2-5、图 2-17 巷道 2 中超压衰减系数变化情况。从图中可以得出，巷道 2 在夹角不变时，超压衰减系数随巷道 3 夹角变大而变小，而其衰减系数均随初始压力的增大而增大。

表 2-6　巷道 2 的分岔角为 30°时的巷道 2 的超压衰减系数随巷道 3 夹角的变化

巷道 3 夹角/(°)	0.4MPa	0.8MPa
20	2.2124	2.5352
30	2.1292	2.4423
40	1.9683	2.2652
50	1.7879	2.0835
60	1.5786	1.8652
70	1.2743	1.5387

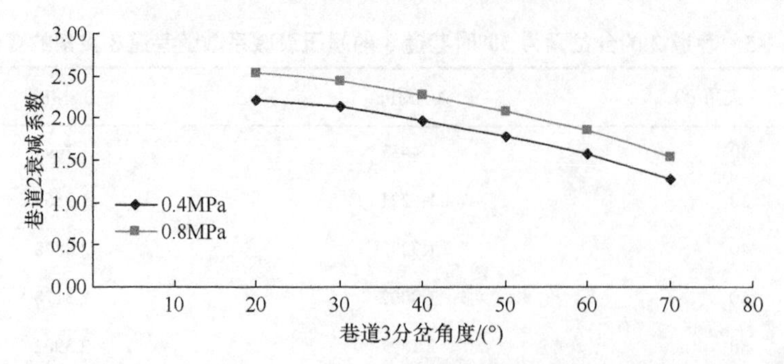

图 2-18　巷道 2 的分岔角为 30°时巷道 2 的超压衰减系数随巷道 3 夹角的变化

一般空气区煤尘爆炸冲击波在双向分岔巷道内的传播规律的理论推算公式分析如下：

(1) 基于单向分岔巷道的压力推导过程，增加控制体随主巷道流向上的分量速度推导出分岔点后压力计算公式。在已知初始条件下，不需要给定冲击波的传播速度，能够直接计算出冲击波在双向分岔巷道内分岔点后的压力变化规律。

(2) 理论分析推算出来双向分岔巷道分岔点后各分岔内的压力表达式，从而可以求出相应衰减系数，P_0、α、β 是已知数，在给定入射波强度 P_1 的情况下就能够计算出单向分岔巷道内直线段、支线段的冲击波压力 P_2、P_3，基于 Fortran 语言编制了计算程序。

(3) 双向分岔巷道在分岔点处冲击波的反射非常复杂，出射波在分岔点后沿各分岔进行规则传播，是理想情况。在实际过程中，爆炸冲击波在分岔处要经历多次反射，传播一定的距离后才能看作沿管道拐弯后方向规则传播。

(4) 基于单向分岔巷道的压力推导过程，得出双向分岔巷道各巷道的压力计算，也是认为冲击波的传播速度不变，这与实际情况有误差。冲击波经过巷道分岔处，其波长、速度、压力等都会改变，爆炸冲击波经过巷道分岔处时会产生斜激波、附体波、脱体波，使得在此呈现非常复杂的状态。过分岔点后冲击波传播方向不一定和管道分岔后的传播方向一致，在双向分岔巷道内，随分岔角度的增大，斜激波的反射角度也越来越大，甚至造成回流。同样在理论推导过程中也未考虑这些因素的影响，因此推导出的压力计算公式，在分岔角小于 70°的情况下适用，随分岔角度增大，计算衰减系数差值较大。

4. 冲击波传播规律理论与试验对比分析

(1) 单向分岔巷道的传播规律理论与试验对比。图 2-19、图 2-20 所示是巷道 2 和巷道 3 中超压衰减系数随夹角的变化，入射冲击波压力为 0.4MPa。可以理论计算出直线巷道中超压衰减系数与试验结果基本一致，均呈逐渐减小趋势，随单向分岔角度的增大，其衰减系数趋向于 1。单向分岔支线巷道中超压衰减系数呈增大趋势，分岔角度不大于 70°时，随着分岔角的增大，其差值增大，与试验结果趋势一致。

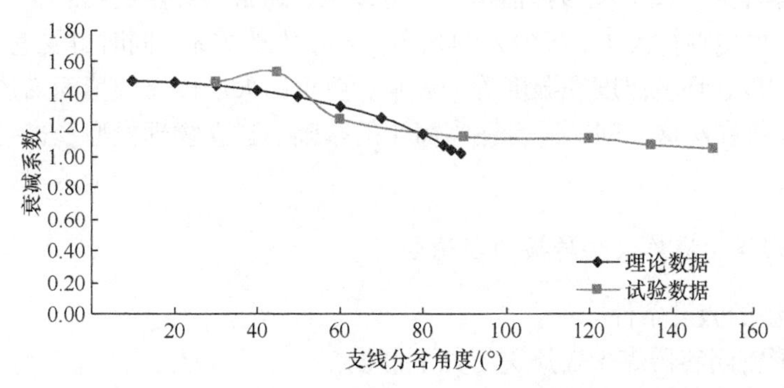

图 2-19　单向分岔巷道直线段冲击波衰减系数对比图

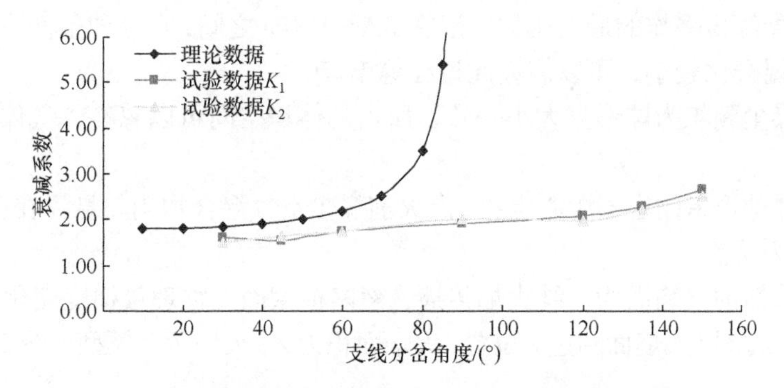

图 2-20　单向分岔巷道支线段冲击波衰减系数对比图

(2) 双向分岔巷道的传播规律理论与试验对比。图 2-17 是在初始压力 0.4MPa 与 0.8MPa 下，巷道 2 的夹角为 30°不变时，巷道 3 夹角逐渐变化时，超压衰减系数的变化。可以得出初始压力增大，超压衰减系数增大。图 2-18 对应于图 2-17 巷道 2 中超压衰减系数变化，从图中可以得出，巷道 2 在夹角不变时，超压衰减系数随巷道 3 夹角变大而变小。分岔角度不大于 70°时与试验结果相符。

(3) 在理论推导计算中，首先由运动冲击波转变为驻立冲击波按一维正冲击波传播，假设为理想气体，忽略巷道的壁面力，没考虑分岔处冲击波复杂的反射作用，使得分岔角度在接近 90°、大于 90°时，推导出的压力计算公式误差偏大。而 70°以下与试验结果相吻合，在低分岔角度下，用来计算分岔情况下的冲击波传播规律是可行的。

(4) 经试验对比分析，在大于 70°的分岔巷道中的超压衰减系数以 70°时的值代替，可按 0°～60°范围内各种分岔巷道的衰减系数的变化梯度来取值，基本符合试验结果。

2.3.2 煤尘爆炸火焰传播理论分析

煤尘爆炸火焰波形成与传播情况十分复杂，通常与煤尘的物理化学性质、着火的难易、煤尘颗粒大小、煤尘云的状态有着很大的关系，同时也受巷道的形状、壁面粗糙程度、环境温度和湿度等的影响，要给出火焰传播的精确描述公式难度很大，因此将在对这一问题进行适当简化的基础上建立物理模型及进行相关公式的推导。

1. 球形煤尘爆炸火焰传播的理论分析

1) 模型的假设条件

对球形密闭容器煤尘爆炸进行如下假设：

(1) 已反应区温度与未反应区温度始终相等。由前期球形爆炸试验知 20L 球形密闭容器煤尘爆炸的最大压力一般在 0.6～1MPa 之间，在这种条件下绝热压缩所产生的温升比较小，可以假设此过程等温[75]。

(2) 煤尘颗粒为球形且大小一致，所占的体积空间可以忽略，气体均为理想气体。

(3) 在球形密闭容器中心点火，点火前煤尘空气混合物均匀悬浮在密闭空间，同时火焰为层流。

(4) 传播的火焰面为一维火焰传播，忽略横截面上物理量梯度变化。

另外，时刻 t 火焰面到达 r 位置，火焰面积为 A，火焰运动模型如图 2-21 所示。

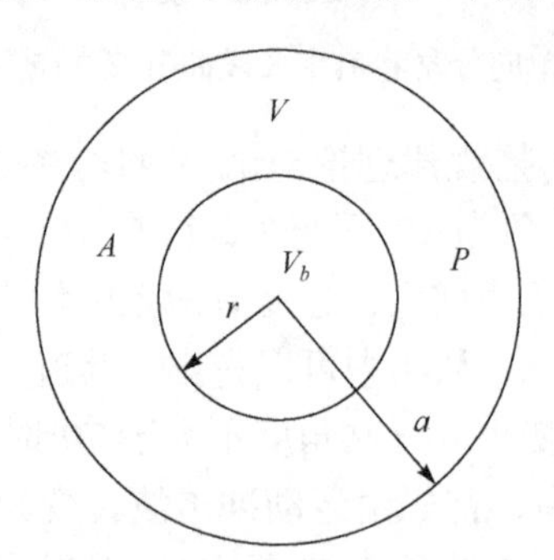

图 2-21　球形密闭容器火焰运动简化模型

V-容器中反应物总体积；V_b-反应后煤尘空气混合物体积；P-绝对压力；a-反应容器半径

2) 煤尘燃烧产物质量变化速率

煤尘总质量等于未燃煤尘质量 m_u 和已然煤尘质量 m_b 的和，即

$$m = m_u + m_b \tag{2-29}$$

若用 $\overline{m_u}$ 和 $\overline{m_b}$ 分别表示未燃和已燃煤尘的平均分子量，n_u 和 n_b 分别表示未燃

和已燃煤尘物质的量，则有

$$n_u = \frac{m - \overline{m_b} n_b}{\overline{m_u}} \tag{2-30}$$

如果火焰阵面以速度 v 向外扩展，而在驻火焰阵面上看，煤尘空气混合物以速度 v 流入火焰阵面，湍流系数为 α，则单位时间内流入火焰面的质量为

$$\frac{\mathrm{d}m_u}{\mathrm{d}t} = -\rho_u A \alpha v \tag{2-31}$$

式中，m_u 为流入火焰面的煤尘质量；ρ_u 为煤尘空气混合物的密度；A 为火焰阵面面积。

若密度用状态方程中压力来表述，则有

$$\frac{\mathrm{d}n_u}{\mathrm{d}t} = -\frac{P}{RT_u} A \alpha v \tag{2-32}$$

式中，P 为绝对压力；n_u 为流入火焰阵面的未燃煤尘物质的量。

将式(2-30)代入式(2-32)中，并写成微分形式，则得

$$\frac{\mathrm{d}n_b}{\mathrm{d}t} = -\frac{AP\overline{m_u}}{RT_u \overline{m_b}} \alpha v \tag{2-33}$$

式中，速度 v 等于化学输送速度 S_t 或垂直于火焰阵面的速度，即未燃混合物进入火焰阵面的速度。试验数据表明，此输运速度随未燃混合物的压力及温度而变化。

$$v = S_t \approx \frac{T_u^2}{P^{\beta}} \tag{2-34}$$

此输运速度可用经验式表述为

$$S_t = K_\mathrm{r} \left(\frac{T_u}{T_\mathrm{r}} \right)^2 \left(\frac{P_\mathrm{r}}{P} \right)^{\beta} \tag{2-35}$$

式中，K_r 为在参考温度 T_r 和参考压力 P_r 时测定的燃烧速度。

将式(2-35)代入式(2-33)，可得

$$\frac{\mathrm{d}n_b}{\mathrm{d}t} = \frac{\alpha K_\mathrm{r} T_u A P \overline{m_u}}{R T_\mathrm{r}^2 \overline{m_b}} \left(\frac{P_\mathrm{r}}{P} \right)^{\beta} \tag{2-36}$$

3) 压力上升速率

对等温系统，反应前煤尘空气混合物和反应后煤尘空气混合物的状态方程分别为

$$PV_u = n_u RT_u \tag{2-37}$$

$$PV_b = n_b RT_b \tag{2-38}$$

在反应系统中，依据质量守恒关系，则有

$$m = \overline{m_u} n_u + \overline{m_b} n_b \tag{2-39}$$

$$V = V_b + V_u \tag{2-40}$$

式中，m 和 V 分别为容器中反应物总质量和总体积。

对等温系统，注脚为 0 和 u、b 和 m 的同一类系统变量，在数值上是相等的，则有

$$\frac{P_0}{P_m} = \frac{\dfrac{n_t RT_u}{V_0}}{\dfrac{n_f RT_b}{V_0}} \approx \frac{T_u}{T_b} \tag{2-41}$$

式中，P_0 为初始压力；P_m 为终态压力，即最大压力；n_t 和 n_f 分别为初态和终态的物质的量，$n_t = n_f$。

在式(2-36)中，可以进一步进行如下简化：若 K_r 为常温下测得的燃速，则参考温度等于室温，即 $T_\mathrm{r} = T_0$。而在等温模型中，未反应煤尘气体混合物的温度是等温的，即等于常温，即 $T_u = T_0$ 或者 $T_u = T_\mathrm{r}$。若进一步假设压力升高对燃速影响不大，即 $\beta = 0$，则式(2-36)可简化为

$$\frac{\mathrm{d}n_b}{\mathrm{d}t} = \frac{\alpha K_\mathrm{r} AP}{RT_u} \tag{2-42}$$

由式(2-37)～式(2-39)，可以将式(2-36)质量变化速率形式换成压力上升速率的形式：

$$\frac{\mathrm{d}P}{\mathrm{d}t} = \frac{\alpha K_\mathrm{r} APP_\mathrm{m}}{VP_0} - \frac{\alpha K_\mathrm{r} AP}{V} \tag{2-43}$$

将火焰面积 A 用压力 P 来表达，则积分式(2-43)可得到压力发展过程。

由未反应状态方程

$$PV_u = n_u RT_u \tag{2-44}$$

或

$$P(V - V_b) = (n_0 - n_b)R\left(\frac{P_0}{P_\mathrm{m}} T_\mathrm{m}\right) \tag{2-45}$$

可有

$$P(V - V_b) = P_0 V - \frac{P_0}{P_\mathrm{m}} PV_b \tag{2-46}$$

或
$$V_b = V\frac{1-P_0/P}{1-P_0/P_{\mathrm{m}}} \tag{2-47}$$

$$V_b = \frac{4}{3}\pi r^2 \tag{2-48}$$

$$A = 4\pi r^2 = 4\pi\left(\frac{3V_b}{4\pi}\right)^{2/3} = 4\pi\left[\frac{3VP_{\mathrm{m}}(P-P_0)}{4\pi P(P_{\mathrm{m}}-P_0)}\right]^{2/3} \tag{2-49}$$

$$\frac{A}{V} = \frac{3}{a}\left[\frac{P_{\mathrm{m}}(P-P_0)}{P(P_{\mathrm{m}}-P_0)}\right]^{2/3} \tag{2-50}$$

将式(2-50)代入式(2-43)，则得球形密闭容器中爆炸时压力上升速率公式为

$$\frac{\mathrm{d}P}{\mathrm{d}t} = \frac{3\alpha K_{\mathrm{r}}P_{\mathrm{m}}^{2/3}}{aP_0}(P_{\mathrm{m}}-P_0)^{1/3}\left(1-\frac{P_0}{P}\right)^{2/3}P \tag{2-51}$$

或
$$\frac{\mathrm{d}P}{\left(1-\frac{P_0}{P}\right)^{2/3}P} = \frac{3\alpha K_{\mathrm{r}}P_{\mathrm{m}}^{2/3}}{aP_0}(P_{\mathrm{m}}-P_0)^{1/3}\mathrm{d}t$$

令
$$Y = \left(1-\frac{P_0}{P}\right)^{1/3}$$

则有
$$\frac{\mathrm{d}P}{\left(1-\frac{P_0}{P}\right)^{2/3}P} = \frac{3\mathrm{d}y}{1-y^2}$$

于是式(2-51)可写成：

$$\frac{\mathrm{d}y}{1-y^3} = \frac{\alpha K_{\mathrm{r}}P_{\mathrm{m}}^{2/3}}{aP_0}(P_{\mathrm{m}}-P_0)^{1/3}\mathrm{d}t \tag{2-52}$$

在 $P_0 \leqslant P \leqslant 2P_0$ 压力范围内，上式有近似解：

$$P = P_0 + (P_{\mathrm{m}}-P_0)\left(\frac{P_{\mathrm{m}}}{P_0}\right)^2\frac{\alpha^3K_{\mathrm{r}}^3t^3}{a^3} \tag{2-53}$$

或用容器体积 V 来表达，则有

$$P = P_0 + \frac{4\pi}{3}(P_{\mathrm{m}}-P_0)\left(\frac{P_{\mathrm{m}}}{P_0}\right)^2\frac{\alpha^3K_{\mathrm{r}}^3t^3}{V} \tag{2-54}$$

Zabetakis 曾提出如下形式的经验式：

$$P = P_0 + \frac{KP_0K_r^3t^3}{V} \tag{2-55}$$

将式(2-55)与式(2-53)比较，可知

$$K = \frac{\alpha^3(P_m - P_0)\left(\frac{P_m}{P_0}\right)^2}{a^3P_0} \tag{2-56}$$

即经验式中的常数K与湍流因子α、终态压力P_m、初始压力P_0及容器尺寸有关。

4) 火焰传播速度

球形密闭容器中爆炸的火焰面运动速度可用前述类似的方法求得。将式(2-46)对t求导，可得

$$\frac{dV_b}{dt} = \frac{VP_0}{(1-P_0/P_m)P^2}\frac{dP}{dt} \tag{2-57}$$

而

$$\frac{dV_b}{dt} = A\frac{dr}{dt} \tag{2-58}$$

$$\frac{dP}{dt} = \frac{\alpha K_r(P_m - P_0)AP}{VP_0} \tag{2-59}$$

这样就可得到火焰速度的表达式：

$$\frac{dr}{dt} = \frac{\alpha K_r P_m}{P_0}\left[1 - \frac{r^3}{\alpha^3}\left(1 - \frac{P_0}{P_m}\right)\right] \tag{2-60}$$

$$\frac{dr}{1 - \frac{r^3}{\alpha^3}\left(1 - \frac{P_0}{P_m}\right)} = \frac{\alpha K_r P_m}{P_0}dt \tag{2-61}$$

用于解式(2-51)类似的方法，可解此方程而求得r、t的关系。

5) 对参数计算精度的改进

在前述等温爆炸模型中做了如下基本假设：燃烧面前方未反应煤尘气体混合物的温度在爆炸发展过程中是不变的，即$T_u = T_i =$常数；燃烧面后方已反应煤尘气体混合物的温度T_b也是不变的，即$T_b = T_m =$常数。实际上，T_u及T_b都随容器中压力的升高而变化。由于火焰面扩展速度较快，过程可近似看作绝热过程，而绝热压缩使未燃气体温度升高，即

$$T_u = T_0\left(\frac{P}{P_0}\right)^{1-\frac{1}{r_u}} \tag{2-62}$$

$$T_b = T_{\mathrm{m}}\left(\frac{P}{P_{\mathrm{m}}}\right)^{1-\frac{1}{r_b}} \tag{2-63}$$

为简化起见，设 $r_u = r_b$，则类似于等温爆炸系统中的式(2-47)，对绝热爆炸系统有

$$V = V_b \frac{1-\left(\frac{P_0}{P}\right)^{\frac{1}{r}}}{1-\left(\frac{P_0}{P_{\mathrm{m}}}\right)^{\frac{1}{r}}} \tag{2-64}$$

同样，也可推导得到压力上升速率和火焰速度表达式：

$$\frac{\mathrm{d}P}{\mathrm{d}t} = \frac{\gamma\alpha K_{\mathrm{r}} S P_{\mathrm{r}}^{\beta} P^{\frac{2}{\mathrm{m}^3}}}{V P_0^{2-1/\gamma}} (P_{\mathrm{m}}^{1/\gamma} - P_0^{1/\gamma})^{1/3} \left[1-\left(\frac{P_0}{P}\right)^{1/\gamma}\right]^{2/3} P^{3-\frac{2}{\gamma}-\beta} \tag{2-65}$$

$$\frac{\mathrm{d}r}{\mathrm{d}t} = \frac{\alpha K_{\mathrm{r}} P_{\mathrm{r}}^{\beta} P_{\mathrm{m}}^{1/\gamma}}{P_0^{1/\gamma+\beta}} \left\{1-\left[1-\left(\frac{P_0}{P_{\mathrm{m}}}\right)^{1/\gamma}\right]\frac{r^3}{\alpha^3}\right\}^{3-2\gamma-\beta\gamma} \tag{2-66}$$

在式(2-65)及式(2-66)的推导中已考虑到压力对燃速的影响，即 $\beta \neq 0$，因此用它们计算所得结果比等温系统 $\beta = 0$ 的情况更符合试验值。

2. 管道煤尘爆炸火焰传播的理论分析

1) 火焰传播距离的估算公式

前述管道煤尘试验模型如图 2-22 所示，点火前煤尘云分布长度为 L_0，右端开口面积为 A_v，从最左端封闭处点火。由前述分析知道，煤尘爆炸时，未反应区煤尘随着膨胀气流不断右移，火焰传播与反应煤尘存在着瞬时对应关系，火焰传播所到之处，必然有煤尘气体混合物在反应，煤尘消失，火焰也随之熄灭。试验中火焰多数到达 L_2 右端前后，不妨假定火焰传播到右端 L_2，在火焰传播到 L_2 右端消失前，火焰面的煤尘浓度始终至少应大于煤尘爆炸浓度的下限 $\rho_{下}$，假设将原有煤尘以浓度 $\rho_{下}$ 重新在管道中不断向右能均匀分布到 L_2 右端，此处即是火焰有可能传播到最远的情况，由此可以进行如下估算：

$$\rho_0 V_0 = \rho_{下} V_2 \tag{2-67}$$

式中，ρ_0 为初始煤尘浓度；V_0 为初始煤尘云分布的体积；$\rho_{下}$ 为该煤尘爆炸浓度的下限(煤尘爆炸浓度一般为 0.02～1kg/m^3，可以取 $\rho_{下}$=0.02kg/m^3)；V_2 为煤尘以

浓度 $\rho_下$ 重新在管道中不断向右能均匀分布的体积。

由
$$V_2 = V_0 + (L_1 + L_2 - x')A_v \tag{2-68}$$
代入式(2-67)，得
$$\rho_0 V_0 = \rho_下 [V_0 + (L_1 + L_2 - x')A_v]$$
变换得
$$x' = L_1 + L_2 - \frac{\frac{\rho_0 V_0}{\rho_下} - V_0}{A_v} = L_1 + L_2 + \frac{V_0}{A_v} - \frac{\rho_0 V_0}{A_v \rho_下} \tag{2-69}$$
式中，x' 为估算的火焰可能传播到的最远距离值。

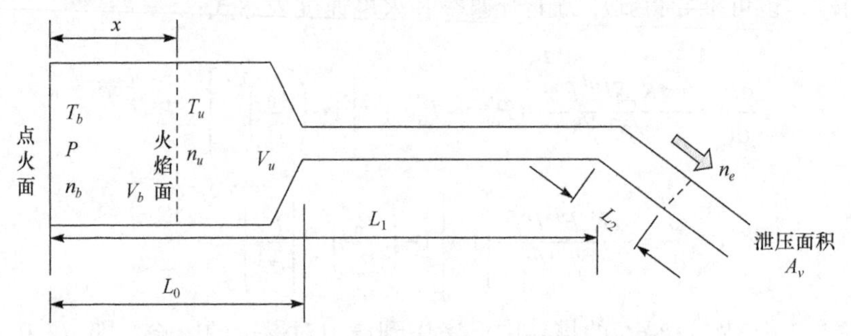

图 2-22　一端开口管道煤尘爆炸火焰传播的试验模型

实际爆炸火焰传播过程中，火焰面煤尘浓度往往比 $\rho_下$ 大，并且随着时间和向右移动过程中不断变化，这与煤尘颗粒大小组分 c 、湍流状态 α 、管道形状 κ 、气体氧含量 η 、湿度等因素都有关系，即
$$\rho_下 = f(c, \alpha, \kappa, \eta, \varphi) \tag{2-70}$$
式中，φ表示其他因素。

将式(2-70)代入式(2-69)，得
$$x = L_1 + L_2 + \frac{V_0}{A_v} - \frac{\rho_0 V_0}{A_v f(c, \alpha, \kappa, \eta, \varphi)} \tag{2-71}$$
式中，x 为实际煤尘爆炸火焰传播的距离。

2) 火焰传播模型的假设条件

前述管道试验煤尘爆炸火焰传播过程，可以简化为一端开口另一端封闭管道的爆炸发展(管道 $L_1 + L_2$ 段)，然后是泄压的过程(L_2 右端至出口段)，如图 2-22 所示。为简化计算，对于此类情况做如下假设：

(1) 已反应区温度与未反应区温度始终相等。

(2) 煤尘颗粒为球形且大小一致，所占的体积空间可以忽略，气体均为理想气体。

(3) 点火形式为面点火，在管道封闭端开始，点火前煤尘空气混合物均匀悬浮在密闭空间，同时火焰为层流。

(4) 传播的火焰面为一维火焰传播，忽略横截面上物理量梯度变化。

(5) 假定原来在 L_0 中分布的煤尘分布在整个火焰到达区，即管道 L_1、L_2 中。

3) 火焰传播过程的公式推导

管道 L_1+L_2 段体积为 V，煤尘空气混合物均匀分布，其初始压力为大气压力 P_0，初始温度为 T_u。为便于说明，认为管道均为圆形，这不影响推广到方形及其他情况。点火后，火焰燃烧体积 V_b，温度 T_b。如管道 L_2 右端封闭，则管道中最大绝对压力为 P_{m}。而在泄压管道中，此压力用 P (泄压管道中的瞬时压力或最大压力)表示。管道中开始时燃气质量为 n_0，燃烧掉的质量为 n_b，未燃烧掉质量为 n_u，在时刻 t 时通过泄压口泄放的质量为 n_e，由质量守恒可知：

$$n_b+n_u+n_e=n_0 \tag{2-72}$$

已燃气体状态方程为

$$PV_b=n_bRT_b \tag{2-73}$$

点火前的气体状态方程为

$$P_0V=n_0RT_u \tag{2-74}$$

爆炸终了的气体状态方程(不考虑泄出气体，即 n_e=0)为

$$P_{\mathrm{m}}V=n_0RT_b \tag{2-75}$$

将式(2-72)中的 n_u 和式(2-73)中的 n_b 代入未燃气体状态方程

$$PV_u=P(V-V_b)=n_uRT_b$$

得

$$PV-PV_b=n_0RT_u-\frac{RT_uPV_b}{RT_b}-n_eRT_u \tag{2-76}$$

上式中 RT_u 和 RT_b 项可分别用式(2-74)和式(2-75)消去，整理后得到燃气体积 V_b 的计算式为

$$V_b=\frac{1-\dfrac{P_0}{P}\left(\dfrac{n_0-n_e}{n_0}\right)}{1-\dfrac{P_0}{P_{\mathrm{m}}}} \tag{2-77}$$

此式与式(2-47)相似，只是$\frac{n_0-n_e}{n_0}$不同，当n_e为零，即无煤尘气体泄出时，式(2-77)适用于密封管道。

当火焰充满管道时，$V_b=V$，式(2-77)变为

$$P=\left(\frac{n_0-n_e}{n_0}\right)P_{\mathrm{m}} \tag{2-78}$$

式中，P为泄压管道中的绝对压力。该式表明，在泄压管道中爆炸终态压力P等于密闭管道中爆炸最大压力P_{m}乘以管道中剩余物质量$\left(\frac{n_0-n_e}{n_0}\right)$。例如，在泄压管道中终态压力$P$为 13.8kPa，而在管道密闭试验中最大压力$P_{\mathrm{m}}$ (793kPa)代入式 (2-78)，得

$$n_e=0.86n_0 \tag{2-79}$$

这表明，86%的物质是从泄压口泄放。当然此值是近似的，因为这里假设泄压管道中的爆炸温度与密闭管道中的爆炸温度相同，均为T_b。

对于管道右端开口泄压的情况，设泄压口面积为A_v，则可写出以下基本方程：

$$PV_b=n_bRT_b \tag{2-80}$$

$$P(V-V_b)=n_uRT_u \tag{2-81}$$

$$P_0V=n_0RT_u \tag{2-82}$$

$$P_{\mathrm{m}}V=n_0RT_b \tag{2-83}$$

$$\frac{\mathrm{d}n_e}{\mathrm{d}t}=\frac{\alpha K_{\mathrm{r}}AP}{RT_u} \tag{2-84}$$

式(2-84)为简化的燃料消耗速率式。另外，由质量守恒可写出下述方程：

$$n_b+n_a+n_e=n_0 \tag{2-85}$$

亚声速流通过泄压口的气体流动变化速率公式为[75]

$$\frac{\mathrm{d}n_v}{\mathrm{d}t}=\frac{K_vA_v}{T^{1/2}}(P-P_2)^{1/2} \tag{2-86}$$

式中，常数$K_v=918\mathrm{mol}\cdot\mathrm{K}^{1/2}/(\mathrm{m}^2\cdot\mathrm{Pa}^{1/2}\cdot\mathrm{s})$，若管道中最大压力超过临界压力，则要用声速流通过泄压口的气体流动变化速率公式，即

$$\frac{\mathrm{d}n_e}{\mathrm{d}t}=\frac{A_vP_1}{MT^{1/2}}\left\{\frac{2\gamma}{R(T-1)}\left[\left(\frac{2}{\gamma-1}\right)^{\frac{2}{\gamma-1}}-\left(\frac{2}{\gamma+1}\right)^{\frac{\gamma+1}{\gamma-1}}\right]\right\}^{1/2} \tag{2-87}$$

$$\frac{\mathrm{d}n_e}{\mathrm{d}t}=\frac{K_v^t A_v P_1}{T_u^{1/2}} \tag{2-88}$$

式中，$K_v^t=1.392\mathrm{mol}\cdot\mathrm{K}^{t/2}/(\mathrm{m}^2\cdot\mathrm{Pa}\cdot\mathrm{s})$。根据质量守恒定律，可得

$$\frac{\mathrm{d}n_u}{\mathrm{d}t}+\frac{\mathrm{d}n_b}{\mathrm{d}t}+\frac{\mathrm{d}n_e}{\mathrm{d}t}=0 \tag{2-89}$$

对亚声速泄压流有

$$\frac{\mathrm{d}n_u}{\mathrm{d}t}=-\frac{\mathrm{d}n_b}{\mathrm{d}t}-\frac{\mathrm{d}n_e}{\mathrm{d}t} \tag{2-90}$$

或

$$\frac{\mathrm{d}n_u}{\mathrm{d}t}=-\frac{\alpha K_v AP}{RT_u}-\frac{K_v A_v}{T_u^{1/2}}(P-P_0)^{1/2} \tag{2-91}$$

将式(2-80)对 t 求导，用式(2-81)和式(2-90)消去 $\frac{\mathrm{d}V_b}{\mathrm{d}t}$ 和 $\frac{\mathrm{d}n_u}{\mathrm{d}t}$，即可得压力上升速率的表达式：

$$\frac{\mathrm{d}P}{\mathrm{d}t}=\frac{\alpha K_\mathrm{r} AP(P_\mathrm{m}-P_0)}{VP_0}-\frac{RT_\mathrm{m}^{1/2}K_v A_v(P-P_0)^{t/2}}{V} \tag{2-92}$$

由式(2-80)和式(2-81)消去 P，并对 t 求导，可得火焰速度表达式：

$$\frac{\mathrm{d}x}{\mathrm{d}t}=\left[\frac{P_\mathrm{m}}{P_0}-\frac{x}{L}\left(\frac{P_\mathrm{m}-P_0}{P_0}\right)\right]\alpha K_\mathrm{r}+\frac{xRT_u^{1/2}K_v T_v(P-P_0)^{1/2}}{VP} \tag{2-93}$$

令式(2-92)和式(2-93)中 $A_v/V=\frac{V_\mathrm{r}}{100}$（$V_\mathrm{r}$ 为泄压比），则式(2-92)可写成：

$$\frac{\mathrm{d}P}{\mathrm{d}t}=\frac{\alpha K_\mathrm{r} P(P_\mathrm{m}-P_0)}{LP_0}-\frac{RT_u^{1/2}K_v(P-P_0)^{1/2}V_\mathrm{r}}{100P} \tag{2-94}$$

式(2-93)可写成：

$$\frac{\mathrm{d}x}{\mathrm{d}t}=\left[\frac{P_\mathrm{m}}{P_0}-\frac{x}{L}\left(\frac{P_\mathrm{m}-P_0}{P_0}\right)\right]\alpha K_\mathrm{r}+\frac{xRT_u^{1/2}K_v(P-P_0)^{1/2}V_\mathrm{r}}{100P} \tag{2-95}$$

式(2-94)和式(2-95)是假定泄出气体为常温而推导得到的。当火焰达到泄压口时，泄出气体温度应为 T_h，而不是 T_u，此时压力上升速率和火焰速度公式变为

$$\frac{\mathrm{d}P}{\mathrm{d}t}=\frac{\alpha K_\mathrm{r} AP(P_\mathrm{m}-P_0)}{VP_0}-\frac{RT_u K_v A_v(P-P_0)^{1/2}}{VT_b^{1/2}} \tag{2-96}$$

$$\frac{\mathrm{d}x}{\mathrm{d}t}=\left[\frac{P_\mathrm{m}}{P_0}-\frac{x}{L}\left(\frac{P_\mathrm{m}-P_0}{P_0}\right)\right]\alpha K_\mathrm{r}+\frac{xRT_u A_v K_v(P-P_0)^{1/2}}{VT_b^{1/2}P} \tag{2-97}$$

由上述两式得不到简单形式的 P 、t 、x 、t 积分表示式，但从中可以得出：

(1) 压力上升速率 $\mathrm{d}P/\mathrm{d}t$ 与火焰行进的距离 x 无关。

(2) 当 $x=0$ 时，火焰速度为 $\alpha K_{\mathrm{r}} P_{\mathrm{m}} / P_0$；

当 $x=L$ 时，$\dfrac{\mathrm{d}x}{\mathrm{d}t}=\alpha K_{\mathrm{r}}+\dfrac{LRT_u^{1/2}K_v V_{\mathrm{r}}(P-P_0)^{1/2}}{100P}$。

4) 火焰波与冲击波的耦合关系

(1) 火焰波与冲击波的相互作用对衰减变化的影响。

煤尘爆炸能量释放速率远远大于正常状态下煤尘的燃烧过程，这主要是因为爆炸过程中的燃烧速度远远高于煤尘一般燃烧速度，但煤尘爆炸和燃烧在点火后化学反应的机理却都是链式反应。

煤尘点燃后，由于管道是一端封闭、一端开口，燃烧生成的火焰面以球形辐射路线向各个方向传播，大多数方向都碰到壁面返回，诱发湍流效应，唯有向传播管道开口方向传播的才会以层流火焰面形式向外扩张。但在传播途中，也会受黏性边界层和管道壁面效应影响，诱发湍流效应，使得火焰加速向前。

当燃烧过程继续进行时，燃烧速度开始快速上升，这主要是由于管道内可燃混合气体激起了固有的振荡，并且会进一步引起火焰波运动速度急剧增加。因此，火焰传播速度在起爆区比较慢，随后火焰速度迅速加速，到达一定位置后达到最大值。火焰运动速度的加快使燃烧速度增大，混合气体在燃烧过程中及化学反应中充分进行，这种状态又增加了爆炸强度。而爆炸强度的增加反过来又诱导火焰波传播加速，而正是这种正反馈机制，使得火焰波的加速传播得以进行。

火焰波在经历加速阶段后暂时在能量获取和消耗上达到平衡状态，但是在实际过程中，因为火焰波传播状态的影响因素有很多，如壁面热损失、内摩擦、反应产物膨胀产生的稀疏波负压以及壁面或拐弯处二次冲击波都会影响火焰波的传播状态，并且火焰波是在前驱冲击波扰动后的区域传播，火焰波的波前状态也影响着火焰波的传播规律，使前驱冲击波和火焰波在传播过程中互为影响，这种传播状态极不稳定，因此这种平衡是脆弱的。当火焰波加速达到某一临界速度之后，火焰波开始减速传播。此时，缺乏足够能量支持的前驱冲击波还受到巷道摩擦阻力、壁面热损失、压缩波前气体和稀疏波弱化作用，导致前驱冲击波压力和速度也开始减弱。火焰波消失后，前驱冲击波没有能量支持，压力和速度的下降趋势更为明显，最终冲击波传播速度衰减为声速。

(2) 管道反射波对火焰的作用及影响。

煤尘爆炸过程中，前驱冲击波先于火焰波遇到管道拐弯处固体壁面，这时会产生反射冲击波。爆炸强度、管道结构、拐弯角度等因素差别会导致反射冲击波与火焰波相遇情况不同，对火焰波的影响有较大差异。爆炸强度越大，前驱冲击波与火焰区之间距离越小，管道拐弯角度越大，反射冲击波强度越大。较强反射冲击波对爆炸的持续性和火焰波波阵面都会产生影响。

当爆炸强度较小时，前驱冲击波与火焰波锋面之间距离较大。前驱冲击波使得管道拐弯处气体被压缩，压力、温度突然升高，产生同向的伴流速度，但随后迅速膨胀。当火焰波到达前驱冲击波压缩区域时，由于被冲击波压缩过的气流膨胀迅速，超压下降很快，已达到较低水平，同时摩擦损失较大，伴流速度值也迅速减小，前驱冲击波对火焰加速影响程度被削减。此时，再加上管道拐弯处壁面产生的反射冲击波传播到该区域并与火焰波锋面相交，其与火焰波传播方向相反的伴流速度抑制火焰波速度，反射波对火焰波传播会有明显的影响，严重时有可能造成火焰熄灭。当爆炸强度较大时，前驱冲击波与火焰波锋面间距很小，当管道拐弯壁面反射波传播到某断面时，火焰波锋面已通过该断面，即反射波不与火焰波锋面相交，它对所测火焰波传播速度也就影响不大。但由于此时火焰厚度较大，反射波可能在内部火焰某处相交，从而对火焰的内部结构产生影响，严重时造成火焰内部结构的分离。

2.4 本 章 小 结

(1) 本章分析了煤尘爆炸所需的内因、外因条件，煤尘爆炸过程和爆炸的动力学特征，分析了煤尘爆炸冲击波的结构形式和冲击波的传播特性。煤尘爆炸后冲击波第一阶段的传播为煤尘空气两相流的传播特性，采用 ZND 模型可分析其传播规律，第二阶段为爆炸冲击波的自由传播，可采用能量、质量、动量守恒定律来研究传播衰减规律。

(2) 基于煤尘爆炸冲击波波阵面间断关系式，推导出煤尘爆炸冲击波在巷道单向分岔、双向分岔突变情况下分岔后的压力计算公式。理论分析推算出来单向、双向分岔巷道分岔点后各分岔的压力表达式，从而求出相应衰减系数，P_0、α、β 是已知数，在给定入射波强度 P_1 的情况下就能够计算出单向分岔巷道内直线段、支线段的冲击波压力 P_2、P_3，基于 Fortran 语言编制了计算程序。

(3) 通过对分岔巷道的传播规律理论与试验对比，理论推导出直线分岔巷道中，直线巷道中超压衰减系数与试验结果基本一致，均呈逐渐减小趋势，随单向分岔角度的增大，其衰减系数趋向于 1。推导出来的分岔巷道的压力计算公式在小于 70°下与试验结果相吻合，在低分岔角度下，用来计算分岔情况下的冲击波传播规律是可行的；而在分岔角度大于 70°时，推导出的压力计算公式误差偏大，原因在于理论推导计算中，将运动冲击波转变为驻立冲击波按一维正冲击波传播，假设为理想气体，忽略巷道的壁面力，没考虑分岔处冲击波复杂的反射作用，致使大角度下计算的衰减系数差值较大。

(4) 分岔角大于 70°以后，经试验对比分析，在大于 70°的分岔巷道中的超压衰减系数以 70°时的值代替，可按 0°～60°范围内各种分岔巷道的衰减系数的变化梯度来取值，基本符合试验结果。

(5) 针对前述球形容器煤尘爆炸试验，建立了简化的物理模型，并推导了爆炸时压力上升速率公式和火焰面运动速度公式。针对前述一端开口管道煤尘爆炸试验，把爆炸火焰传播过程简化为一端开口另一端封闭管道的爆炸发展过程，然后是泄压的过程，分别建立了物理模型，提出火焰传播距离的估算公式，推导了相应的压力上升速率公式和火焰速度公式。重点分析了湍流因子对爆炸火焰传播过程的影响过程，讨论了湍流燃烧速度公式。

(6) 分析了火焰波与冲击波的相互作用对衰减变化的影响和管道拐弯处反射波对火焰的作用及影响。湍流效应使煤尘爆炸过程中火焰波和前驱冲击波在传播过程中形成一种相互影响的正反馈机制，但是这种传播状态极不稳定。当火焰波加速达到某一临界速度之后，开始减速传播。爆炸强度、管道结构、拐弯角度等因素差别会导致弯道壁面反射冲击波与火焰波相遇情况不同，对火焰波的影响差异也较大。爆炸强度越大，前驱冲击波与火焰区之间距离越小。管道拐弯角度越大，反射冲击波强度越大。较强反射冲击波对爆炸的持续性和火焰波波阵面都会产生影响。

第 3 章　煤尘爆炸冲击波传播规律试验研究

矿井瓦斯煤尘爆炸事故一般是由于瓦斯煤尘达到爆炸浓度界限，遇到火源引起爆炸，可烧死烧伤井下人员、烧毁井下设施，甚至引起井下火灾。矿井煤尘爆炸事故因矿井环境条件不同，具有两个特征：第一，绝大部分煤尘爆炸事故是在巷道中发生，又是在巷道中传播的，而且大部分煤尘爆炸发生在煤矿的采掘工作面，其中又以掘进工作面居多。第二，绝大部分煤尘爆炸都是由小量级能量的引爆火源点燃的。采用半封闭空间小尺寸试验管道和大尺寸试验巷道煤尘爆炸试验系统模拟粉尘爆炸的复杂情况，揭示粉尘爆炸及其传播的发生发展机理，更接近煤矿生产的实际应用。

本章通过试验研究煤尘爆炸的最佳爆炸浓度，以及不同浓度下的爆炸最大压力、最大爆炸压力上升速率、粉尘爆炸指数等特性参数；采用工业分析、微观与能谱分析煤尘样爆炸前后的变化情况。研究煤尘样的爆炸特性，为煤尘爆炸冲击波传播规律研究提供基础依据。

3.1　煤尘爆炸特性试验研究

3.1.1　爆炸测试系统

20L 球形爆炸测试系统主要包括装置本体、控制系统和数据采集系统三大部分。

装置本体是用来形成高紊流粉尘云状态并承受爆炸载荷的空心、带夹套双层不锈钢球体，是测试系统的关键部件。

日本松下 FPX-L14 型工业可编程控制器(PLC)为核心的控制系统，用于储粉罐进气、喷粉、采样触发、点火等一系列动作的自动化。整个试验过程在不到 1s 的时间内全部完成，中间进气、喷粉、触发采样、点火等动作的时间控制均以 ms 为单位。

采样系统利用进口的压电式瞬态压力传感器探测本体内的爆炸压力信号，并通过台湾研华(Advantech)公司生产的 PCL-818L 数据采集卡进行爆炸压力数据的采集，采样精度 12 位，精度为 0.2‰。

进行粉尘爆炸试验，一般采用高能量点火具。本试验采用能量为 10kJ 的点火源来引爆煤尘，进行测试。

3.1.2　球形爆炸测试系统结构

20L 球形爆炸测试装置本体为不锈钢双层夹套球形结构，如图 3-1 所示，实物图如 3-2 所示。

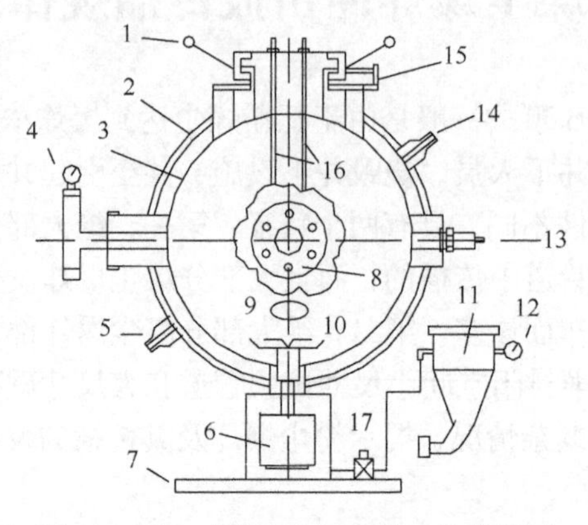

图 3-1　20L 球形爆炸测试装置结构简图

1-密封盖；2-夹套外层；3-夹套内层；4-真空表；5-循环水入口；6-机械两向阀；7-底座；8-观察口；9-抽真空口；10-分散喷嘴；11-储粉罐；12-电接点压力表；13-压力传感器；14-循环水出口；15-安全限位开关；16-点火杆；17-进气电磁阀

图 3-2　20L 球形爆炸测试装置

设备工作原理：用 2MPa 高压空气将储粉罐 11 内的可燃粉尘经机械两向阀 6 和分散喷嘴 10 喷至预先抽成真空的 20L 球形装置内部；同时开始计算机采样并用点火装置点火引爆气粉混合物；最后，对采样结果进行分析、计算，完成试验。清洗后可重复试验。

测试煤尘的最大爆炸压力和压力上升速率时，采用点火头的能量为 10kJ。

3.1.3 试验项目

在煤矿中，粉尘定义为粒径小于 0.85mm 的固体粒子，实际研究已证明，粒径为 0.85mm 的煤尘就可参与爆炸快速反应[75]。本试验测试采用的煤尘，是四川宏源煤业集团有限公司的烟煤，煤尘的最大粒径为 0.074mm(200 目)，以此来测试在空气中的爆炸特性。测试参数有最大爆炸压力、最大爆炸压力上升速率和爆炸生成的一氧化碳、二氧化碳浓度等。

(1) 试验采用 6V 直流电源引爆 10kJ 化学点火源来引爆煤尘。点火具的质量为 2.4g，由 40%的锆粉、30%的硝酸钡和 30%的过氧化钡组成。该点火源具有较高的能量，需先测定该点火源所产生的压力特性，以确定爆尘是否参与爆炸。

(2) 在储粉罐中分次放入最大粒径为 0.074mm 的煤尘样 4g、6g、8g、10g、12.5g、14g，并充入高压干空气，电磁阀瞬间打开混合物进入 20L 容器内点火爆炸，考查爆炸过程中所选煤尘样在干空气中的爆炸特性及其特性参数的变化情况，以及毒气情况。

3.1.4 主要测试方法

(1) 空爆。测试点火具的能量特性，以区别煤尘爆炸与点火具爆炸。试验前先将罐内抽真空到 0.06MPa，引爆点火具，测定所用点火具的爆炸指数、最大爆炸压力、最大爆炸压力上升速率。

(2) 煤尘样爆炸。将罐内抽真空到 0.06MPa，分别取不同质量、最大粒径为 0.074mm(200 目)的煤尘样 4g、6g、8g、10g、12.5g、14g 装入煤尘罐中，用 2MPa 高压空气压煤尘入测试罐内，延迟 60ms 后点火，计算机自动采集数据并记录。

每做一次爆炸测试试验，可以得到一组最大爆炸压力和最大压力上升速率值，从压力-时间曲线上判定。粉尘的最大爆炸压力和最大压力上升速率统计结果可由数据采集软件自动报表得到，也可根据采样结果按给出的表格填写。

毒气浓度测试是在爆炸后瞬间抽取罐内气体，再用河南省鹤壁市新星分析仪器有限公司生产的 CO 和 CO_2 比长式快速检测管测定。

3.1.5 测试结果及分析

(1) 测得空爆时 10kJ 点火头的爆炸压力曲线如图 3-3 所示，图中曲线为爆炸压力随时间的变化规律线，P_{max} 为最大爆炸压力；斜直线为爆炸压力上长段的切线，表示爆炸时的最大爆炸压力上升速率[$(\mathrm{d}P/\mathrm{d}t)_{max}$]；$K_{st}$ 为最大爆炸指数。

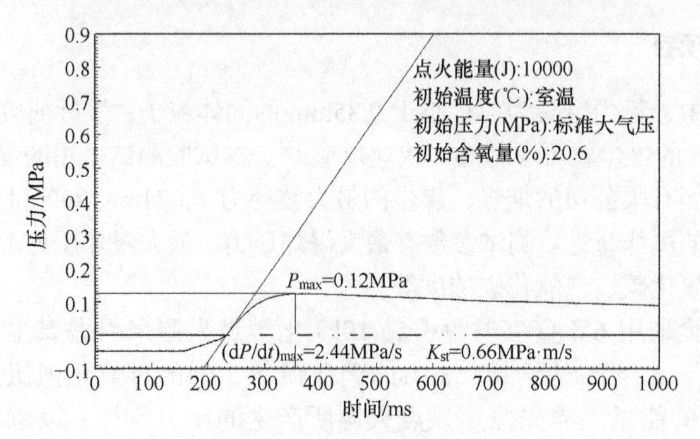

图 3-3　空爆下的压力曲线

(2) 测得的煤尘在空气中的爆炸压力曲线见图 3-4。

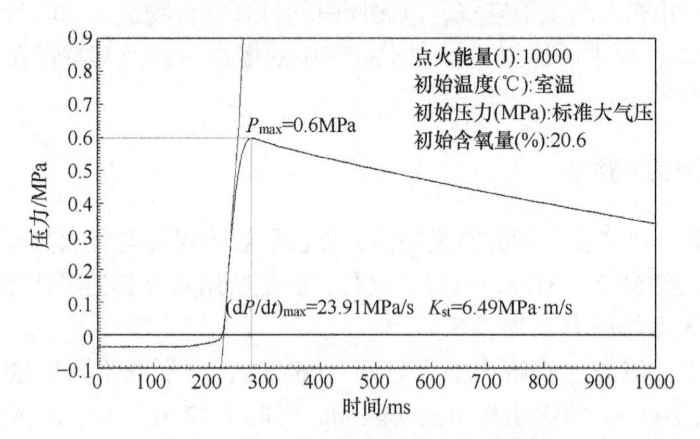

图 3-4　煤尘在空气中的爆炸压力曲线

测得的煤尘分别在空气中的爆炸参数如表 3-1 所示。

表 3-1　煤尘在空气中的爆炸参数

序号	煤尘浓度/(g/m³)	实际煤量/g	爆炸参数			CO浓度/%	CO_2浓度/%	备注
			P_{max}/MPa	$(dP/dt)_{max}$/(MPa/s)	K_{st}/(MPa · m/s)			
1	0	0	0.12	2.44	0.66			空爆
2	200	4	0.47	22.81	6.19	10.3	12.3	
3	200	4	0.49	22.89	6.21	9.6	12.6	
4	300	6	0.55	23.19	6.29	14.3	9.1	
5	300	6	0.56	23.38	6.35	15.3	8	
6	400	8	0.59	24.40	6.62	16.3	7	

续表

序号	煤尘浓度/(g/m^3)	实际煤量/g	爆炸参数			CO 浓度/%	CO_2浓度/%	备注
			P_{max}/MPa	$(dP/dt)_{max}$/(MPa/s)	K_{st}/ (MPa · m/s)			
7	400	8	0.60	23.91	6.49	15.8	7.5	
8	500	10	0.77	26.35	7.15	14.5	7	
9	500	10	0.77	26.84	7.29	16.5	6	
10	625	12.5	0.54	25.38	6.89	17.5	6	
11	625	12.5	0.55	24.89	6.76	17.5	7	
12	700	14	0.50	22.99	6.24	19.6	5.8	
13	700	14	0.52	23.22	6.30	19.9	6.1	

(3) 测试结果分析。

基于表 3-1 绘制出图 3-5、图 3-6 所示的煤尘爆炸最大压力、最大爆炸压力上升速率随煤尘浓度变化的关系曲线。

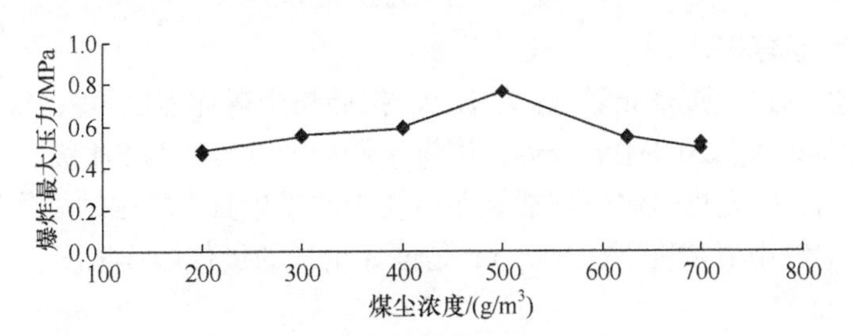

图 3-5　爆炸最大压力变化曲线

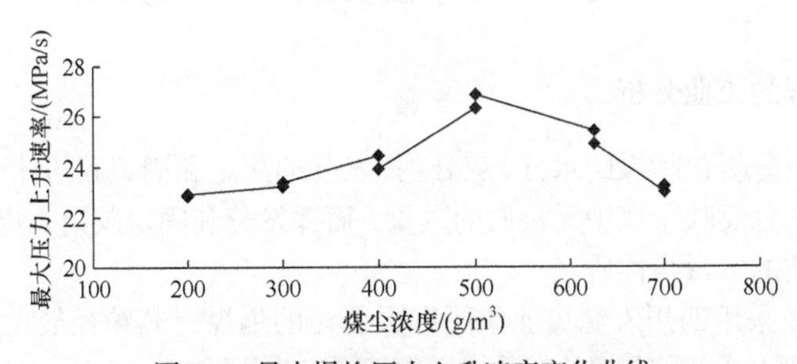

图 3-6　最大爆炸压力上升速率变化曲线

由表 3-1、图 3-5、图 3-6 可以得出：煤尘浓度由 200g/m^3 增加到 700g/m^3 的过程中，爆炸的最大爆炸压力 P_{max}、最大爆炸压力上升速率$[(dP/dt)_{max}]$值先是随浓度增大而增大，浓度增大到 500g/m^3 时其值达到最大，随着浓度的再增加，开始减小。主要原因如下：C 与 O_2 充分反应生成 CO_2，同时放出 393.3kJ 的能量，不充分反应生成CO，仅放出111.29kJ的能量，过量的C与CO_2反应生成CO还需要吸收170.72kJ的能量[120]。在20L球形容器这个受限空间内，氧气的量相对固定，随着煤尘浓度的增加，参与燃烧爆炸的煤尘量增加，放出的热量增多，当大到一定数值时，由于空气中氧气不足，反应产物CO逐渐增多，氧化放热量减少，同时伴随有CO_2吸热被还原成CO，煤尘爆炸压力、最大爆炸压力上升速率在受限空间内存在一个极值与煤尘爆炸最佳浓度。表3-1中CO_2、CO的浓度足以证明，随煤尘浓度的增加，CO_2生成的浓度逐渐减小，而CO却在逐渐增加。一般认为煤尘爆炸的最佳浓度为300～500g/m³，针对试验中所采用的煤样，最佳爆炸浓度为500g/m³。

最大爆炸压力和最大爆炸压力上升速率存在极值。在浓度为500g/m³时最大爆炸压力、最大爆炸压力上升速率达到最大值，分别为0.77MPa、26.84MPa/s。

根据爆炸立方根定律，粉尘爆炸烈度等级通常用粉尘爆炸指数K_{st}(MPa · m/s)来表示，K_{st}与最大爆炸压力上升速率、容器体积相关，关系式如下：

$$K_{st} = (dP/dt)_{max} \times V^{1/3} \tag{3-1}$$

式中，V为容器容积，m³。

测试煤尘的最大爆炸指数K_{st}为7.29，按照粉尘爆炸烈度等级ISO 6184分级标准，在范围$0<K_{st}\leqslant 20.0$MPa · m/s，该煤尘爆炸烈度等级为St1级。

试验表明，研究煤尘爆炸传播规律所使用的煤尘具有极强的爆炸性，在常温常压、通常空气中氧浓度下，500g/m³是该煤尘样的最佳爆炸浓度。

3.2　煤尘样的工业分析与微观分析

3.2.1　煤尘样的工业分析

煤的工业分析包括煤的水分、灰分、挥发分的测定和固定碳的计算四项内容，其中水分和灰分反映了煤中无机质的数量，而挥发分和固定碳则一定程度上反映了煤中有机质的数量与性质。

试验煤样采用四川宏源煤业集团有限公司的烟煤，其粒径最大为0.074mm (200目)，分别对爆炸前与爆炸后的煤样进行了工业分析。

从表3-2可以得出，煤样的挥发分较高，煤尘具有强爆炸性。爆前的煤样与爆后相比，主要是挥发分、固定碳含量减少了，挥发分由38%左右减少为将近7%，固定碳含量由48%左右减少到39%左右；而灰分增加了，由12%左右增加到超过51%，水分基本没变。

表 3-2　煤尘样品指标

状态	试样名称	空气干燥基				干基			煤样重/g	坩埚重/g
		水分 M_{ad}/%	挥发分 V_{ad}/%	灰分 A_{ad}/%	固定碳 FC_{ad}/%	挥发分 V_d/%	灰分 A_d/%	固定碳 FC_d/%		
爆前取样	0920	2.17	38.56	11.20	48.07	39.42	11.45	49.13	0.4419	11.0892
	0920	2.07	38.24	13.11	46.58	39.05	13.39	47.56	0.4775	10.8572
	0302	2.09	37.67	12.46	47.78	38.47	12.73	48.80	0.3972	10.9006
	0302	2.13	37.89	12.10	47.88	38.96	12.15	48.89	0.3926	11.0893
爆后取样	4105	2.17	6.95	51.78	39.10	7.10	52.93	39.97	0.3223	10.9005
	4105	2.06	6.82	52.17	38.95	6.96	53.27	39.77	0.3546	11.0063
	0911	2.17	6.98	51.36	39.49	7.10	51.56	41.34	0.4455	11.089
	0911	2.27	6.67	51.64	39.42	6.79	51.84	41.37	0.4812	10.8573

假设煤尘在爆炸前后灰分没有损失，则可算出参与爆炸的挥发分与固定碳。根据表 3-2 中的数据，该煤样的总质量减少了 76%左右，煤样中挥发分的 95%、固定碳的 80%多参与了燃烧爆炸，也就是说煤尘中的挥发分与固定碳大部分参与了爆炸。

3.2.2　煤尘样的微观分析

煤尘样的微观分析采用型号 JSM-6390LV 钨灯丝扫描电镜，它能得出煤尘颗粒的组构；能谱分析仪的型号是 INCA-ENERAGY250，能分析出材料的微区成分元素种类与含量。

煤尘爆炸后，其煤尘颗粒的组构与爆炸前的煤尘相比，发生了显著的变化，图 3-7 为放大 10000 倍的煤尘组构图。爆炸前，煤样的表面形状呈现极不规则性，

(a) 爆炸前煤尘样品

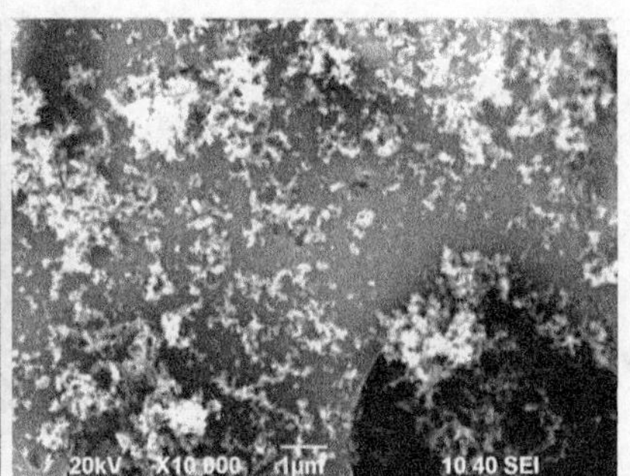

(b) 爆炸后煤尘样品

图 3-7　放大 10000 倍的试样 SEM 照片

表面上布满了鳞片状、有尖锐棱角的突起，而且交错丛生，明显比较粗糙，但富有光泽，内部布满裂隙，这些都增加了煤尘的表面积，从而提高了煤尘的表面化学活性及氧化产热的能力。而燃烧爆炸后的样品，表面较规整、平滑，没有光泽，其上散布着一层碎粒状物质，鳞片状的突出物及尖锐棱角都不存在，基本上看不到表面有裂隙，这说明了参与爆炸后的煤尘一般不再发生爆炸的原因。图中大块黑点经能谱分析为 Ca 元素化合物密集区。

图 3-8 为煤尘爆炸前后化学成分半定量分析的能谱分析图，左半部分是进行能谱分析时选定的扫描区域，右半部分是总谱图。表 3-3 是通过能谱分析的微区内主要元素种类与质量分数。

表 3-3　煤尘的元素质量半定量分析

元素	爆前样品元素质量分数/%			爆后样品元素质量分数/%		
C	82.48	88.87	87.97	77.08	79.42	81.01
O	18.01	17.36	12.38	10.74	5.47	4.78
Na	0.25	0.06	0	0.34	0.11	0
Mg	0.09	0.33	0.3	0.47	0.86	0.41
Al	0.71	0.55	0.57	0.89	1.33	0.95
Si	0.48	0.57	1.23	1.66	1.92	1.83

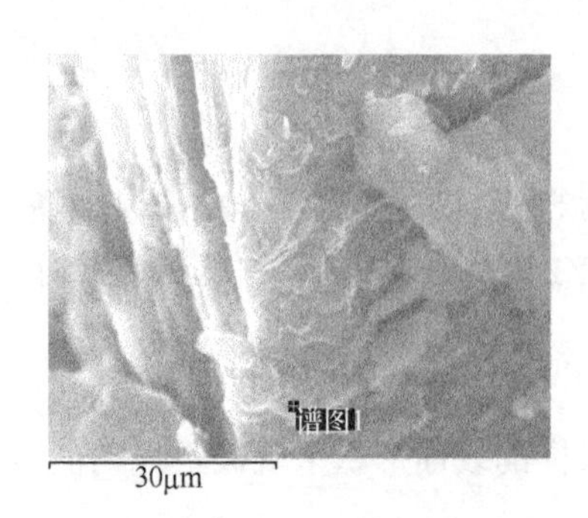

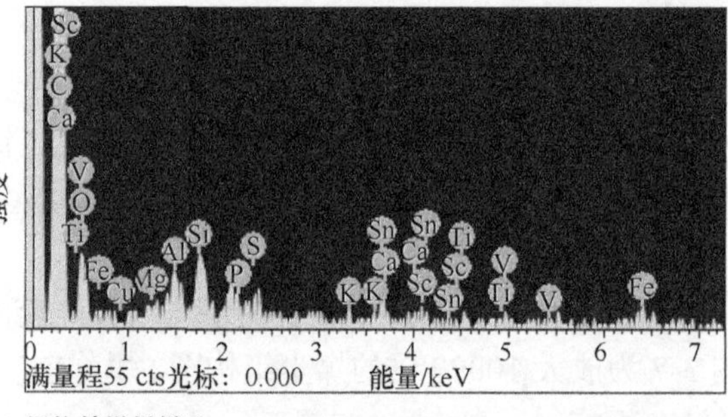

(a) 爆炸前煤样样品

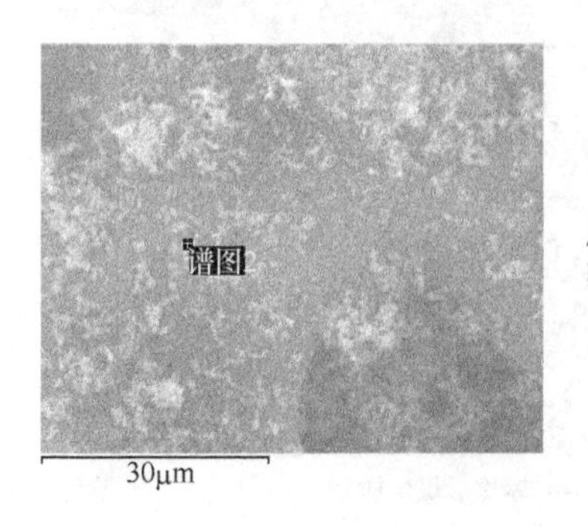

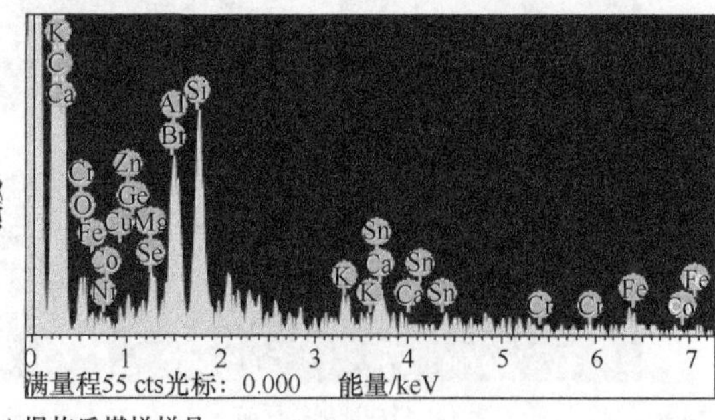

(b) 爆炸后煤样样品

图 3-8　煤尘爆炸前后的 EDAX 能谱图

由表3-3以及图3-8可知，煤尘样品的组成元素种类繁多。主要元素有C、O、Na、Mg、Al、Si、S、Ca、V、Cr、Mn、Fe、Co、Cu、Zn等元素，其中C的含量最大，O次之，再次是Si、Al。煤尘燃烧爆炸后，C、O元素明显减少，其质量分数分别减少了7个百分点、9个百分点，Na、Mg、Al、Si元素的质量分数所占的比重有所增加。这是因为煤尘燃烧爆炸后，煤中的C、O元素参与反应而消耗掉了，而其中的无机元素不参与反应从而保存在煤粒中。

3.3 煤尘爆炸冲击波传播规律的试验研究

对于煤矿井下煤尘及瓦斯煤尘爆炸的试验研究具有十分重要的意义，主要表现在以下几个方面：一是近年来矿井瓦斯煤尘爆炸事故不断，带来了巨大损失，预防爆炸事故、减少爆炸事故发生，以及事故发生后控制在最小的损失范围内，是当前亟待解决的问题；二是井下煤尘爆炸事故的发生是不可预料的，而且爆炸事故不可复制，爆炸过程中的各项特征参数既无法进行测定，也没有较好的方式获取爆炸过程中的特征参数，只有通过试验研究才能获得第一手数据资料；三是有利于进行理论研究，试验研究对理论分析起到支持与验证作用，理论研究计算结果与试验研究结果相对比，验证理论研究成果是否与之相符，找出理论研究中存在的缺陷加以完善，从而为理论的进一步发展奠定基础。

在煤矿井下实际环境中，纵横交错的巷道组成了复杂的矿井网络，而且井巷又有多种变化类型，主要有井巷截面突变、拐弯、单向分岔、双向分岔等类型。爆炸事故就在由多种变化类型的井巷组成的复杂网络内传播。传播又分为煤尘空气两相流传播与空气冲击波自由传播，两者相比较，空气冲击波自由传播范围较大，扩大了灾害范围。目前对于直管道内瓦斯、煤尘爆炸的机理及影响因素，以及瓦斯爆炸冲击波与火焰波共同作用阶段传播规律的研究较多，对于矿井下复杂网络的传播及其影响因素还有待进一步研究，具体到煤尘方面的研究则更少。因此，对于单纯空气冲击波复杂管道内煤尘爆炸传播规律的研究具有现实意义。

煤尘爆炸空气冲击波在单向分岔管道内、双向分岔管道内、截面突变管道内传播时，反射作用的存在使得在交叉点处的流场非常复杂，不只传播的大小、方向发生变化，冲击波的一些物理参数也要发生变化，压力等参数在这两种类型的巷道中如何分配，遵循什么样的变化规律，就是本试验研究的内容。

3.3.1 试验系统

设计制作煤尘爆炸装置，主要包括煤尘喷扬系统、煤尘爆炸腔体、单向分岔管道、双向分岔管道，然后与中国矿业大学瓦斯爆炸实验室的管道系统连接形成煤尘爆炸传播规律研究试验系统，如图 3-9 所示。该系统包括 5 部分，即煤尘喷扬及爆炸装置、抽气和压气装置、煤尘爆炸点火装置、爆炸试验管道、动态数据采集分析系统(火焰速度测试系统、爆炸超压测试系统、毒害气体测试系统、冲击气流测试系统)等。

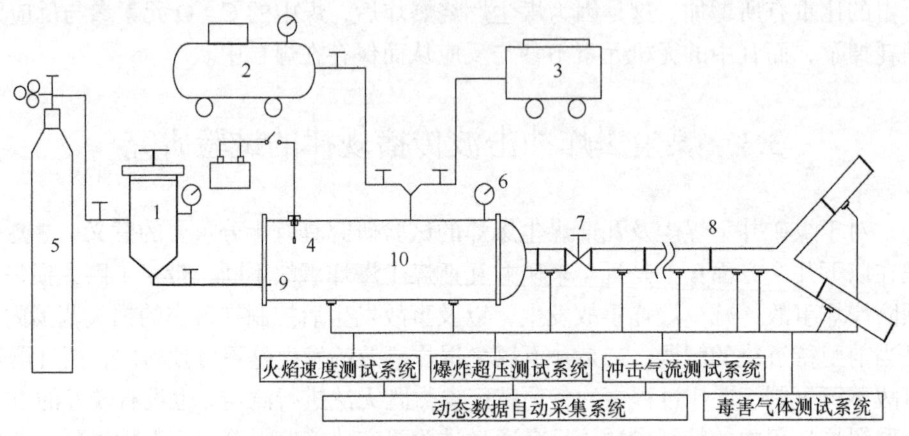

图 3-9 煤尘爆炸试验系统示意图

1-煤尘仓；2-空气压缩机；3-抽气机；4-点火装置；5-高压气体；6-真空表；7-球形阀；8-管道系统；9-煤尘喷嘴；10-煤尘爆炸腔体

1. 煤尘爆炸喷扬及爆炸装置

本装置由自行设计加工的煤尘仓、半球形煤尘喷头(上面均匀分布 9 个直径为 2mm 的小孔)、煤尘爆炸腔体等组成，如图 3-9 中的 1、9、10 所示。

图 3-10 所示为煤尘仓设计图，主要起扬尘作用，形成煤尘云。图 3-11 为加工成品图，主要起扬尘作用，形成煤尘云。煤尘仓总容积为 4L，仓体主体部分高 306mm，内直径为 140mm，外径为 159mm，下部圆锥体部分 高 65mm。仓盖通

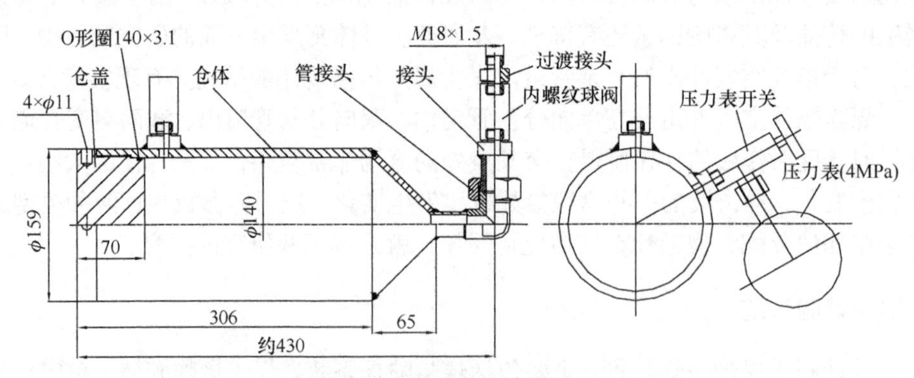

图 3-10 煤尘仓设计图(mm)

煤尘仓技术参数：仓体内径 140mm，仓体容积 4L，耐压 15MPa

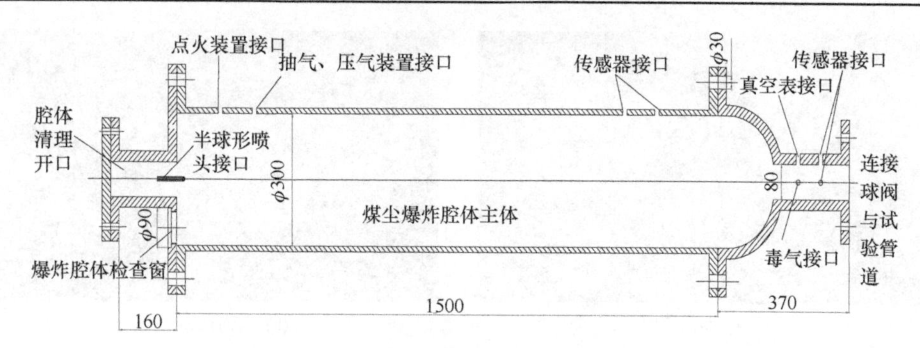

图 3-11　煤尘爆炸腔体设计图(mm)

过螺纹与煤尘仓连成一体，加 O 形圈密封，打开仓盖即可放入煤尘。仓体中上部安设压力表(量程 0～4MPa)，指示仓体内压力；相同高度位置设有开口，通过高压胶管接高压气瓶。锥体下部接转弯接头，再与高压胶管连接，高压胶管末端连接半球形煤尘喷头，煤尘喷头上有外螺纹与爆炸腔体气密连接。煤尘仓采用锰钢加工而成，可耐高压 25MPa，煤尘仓固定安装在小车上，移动方便。

图 3-11 所示为煤尘爆炸腔体设计图，主要作用是一端与煤尘仓连接，通过煤尘仓将高压气体与煤尘送入煤尘爆炸腔体并在其内形成煤尘云，进行点火引爆，另一端接试验管道，进行煤尘爆炸传播规律研究。煤尘爆炸腔体为直径 300mm，长 1.5m 的无缝钢管，总容积为 0.08m^3。爆炸腔体通过半球形转换与内径 80mm×80mm 方形管道相连后，接球形阀，再连接爆炸管道，测试爆炸在管道内的传播。从图 3-12 左向视图可以看到从煤尘仓过来的高压胶管连接半球形喷头接在爆炸腔体上，腔体上方依次留设可以自由卸下的点火装置接口、抽气和压气装置接口、传感器接口。由右向视图，可以看到球阀、真空表(量程 0～0.1MPa)、毒气采集装置接口。煤尘爆炸腔体耐压 10MPa 以上。煤尘爆炸腔体采用锰钢加工而成，可耐高压 20MPa，腔体固定在组合支架上，移动方便。

2. 爆炸试验管道系统

爆炸试验的管道为截面 80mm×80mm 的方形钢管，总长 24m，由长度为 0.5m、1.0m、1.5m、2.5m 的四种管道分节组合而成。在管道上有压力、火焰、毒气等各种传感器及阀门的安设孔，整个管道用厚 12mm 的锰钢板焊制，耐压 20MPa 以上。全部管道放置在组合式支架上，支架用 YB164-63 轻型槽钢焊制，高度 620mm，用四条内径 38mm 的镀锌管连接为一个整体，可分可合。为便于试验，管道能灵活拆开和接合，各管道均安在 204 滚珠轴承托架上，两侧用限位卡限位。自行设计制作了不同的分岔、转弯和变截面管道 13 种，用来试验不同管道变化类型的煤尘爆炸的传播规律，如图 3-12 所示。

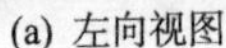

(a) 左向视图

(b) 右向视图

图 3-12　煤尘爆炸试验腔体

3. 动态数据采集分析系统

测试系统由传感器、TST6300 高速动态数据采集系统、上位计算机及相应的连接线组成。压力传感器、火焰传感器等信号可直接接到 TST6300 数据采集系统上，测试仪的控制、参数设置、数据传输等通过操作上位计算机实现(计算机带网卡)。采集系统每台 16 个并行采集通道，每通道最高 200K，集信号放大、滤波、传感器供电、数据采集、数据存储为一体，参数程控设置，直接接收毫伏级信号。数据通过 RJ45 以太网口或 USB 接口与上位计算机进行通信。上位计算机装有 DAP6.X 系统程序，可方便地完成速度、加速度、位移、力、压力等物理量的信号采集。全中文界面，无须编程即可实现采集参数设置\数据回放\数据存储\数据处理\打印等。数据格式开发，支持用户专用程序开发。支持 Excel、Matlab、Word 数据格式调用。图 3-13 为试验采集分析系统原理图，图 3-14 为试验数据采集分析系统。

爆炸火焰测量系统采用光敏电阻作为传感器，光敏电阻的频率响应很低，将光信号转换为开关量，采集速度可达到微秒级，利用光电管的高频特性，把光电信号作为模拟信号，通过数据采集，也可以测量火焰的持续时间。

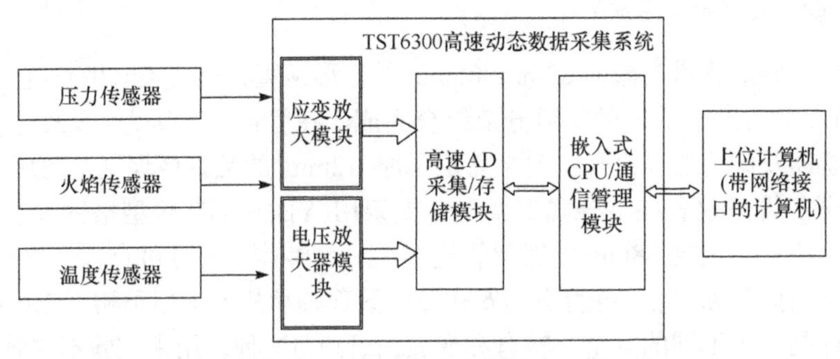

图 3-13　试验采集分析系统原理图

(a) TST6300 高速动态数据采集系统

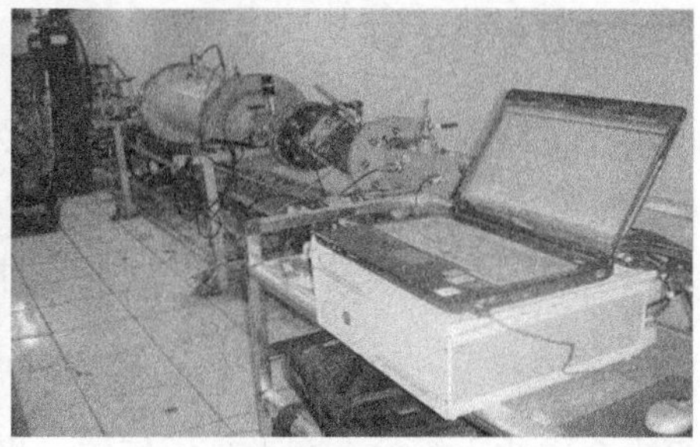

(b) 笔记本电脑

图 3-14　试验数据采集分析系统

爆炸压力测量系统，采用量程 0～5MPa 的压阻式压力传感器，可以消除传感器对热敏感产生负信号的问题，压阻式压力传感器自振频率为 800kHz～1MHz。

爆炸毒害气体测量系统，在爆炸管道不同位置上安装阀门，煤尘爆炸瞬间同时抽取各个位置管道内的毒害气体，用河南鹤壁生产的量程 0～500ppm(ppm 为 10^{-6})和 0%～5%的一氧化碳和量程 0.5%～20%的二氧化碳比长式快速检测管测定浓度大小。

爆炸冲击气流测量系统，用单向阀和气囊组成气体收集装置，单向阀直径 150mm，压力大小可调节，气囊采用 1.5L 标准型，单向阀与压力传感器相邻安装，测试气流到达和作用时间，利用收集气体量、压力及时间等参数确定冲击气流大小。

4. 煤尘爆炸点火装置

煤尘爆炸点火需要有较高的能量。试验采用 6V 直流电源引爆 10kJ 化学点火源来引爆煤尘。点火具的质量为 2.4g，由 40%的锆粉、30%的硝酸钡和 30%的过氧化钡与电引信组成。点火具需干燥保存，每进行一次爆炸试验，就需更换一个点火具。

5. 抽气和压气装置系统

抽气装置采用量程 0～0.1MPa 的真空抽气机，主要用于抽取爆炸腔体内的空气。试验时先将爆炸腔体抽真空到 0.06MPa，在煤尘仓内放入相应质量的煤尘，然后充入 1.5MPa 的高压空气，瞬间释放到爆炸腔体内。

压气装置采用 0.8MPa 的空气压缩机，用于清理爆炸后爆炸腔体与管道内的灰尘、煤尘和爆炸产生的毒害气体等。

3.3.2 试验方法与步骤

试验环境温度为 17～20℃，环境湿度为 55%左右。

试验煤样采用四川宏源煤业集团有限公司的烟煤，其粒径最大为 0.074mm(200 目)，分别对爆炸前与爆炸后的煤样进行工业分析，工业分析结果见表 3-2。

1. 试验方法

煤尘仓内放入煤尘，充入高压气体，将煤尘爆炸腔体抽成真空，快速打开煤尘仓与爆炸腔体间的阀门，借助于两者间的压力差，产生高速气流，将煤尘仓内的煤尘带入爆炸腔体内，形成煤尘云，在爆炸浓度范围内，点火起爆，进行数据测试，测定煤尘爆炸过程中的有关参数。

2. 试验步骤

(1) 标定压力传感器，安装压力、火焰传感器及毒害气体测试装置，然后对测试系统进行调试与校准。

(2) 关闭煤尘仓底部的半球形煤尘喷头阀门，根据所确定的浓度要用天平称取 30g 或 40g 或 50g 煤尘放入煤尘仓内，打开高压气瓶阀门向煤尘仓内充入 1.5MPa 的高压空气后，关闭高压的气瓶与煤尘仓上的进气阀门。

(3) 同时关闭煤尘爆炸腔体与试验管道间的球形阀，打开真空表阀门，再在爆炸腔体上安装点火装置，然后启动抽气泵，将爆炸腔体抽真空到 0.06MPa。

(4) 启动采集系统，手动打开煤尘仓底部的半球形喷头的阀门，让高压气流带动煤尘到煤尘爆炸腔体内，形成煤尘云；充气完成后，关闭该阀门。待真空表压力回零后关闭真空压力表阀门，再快速打开球形阀，人员离开爆炸腔体到较远的安全点，点火起爆。

从向煤尘爆炸腔体充气后开始计时，要求在 30s 内点火起爆。

(5) 检查自动记录的各项数据，进行毒气数据测试。

(6) 启动空气压缩机，打开吹气阀门向腔体内吹入高压空气，清洗爆炸腔体内的残尘和毒害气体，通过爆炸腔体下部的检查窗来观察清洗效果。

(7) 检查压力、火焰传感器，对试验仪器和设备进行保养，更换点火具，进行下一次试验。

3. 煤尘云悬浮的保障措施

(1) 煤粉先经过研磨，烘干，过 200 目筛，使煤尘粒径均在 0.074mm 以下。

(2) 使用前再随用随烘干，同时再进行过筛。

(3) 为保证煤粉处于悬浮状态，形成煤尘云，尽量减少在爆炸腔体内的停留时间，30s 内起爆。

在透明的空间内，对煤粉的沉降情况进行了简易试验。将煤尘放入煤尘仓后充入高压气体，打开阀门，看到高压气流携带煤粉均匀分布在透明的轻质塑料袋内，形成了较均匀的煤尘云，采用光对煤尘沉降速度进行半量测试。从释放气体到袋内算起，45s 内形成的煤尘云不能透过光线，1min 45s 时，上半部能较清晰地透过光线，而下半部只能透过微弱光线，3min 15s 时，整个都能透过光线。多次试验基本上都是这个结果，因此确定试验中要在 30s 内引爆这个时间点，确保爆炸腔体内煤尘云充分悬浮。

3.3.3　煤尘爆炸冲击波在单向分岔管道内的传播规律试验研究

1. 试验目的

利用煤尘爆炸试验系统，测试煤尘爆炸压力，来研究煤尘爆炸冲击波在单向分岔管道内的传播衰减规律。

2. 试验方案

本小节的主要研究内容是一般空气区煤尘爆炸冲击波在单向分岔管道内的传播衰减规律，所以压力传感器布置在煤尘燃烧区外。在小尺寸管道内爆炸一般以爆燃状态传播，试验火焰区长度为原煤尘聚集区长度的 6 倍左右[6]，司荣军博士通过试验得出瓦斯煤尘爆炸过程中火焰区长度为煤尘区的 2 倍左右[3]。本试验设计煤尘爆炸腔体总长度为 1.87m，火焰长度约为 11.4m，因此第 1 个压力传感器布置在距爆炸腔体 15m 处，此距离能使煤尘爆炸燃烧火焰到达不了压力传感器测点位置。并在试验管道上测试分岔初始压力的传感器前端安设一个透明的火焰观察窗，来观察火焰到达情况。此试验管道内截面为 80mm×80mm，直管道长度为 18m 左右。单向分岔管道支线分岔角分别为 30°、45°、60°、90°、120°、135°、150°，共 7 种角度，如图 3-15 所示，用来研究各种角度情况下煤尘爆炸冲击波超

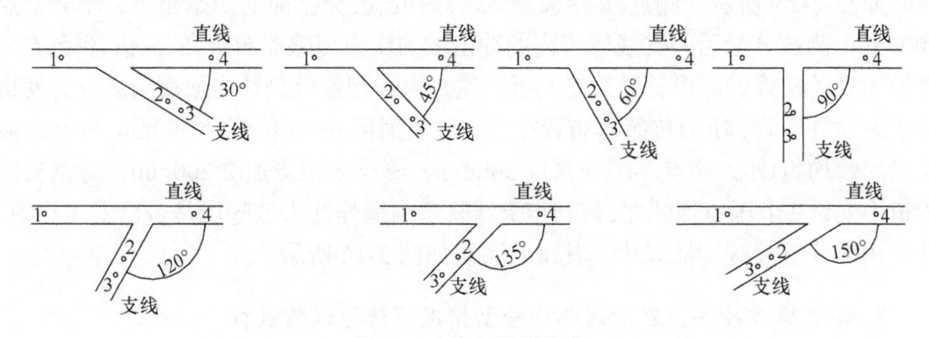

图 3-15　单向分岔管道

压衰减规律。作为矿井通风巷道，沿风流方向小角度单向分岔巷道是比较常见的，但由于煤矿爆炸事故地点具有不确定性，冲击波既有可能顺风流方向传播，也有可能逆向传播，所以设定了这些角度。

在试验初期调试过程中及调研过程中了解到，爆炸冲击波的传播衰减规律不仅与分岔管道的变化角度有关系，也与煤尘爆炸冲击波在分岔处前的初始压力有关系。本试验所用煤尘样品为四川宏源煤业集团有限公司的烟煤，该样品在 500g/m^3 的浓度下爆炸强度最大，因此通过改变参与爆炸的煤尘量改变煤尘云的浓度，来改变初始爆炸压力，在最佳爆炸浓度上、下各取一个浓度值来进行试验研究。

根据前述分析结果，试验具体方案如下：

选用质量分数为 375g/m^3、500g/m^3、625g/m^3 的煤尘进行试验，来改变爆炸强度，爆炸腔体的容积为 80L，对应上述浓度，分别需要 30g、40g、50g 煤尘，形成煤尘云。

同一个分岔角度下，针对 375g/m^3、500g/m^3、625g/m^3 3 种不同浓度，要分别重复 3 次成功爆炸，共 9 次，才算完成一个分岔角度下的测试。主要是因为即使在相同工况下，煤尘爆炸试验全过程除数据可以自动采集外，其余均是人工操作，而煤尘爆炸传播的影响因素也很多，每次爆炸试验的条件不可能完全相同，为减少误差，使得到的试验数据能够反映其规律，每组试验在相同的条件下需成功地做 3 次。

单向分岔管道共有 7 种支线分岔角度，每种角度、每种煤尘浓度都需要各做 3 次，共需成功进行 63 次试验。

通过改变单向分岔管道支线分岔角度来研究各种单向分岔管道的煤尘爆炸冲击波传播衰减规律；通过改变腔体内煤尘云的浓度，改变煤尘爆炸单向分岔处的冲击波初始压力，研究单向分岔管道的爆炸冲击波超压衰减与初始压力的关系。

如图 3-15 所示，测点 1 用来测试爆炸冲击波分岔前的初始超压，距分岔点 200mm；测试分岔后的支线管道内的冲击波的压力传感器布置在 6 倍管径(方形管道的管径换算为圆形管道当量直径，这是由于拐弯处是冲击波反射区，为使得冲击波发展均匀，压力传感器布置在冲击波反射区外，6 倍管径 500mm 外冲击波发展比较均匀)外，测点 2 距分岔点 500mm，测点 3 距测点 2 200mm，分岔支线管道内安设 2 个压力传感器，来判定支线管道内爆炸冲击波超压是否已发展均匀，能否用来分析衰减传播规律。其试验系统如图 3-16 所示。

3. 煤尘爆炸冲击波在管道单向分岔情况下传播试验数据

依照试验设计方案，测得了单向分岔管道爆炸冲击波超压的大量试验数据，测试爆炸冲击波超压波形图如图 3-17 所示。

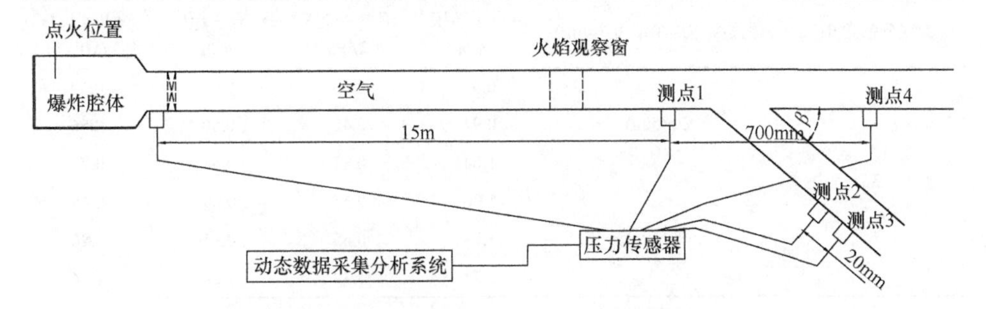

图 3-16　管道单向分岔情况下冲击波传播试验系统

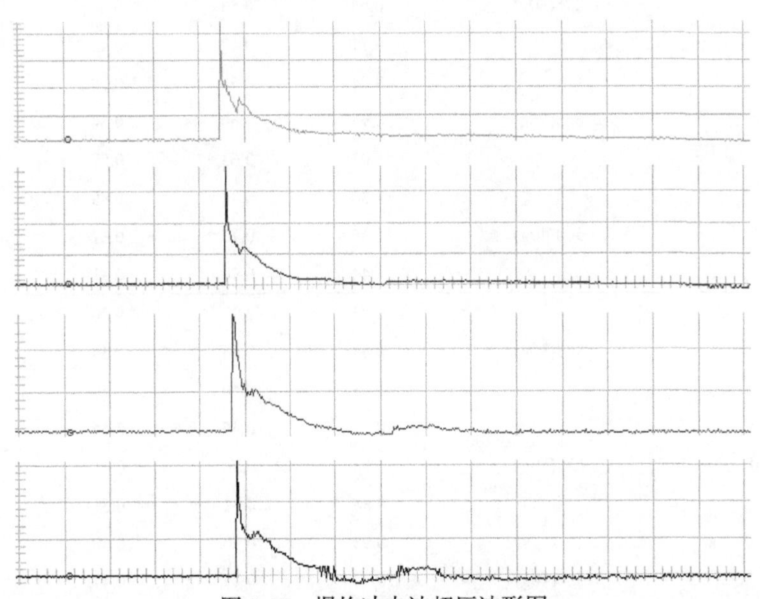

图 3-17　爆炸冲击波超压波形图

共有 7 种单向分岔管道，经反复多次试验，获取了 63 次试验测试数据。对试验数据进行整理，得出了表 3-4、表 3-5 分别为单向分岔管道支线分岔角β小于等于、大于 90°情况下冲击波超压试验数据。测试数据表征在不同支线分岔角度、不同煤尘云浓度爆炸情况下的冲击波超压传播衰减情况。

表 3-4　在管道单向分岔情况下测点超压值(≤90°)

支线分岔角β/(°)	爆炸腔体煤尘浓度/(g/m³)	测点 1 超压/MPa	测点 2 超压/MPa	测点 3 超压/MPa	测点 4 超压/MPa
30	375(30g)	0.35	0.34	0.34	0.29
		0.56	0.35	0.36	0.41
		0.64	0.36	0.43	0.40

续表

支线分岔角β/(°)	爆炸腔体煤尘浓度/(g/m^3)	测点 1 超压/MPa	测点 2 超压/MPa	测点 3 超压/MPa	测点 4 超压/MPa
30	625(50g)	0.90	0.49	0.64	0.60
		0.94	0.48	0.50	0.56
		1.04	0.87	0.54	0.73
	500(40g)	1.06	0.55	0.69	0.65
		1.13	0.65	0.93	0.86
		1.73	1.39	1.24	1.14
45	375(30g)	0.50	0.38	0.34	0.34
		0.64	0.53	0.48	0.45
		0.71	0.47	0.42	0.41
	625(50g)	0.84	0.60	0.50	0.51
		0.93	0.60	0.54	0.55
		1.03	0.63	0.57	0.66
	500(40g)	1.30	0.74	0.80	1.02
		1.35	0.75	0.81	0.89
		1.44	0.90	0.81	1.02
60	375(30g)	0.45	0.27	0.30	0.44
		0.54	0.34	0.34	0.53
		0.61	0.40	0.39	0.48
	625(50g)	0.79	0.45	0.46	0.60
		0.83	0.50	0.49	0.64
		0.88	0.51	0.51	0.68
	500(40g)	0.93	0.50	0.50	0.73
		0.94	0.47	0.47	0.84
		0.96	0.51	0.49	0.66
90	375(30g)	0.30	0.18	0.19	0.28
		0.33	0.21	0.22	0.29
		0.52	0.25	0.25	0.47
	625(50g)	0.57	0.27	0.26	0.50
		0.69	0.35	0.32	0.65
		0.80	0.50	0.50	0.79
	500(40g)	0.82	0.42	0.36	0.81
		1.36	0.63	0.61	1.06
		1.81	0.88	0.75	1.38

表 3-5　在管道单向分岔情况下测点超压值(>90°)

支线分岔角β/(°)	爆炸腔体煤尘浓度/(g/m^3)	测点 1 超压/MPa	测点 2 超压/MPa	测点 3 超压/MPa	测点 4 超压/MPa
120	375(30g)	0.35	0.17	0.17	0.33
		0.38	0.19	0.20	0.37
		0.48	0.23	0.25	0.46
	625(50g)	0.69	0.38	0.37	0.57
		0.73	0.36	0.39	0.61
		0.77	0.36	0.32	0.70
	500(40g)	0.98	0.49	0.56	0.90
		1.04	0.47	0.52	0.89
		1.07	0.47	0.55	0.95
135	375(30g)	0.31	0.15	0.15	0.31
		0.53	0.24	0.24	0.50
		0.61	0.30	0.29	0.51
	625(50g)	0.78	0.35	0.34	0.74
		0.85	0.36	0.35	0.81
		0.86	0.36	0.46	0.81
	500(40g)	1.06	0.45	0.45	1.00
		1.09	0.43	0.47	1.03
		1.13	0.48	0.49	1.01
150	375(30g)	0.34	0.15	0.14	0.33
		0.60	0.25	0.25	0.56
		0.61	0.24	0.27	0.60
	625(50g)	0.88	0.32	0.31	0.87
		0.94	0.34	0.40	0.88
		0.92	0.35	0.39	0.87
	500(40g)	0.96	0.34	0.30	0.92
		0.96	0.35	0.43	0.91
		1.15	0.40	0.43	1.08

表 3-4、表 3-5 中的压力数据均为超压，测定的 1、2、3、4 号测点的压力数据是基于图 3-16 所示的爆炸冲击波传播试验系统得出的。把 1 号测点布置在离爆炸腔体点火位置 15m 处，是为了保证煤尘爆炸燃烧区域到达不了 1 号测点位置，在试验过程中火焰观察窗已观察不到火焰，火焰不能到达 1 号测点位置。这样得出的压力数据就是爆炸第二阶段自由冲击波在分岔管道内的压力数据。

单向分岔支线管道内设置 2 个测点，之间相距 200mm，以保证支线管道内测试数据不在压力反射区。基于表 3-4、表 3-5 中数据，对测点 2、3 的读数进行分析。在这 63 组数据中，理论上来说，都应该是测点 2 大于测点 3，实测数值中有些不是这样，但差值均较小，差值均在百分位上，应该主要是由传感器误差造成的。如图 3-18、图 3-19 所示，在 30°、45°、60°这 3 组角度试验中，测点 2、3 的读数基本一致，差值较小，从曲线上来看，基本重合。在 90°、120°、135°、150°这 4 组角度试验中，在测点 1 读数较小时，测点 2、3 的值相差较小，在曲线上基本重合，随测点 1 读数增大，测点 2、3 的读数略有差别，90°时差别最大。从变化趋势来说，测点 2、3 的变化趋势完全一致，因此可以断定，支线上测点 2、3 的所在位置，离分岔点 500mm 处，已经避开因分岔影响而形成的反射区，反射效应基本消失，已发展成平面波，所测定数据可以用来分析冲击波传播的衰减规律。随测点 1 值(即初始爆炸压力)的增大，测点 2、3 的读数也增大。

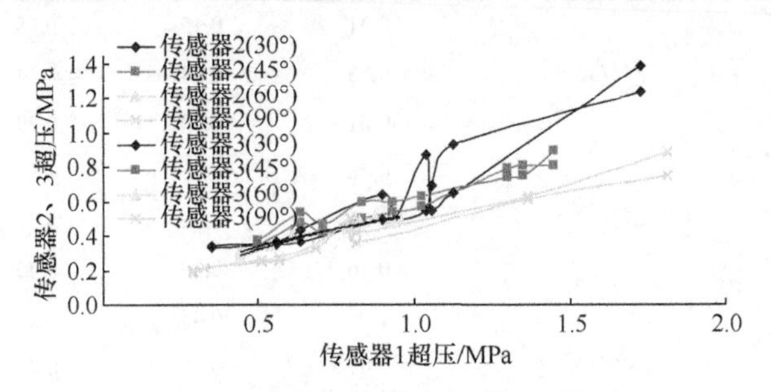

图 3-18 单向分岔管道冲击波超压值(≤90°)

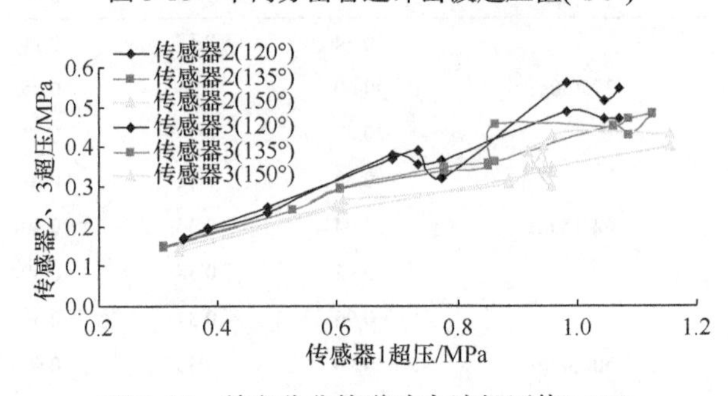

图 3-19 单向分岔管道冲击波超压值(>90°)

4. 试验数据分析

测点 1、2、3、4 测定的冲击波压力为超压，处理数据时将超压作为表示冲击波状态的参数。如图 3-15 所示，定义：

1 号测点超压/4 号测点超压=L(直线段冲击波超压衰减系数)

1 号测点超压/2 号测点超压=K_1(支线冲击波超压衰减系数 1)

1 号测点超压/3 号测点超压=K_2(支线冲击波超压衰减系数 2)

根据试验方案，影响冲击波衰减系数的因素有初始超压、单向分岔角度大小两个因素，因此，通过这两个方面来分析试验数据，一是在管道单向分岔角度确定情况下分析冲击波初始超压对衰减系数的影响，二是在冲击波初始超压确定情况下分析管道单向分岔角度对衰减系数的影响。

表3-6、表3-7为煤尘爆炸冲击波衰减系数。

表3-6 在管道单向分岔情况下爆炸冲击波衰减系数(≤90°)

支线分岔角 β/(°)	爆炸腔体煤尘浓度/(g/m³)	直线段衰减系数			支线衰减系数1			支线衰减系数2		
		L	各浓度下均值	各角度下均值	K_1	各浓度下均值	各角度下均值	K_2	各浓度下均值	各角度下均值
30	375(30g)	1.21	1.40	1.47	1.05	1.47	1.59	1.04	1.36	1.49
		1.37			1.60			1.55		
		1.61			1.76			1.48		
	625(50g)	1.50	1.54		1.84	1.66		1.41	1.74	
		1.68			1.95			1.89		
		1.43			1.19			1.92		
	500(40g)	1.63	1.49		1.94	1.64		1.54	1.38	
		1.32			1.73			1.22		
		1.51			1.24			1.39		
45	375(30g)	1.49	1.55	1.53	1.32	1.34	1.53	1.48	1.51	1.65
		1.43			1.19			1.33		
		1.73			1.52			1.71		
	625(50g)	1.65	1.63		1.40	1.53		1.66	1.73	
		1.70			1.56			1.73		
		1.55			1.64			1.81		
	500(40g)	1.28	1.40		1.74	1.71		1.63	1.70	
		1.52			1.78			1.67		
		1.42			1.61			1.79		
60	375(30g)	1.02	1.11	1.23	1.65	1.60	1.75	1.46	1.54	1.73
		1.03			1.61			1.58		
		1.27			1.54			1.57		
	625(50g)	1.33	1.31		1.78	1.72		1.74	1.72	
		1.30			1.67			1.69		
		1.30			1.72			1.74		
	500(40g)	1.27	1.28		1.88	1.92		1.88	1.94	
		1.12			1.98			1.98		
		1.45			1.90			1.96		

续表

支线分岔角 β/(°)	爆炸腔体煤尘浓度/(g/m^3)	直线段衰减系数			支线衰减系数 1			支线衰减系数 2		
		L	各浓度下均值	各角度下均值	K_1	各浓度下均值	各角度下均值	K_2	各浓度下均值	各角度下均值
		1.07			1.68			1.53		
	375(30g)	1.15	1.10		1.56	1.76		1.52	1.71	
		1.09			2.04			2.07		
		1.13			2.10			2.19		
90	625(50g)	1.05	1.06	1.12	1.95	1.88	1.90	2.13	1.98	2.00
		1.01			1.59			1.61		
		1.01			1.95			2.27		
	500(40g)	1.28	1.20		2.16	2.06		2.22	2.31	
		1.31			2.05			2.43		

表 3-7　在管道单向分岔情况下爆炸冲击波衰减系数(>90°)

支线分岔角 β/(°)	爆炸腔体煤尘浓度/(g/m^3)	直线段衰减系数			支线衰减系数 1			支线衰减系数 2		
		L	各浓度下均值	各角度下均值	K_1	各浓度下均值	各角度下均值	K_2	各浓度下均值	各角度下均值
		1.05			2.04			2.05		
	375(30g)	1.03	1.04		2.00	2.04		1.97	1.99	
		1.04			2.08			1.96		
		1.22			1.82			1.88		
120	625(50g)	1.20	1.18	1.12	2.06	2.00	2.07	1.89	2.06	1.99
		1.11			2.12			2.41		
		1.09			2.01			1.74		
	500(40g)	1.17	1.13		2.21	2.16		2.02	1.90	
		1.13			2.27			1.95		
		1.02			2.10			2.09		
	375(30g)	1.06	1.09		2.20	2.12		2.19	2.12	
		1.18			2.05			2.07		
		1.05			2.23			2.30		
135	625(50g)	1.05	1.05	1.07	2.36	2.32	2.28	2.41	2.20	2.21
		1.06			2.38			1.89		
		1.06			2.33			2.35		
	500(40g)	1.05	1.08		2.54	2.40		2.30	2.32	
		1.11			2.34			2.32		

续表

支线分岔角 β/(°)	爆炸腔体煤尘浓度/(g/m³)	直线段衰减系数			支线衰减系数 1			支线衰减系数 2		
		L	各浓度下均值	各角度下均值	K_1	各浓度下均值	各角度下均值	K_2	各浓度下均值	各角度下均值
		1.02			2.28			2.47		
	375(30g)	1.07	1.04		2.40	2.41		2.41	2.39	
		1.02			2.54			2.29		
		1.01			2.78			2.88		
150	625(50g)	1.07	1.05	1.05	2.75	2.72	2.65	2.35	2.53	2.54
		1.06			2.62			2.37		
		1.04			2.85			3.20		
	500(40g)	1.06	1.06		2.74	2.82		2.22	2.70	
		1.07			2.87			2.67		

1) 单向分岔管道直线段内冲击波超压的衰减变化规律分析

基于表 3-6、表 3-7 中试验数据，列出爆炸冲击波衰减系数随初压的变化值(表 3-8)，分别绘制单向分岔管道直线段内冲击波超压衰减系数与冲击波初始超压的变化图。

表 3-8 爆炸冲击波衰减系数随初压变化值表

分岔角度/(°)	L(直线段衰减系数)			K_1(支线衰减系数)			K_2(支线衰减系数)		
	30g	40g	50g	30g	40g	50g	30g	40g	50g
30	1.40	1.49	1.54	1.47	1.64	1.66	1.36	1.38	1.74
45	1.55	1.40	1.63	1.34	1.71	1.53	1.51	1.70	1.73
60	1.11	1.28	1.31	1.60	1.92	1.72	1.54	1.94	1.72
90	1.10	1.20	1.06	1.76	2.06	1.88	1.71	2.31	1.98
120	1.04	1.13	1.18	2.04	2.16	2.00	1.99	1.90	2.06
135	1.09	1.08	1.05	2.12	2.40	2.32	2.12	2.32	2.20
150	1.04	1.06	1.05	2.41	2.82	2.72	2.39	2.70	2.53

图 3-20、图 3-21 所示为在单向分岔管道中不同分岔角度下，L(直线段煤尘爆炸冲击波衰减系数)随初始超压的变化情况。

从表 3-6～表 3-8 的数据中可以得出，在分岔角度为 30°、45°、60°、120°时，随爆炸强度、爆炸冲击波初始超压增大，L 先增大后减小，30°时 L 平均值由 1.40 升高到 1.54 又稍下降到 1.49，45°时由 1.55 升高到 1.63 又稍下降到 1.40，60°时由 1.11 升高到 1.31 又稍下降到 1.28，120°时由 1.04 升高到 1.18 又稍下降到 1.13，

135°时由 1.09 降到 1.05 后又上升到 1.08，但是大多增加幅度大，而减小幅度小；在 150°时，L 随爆炸冲击波初始超压增大而持续增大。在分岔角度由 30°到 45°、60°、90°、120°、135°、150°逐渐增大的过程，在 375g/m^3(30g)、625g/m^3(50g)的煤尘爆炸时 L 分别由 1.40、1.54 上升到 1.55、1.63 后持续下降，最后分别降到 1.04、1.05，在 500g/m^3(40g)则随角度增加而持续下降，由 1.49 降到 1.06，降幅比较明显。总体增大幅度平均在 0.01～0.23 间，增幅不大。

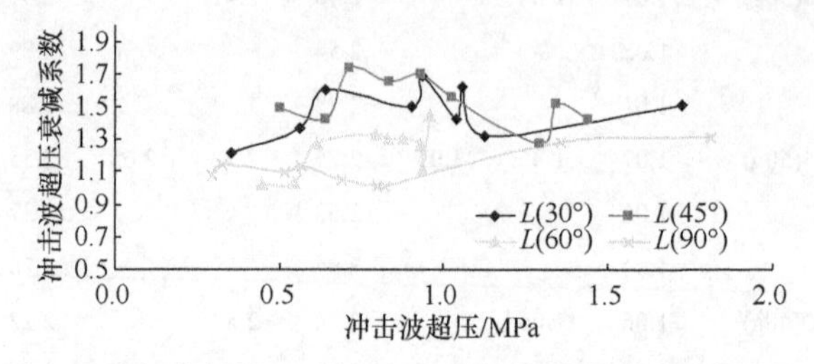

图 3-20　单向分岔管道直线段冲击波超压衰减系数变化曲线(≤90°)

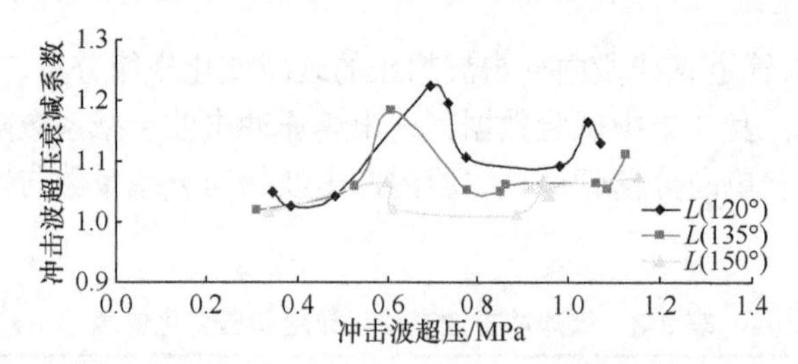

图 3-21　单向分岔管道直线段冲击波超压衰减系数变化曲线(>90°)

在试验调试中发现，减少煤尘量、降低煤尘浓度不容易引爆；增加煤尘量、增大煤尘浓度，因受爆炸腔体内空气中氧气量的限制，对爆炸效果也有较大影响，初始爆炸压力不容易拉大，而且在特性试验中已经得出该煤尘样浓度为 500g/m^3 时爆炸压力与压力上升速度达到最大。

在图 3-20 至图 3-22 中，细线为数据测点间的连线，光滑曲线为变化趋势线。从中可以得出，L 随爆炸冲击波初始超压变化而略有增大趋势，变化量较小，局

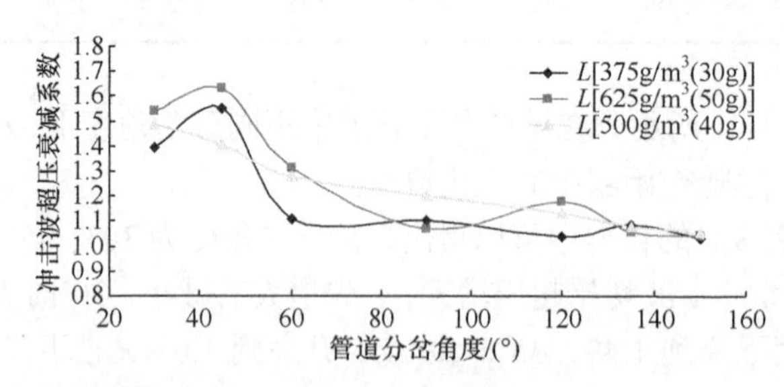

图 3-22　不同浓度下单向分岔管道直线段冲击波超压衰减系数变化曲线

部有起伏。随分岔角度的增大，L 呈逐渐减少的趋势，而且趋势明显。

总的来说，单向分岔管道，直线段爆炸冲击波超压衰减系数随初始超压的增大而呈现增大趋势，但增幅平均值在 0.01～0.23 间，可见初始超压对直线段爆炸冲击波超压衰减系数的变化不起主导作用，较分岔角度的影响弱。而 L 随分岔角度的增大而减小，在分岔角度 30°～150°范围内，直线段爆炸冲击波超压衰减系数在 1.53～1.05 的范围内变化，降幅比较明显。分岔角度增大，传播到支线巷道的压力减小，主要传播到直线巷道内，其衰减系数呈递减趋势。

2) 单向分岔管道支线段内冲击波超压的衰减变化规律分析

图 3-23～图 3-26 所示为在单向分岔管道中不同分岔角度下，K_1、K_2(单向分岔管道支线中煤尘爆炸冲击波衰减系数)随初始超压的变化情况。

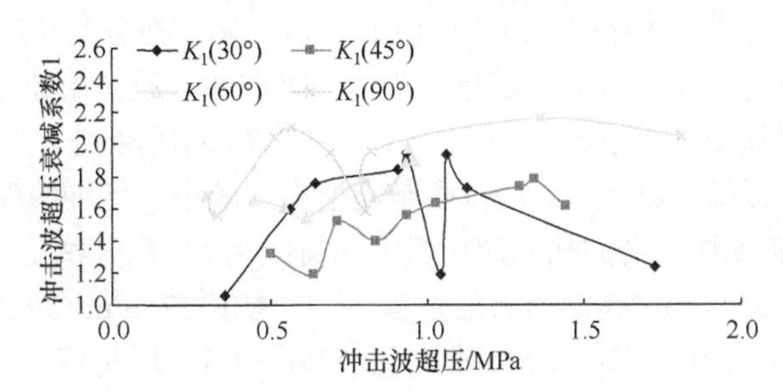

图 3-23　单向分岔管道支线段 1 冲击波超压衰减系数变化曲线(≤90°)

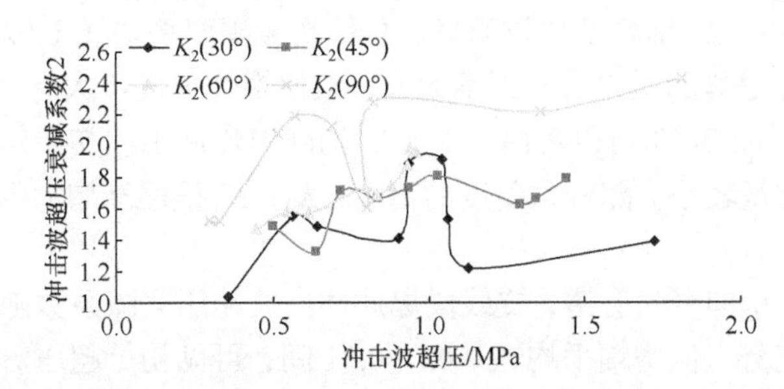

图 3-24　单向分岔管道支线段 2 冲击波超压衰减系数变化曲线(≤90°)

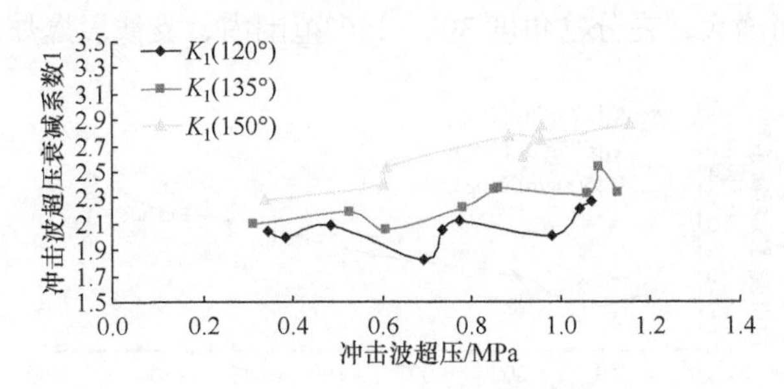

图 3-25　单向分岔管道支线段 1 冲击波超压衰减系数变化曲线(>90°)

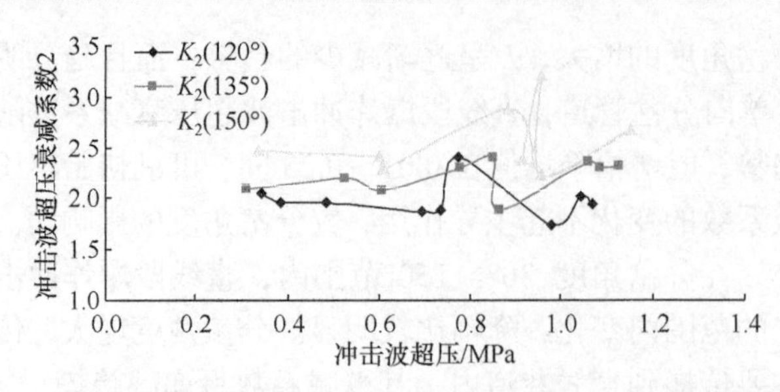

图 3-26 单向分岔管道支线段 2 冲击波超压衰减系数变化曲线(>90°)

从表 3-6 至表 3-8 的数据中可以得出，在分岔角度为 30°、120°时 K_1 值略有起伏，30°时 K_1 随爆炸强度、爆炸冲击波初始超压增大，由 1.47 增大到 1.66 又稍降到 1.64，120°时由 2.04 降到 2.00 而后上升到 2.16。在分岔角度为 30°、45°、120°时 K_2 值略有起伏，30°时 K_2 随爆炸强度、爆炸冲击波初始超压增大，由 1.36 增大到 1.74 又稍降到 1.38，45°时由 1.51 上升到 1.73 而后降到 1.70，120°时由 1.99 上升到 2.06 而后降到 1.90，K_1、K_2 多是先增大后减小，增加幅度大。而其余角度下，K_1、K_2 均随爆炸冲击波初始超压增大而持续增大。在分岔角度由 30°到 45°、60°、90°、120°、135°、150°逐渐增大的过程，K_1 在浓度 375g/m^3(30g)、625g/m^3(50g)的煤尘爆炸时分别由 1.47、1.66 减小到 1.34、1.53 后持续增大，K_2 在浓度 500g/m^3(40g)的煤尘爆炸时分岔角为 120°时 1.90 有点异常外，总体随分岔角增大而增大。而且 K_1、K_2 增幅都比较明显。总体增大幅度平均在 0.02～0.31 间，增幅不大，与参与爆炸的煤尘量差距不太大、致使爆炸强度不大有关。

由图 3-23～图 3-28 可以得出，K_1、K_2 均随爆炸冲击波初始超压变化而略有增大趋势，变化量较小。随分岔角度的增大，K_1、K_2 呈逐渐增大的趋势，而且趋势明显。

总的来说，单向分岔管道，支线段爆炸冲击波超压衰减系数随初始超压的增大而呈现增大趋势，但增幅平均在 0.02～0.31 间，可见初始超压对支线段爆炸冲击波超压衰减系数的变化也不能起到主导作用，较分岔角度的影响弱。而其随分岔角度的增大而增大，在分岔角度 30°～150°范围内，支线段爆炸冲击波超压衰

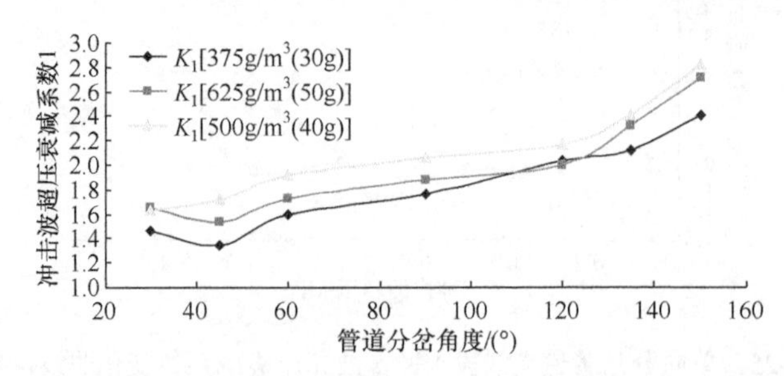

图 3-27 不同浓度下单向分岔管道支线段 1 冲击波超压衰减系数变化曲线

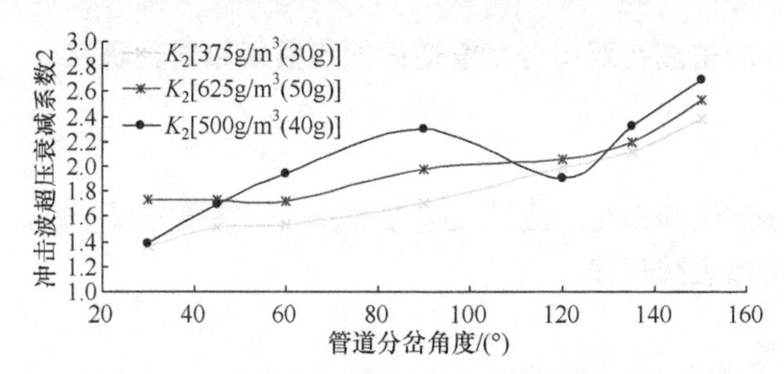

图 3-28　不同浓度下单向分岔管道支线段 2 冲击波超压衰减系数变化曲线

减系数在 1.36～2.82 的范围内变化，增幅比较明显。分岔角度增大，传播到支线巷道的压力减小，主要传播到直线巷道内，支线巷道内的衰减系数呈增大趋势。

3) 单向分岔管道直线段爆炸冲击波超压衰减系数与支线段的对比分析

由上所述，单向分岔管道直线段与支线段的爆炸冲击波超压衰减系数均随爆炸初始超压的增大而呈增大趋势，但增幅较小，影响较弱。

单向分岔管道内，将不同分岔角度下的直线段爆炸冲击波超压衰减系数与支线段的相对比，如图 3-29、图 3-30 所示，呈反方向变化，随分岔角度增大，直线段爆炸冲击波超压衰减系数减小，支线段的增大。

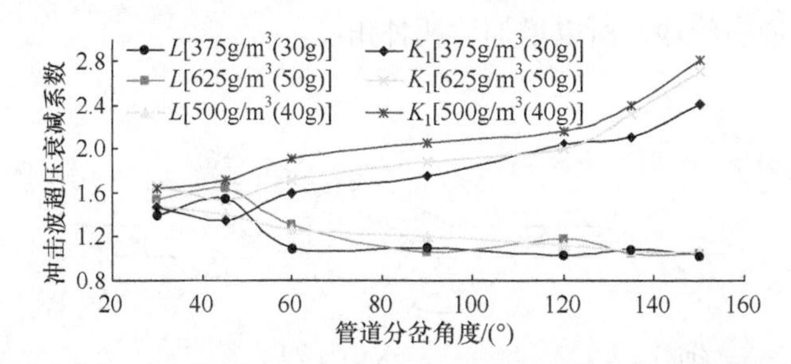

图 3-29　直线段爆炸冲击波超压衰减系数与支线段 1 的相对比

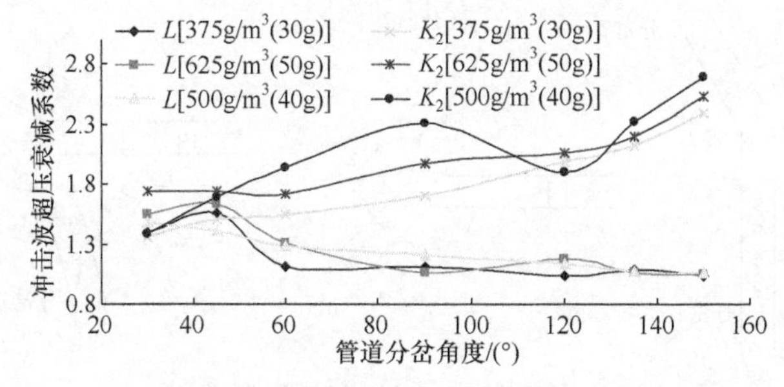

图 3-30　直线段爆炸冲击波超压衰减系数与支线段 2 的相对比

3.3.4 煤尘爆炸冲击波在双向分岔管道内的传播规律试验研究

1. 试验目的

利用煤尘爆炸试验系统，测试煤尘爆炸压力，来研究煤尘爆炸冲击波在双向分岔管道内的传播衰减规律。

2. 试验方案

本小节的主要研究内容是一般空气区煤尘爆炸冲击波在双向分岔管道内的传播衰减规律，压力传感器均布置在煤尘燃烧区外。本试验设计煤尘爆炸腔体总长度为 1.87m，火焰长度约为 11.4m，因此第 1 个压力传感器布置在距爆炸腔体 15m 处，此距离能使煤尘爆炸燃烧火焰到达不了压力传感器测点位置。并在试验管道上测试分岔初始压力的传感器前端安设一个透明的火焰观察窗，来观察火焰到达情况。此试验管道内截面为 80mm×80mm，直管道长度为 18m 左右。双向分岔管道分岔角分别为 30°/45°、45°/105°、60°/30°、75°/60°、90°/60°、105°/30°，共 6 种角度，如图 3-31 所示，用来研究不同分岔角度情况下煤尘爆炸冲击波超压衰减规律。作为矿井通风巷道，沿风流方向前 4 种分岔巷道在实际矿井是比较常见的，但由于煤矿爆炸事故地点具有不确定性，冲击波既有可能顺风流方向传播，也有可能逆向传播，所以增加后两种角度。

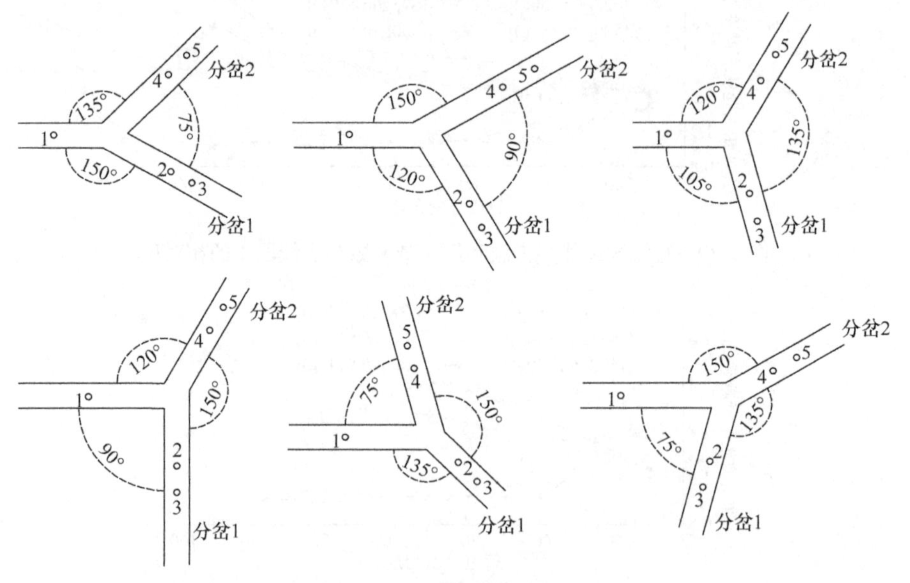

图 3-31 双向分岔管道

同上个试验条件一样，选用 375g/m³、500g/m³、625g/m³ 浓度的煤尘进行试验，来改变爆炸强度，爆炸腔体的容积为 80L，对应上述浓度，分别需要 30g、40g、50g 煤尘，形成煤尘云。

同一个分岔角度下，针对 375g/m^3、500g/m^3、625g/m^3 三种不同浓度，要分别重复 3 次成功爆炸，共 9 次，才算完成一个分岔角度下的测试。双向分岔管道共有 6 种分岔角度，每种情况都需要做三次相同的试验，共需进行 54 次。

通过改变双向分岔管道的分岔角度来研究各种分岔管道的煤尘爆炸冲击波传播衰减规律；通过改变腔体内煤尘云的浓度，来改变煤尘爆炸分岔处的冲击波初始压力，研究双向分岔管道的爆炸冲击波超压衰减与初始压力的关系。

如图 3-31 所示，测点 1 用来测试爆炸冲击波分岔前的初始超压，距分岔点 200mm；分岔 1 管道内布置测点 2、3，之间相距 200mm，分岔 2 管道内布置 4、5 测点，之间相距 200mm。测试分岔后的管道内的冲击波的压力传感器布置在 6 倍管径长度外，测点 2、测点 4 距分岔点均为 500mm。分岔后的管道内均安设 2 个压力传感器，来判定分岔管道内的爆炸冲击波超压是否发展均匀，能否用来分析衰减传播规律。其试验系统图如图 3-32 所示。

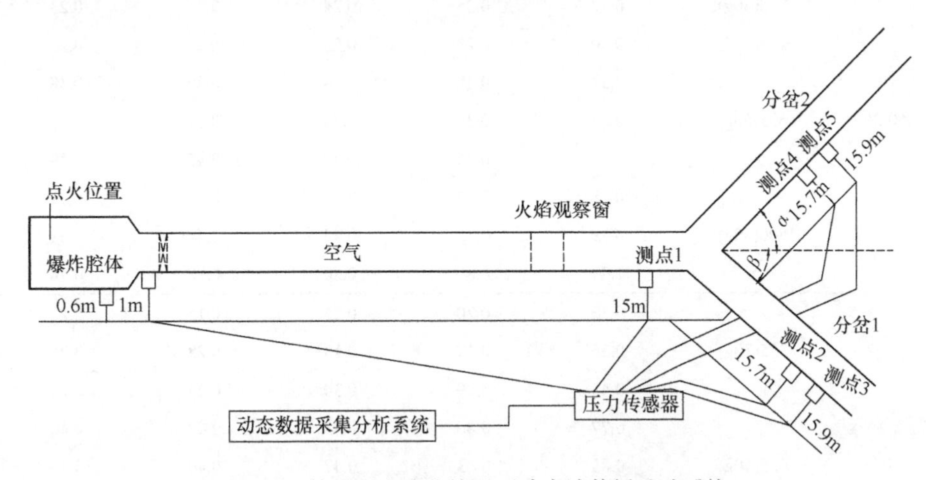

图 3-32　管道双向分岔情况下冲击波传播试验系统

3. 煤尘爆炸冲击波在管道单向分岔情况下传播试验数据

共有 6 种双向分岔管道，经多次试验，获取了 54 次试验数据。对试验数据进行整理，得出了煤尘爆炸冲击波超压在管道内传播的试验数据。表 3-9 所示为不同支线分岔角度、不同煤尘云浓度爆炸下的冲击波超压数据。

表 3-9 中的压力数据均为超压，测定的 1、2、3、4、5 号测点的压力数据是基于爆炸冲击波传播试验系统得出的。把 1 号测点布置在离爆炸腔体点火位置 15m 处，是为了保证煤尘爆炸燃烧区域到达不了 1 号测点位置，在试验过程中火焰观察窗已观察不到火焰，火焰不能到达测点 1 位置。这样得出的压力数据就是

爆炸第二阶段自由冲击波在分岔管道内的压力数据。

表 3-9 在管道双向分岔情况下测点超压值

支线分岔角 $\beta/\alpha/(°)$	爆炸腔体煤尘浓度/(g/m^3)	测点 1 超压/MPa	测点 2 超压/MPa	测点 3 超压/MPa	测点 4 超压/MPa	测点 5 超压/MPa
30/45	375(30g)	0.41	0.27	0.26	0.28	0.26
		0.46	0.31	0.37	0.31	0.38
		0.49	0.30	0.30	0.28	0.31
	625(50g)	0.56	0.34	0.34	0.32	0.32
		0.68	0.42	0.41	0.40	0.38
		0.77	0.46	0.46	0.46	0.45
	500(40g)	0.89	0.51	0.51	0.50	0.48
		0.94	0.54	0.57	0.51	0.50
		1.22	0.66	0.74	0.68	0.69
60/30	375(30g)	0.37	0.24	0.23	0.24	0.26
		0.42	0.25	0.24	0.26	0.23
		0.50	0.28	0.28	0.26	0.26
	625(50g)	0.52	0.30	0.34	0.36	0.38
		0.54	0.31	0.34	0.39	0.40
		0.74	0.35	0.42	0.45	0.49
	500(40g)	0.78	0.52	0.51	0.52	0.51
		0.79	0.36	0.44	0.44	0.51
		1.47	0.80	0.80	0.78	0.78
75/60	375(30g)	0.30	0.20	0.25	0.16	0.22
		0.36	0.19	0.18	0.28	0.25
		0.43	0.29	0.30	0.24	0.23
	625(50g)	0.77	0.46	0.43	0.42	0.40
		0.85	0.43	0.47	0.40	0.45
		0.93	0.51	0.49	0.49	0.48
	500(40g)	1.38	0.65	0.77	0.75	0.78
		1.56	0.88	1.10	0.75	0.76
		1.91	1.38	1.37	1.08	1.04
90/60	375(30g)	0.22	0.19	0.14	0.18	0.18
		0.40	0.22	0.24	0.26	0.25
		0.47	0.26	0.30	0.28	0.28
	625(50g)	0.57	0.30	0.35	0.35	0.32
		1.31	0.64	0.62	0.64	0.64
		1.33	0.67	0.65	0.68	0.68

续表

支线分岔角 β/α/(°)	爆炸腔体煤尘浓度/(g/m³)	测点 1 超压 /MPa	测点 2 超压 /MPa	测点 3 超压 /MPa	测点 4 超压 /MPa	测点 5 超压 /MPa
90/60	500(40g)	1.37	0.66	0.62	0.64	0.64
		1.71	0.75	0.74	0.84	0.80
		1.99	0.90	1.09	1.11	1.20
45/105	375(30g)	0.35	0.25	0.29	0.22	0.23
		0.38	0.26	0.30	0.24	0.23
		0.56	0.38	0.45	0.33	0.35
	625(50g)	0.68	0.46	0.56	0.37	0.39
		0.71	0.44	0.55	0.39	0.40
		0.75	0.46	0.49	0.40	0.40
	500(40g)	0.87	0.52	0.59	0.40	0.45
		1.04	0.62	0.63	0.51	0.50
		1.20	0.76	0.72	0.57	0.63
105/30	375(30g)	0.25	0.14	0.14	0.21	0.21
		0.35	0.18	0.23	0.21	0.23
		0.36	0.19	0.25	0.27	0.27
	625(50g)	0.48	0.23	0.31	0.30	0.32
		0.49	0.23	0.31	0.33	0.33
		0.49	0.23	0.30	0.31	0.32
	500(40g)	0.88	0.37	0.46	0.62	0.60
		1.37	0.51	0.57	0.84	0.83
		1.66	0.62	0.69	1.14	1.13

每个分岔管道内都设置 2 个测点，之间相距 200mm，以保证分岔管道内测试数据不在压力反射区。基于表 3-9 中数据，对测点 2、3 的超压值进行分析。在 3 组不同分岔角度试验中，分岔管道 75°/60°、45°/105°、105°/30°中测点 2 与测点 3 的读数差值较大，分别为 0.22MPa、0.11MPa、0.09MPa。在这 54 组数据中，理论上来说，都应该是测点 2、测点 4 的数值分别大于测点 3、测点 5 的数值，实测数值中有些不是这样，但差值均较小，差值均在百分位上，由于这两个传播器间的距离较短，损失较少，所以应该主要是由传感器误差造成的。

如图 3-33、图 3-34 所示，从曲线上来看，测点 2 与测点 3、测点 4 与测点 5 的数据除 75°/60°、45°/105°、105°/30°这 3 组角度中个别数值有差别，其余的基本重合，而变化趋势完全一致，并且都随测点 1 的超压数值增大而增大，趋势明显，因此可以断定，分岔管道上测点 2、3、4、5 的所在位置，离分岔点 500mm

处，已经避开因分岔影响而形成的反射区，反射效应基本消失，已发展成平面波，所测定数据可以用来分析冲击波传播的衰减规律。

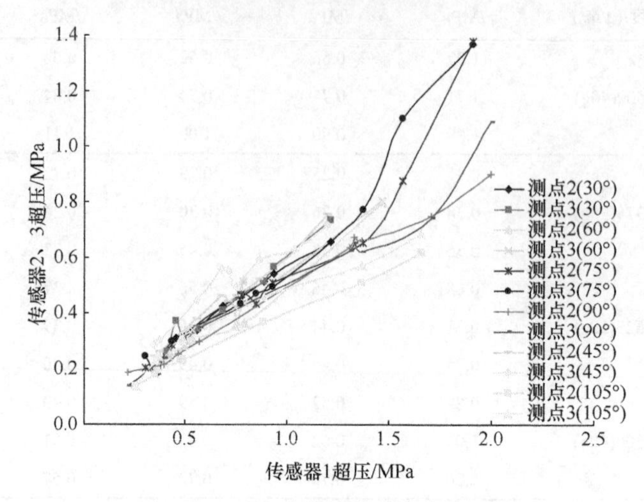

图 3-33 双向分岔管道冲击波超压值

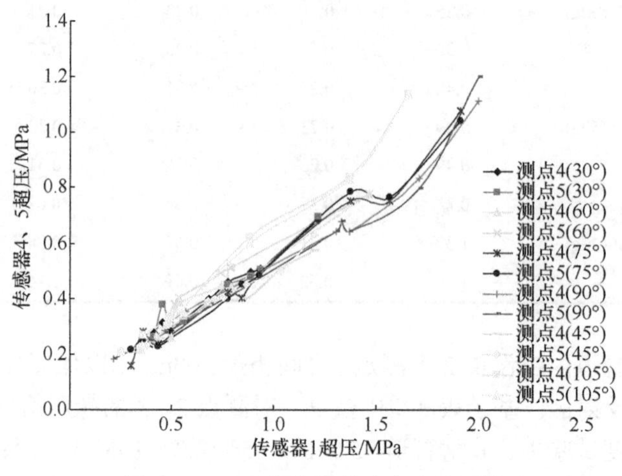

图 3-34 双向分岔管道冲击波超压值

4. 试验数据分析

测点 1、2、3、4、5 测定的冲击波压力为超压，处理数据时将超压作为表示冲击波状态的参数。如图 3-31 与图 3-32 所示，定义：

1 号测点超压/2 号测点超压=L_1(分岔角为β冲击波超压衰减系数 1)

1 号测点超压/3 号测点超压=L_2(分岔角为β冲击波超压衰减系数 2)

1 号测点超压/4 号测点超压=K_1(分岔角为α冲击波超压衰减系数 1)

1 号测点超压/5 号测点超压=K_2(分岔角为α冲击波超压衰减系数 2)

根据试验方案，影响冲击波衰减系数的因素有初始超压、单向分岔角度大小 2 个因素，因此，通过这两个方面来分析试验数据，一是在管道单向分岔角度确定情况下分析冲击波初始超压对衰减系数的影响，二是在冲击波初始超压确定情况下分析管道单向分岔角度对衰减系数的影响。

表 3-10 为在管道双向分岔情况下煤尘爆炸冲击波衰减系数。

表 3-10　在管道双向分岔情况下爆炸冲击波衰减系数

分岔角β/α/(°)	煤尘浓度/(g/m^3)	β角衰减系数				α角衰减系数			
		L_1	L_1均值	L_2	L_2均值	K_1	K_1均值	K_2	K_2均值
30/45	30g	1.52	1.66	1.59	1.61	1.49	1.69	1.59	1.68
		1.48		1.24		1.45		1.21	
		1.64		1.63		1.75		1.60	
	50g	1.64		1.64		1.74		1.76	
		1.62		1.68		1.72		1.78	
		1.67		1.67		1.68		1.71	
	40g	1.75		1.72		1.79		1.85	
		1.74		1.65		1.84		1.86	
		1.85		1.66		1.79		1.75	
60/30	30g	1.54	1.79	1.59	1.68	1.59	1.64	1.43	1.59
		1.66		1.74		1.60		1.82	
		1.76		1.77		1.93		1.92	
	50g	1.75		1.54		1.42		1.36	
		1.75		1.59		1.40		1.34	
		2.13		1.76		1.66		1.51	
	40g	1.50		1.53		1.51		1.52	
		2.17		1.81		1.79		1.54	
		1.84		1.83		1.89		1.89	
75/60	30g	1.48	1.73	1.23	1.64	1.92	1.84	1.40	1.79
		1.88		1.96		1.29		1.46	
		1.51		1.46		1.83		1.89	
	50g	1.67		1.80		1.82		1.95	
		1.95		1.80		2.10		1.87	
		1.83		1.89		1.89		1.93	
	40g	2.11		1.78		1.82		1.75	
		1.78		1.42		2.08		2.05	
		1.38		1.40		1.77		1.83	

续表

分岔角β/α/(°)	煤尘浓度/(g/m³)	β角衰减系数				α角衰减系数			
		L_1	L_1均值	L_2	L_2均值	K_1	K_1均值	K_2	K_2均值
90/60	30g	1.16	1.93	1.57	1.88	1.18	1.77	1.18	1.80
		1.85		1.68		1.54		1.60	
		1.83		1.55		1.65		1.69	
	50g	1.91		1.64		1.62		1.79	
		2.06		2.10		2.04		2.04	
		1.98		2.04		1.96		1.96	
	40g	2.08		2.20		2.13		2.14	
		2.27		2.30		2.04		2.14	
		2.21		1.83		1.79		1.66	
45/105	30g	1.41	1.55	1.21	1.39	1.54	1.85	1.51	1.79
		1.45		1.25		1.60		1.63	
		1.47		1.25		1.71		1.61	
	50g	1.47		1.22		1.81		1.74	
		1.61		1.29		1.81		1.79	
		1.62		1.52		1.87		1.87	
	40g	1.65		1.46		2.18		1.93	
		1.66		1.65		2.04		2.08	
		1.59		1.68		2.09		1.91	
105/30	30g	1.80	2.20	1.83	1.82	1.22	1.49	1.22	1.47
		1.99		1.53		1.68		1.51	
		1.89		1.47		1.36		1.36	
	50g	2.10		1.56		1.60		1.50	
		2.11		1.57		1.46		1.49	
		2.16		1.64		1.59		1.54	
	40g	2.41		1.93		1.42		1.48	
		2.69		2.40		1.64		1.65	
		2.68		2.42		1.45		1.46	

1) 分岔管道爆炸冲击波超压随初始压力的变化规律分析

基于表 3-9、表 3-10 中试验数据，列出爆炸冲击波衰减系数的均值随初始超压的变化值(表 3-11)。

表 3-11　爆炸冲击波衰减系数随初始压力变化值表

分岔类型	分岔角度/(°)	衰减系数	30g	50g	40g	对应分岔角度/(°)	衰减系数	30g	50g	40g
30/45	30	L_1	1.56	1.65	1.76	45	K_1	1.56	1.71	1.80
		L_2	1.49	1.66	1.68		K_2	1.47	1.75	1.82
60/30	30	K_1	1.71	1.49	1.73	60	L_1	1.66	1.88	1.84
		K_2	1.72	1.40	1.65		L_2	1.70	1.63	1.72
105/30	30	K_1	1.42	1.55	1.50	105	L_1	1.89	2.12	2.59
		K_2	1.36	1.51	1.53		L_2	1.61	1.59	2.25
30/45	45	K_1	1.56	1.71	1.80	30	L_1	1.56	1.65	1.77
		K_2	1.47	1.75	1.82		L_2	1.49	1.66	1.68
45/105	45	L_1	1.44	1.57	1.64	105	K_1	1.62	1.83	2.10
		L_2	1.24	1.34	1.60		K_2	1.58	1.80	1.97
60/30	60	L_1	1.66	1.88	1.84	30	K_1	1.71	1.49	1.73
		L_2	1.70	1.63	1.72		K_2	1.72	1.40	1.65
75/60	60	K_1	1.68	1.94	1.89	75	L_1	1.63	1.82	1.76
		K_2	1.58	1.92	1.88		L_2	1.55	1.83	1.53
90/60	60	K_1	1.46	1.87	1.99	90	L_1	1.61	1.98	2.19
		K_2	1.49	1.93	1.98		L_2	1.60	1.93	2.11
75/60	75	L_1	1.63	1.82	1.76	60	K_1	1.68	1.94	1.89
		L_2	1.55	1.83	1.53		K_2	1.58	1.92	1.88
90/60	90	L_1	1.61	1.98	2.19	60	K_1	1.46	1.87	1.99
		L_2	1.60	1.93	2.11		K_2	1.49	1.93	1.98
105/30	105	L_1	1.89	2.12	2.59	30	K_1	1.42	1.55	1.50
		L_2	1.61	1.59	2.25		K_2	1.36	1.51	1.53
45/105	105	K_1	1.62	1.83	2.10	45	L_1	1.44	1.57	1.64
		K_2	1.58	1.80	1.97		L_2	1.24	1.34	1.60

在表 3-11 中，不论何种分岔类型、分岔角度大小，其衰减系数均随煤尘爆炸初始压力的增大而呈现增大趋势，增幅在 0.02～0.66 间，但增大幅度普遍不大，应该与参与爆炸的煤尘量差距不太大，致使爆炸强度差别不大，即爆炸初始压力差别不大有关。

2) 分岔管道爆炸冲击波超压随分岔角度的变化规律分析

基于表 3-9、表 3-10 中试验数据，列出如表 3-12、表 3-13、表 3-14 所示的爆炸冲击波衰减系数均值随分岔角度的变化情况表。

表 3-12 单个分岔变化对爆炸冲击波衰减系数影响变化值表

分岔类型	分岔角度/(°)	衰减系数 L_1	衰减系数 L_2	衰减系数 K_1	衰减系数 K_2	对应分岔角度/(°)
30/45	30	1.66	1.61			45
60/30	30			1.64	1.59	60
105/30	30			1.49	1.47	105
30/45	45			1.69	1.68	30
45/105	45	1.55	1.39			105
60/30	60	1.79	1.68			30
75/60	60			1.83	1.79	75
90/60	60			1.77	1.80	90
75/60	75	1.73	1.64			60
90/60	90	1.93	1.88			60
105/30	105	2.20	1.82			30
45/105	105			1.85	1.78	45

表 3-13 两个分岔互相作用对爆炸冲击波衰减系数影响变化值表

分岔类型	分岔 1 角度/(°)	衰减系数 1	衰减系数 2	分岔 2 角度/(°)	衰减系数 3	衰减系数 4
30/45	30	1.66	1.61	45	1.69	1.68
60/30	30	1.64	1.59	60	1.79	1.68
105/30	30	1.49	1.47	105	2.20	1.82
30/45	45	1.69	1.68	30	1.66	1.61
45/105	45	1.55	1.39	105	1.85	1.78
60/30	60	1.79	1.68	30	1.64	1.59
75/60	60	1.83	1.79	75	1.73	1.64
90/60	60	1.77	1.80	90	1.93	1.88
75/60	75	1.73	1.64	60	1.83	1.79
90/60	90	1.93	1.88	60	1.77	1.80
105/30	105	2.20	1.82	30	1.49	1.47
45/105	105	1.85	1.78	45	1.55	1.39

表 3-14 两个分岔共同作用对爆炸冲击波衰减系数影响变化值表

分岔类型	两分岔角之和/(°)	衰减系数 1	衰减系数 2	衰减系数 3	衰减系数 4
30/45	75	1.66	1.61	1.69	1.68
60/30	90	1.79	1.68	1.64	1.59
75/60	135	1.73	1.64	1.83	1.79
105/30	135	2.20	1.82	1.49	1.47
45/105	150	1.55	1.39	1.85	1.78
90/60	150	1.93	1.88	1.77	1.80

从表 3-12 中可以得出，在分岔角由 30°逐渐增大到 105°的过程中，其衰减系数由最小值 1.49(1.47)逐渐增大到 2.20(1.82)；同时也能得出，分岔角为 30°时，另一个分岔角度从 45°到 60°到 105°的增大过程中，另外一个分岔角度管道内的衰减系数呈增大的趋势，其他角度下也呈这种趋势。由此可见，随着分岔角度的增加，该分岔的衰减系数呈逐渐增大的趋势，变化大小也受另一分岔角度变化影响。分岔角度在 30°～105°范围内变化时，爆炸冲击波衰减系数从 1.49 增到 2.20。

表 3-13、表 3-14 中衰减系数 1、衰减系数 2 表示分岔 1 中两个测点对应的衰减系数；衰减系数 3、衰减系数 4 表示分岔 2 中两个测点对应的衰减系数。从表 3-13 中可以得出，分岔角为 30°时，对应另一个分岔角度分别为 45°、60°、105°，它的衰减系数随角度的增大由 1.69 增大到 1.79 再增大到 2.20，而 30°所在这一分岔的衰减系数随另一分岔角度的增大，由 1.66 减小到 1.64，再减小到 1.49；分岔角为 60°时，对应另一个分岔角度分别为 30°、75°、90°，分岔角为 45°时，对应另一个分岔角度分别为 30°、105°，分岔角为 105°时，对应另一个分岔角度分别为 30°、45°，基本与上述规律相符。由此可见，对于分岔管道，一个分岔角不变时，随另一分岔角的增大，该分岔的爆炸冲击波衰减系数增大，对于角度不变的那个分岔的冲击波衰减系数受另一个分岔影响，呈相反的变化趋势，随另一个分岔角度的增大而减小。增大的幅度大于减小的幅度。并没有因这条分岔角度的减少，而完全转移到另一分岔上，在于随分岔角度的增大，反射回转能量增大。

从表 3-14 中可以得出，在两个分岔角总和由 75°增加到 150°过程中，两条分岔的总的衰减系数 $L_1+K_1(L_2+K_2)$大体呈逐渐增大的趋势，增幅 0.35(0.51)左右。由此可见，随分岔管道的角度的总和增加，其总的衰减系数也增大。分岔角度的总和越大，反射回转的越多，分岔管道内就越少，使得总的衰减系数增大。

3.3.5　煤尘爆炸冲击波在截面突变管道内的传播规律试验研究

1. 试验目的

利用煤尘爆炸试验系统，测试煤尘爆炸压力，来研究煤尘爆炸冲击波在截面突变管道内的传播衰减规律。

2. 试验方案

研究一般空气区煤尘爆炸冲击波在截面突变管道内的传播衰减规律，压力传感器均布置在煤尘燃烧区外。本试验设计煤尘爆炸腔体总长度为 1.87m，火焰长度约为 11.4m，因此第 1 个压力传感器布置在距爆炸腔体 15m 处，此距离能使煤尘爆炸燃烧火焰到达不了压力传感器测点位置。并在试验管道上测试分岔初始压力的传感器前端安设一个透明的火焰观察窗，来观察火焰到达情况。此试验管道内截面为 80mm×80mm，直管道长度为 18m 左右。由边长 80mm 正方形截面分别变为边长 90mm、100mm、110mm、120mm、140mm、160mm 正方形截面，然后分别由 90mm、100mm、110mm、120mm、140mm、160mm 正方形截面变为 80mm 正方形截面，共 6 种类型的变截面管道，如图 3-35 所示。测点 1 用来测试爆炸冲击波截面突变前的初始超压，测点 2 布置在变截面管道内，距左端截面突变点 6 倍管道宽度的长度处，测点 3 布置在距右端截面突变点 500mm 的位置，以使测点 2、3 的压力值，离开冲击波反射区域，减小冲击波反射给测定值带来的影响。

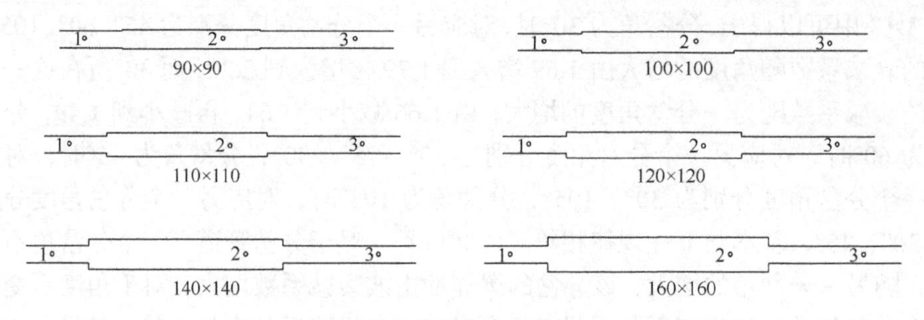

图 3-35 截面突变管道(mm)

同上个试验条件一样，选用质量分数为 375g/m³、500g/m³、625g/m³ 的煤尘进行试验，来改变爆炸强度，爆炸腔体的容积为 80L，对应上述浓度，分别需要 30g、40g、50g 煤尘，形成煤尘云。同一种管道断面突变情况下，针对 375g/m³、500g/m³、625g/m³ 3 种不同浓度，要分别重复 3 次成功爆炸，共 9 次，才算完成一组测试。截面突变管道共有 6 种分岔角度，每种情况都需要做三次相同的试验，共需进行 54 次。通过改变截面突变管道的截面积变化量来研究各种截面突变管道的煤尘爆炸冲击波传播衰减规律；通过改变腔体内煤尘云的浓度，来改变煤尘爆炸截面突变处的冲击波初始压力，研究爆炸冲击波超压衰减与初始压力的关系。其试验系统图如图 3-36 所示。

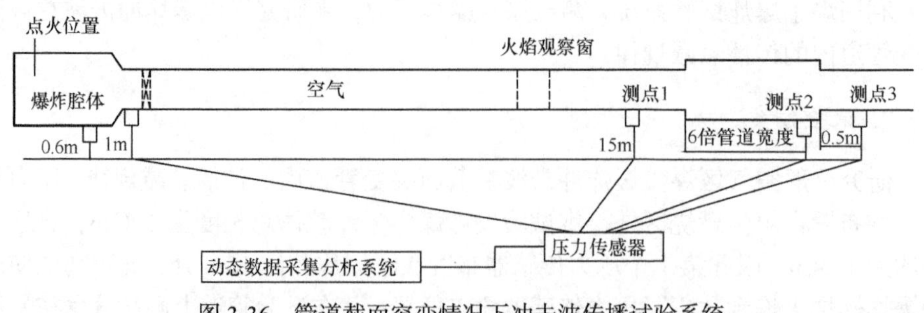

图 3-36 管道截面突变情况下冲击波传播试验系统

3. 煤尘爆炸冲击波在管道截面突变情况下传播试验数据

共有 6 种截面突变类型管道，经多次试验，获取了 54 组试验数据。对试验数据进行整理，得出了煤尘爆炸冲击波超压在管道内传播的试验数据。表 3-15 所示为不同截面积、不同煤尘云浓度爆炸下的冲击波超压数据。

表 3-15　冲击波在管道截面突变情况下压力变化表

变径管道尺寸/(mm×mm)	爆炸腔体煤尘浓度/(g/m³)	传感器 1 压力/MPa	传感器 2 压力/MPa	传感器 3 压力/MPa
90×90	375(30g)	0.50	0.46	0.49
		0.54	0.50	0.52
		0.66	0.59	0.64
	625(50g)	0.73	0.71	0.70
		0.86	0.71	0.75
		0.97	0.86	0.91
	500(40g)	1.10	0.88	0.91
		1.35	1.05	1.09
		1.36	1.08	1.10
100×100	375(30g)	0.45	0.38	0.43
		0.69	0.60	0.66
		0.69	0.59	0.65
	625(50g)	0.81	0.64	0.71
		0.94	0.73	0.79
		0.98	0.71	0.81
	500(40g)	1.33	1.07	1.10
		1.35	1.02	1.07
		1.40	1.04	1.07
110×110	375(30g)	0.53	0.43	0.52
		0.55	0.45	0.53
		0.59	0.45	0.57
	625(50g)	0.89	0.68	0.84
		0.91	0.69	0.84
		0.98	0.70	0.84
	500(40g)	1.26	0.81	0.98
		1.34	0.88	1.04
		1.35	0.87	1.03
120×120	375(30g)	0.55	0.38	0.53
		0.60	0.40	0.49
		0.72	0.45	0.62
	625(50g)	0.78	0.51	0.63
		0.95	0.60	0.78
		1.01	0.65	0.89
	500(40g)	1.23	0.77	0.95
		1.29	0.85	1.06
		1.40	0.83	0.92

续表

变径管道尺寸/(mm×mm)	爆炸腔体煤尘浓度/(g/m³)	传感器 1 压力/MPa	传感器 2 压力/MPa	传感器 3 压力/MPa
140×140	375(30g)	0.54	0.32	0.54
		0.66	0.36	0.64
		0.71	0.39	0.67
	625(50g)	0.87	0.44	0.61
		0.95	0.52	0.70
		0.98	0.52	0.70
	500(40g)	1.31	0.66	0.86
		1.36	0.68	0.77
		1.37	0.70	0.82
160×160	375(30g)	0.56	0.31	0.51
		0.58	0.31	0.56
		0.69	0.34	0.58
	625(50g)	0.87	0.40	0.69
		0.94	0.42	0.65
		0.96	0.45	0.69
	500(40g)	1.30	0.54	0.69
		1.38	0.61	0.73
		1.39	0.58	0.69

表 3-15 中的压力数据均为超压，测定的 1、2、3 号测点的压力数据是基于爆炸冲击波传播试验系统得出的。

4. 试验数据分析

测点 1、2、3 测定的冲击波压力为超压，为减小计算误差，处理数据时将超压作为表示冲击波状态的参数。定义：

1 号测点超压/2 号测点超压=L_1(由小断面进入大断面冲击波超压衰减系数)

2 号测点超压/3 号测点超压=L_2(由大断面进入小断面冲击波超压衰减系数)

大断面截面积/小断面截面积=S(截面积变化率)

通过两种不同情况来分析试验数据，一种是在管道截面积变化率确定情况下分析冲击波初始超压对衰减系数的影响，另一种是在冲击波初始超压确定情况下分析管道截面积变化率对衰减系数的影响。

表 3-16 为煤尘爆炸冲击波在管道截面突变情况下的衰减系数。

表 3-16　冲击波在管道截面突变情况下冲击波衰减系数

管道尺寸/(mm × mm)	爆炸腔体煤尘浓度/(g/m^3)	由小断面到大断面衰减系数			由大断面到小断面衰减系数		
		L_1	各浓度下均值	各尺寸下均值	L_2	各浓度下均值	各尺寸下均值
90×90	375(30g)	1.09	1.09	1.16	0.94	0.95	0.96
		1.08			0.97		
		1.12			0.93		
	625(50g)	1.02	1.13		0.99	0.96	
		1.20			0.95		
		1.12			0.95		
	500(40g)	1.25	1.27		0.97	0.97	
		1.29			0.96		
		1.26			0.98		
100×100	375(30g)	1.17	1.17	1.26	0.89	0.90	0.93
		1.16			0.91		
		1.18			0.90		
	625(50g)	1.25	1.31		0.91	0.91	
		1.29			0.93		
		1.39			0.88		
	500(40g)	1.24	1.30		0.98	0.97	
		1.31			0.96		
		1.35			0.98		
110×110	375(30g)	1.24	1.26	1.38	0.83	0.82	0.83
		1.24			0.84		
		1.30			0.79		
	625(50g)	1.31	1.34		0.80	0.82	
		1.32			0.82		
		1.40			0.83		
	500(40g)	1.55	1.54		0.83	0.84	
		1.53			0.84		
		1.55			0.85		
120×120	375(30g)	1.42	1.50	1.55	0.72	0.75	0.79
		1.49			0.81		
		1.60			0.73		
	625(50g)	1.54	1.56		0.80	0.77	
		1.60			0.77		
		1.55			0.73		
	500(40g)	1.60	1.60		0.81	0.84	
		1.52			0.80		
		1.69			0.90		

续表

管道尺寸/(mm × mm)	爆炸腔体煤尘浓度/(g/m³)	由小断面到大断面衰减系数			由大断面到小断面衰减系数		
		L_1	各浓度下均值	各尺寸下均值	L_2	各浓度下均值	各尺寸下均值
140×140	375(30g)	1.68	1.77	1.88	0.60	0.58	0.71
		1.83			0.55		
		1.81			0.58		
	625(50g)	1.98	1.90		0.71	0.73	
		1.83			0.74		
		1.89			0.74		
	500(40g)	1.99	1.98		0.77	0.84	
		2.00			0.89		
		1.95			0.85		
160×160	375(30g)	1.79	1.90	2.15	0.62	0.58	0.68
		1.90			0.54		
		2.02			0.59		
	625(50g)	2.17	2.18		0.58	0.63	
		2.24			0.65		
		2.14			0.65		
	500(40g)	2.39	2.36		0.79	0.82	
		2.28			0.83		
		2.40			0.84		

1) 小断面突变到大断面管道内冲击波超压的衰减变化规律分析

基于表 3-15 中试验数据，计算出表 3-16 中爆炸冲击波衰减系数，分别绘制截面突变管道内冲击波超压衰减系数随冲击波初始超压的变化图。

图 3-37、图 3-38 所示为不同截面积变化率下，由小断面到大断面 L_1 爆炸冲击波衰减系数的变化情况。从图 3-37 中可以得出，随爆炸初始超压的增大，其衰减系数呈逐渐增大趋势，但增幅较小，趋势不明显。从图 3-38 中可以得出，随管道截面积变化率的增大，其衰减系数逐渐增大，增幅越来越大。

从表 3-16 中数据可以得出，在不同参与煤尘爆炸量来改变初始压力的情况下，随爆炸强度、爆炸冲击波初始超压的增大，其衰减系数逐渐增大。在 100mm×100mm 管道内，L_1 出现异常，其平均值先由 1.17 升高到 1.31，又稍下降到 1.30，但降低幅度很小。在其余变截面管道内，衰减系数均随初始压力的增大而增大，随管道截面积变化率的增大，其增大幅度也在增大，其变化幅度在 0.10～0.46 间，变化偏小。在管道截面由 80mm×80mm 变为 90mm×90mm、100mm×100mm、110mm×110mm、120mm×120mm、140mm×140mm、160mm×160mm 时，在 375g/m³(30g)、625g/m³(50g)、500g/m³(40g)的煤尘参与爆炸时，L_1 均随截面积变化率的增大而持续增大。总体增大幅度平均在 0.81～1.09 间，增幅明显。

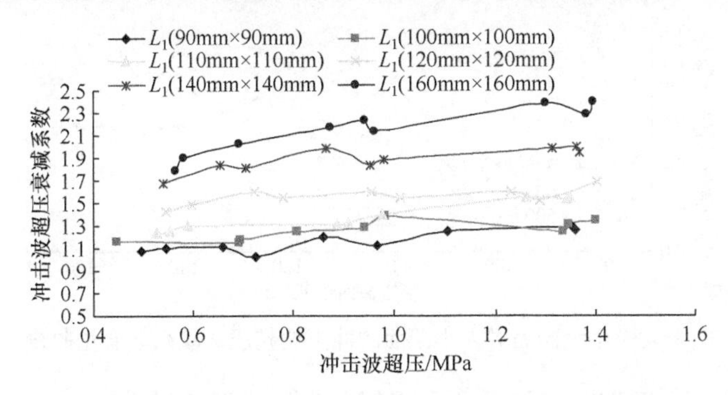

图 3-37　由小断面进入大断面的冲击波超压衰减系数变化曲线

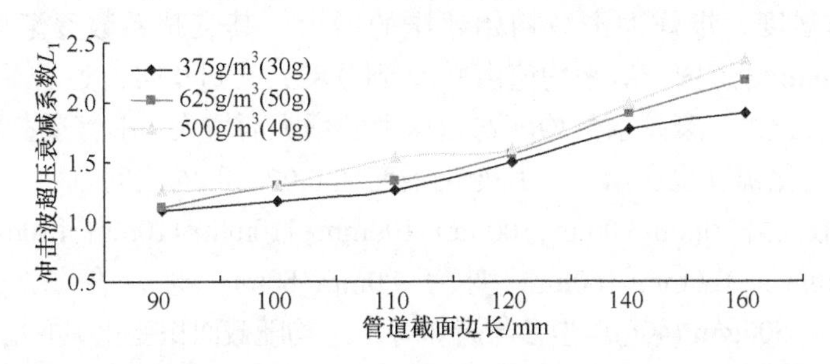

图 3-38　由小断面进入大断面的冲击波超压衰减系数变化曲线

总体来说，冲击波由小断面进入大断面情况下，随着冲击波初始超压的增加，冲击波超压衰减系数呈上升趋势，其衰减系数增幅在 0.10～0.46 的范围内变化。而随截面积变化率的增大，衰减系数增大，增幅平均在 0.81～1.09 间，增幅明显。这说明管道截面积变化率越大，冲击波衰减越快，这是影响冲击波衰减的主要因素。

2) 大断面突变到小断面管道内冲击波超压的衰减变化规律分析

图 3-39、图 3-40 所示为不同截面积变化率下，由大断面到小断面 L_2 爆炸冲击波衰减系数的变化情况。从图 3-39 中可以得出，随爆炸初始超压的增大，其衰减系数呈逐渐增大趋势，但增幅较小，趋势不明显。从图 3-40 中可以得出，随管道截面积变化率的增大，其衰减系数减小，说明大断面与小断面的超压值差值增大。

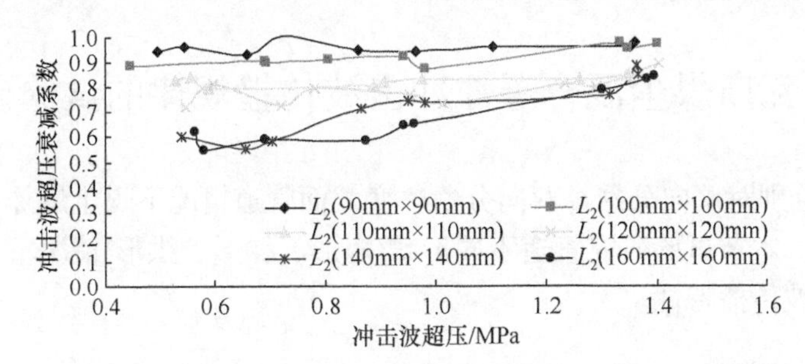

图 3-39　由大断面进入小断面的冲击波超压衰减系数变化曲线

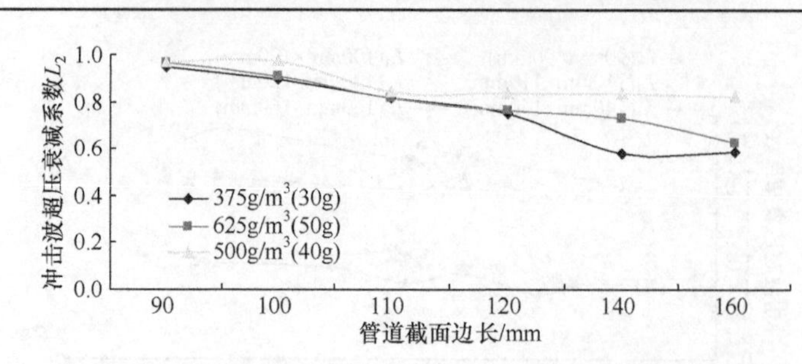

图 3-40 由大断面进入小断面的冲击波超压衰减系数变化曲线

从表 3-16 中数据可以得出，在不同参与煤尘爆炸量来改变初始压力的情况下，随爆炸强度、爆炸冲击波初始超压的增大，其衰减系数逐渐增大。仅在110mm×110mm 管道内，L_2平均值由 0.82 到 0.82，又到 0.84，变化幅度很小。在其余变截面管道内，衰减系数均随初始压力的增大而增大，随管道截面积变化率的增大，其变化幅度也在增大，其变化幅度在 0.02～0.26 之间。

在管道截面由 90mm×90mm、100mm×100mm、110mm×110mm、120mm×120mm、140mm×140mm、160mm×160mm 变为 80mm×80mm 时，在 375g/m³(30g)、625g/m³(50g)、500g/m³(40g)煤尘参与爆炸时，L_2均随截面积变化率的增大而减小，变化幅度平均在 0.15～0.39 之间。

此种情况与上面冲击波由小断面进入大断面不同，冲击波由大断面进入小断面情况下超压是增大的，说明冲击波波阵面单位面积的能量是增大的。但由于冲击波波阵面面积变小，总体来说，冲击波波阵面的总能量是降低的。冲击波超压衰减系数越大(越接近 1)，冲击波超压增量越小，而冲击波波阵面的截面积变化率越大，冲击波波阵面的总能量损失就越大，冲击波衰减越快。

总体来说，冲击波由大断面进入小断面情况下，随着冲击波初始超压的增加，冲击波超压衰减系数呈上升趋势，其衰减系数变化幅度在 0.02～0.26 的范围内变化。而随截面积变化率的增大，其衰减系数减小，变化幅度平均在 0.15～0.39 之间，说明大断面与小断面的超压值差值增大。管道截面积变化率越大、冲击波衰减越快是影响冲击波衰减的主要因素。

3.4 瓦斯煤尘混合爆炸冲击波传播规律的试验研究

3.3 节分别对单向分岔、双向分岔、变截面管道情况下煤尘爆炸冲击波进行了试验研究。本节试验研究管道不同形状(矩形、梯形、拱形)情况下瓦斯煤尘混合爆炸冲击波传播特性。

3.4.1　试验系统

搭建的瓦斯煤尘爆炸装置与管道系统如图 3-41 所示。试验设备主要包括数据采集与控制系统、煤尘分散系统、点火系统、配气系统、爆炸传播管道系统和同步控制系统。

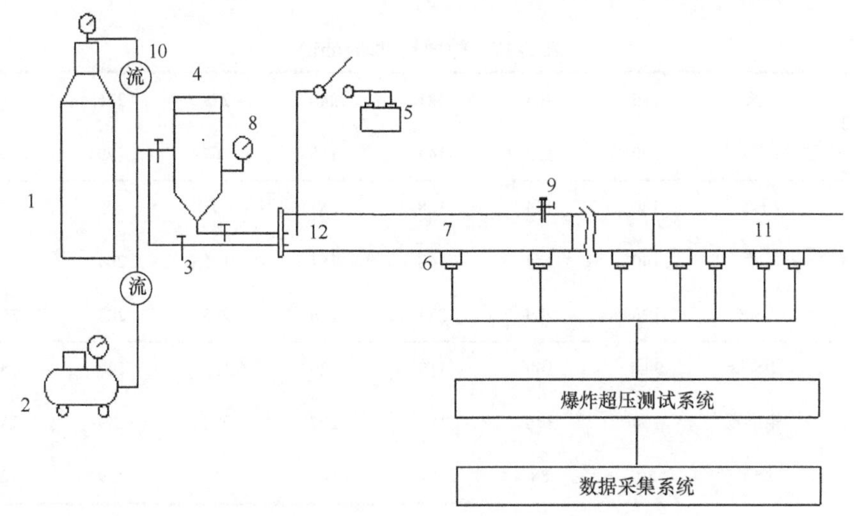

图 3-41　瓦斯煤尘混合爆炸试验系统示意图

1-甲烷气瓶；2-空气压缩机；3-阀门；4-煤尘仓；5-电子点火器；6-压力传感器；7-爆炸仓；8-压力表；9-泄压口；10-流量计；11-管道；12-点火头

1. 配气系统

通过两个流量计分别控制甲烷和空气流速，配制不同浓度的甲烷空气混合气体。将混合气体分别通入爆炸腔体和煤尘仓进行试验。

2. 爆炸传播管道系统

爆炸传播直管道由长度为 1.5m 的钢管分节组合而成，总长达 20m，由厚 5mm 的钢板焊制而成，耐压 10MPa 以上。在每节管道上都留有传感器安装孔，方便在需要的位置安装传感器。直管道有矩形、梯形、拱形三种不同的截面，如图 3-42

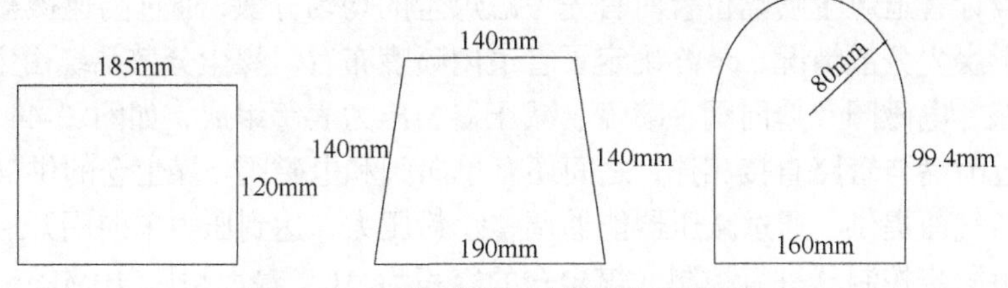

图 3-42　三种不同截面直管道及其规格

所示。全部管道放置在组合支架上，支架用角钢焊制，高度 850mm。设计与上述截面规格一致的 7 种单分岔和 6 种双分岔管道，以及 6 种不同截面大小的直管道，规格如表 3-17 所示，用来测量爆炸超压在不同分岔角度和不同截面面积突变下的衰减情况。压气装置采用 0.8MPa 的空气压缩机，用于清理爆炸腔体与管道内的灰尘、爆炸产生的毒害气体等。

表 3-17　截面尺寸表(mm)

矩形	长	185	203	221	240	258	276	294
	宽	120	132	144	155	167	179	191
梯形	上底	140	154	168	181	195	209	223
	腰	140	154	168	181	195	209	223
	下底	190	209	224	246	265	283	302
拱形	矩形长	99.4	109	119	129	139	148	158
	矩形宽	160	176	191	207	223	239	254
	半圆半径	80	88	96	104	111	119	127

3. 数据采集与控制系统

使用美国国家仪器(NI)公司的 cDAQ-9185 机箱(图 3-43)、NI-9220 多功能数据采集卡。利用 NI 公司配套的 LabVIEW 软件，自行开发了一套煤尘爆炸数据采集与控制的软件。该采集卡是一款同步采样的多功能采集卡，可同时采集 16 路通道的信号，每路通道最高采集频率可达 100kHz/s。

爆炸压力测量系统，采用量程−0.1～0.1MPa、−0.1～1MPa、−0.1～2MPa 的共 15 个型号为 MD-HF 的高频压力变送器，响应时间为 0.05ms，响应频率为 20kHz。

4. 煤尘分散系统

在设计管道煤尘喷嘴位置时首先考虑煤尘的均匀分散，通过高速摄影拍摄不同情况下煤尘分散情况，最终确定了管道内喷嘴布置。煤尘分散系统由空压机、甲烷气瓶、电磁阀、单向阀、喷嘴、减压器、压力表等组成，如图 3-44 所示。煤仓通过喷嘴与管路直接相连，之间还有单向阀和电磁阀。煤尘仓的供气由空压机和瓦斯气瓶提供，通过减压器能够调整喷粉压力，达到压力单向阀开启，电磁阀动作由同步控制器进行控制。煤尘仓的容积为 3L，最大耐压 10MPa。单向阀的开启压力为 0.05MPa，反向最大压力为 25MPa，能够满足管道爆炸的压力要求。

图 3-43　数据采集 cDAQ-9185 机箱

图 3-44　煤尘分散系统

5. 点火系统

点火系统主要包括点火装置及爆炸腔体两部分。点火系统主要由高能点火器、点火杆、点火线缆、外触发开关组成，如图 3-45 所示。采用 BWKT-Ⅱ型可调式点火器，该点火器火花能量分两挡，一挡输出为 35mJ，二挡输出为 3～20J，点火频率为 4～20Hz。点火杆直径为 12mm，最大耐温 1300℃。点火器触发方式分为手动触发和外触发，手动触发时，可通过旋钮调整点火时间，外触发采用固态继电器实现，固态继电器由同步控制器实现。同步控制系统是本项目组根据试验需求制作组装的，该系统可以准确控制煤尘扬起系统、数据采集系统、点火爆

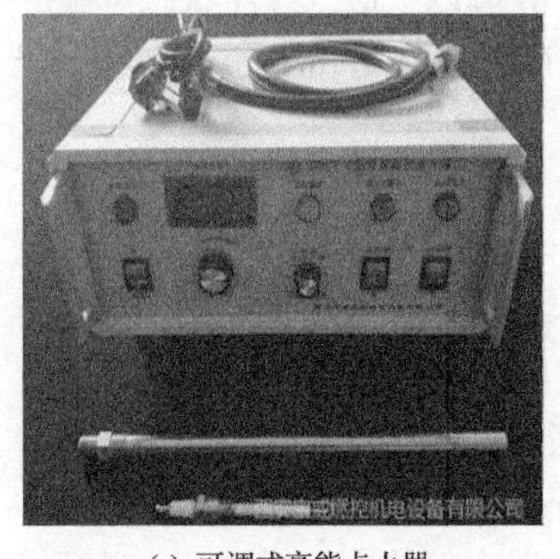

(a) 可调式高能点火器

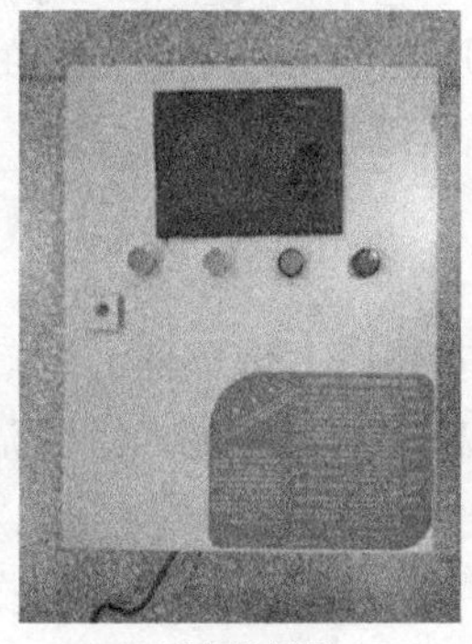

(b) 同步控制器

(c) 点火线缆

图 3-45　点火爆炸系统

炸系统等工作的先后顺序、间隔时间、工作持续时间，相比于原始的人工手动控制试验平台各个分系统启停，更加精准、便捷，有效提高试验数据的可靠性。不同截面管道的第一节管道与相同截面的爆炸仓相连，由于爆炸仓截面积不同，为保证相同当量的瓦斯和煤尘参与爆炸，将矩形、梯形、拱形截面的爆炸仓的长度分别制作成 1.50m、1.46m 和 1.28m。

6. 同步控制系统

同步控制系统是本项目组根据试验需求通过日本欧姆龙自动化有限公司制作组装的，该系统可以准确控制煤尘分散系统、数据采集系统、点火系统等工作的先后顺序、间隔时间、工作持续时间，相比于原始的人工手动控制试验平台各个分系统启停，更加精准、便捷，有效提高试验数据的可靠性。

3.4.2 试验介质与环境

试验环境温度为 20～25℃，环境湿度为 50%左右。

由于甲烷-气体的主要成分为甲烷，所以本试验采用甲烷-空气混合气体代替瓦斯气体进行试验研究。本试验选取产地为河南省义马煤业集团耿村煤矿的高挥发分煤作为试验用煤样，其粒径最大为 0.074mm(200 目)。

3.4.3 试验方法与步骤

1. 试验方法

在煤尘仓内放入一定量的煤尘，并充入一定浓度的高压(3atm，1atm= 1.01325×10^5Pa)甲烷-空气混合气体，在爆炸腔体中充入与煤尘仓中气体浓度相同的混合气体(约 1atm)，快速打开煤尘仓与爆炸腔体间的阀门，借助于两者间的压力差，产生高速气流，将煤尘仓内的煤尘带入爆炸腔体内，形成悬浮状态可爆的煤尘云，关闭阀门，通过泄压孔使得爆炸腔体中的压力达到 1atm，通过电点火器点火起爆，测定煤尘瓦斯混合爆炸的相关参数。

2. 试验步骤

(1) 标定压力传感器，安装压力传感器，然后对测试系统进行调试与校准。

(2) 将空压机中流出的高压空气与瓦斯罐中流出的高压甲烷气体通过流量计按照一定比例进行混合，得到试验所需浓度的瓦斯空气混合气体。

(3) 关闭煤尘仓底部的半球形喷头阀门，根据试验需要的煤尘浓度用天平称取一定量的煤尘放入煤尘仓内，将步骤(2)所配制的混合气体充入煤尘仓，观察煤尘仓上的压力表，当压力到达 0.3MPa 时，关闭煤尘仓上的进气阀门。

(4) 将步骤(2)所配制的混合气体通入爆炸仓，通过泄压口排出爆炸仓中的空气，12min 后停止通入混合气体，关闭进气阀门及泄压口上的阀门，此时爆炸仓中的混合气体达到与步骤(2)所配制的混合气体相同的甲烷浓度。

(5) 启动数据采集系统，手动打开煤尘仓底部的半球形喷头的阀门，让高压气流带动煤尘到煤尘爆炸腔体内，形成煤尘云。充气完成后，关闭该阀门。然后开启泄压阀，进行泄压，使压力稳定在 0.1MPa。人员离开爆炸腔体到较远的安全点，点火起爆。(从向煤尘爆炸腔体充气后开始计时，要求在 30s 内点火起爆。)

(6) 记录所测的各项数据。

(7) 启动空气压缩机，打开充气阀门向腔体内吹入高压空气，清洗煤尘仓和爆炸腔体内的残留煤尘和有害气体。

(8) 检查压力、火焰传感器，重新添加煤尘，进行下一次试验。

3. 煤尘云悬浮的保障措施

(1) 对煤粉进行研磨，筛选(过 200 目筛)，烘干。

(2) 为保证煤粉处于悬浮状态，形成煤尘云，尽量减少在煤尘爆炸腔体内的停留时间，30s 内起爆。在透明的空间内，对煤粉的沉降情况进行了简易试验。将煤尘仓内放入煤尘并充入高压气体后，打开阀门，看到高压气流携带煤粉均匀分布在透明的轻质塑料袋内，形成了较均匀的煤尘云，使用光对煤尘沉降速度进行半量测试。从释放气体到袋内算起，4s 内形成的煤尘云不能透过光线，1min 45s 时，上半部能较清晰地透过光线，而下半部只能透过微弱光线，3min 15s 时，整个都能透过光线。多次试验基本上都是这个结果，因此确定试验中要在 30s 内引爆这个时间点，确保爆炸腔体内煤尘云充分悬浮。

3.4.4　瓦斯煤尘爆炸冲击波在单向分岔管道内的传播规律试验研究

利用瓦斯煤尘爆炸试验系统，测试瓦斯煤尘混合爆炸压力，研究瓦斯煤尘混合爆炸冲击波在不同截面(矩形、梯形、拱形)的单向分岔管道内的传播衰减规律。

1. 试验方案

本小节的主要研究内容是一般空气区内瓦斯煤尘混合爆炸冲击波在不同截面(矩形、梯形、拱形)的单向分岔管道内的传播衰减规律，因此将压力传感器布置在瓦斯煤尘燃烧区外。在本试验系统中进行多次瓦斯煤尘爆炸，爆炸仓长度分别为 1.50m、1.46m 和 1.28m，通过观察窗可以发现在距爆炸仓最左侧 8m 处已经观测不到火焰，因此第 1 个压力传感器布置在距爆炸仓最左侧 12.2m 处，此距离可以保证瓦斯煤尘燃烧火焰到达不了压力传感器的布置位置。在此传感器的左侧

0.95m 处设有观察窗，试验过程中时刻注意此处有无火焰到达。此试验腔体使用矩形、梯形、拱形三种不同截面的钢质管道，见图 3-42。三种截面的周长相等，以保证在爆炸过程中因散热、摩擦带来的能量损失一致。直管道长度为 18.5m，单向分岔管道支线分岔角分别为 30°、45°、60°、90°、120°、135°、150°，共 7 种角度，如图 3-15 所示，爆炸仓中充填浓度为 8%的甲烷和 200g/m^3 的煤尘，用 10J 的高能点火器点燃，用来研究不同截面管道中不同分岔角度情况下瓦斯煤尘爆炸冲击波超压衰减规律。作为矿井通风巷道，沿风流方向小角度单向分岔巷道是比较常见的，但由于煤矿爆炸事故地点具有不确定性，冲击波既有可能顺风流方向传播，也有可能逆向传播，所以设定了这些角度。为减少误差，降低偶然因素对试验结果的影响，在一个分岔角度下，每种截面的管道要重复 3 次成功爆炸，共需成功进行 63 次试验。

如图 3-46 所示，测点 1 用来测试爆炸冲击波分岔前的初始超压，距分岔点 0.3m；测试分岔后的支线管道内的冲击波的压力传感器布置在 6 倍管径(不同截面管道的管径换算为圆形管道当量直径，这是由于拐弯处是冲击波反射区，为使得冲击波发展均匀，压力传感器需布置在冲击波反射区外)外，测点 2 距分岔点 1m，测点 3 距测点 2 0.25m，分岔支线管道内安设 2 个压力传感器，来判定支线管道内爆炸冲击波超压是否已发展均匀，能否用来分析衰减传播规律；测点 4 距分岔点 1m。

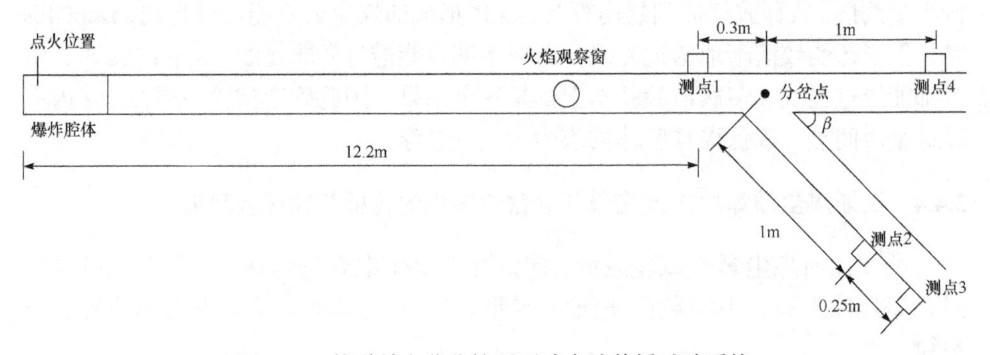

图 3-46　管道单向分岔情况下冲击波传播试验系统

2. 数据分析

本试验在三种不同截面管道中经反复多次试验，获取了 63 次试验测试数据。对试验数据进行整理，得出了表 3-18，分别为单向分岔管道支线分岔角β为 30°、45°、60°、90°、120°、135°、150°情况下冲击波超压试验数据。测试数据表征在不同支线分岔角度、不同截面形状情况下的冲击波超压传播衰减情况。

表 3-18　在管道单向分岔情况下测点超压值

支线分岔角β/(°)	截面形状	测点 1 超压/MPa	测点 2 超压/MPa	测点 3 超压/MPa	测点 4 超压/MPa
30	拱形	0.1014	0.0785	0.0723	0.0742
		0.0968	0.0698	0.0613	0.0705
		0.1124	0.0889	0.0801	0.0894
	梯形	0.1135	0.0627	0.0807	0.0763
		0.1203	0.0733	0.0637	0.0702
		0.1096	0.091	0.0571	0.0765
	矩形	0.1345	0.0703	0.0875	0.0727
		0.1386	0.0801	0.1137	0.0952
		0.1467	0.0859	0.0753	0.0928
45	拱形	0.1203	0.0912	0.0821	0.0909
		0.0901	0.0745	0.0688	0.0732
		0.1034	0.0682	0.0613	0.0697
	梯形	0.1324	0.0932	0.0802	0.0903
		0.1026	0.0661	0.0601	0.0704
		0.1127	0.0701	0.0603	0.0725
	矩形	0.1238	0.0734	0.0753	0.087
		0.1502	0.0829	0.0886	0.0891
		0.1347	0.0818	0.0763	0.0848
60	拱形	0.0976	0.0585	0.0661	0.0951
		0.116	0.0717	0.073	0.1123
		0.1279	0.0822	0.0807	0.0995
	梯形	0.1247	0.0696	0.0712	0.0932
		0.1395	0.0841	0.0832	0.108
		0.1158	0.0668	0.0659	0.0881
	矩形	0.1552	0.0847	0.0847	0.1154
		0.1413	0.071	0.0709	0.1203
		0.1346	0.0705	0.0683	0.0854
90	拱形	0.1018	0.0602	0.0664	0.0945
		0.1209	0.0779	0.0797	0.106
		0.0963	0.0468	0.046	0.0874
	梯形	0.1324	0.0627	0.0618	0.1168
		0.1489	0.0759	0.0686	0.1419
		0.1268	0.0789	0.0784	0.1244
	矩形	0.1287	0.0662	0.0561	0.1258
		0.1456	0.0668	0.0667	0.1144
		0.1568	0.0759	0.0638	0.1201
120	拱形	0.0968	0.0469	0.0467	0.0933
		0.1167	0.0591	0.0598	0.1131
		0.1035	0.0491	0.0422	0.0997

续表

支线分岔角β/(°)	截面形状	测点 1 超压/MPa	测点 2 超压/MPa	测点 3 超压/MPa	测点 4 超压/MPa
120	梯形	0.1167	0.0641	0.0621	0.0954
		0.1218	0.0592	0.0645	0.1018
		0.1086	0.0512	0.0452	0.0981
	矩形	0.1347	0.0668	0.0762	0.1244
		0.1502	0.0686	0.0749	0.128
		0.1189	0.0518	0.0605	0.1059
135	拱形	0.1238	0.0593	0.0599	0.1208
		0.1057	0.0476	0.0461	0.1006
		0.0986	0.0485	0.0481	0.0823
	梯形	0.1335	0.0589	0.0571	0.128
		0.1487	0.0639	0.0628	0.1408
		0.1159	0.0478	0.0603	0.1099
	矩形	0.1457	0.0635	0.0629	0.1359
		0.1621	0.0649	0.0713	0.1528
		0.1328	0.0558	0.0562	0.1203
150	拱形	0.1125	0.0499	0.0466	0.1101
		0.0996	0.0405	0.0404	0.0945
		0.1234	0.0496	0.0548	0.1201
	梯形	0.1332	0.0489	0.0472	0.1307
		0.1287	0.0458	0.0539	0.1218
		0.1564	0.0608	0.0669	0.1471
	矩形	0.1559	0.0534	0.0477	0.1501
		0.1603	0.0594	0.0732	0.1509
		0.1427	0.0501	0.0542	0.1321

表 3-18 中的压力数据均为超压，测定的测点 1、2、3、4 的压力数据是基于图 3-46 所示的爆炸冲击波传播试验系统得出的。把测点 1 布置在离爆炸腔体点火位置 12.2m 处，是为了保证煤尘爆炸燃烧区域到达不了测点 1 位置，在试验过程中火焰观察窗已观察不到火焰，火焰不能到达测点 1 位置。这样得出的压力数据就是爆炸第二阶段自由冲击波在分岔管道内的压力数据。

单向分岔支线管道内设置 2 个测点，之间相距 250mm，以保证支线管道内测试数据不在压力反射区。基于表 3-18 中的数据，对测点 2、3 的读数进行分析。在这 63 组数据中，理论上来说，都应该是测点 2 大于测点 3，实测数值中有些不是这样，但差值均较小，差值在百分位上，应该主要是由传感器误差造成的。将测点 2、3 在每种工况的三次测量值取平均值，作出超压在不同分岔角度下的变化趋势图，如图 3-47～图 3-49 所示，测点 2、3 的读数基本一致，差值较小，从曲线上来看，基本重合。从变化趋势来说，测点 2、3 的变化趋势完全一致，因此可以断定，支线上测点 2、3 所在的位置，离分岔点 1m 和 1.25m 处，已经避开

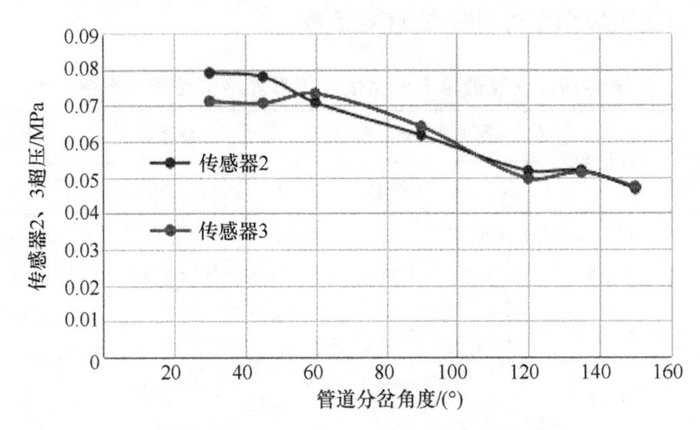

图 3-47　拱形单向分岔管道冲击波超压值

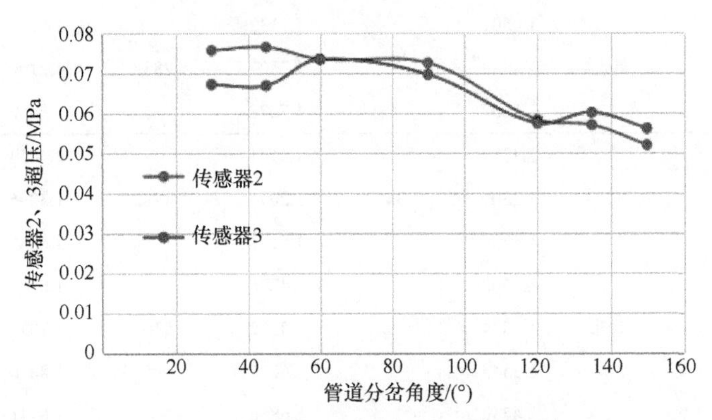

图 3-48　梯形单向分岔管道冲击波超压值

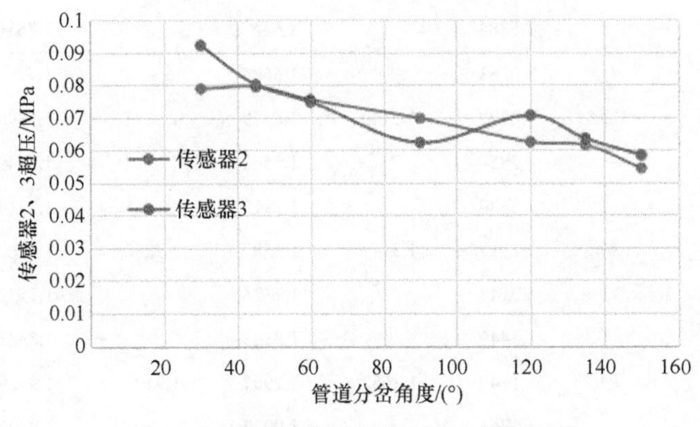

图 3-49　矩形单向分岔管道冲击波超压值

因分岔影响而形成的反射区，反射效应基本消失，已发展成平面波，所测定数据可以用来分析冲击波传播的衰减规律。

表 3-19 为瓦斯煤尘爆炸冲击波衰减系数。

表 3-19　在管道单向分岔情况下爆炸冲击波衰减系数

支线分岔角β/(°)	截面形状	直线段衰减系数		支线段衰减系数 1		支线段衰减系数 2	
		L	均值	K_1	均值	K_2	均值
30	拱形	1.3666	1.3323	1.2917	1.3143	1.4025	1.4616
		1.3730		1.3868		1.5791	
		1.2573		1.2643		1.4032	
	梯形	1.4875	1.5446	1.8102	1.5519	1.4064	1.7381
		1.7137		1.6412		1.8885	
		1.4327		1.2044		1.9194	
	矩形	1.8501	1.6289	1.9132	1.7838	1.5371	1.5681
		1.4559		1.7303		1.2190	
		1.5808		1.7078		1.9482	
45	拱形	1.3234	1.3459	1.3191	1.3482	1.4653	1.4872
		1.2309		1.2094		1.3096	
		1.4835		1.5161		1.6868	
	梯形	1.4662	1.4927	1.4206	1.5268	1.6509	1.7423
		1.4574		1.5522		1.7072	
		1.5545		1.6077		1.8690	
	矩形	1.4230	1.5657	1.6866	1.7151	1.6441	1.7016
		1.6857		1.8118		1.6953	
		1.5884		1.6467		1.7654	
60	拱形	1.0263	1.1149	1.6684	1.6141	1.4766	1.5502
		1.0329		1.6179		1.5890	
		1.2854		1.5560		1.5849	
	梯形	1.3380	1.3147	1.7917	1.7280	1.7514	1.7284
		1.2917		1.6587		1.6767	
		1.3144		1.7335		1.7572	
	矩形	1.3449	1.3652	1.8323	1.9106	1.8323	1.9320
		1.1746		1.9901		1.9929	
		1.5761		1.9092		1.9707	

续表

支线分岔角β/(°)	截面形状	直线段衰减系数		支线段衰减系数1		支线段衰减系数2	
		L	均值	K_1	均值	K_2	均值
90	拱形	1.0772	1.1065	1.6910	1.7669	1.5331	1.7145
		1.1406		1.5520		1.5169	
		1.1018		2.0577		2.0935	
	梯形	1.1336	1.0674	2.1116	1.8935	2.1424	1.9768
		1.0493		1.9618		2.1706	
		1.0193		1.6071		1.6173	
	矩形	1.0231	1.2005	1.9441	2.0632	2.2941	2.3116
		1.2727		2.1796		2.1829	
		1.3056		2.0659		2.4577	
120	拱形	1.0375	1.0358	2.0640	2.0488	2.0728	2.1590
		1.0318		1.9746		1.9515	
		1.0381		2.1079		2.4526	
	梯形	1.2233	1.1756	1.8206	1.9997	1.8792	2.0568
		1.1965		2.0574		1.8884	
		1.1070		2.1211		2.4027	
	矩形	1.0828	1.1263	2.0165	2.1671	1.7677	1.9128
		1.1734		2.1895		2.0053	
		1.1228		2.2954		1.9653	
135	拱形	1.0248	1.0912	2.0877	2.1138	2.0668	2.1365
		1.0507		2.2206		2.2928	
		1.1981		2.0330		2.0499	
	梯形	1.0430	1.0512	2.2666	2.3394	2.3380	2.2093
		1.0561		2.3271		2.3678	
		1.0546		2.4247		1.9221	
	矩形	1.0721	1.0790	2.2945	2.3907	2.3164	2.3176
		1.0609		2.4977		2.2735	
		1.1039		2.3799		2.3630	
150	拱形	1.0218	1.0344	2.2545	2.4006	2.4142	2.3771
		1.0540		2.4593		2.4653	
		1.0275		2.4879		2.2518	
	梯形	1.0191	1.0463	2.7239	2.7021	2.8220	2.5159
		1.0567		2.8100		2.3878	
		1.0632		2.5724		2.3378	
	矩形	1.0386	1.0604	2.9195	2.8221	3.2683	2.6970
		1.0623		2.6987		2.1899	
		1.0802		2.8483		2.6328	

1) 单向分岔管道直线段内冲击波超压的衰减变化规律分析

基于表 3-19 中的试验数据，绘制不同截面的单向分岔管道直线段内冲击波超压衰减系数在不同分岔角度下的变化趋势图，如图 3-50 所示。

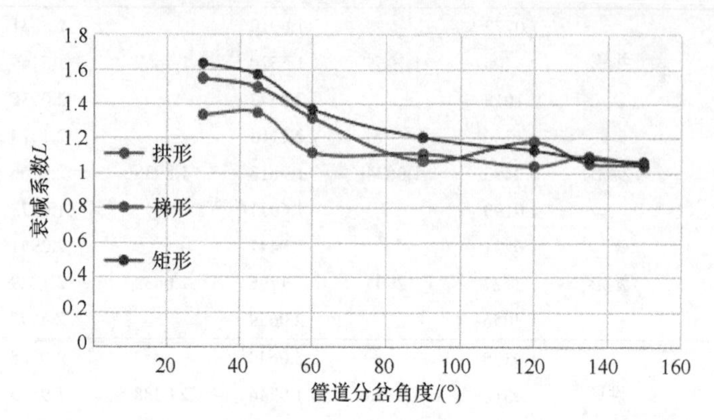

图 3-50 单向分岔管道直线段冲击波超压衰减系数变化曲线

从表 3-19 和图 3-50 可以得出，不同截面情况下的 L 的平均值(直线段瓦斯煤尘爆炸冲击波衰减系数)均随分岔角度的增加呈现出减小的趋势。在拱形截面管道中，L 的平均值由 1.3323 稍微升高到 1.3459 又最终下降至 1.0344，降幅为 22.36%；在梯形截面管道情况下 L 的平均值在经历了个别点的震荡后由 1.5446 下降至 1.0463，降幅为 32.26%；在矩形截面管道中，L 的平均值由 1.6289 持续下降至 1.0604，降幅为 34.90%。三种截面的管道随分岔角度的增加而下降的平均幅度为 29.84%。并且 L 的平均值在矩形截面管道中的值普遍大于其他两种截面管道中 L 的平均值(由于每次相同的实验其条件设置有误差，所以极个别测试数据异常)，梯形截面管道中的 L 的平均值次之，拱形截面管道中 L 的平均值最小。在同一种分岔角度的情况下，由于管道截面不同而产生的 L 平均值的降幅分别为 18.21%、14.04%、18.33%、11.09%、8.04%、3.67%、2.45%，平均值为 10.83%。可以得出，不同截面对直线段爆炸冲击波超压衰减系数产生的影响小于分岔角度改变产生的影响，且随着分岔角度的增大，截面改变产生的影响呈现出减小的趋势。分岔角度增大，传播到支线管道中的压力减小，主要传播到直线管道中，其衰减系数呈递减趋势。

2) 单向分岔管道支线段内冲击波超压的衰减变化规律分析

基于表 3-19 中的试验数据，绘制不同截面的单向分岔管道支线段内冲击波超压衰减系数在不同分岔角度下的变化趋势图，如图 3-51 和图 3-52 所示。从图中可以得出不同截面情况下 K_1 和 K_2 的平均值均随分岔角度的增加呈现出增大的趋势。由于测点 3 和测点 2 相距不远，且 K_1 和 K_2 平均值的变化趋势一致，现仅分析 K_1。从图 3-51 中可以得出，除个别点略有起伏外，K_1 的平均值均随分岔角度的增加呈现出增大的趋势。在拱形截面管道中，K_1 的平均值由 1.3143 持续增加至 2.4006，增幅为 82.65%；在梯形截面管道情况下 K_1 的平均值由 1.5519 稍微降至 1.5268 后持续增加到 2.7021，增幅为 76.98%；在矩形截面管道中，K_1 的平均值由 1.7838 稍微降至 1.7151 后持续增加到 2.8221，增幅为 64.54%。三种截面的管道随分岔角度的增加而增加的平均幅度为 74.72%。并且 K_1 的平均值在矩形截面管道中的值普遍大于其他两种截面管道中 K_1 的平均值，梯形截面管道中的 K_1 的平均值次之，拱形截面管道中 K_1 的平均值最小。在同一种分岔角度的情况下，由于管道截面不同而产生的 K_1 平均值的增幅分别为 35.72%、27.21%、18.37%、16.77%、8.37%、13.10%、17.56%，平均值为 19.59%。

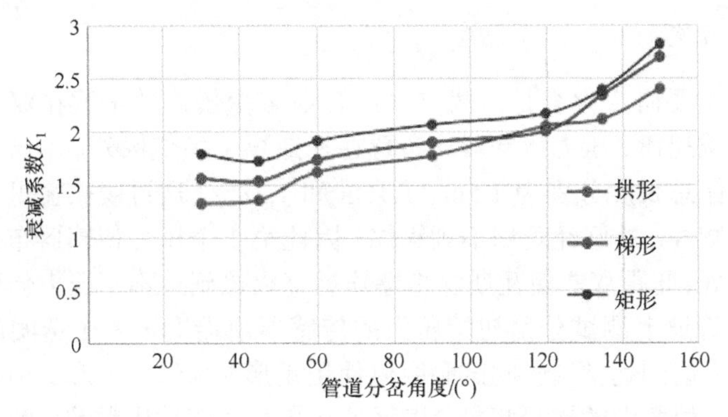

图 3-51　单向分岔管道支线段冲击波超压衰减系数 K_1 变化曲线

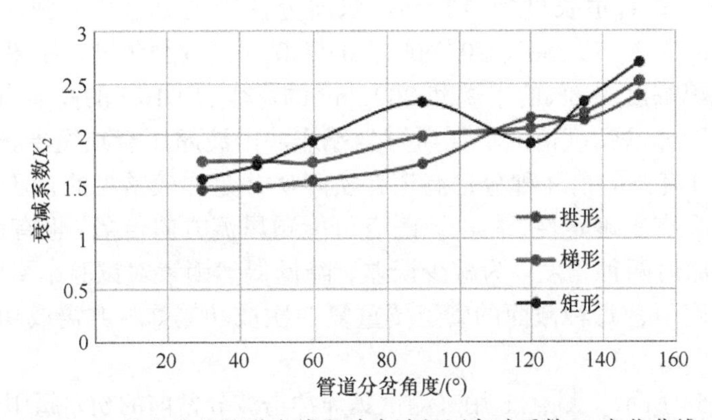

图 3-52　单向分岔管道支线段冲击波超压衰减系数 K_2 变化曲线

总的来说，不同截面对支线段爆炸冲击波超压衰减系数产生的影响小于分岔角度改变产生的影响。分岔角度增大，传播到支线管道中的压力减小，主要传播到直线管道中，支线管道内的衰减系数呈增大趋势。

3) 单向分岔管道直线段爆炸冲击波超压衰减系数与支线段的对比分析

综上所述，单向分岔管道直线段与支线段的爆炸冲击波超压衰减系数在矩形截面的管道中最大，梯形截面的管道中次之，拱形截面的管道中最小，但变化幅度较小，影响较弱。

单向分岔管道内，将不同分岔角度下的直线段爆炸冲击波超压衰减系数与支线段的相对比，如图 3-50 和图 3-51 所示，呈反方向变化，随分岔角度增大，直线段爆炸冲击波超压衰减系数减小，支线段的增大。

3.4.5 瓦斯煤尘爆炸冲击波在双向分岔管道内的传播规律试验研究

利用瓦斯煤尘爆炸试验系统，测试瓦斯煤尘爆炸压力，来研究瓦斯煤尘爆炸冲击波在双向分岔管道内的传播衰减规律。

1. 试验方案

本节的主要研究内容是一般空气区瓦斯煤尘爆炸冲击波在双向分岔管道内的传播衰减规律，压力传感器均布置在瓦斯煤尘燃烧区外。本试验设计瓦斯煤尘爆炸腔体总长度分别为 1.5m、1.46m 和 1.28m，通过观察窗可以发现在距爆炸仓最左侧 8m 处已经观测不到火焰，因此第 1 个压力传感器布置在距爆炸腔体 12.2m 处，此距离能使瓦斯煤尘爆炸燃烧火焰到达不了压力传感器测点位置。在试验管道上测试分岔初始压力的传感器前端安设一个透明的火焰观察窗，来观察火焰到达情况。此试验腔体使用矩形、梯形、拱形三种不同截面的钢质管道。三种截面的周长相等，以保证在爆炸过程中因散热、摩擦带来的能量损失一致。直管道长度为 18.5m。双向分岔管道分岔角分别为 30°/45°、45°/105°、60°/30°、75°/60°、90°/60°、105°/30°，共 6 种角度，如图 3-31 所示。爆炸仓中充填浓度为 8%的甲烷和 200g/m^3 的煤尘，用 10 J 的高能点火器点燃，用来研究不同分岔角度情况下瓦斯煤尘爆炸冲击波超压衰减规律。作为矿井通风巷道，沿风流方向前 4 种分岔巷道在实际矿井是比较常见的，但由于煤矿爆炸事故地点具有不确定性，冲击波既有可能顺风流方向传播，也有可能逆向传播，所以增加后两种角度。为减少误差，降低偶然因素对试验结果的影响，在一种分岔角度下，每种截面的管道要重复 3 次成功爆炸，共需成功进行 54 次试验。

如图 3-53 所示，测点 1 用来测试爆炸冲击波分岔前的初始超压，距分岔点 0.3m；测试分岔后的管道内的冲击波的压力传感器布置在 6 倍管径(压力传感器需布置在冲击波反射区外)外，测点 2 距分岔点 1m，测点 3 距测点 2 0.25m，测点 4 距分岔点 1m，测点 5 距测点 4 0.25m。分岔支线管道内各安设 2 个压力传感器，来判定分岔管道内爆炸冲击波超压是否已发展均匀，能否用来分析衰减传播规律。

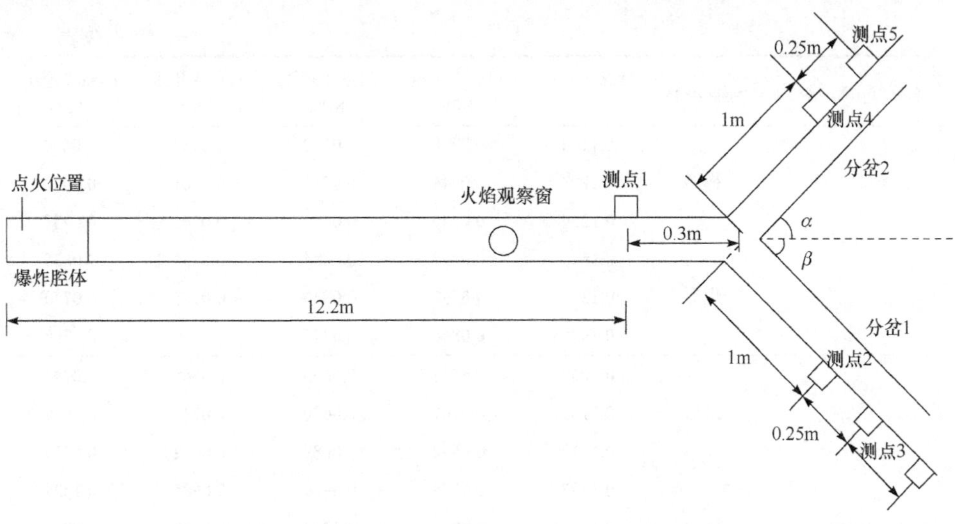

图 3-53　管道双向分岔情况下冲击波传播试验系统

2. 数据分析

本试验在三种不同截面，每种截面管道有 6 种不同的双分岔角度，共 18 种管道中进行瓦斯煤尘混合爆炸试验，每种管道进行三次有效试验，获取了 54 次试验测试数据。对试验数据进行整理，得到了瓦斯煤尘爆炸冲击波超压在不同界面的双向分岔管道内传播的试验数据。如表 3-20 所示，测试数据为爆炸冲击波在不同双分岔角度、不同截面形状情况下的超压数据。表 3-20 中的压力数据均为超压，测定的测点 1、2、3、4、5 的压力数据是基于爆炸冲击波传播试验系统得出的。把测点 1 布置在离爆炸腔体点火位置 12.2m 处，是为了保证瓦斯煤尘爆炸燃烧区域到达不了测点 1 位置，在试验过程中火焰观察窗已观察不到火焰，火焰不能到达测点 1 位置。这样得出的压力数据就是爆炸第二阶段自由冲击波在分岔管道内的压力数据。每个分岔管道内都设置 2 个测点，之间相距 250mm，以保证分岔管道内测试数据不在压力反射区。在这 54 组数据中，理论上来说，都应该是测点 2、测点 4 的数值分别大于测点 3、测点 5 的数值，实测数值中有些不是这样，但差值均较小，差值均在百分位上，由于这两个传播器间的距离较短，损失较少，所以应该主要是由传感器误差造成的。

表 3-20　在管道双向分岔情况下测点超压值

支线分岔角β/α/(°)	截面形状	测点 1 超压/MPa	测点 2 超压/MPa	测点 3 超压/MPa	测点 4 超压/MPa	测点 5 超压/MPa
30/45	拱形	0.1156	0.0742	0.0726	0.0777	0.0727
		0.1218	0.0751	0.0747	0.0721	0.0713
		0.0968	0.0655	0.0783	0.0665	0.0799

续表

支线分岔角β/α/(°)	截面形状	测点 1 超压/MPa	测点 2 超压/MPa	测点 3 超压/MPa	测点 4 超压/MPa	测点 5 超压/MPa
30/45	梯形	0.1164	0.0710	0.0712	0.0669	0.0660
		0.1203	0.0744	0.0717	0.0701	0.0672
		0.1254	0.0740	0.0753	0.0746	0.0731
	矩形	0.1545	0.0897	0.0884	0.0863	0.0835
		0.1374	0.0797	0.0833	0.0748	0.0740
		0.1428	0.0806	0.0745	0.0795	0.0788
60/30	拱形	0.1057	0.0675	0.0665	0.0665	0.0741
		0.1183	0.0701	0.0680	0.0738	0.0649
		0.1217	0.0692	0.0689	0.0632	0.0633
	梯形	0.1397	0.0759	0.0909	0.0985	0.1024
		0.1286	0.0775	0.0769	0.0938	0.0912
		0.1134	0.0624	0.0533	0.0751	0.0683
	矩形	0.1459	0.0960	0.0955	0.0964	0.0959
		0.1588	0.0805	0.0732	0.1031	0.0889
		0.1637	0.0897	0.0889	0.0868	0.0868
75/60	拱形	0.0897	0.0605	0.0728	0.0668	0.0639
		0.1238	0.0657	0.0631	0.0819	0.0849
		0.1147	0.0759	0.0783	0.0707	0.0608
	梯形	0.1218	0.0730	0.0678	0.0709	0.0626
		0.1453	0.0747	0.0806	0.0772	0.0776
		0.1247	0.0680	0.0661	0.0688	0.0647
	矩形	0.1382	0.0775	0.0655	0.0788	0.0758
		0.1433	0.0803	0.0765	0.0708	0.0647
		0.1579	0.1142	0.1129	0.0893	0.0862
90/60	拱形	0.1147	0.0988	0.0729	0.1005	0.0973
		0.1239	0.0670	0.0736	0.0896	0.0774
		0.1013	0.0552	0.0655	0.0695	0.0607
	梯形	0.1351	0.0823	0.0709	0.0895	0.0754
		0.1496	0.0727	0.0713	0.0798	0.0733
		0.1207	0.0610	0.0591	0.0675	0.0597
	矩形	0.1573	0.0757	0.0714	0.0740	0.0736
		0.1607	0.0707	0.0698	0.0786	0.0751
		0.1432	0.0783	0.0647	0.0800	0.0789

续表

支线分岔角β/α/(°)	截面形状	测点 1 超压/MPa	测点 2 超压/MPa	测点 3 超压/MPa	测点 4 超压/MPa	测点 5 超压/MPa
45/105	拱形	0.1196	0.0853	0.0849	0.0793	0.0775
		0.1243	0.0877	0.0856	0.0776	0.0761
		0.0995	0.0677	0.0796	0.0583	0.0617
	梯形	0.1292	0.0914	0.0881	0.0744	0.0713
		0.1387	0.0979	0.0863	0.0775	0.0767
		0.1439	0.0945	0.0887	0.0770	0.0771
	矩形	0.1502	0.1027	0.0909	0.0780	0.0690
		0.1612	0.0969	0.0978	0.0790	0.0775
		0.1343	0.0846	0.0801	0.0642	0.0703
105/30	拱形	0.1095	0.0607	0.0599	0.0899	0.0898
		0.0984	0.0495	0.0536	0.0651	0.0587
		0.1247	0.0689	0.0660	0.0919	0.0912
	梯形	0.1402	0.0713	0.0669	0.0932	0.0877
		0.1279	0.0627	0.0605	0.0873	0.0861
		0.1141	0.0547	0.0529	0.0742	0.0716
	矩形	0.1391	0.0719	0.0577	0.0979	0.0942
		0.1427	0.0595	0.0531	0.0871	0.0866
		0.1586	0.0657	0.0592	0.1091	0.1085

将测点 2、3、4、5 在每种工况的三次测量值取平均值，作出超压在不同双分岔类型下的变化趋势图，如图 3-54～图 3-56 所示，图中分岔类型 1～6 分别表示 30°/45°、60°/30°、75°/60°、90°/60°、45°/105°和 105°/30°这六种双分岔类型。从图中可以得出测点 2、3 的读数以及测点 4、5 的读数基本一致，差值较小，从

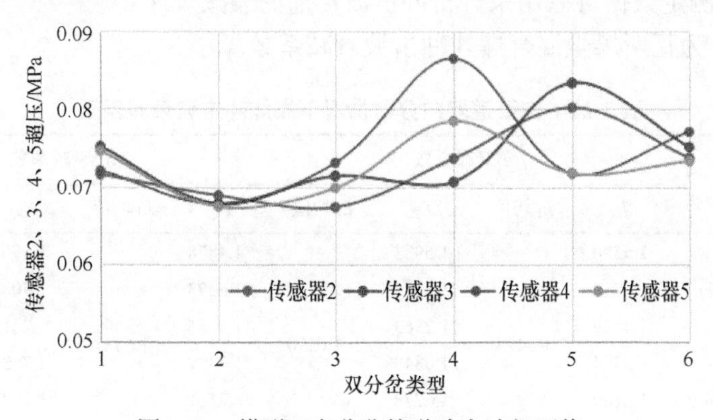

图 3-54　拱形双向分岔管道冲击波超压值

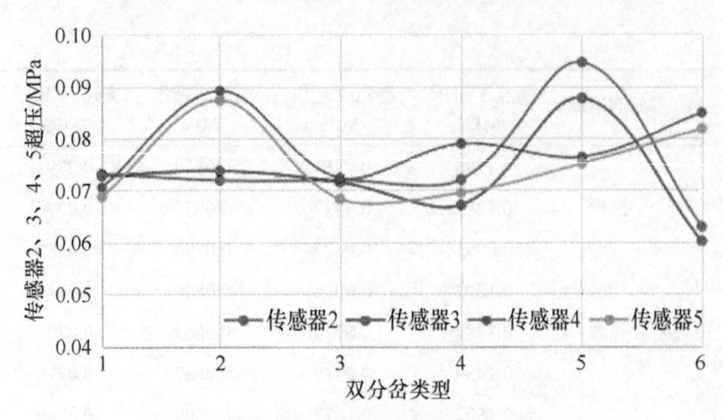

图 3-55 梯形双向分岔管道冲击波超压值

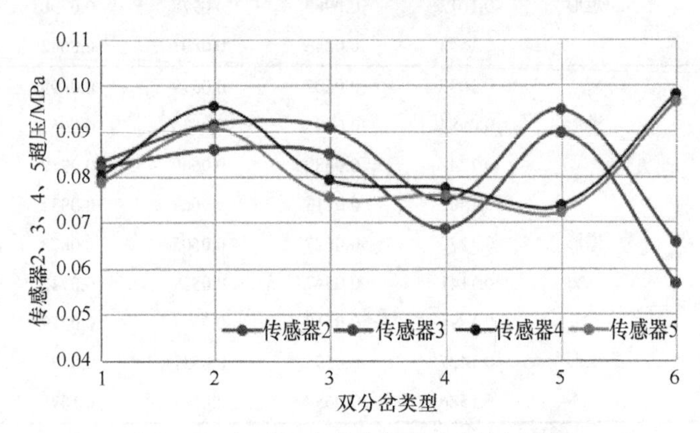

图 3-56 矩形双向分岔管道冲击波超压值

曲线上来看，基本重合。从变化趋势来说，测点 2、3 以及 4、5 的变化趋势完全一致，因此可以断定，支线上测点 2、3 以及 4、5 的所在位置，离分岔点 1m 和 1.25m 处，已经避开因分岔影响而形成的反射区，反射效应基本消失，已发展成平面波，所测定数据可以用来分析冲击波传播的衰减规律。

表 3-21 为瓦斯煤尘混合爆炸冲击波衰减系数。

表 3-21 在管道双向分岔情况下爆炸冲击波衰减系数

分岔角β/α/(°)	截面形状	β角衰减系数				α角衰减系数			
		L_1	L_1均值	L_1	L_1均值	L_1	L_1均值	K_2	K_2均值
30/45	拱形	1.5580	1.6474	1.5923	1.6390	1.4878	1.6881	1.5901	1.6998
		1.6218		1.6305		1.6893		1.7083	
		1.4779		1.2363		1.4556		1.2115	
	梯形	1.6394		1.6348		1.7399		1.7636	
		1.6169		1.6778		1.7161		1.7902	
		1.6946		1.6653		1.6810		1.7155	

续表

分岔角β/α/(°)	截面形状	β角衰减系数				α角衰减系数			
		L_1	L_1均值	L_1	L_1均值	L_1	L_1均值	K_2	K_2均值
		1.7224		1.7477		1.7903		1.8503	
30/45	矩形	1.7240	1.6474	1.6495	1.6390	1.8369	1.6881	1.8568	1.6998
		1.7717		1.9168		1.7962		1.8122	
		1.5431		1.5895		1.5895		1.4265	
	拱形	1.6639		1.7397		1.6030		1.8228	
		1.7587		1.7663		1.9256		1.9226	
		1.7484		1.5369		1.4183		1.3643	
60/30	梯形	1.6382	1.6952	1.6723	1.7745	1.3710	1.5952	1.4101	1.6445
		1.7609		2.1276		1.5100		1.6603	
		1.5041		1.5277		1.5135		1.5214	
	矩形	1.8149		2.1694		1.5403		1.7863	
		1.8250		1.8414		1.8859		1.8859	
		1.4826		1.2321		1.3428		1.4038	
	拱形	1.8843		1.9620		1.5116		1.4582	
		1.5112		1.4649		1.6223		1.8865	
		1.6685		1.7965		1.7179		1.9457	
75/60	梯形	1.9451	1.6973	1.8027	1.7252	1.8821	1.7150	1.8724	1.8182
		1.8338		1.8865		1.8125		1.9274	
		1.7832		2.1099		1.7538		1.8232	
	矩形	1.7846		1.8732		2.0240		2.2148	
		1.3827		1.3986		1.7682		1.8318	
		1.1609		1.5734		1.1413		1.1788	
	拱形	1.8493		1.6834		1.3828		1.6008	
		1.8351		1.5466		1.4576		1.6689	
		1.6416		1.9055		1.5095		1.7918	
90/60	梯形	2.0578	1.8559	2.0982	1.9520	1.8747	1.6794	2.0409	1.8217
		1.9787		2.0423		1.7881		2.0218	
		2.0779		2.2031		2.1257		2.1372	
	矩形	2.2730		2.3023		2.0445		2.1398	
		1.8289		2.2133		1.7900		1.8150	
		1.2105		1.4087		1.5082		1.5432	
45/105	拱形	1.2467	1.4071	1.4521	1.5316	1.6018	1.8078	1.6334	1.8270
		1.4697		1.2500		1.7067		1.6126	
	梯形	1.2154		1.4665		1.7366		1.8121	

续表

分岔角β/α/(°)	截面形状	β角衰减系数				α角衰减系数			
		L_1	L_1均值	L_1	L_1均值	L_1	L_1均值	K_2	K_2均值
	梯形	1.2854		1.6072		1.7897		1.8083	
		1.5228		1.6223		1.8688		1.8664	
45/105		1.4625	1.4071	1.6524	1.5316	1.9256	1.8078	2.1768	1.8270
	矩形	1.6636		1.6483		2.0405		2.0800	
		1.5875		1.6767		2.0919		1.9104	
		1.8040		1.8280		1.2180		1.2194	
	拱形	1.9879		1.8358		1.5115		1.6763	
		1.8099		1.8894		1.3569		1.3673	
		1.9663		2.0957		1.5043		1.5986	
105/30	梯形	2.0398	2.0490	2.1140	2.1886	1.4651	1.4563	1.4855	1.5030
		2.0859		2.1569		1.5377		1.5936	
		1.9346		2.4107		1.4208		1.4766	
	矩形	2.3983		2.6874		1.6383		1.6478	
		2.4140		2.6791		1.4537		1.4618	

1) 分岔管道爆炸冲击波超压随截面形状的变化规律分析

基于表 3-21 中的数据，列出表 3-22 所示的爆炸冲击波衰减系数的均值随截面形状的变化值。

在表 3-22 中，除个别数据外(可能是误差带来的影响)，不论何种分岔类型、分岔角度大小，其衰减系数 L_1、L_2、K_1、K_2 均在横截面为矩形时取得最大值，横截面为梯形时次之，横截面为拱形时最小。降幅在 0.0073～0.7413 之间，大多数分布在 0.1～0.2 之间，减小幅度普遍不大。

表 3-22　爆炸冲击波衰减系数随截面形状变化值表

分岔类型	分岔角度/(°)	衰减系数	拱形	梯形	矩形	对应分岔角度/(°)	衰减系数	拱形	梯形	矩形
30/45	30	L_1	1.5526	1.6503	1.7394	45	K_1	1.5442	1.7123	1.8078
		L_2	1.4864	1.6593	1.7713		K_2	1.5033	1.7564	1.8397
60/30	30	K_1	1.7060	1.4331	1.6466	60	L_1	1.6707	1.7724	1.7725
		K_2	1.7239	1.4782	1.7312		L_2	1.6985	1.7789	1.8462
105/30	30	K_1	1.3622	1.5024	1.5043	105	L_1	1.8672	2.0307	2.2490
		K_2	1.4210	1.5592	1.5287		L_2	1.8511	2.1222	2.5924

续表

分岔类型	分岔角度/(°)	衰减系数	拱形	梯形	矩形	对应分岔角度/(°)	衰减系数	拱形	梯形	矩形
30/45	45	K_1	1.5442	1.7123	1.8078	30	L_1	1.5526	1.6503	1.7394
		K_2	1.5033	1.7564	1.8397		L_2	1.4864	1.6593	1.7713
45/105	45	L_1	1.4297	1.4510	1.5712	105	K_1	1.6056	1.7984	2.0193
		L_2	1.3703	1.5653	1.6591		K_2	1.5964	1.8289	2.0557
60/30	60	L_1	1.6707	1.7724	1.7725	30	K_1	1.7060	1.4331	1.6466
		L_2	1.6985	1.7789	1.8462		K_2	1.7239	1.4782	1.7312
75/60	60	K_1	1.4923	1.8042	1.8487	75	L_1	1.6212	1.8158	1.6501
		K_2	1.5828	1.9152	1.9566		L_2	1.5530	1.8286	1.7939
90/60	60	K_1	1.3272	1.7241	1.9867	90	L_1	1.6151	1.8927	2.0599
		K_2	1.4828	1.9515	2.0307		L_2	1.6011	2.0153	2.2396
75/60	75	L_1	1.6212	1.8158	1.6501	60	K_1	1.4923	1.8042	1.8487
		L_2	1.5530	1.8286	1.7939		K_2	1.5828	1.9152	1.9566
90/60	90	L_1	1.6151	1.8927	2.0599	60	K_1	1.3272	1.7241	1.9867
		L_2	1.6011	2.0153	2.2396		K_2	1.4828	1.9515	2.0307
105/30	105	L_1	1.8672	2.0307	2.2490	30	K_1	1.3622	1.5024	1.5043
		L_2	1.8511	2.1222	2.5924		K_2	1.4210	1.5592	1.5287
45/105	105	K_1	1.6056	1.7984	2.0193	45	L_1	1.4297	1.4510	1.5712
		K_2	1.5964	1.8289	2.0557		L_2	1.3703	1.5653	1.6591

2) 分岔管道爆炸冲击波超压随分岔角度的变化规律分析

基于表 3-21 中的数据，列出表 3-23 所示的爆炸冲击波衰减系数均值随分岔角度的变化情况表。

表 3-23　单个分岔变化对爆炸冲击波衰减系数影响变化值表

分岔类型	分岔角度/(°)	β角衰减系数 L_1	β角衰减系数 L_2	α角衰减系数 K_1	α角衰减系数 K_2	对应分岔角度/(°)
30/45	30	1.6474	1.6390			45
60/30	30			1.5952	1.6445	60
105/30	30			1.4563	1.5030	105
30/45	45			1.6881	1.6998	30
45/105	45	1.4071	1.5316			105
60/30	60	1.6952	1.7745			30
75/60	60			1.7151	1.8182	75
90/60	60			1.6794	1.8217	90

续表

分岔类型	分岔角度/(°)	β角衰减系数 L_1	β角衰减系数 L_2	α角衰减系数 K_1	α角衰减系数 K_2	对应分岔角度/(°)
75/60	75	1.6973	1.7252			60
90/60	90	1.8559	1.9520			60
105/30	105	2.0490	2.1886			30
45/105	105			1.8078	1.8270	45

从表 3-23 中可以得出，在分岔角由 30°逐渐增大到 105°的过程中，其衰减系数由最小值 1.4563(1.5030)逐渐增大到 2.0490(2.1886)；同时也能得出，分岔角为 30°时，另一个分岔角度从 45°到 60°到 105°的增大过程中，该分岔的衰减系数从 1.6881 变到 1.6952 再变到 2.0490，呈增大的趋势；分岔角为 45°时，另一个分岔角度从 30°变为 105°时，该分岔的衰减系数从 1.6474 增加到 1.8078；分岔角为 60°时，另一个分岔角度从 30°到 75°到 90°的增大过程中，该分岔的衰减系数从 1.5952 增加到 1.6973 再增加到 1.8559；分岔角为 105°时，另一个分岔角度从 30°变为 45°时，该分岔的衰减系数从 1.4563 减小到 1.4071。由此可见，随着分岔角度的增加，除个别情况由于试验误差导致的异常情况外，该分岔的衰减系数呈逐渐增大的趋势，变化大小也受另一分岔角度变化影响。

从表 3-24 中可以得出，分岔角为 30°时，对应另一个分岔角度分别为 45°、60°、105°，它的衰减系数随角度的增大由 1.6881 增大到 1.6952 再增大到 2.0490，而 30°所在这一分岔的衰减系数随另一分岔角度的增大，由 1.6474 减小到 1.5952，再减小到 1.4563；分岔角为 45°时，对应的另一个分岔角度分别为 30°、105°，分岔角为 60°时，对应的另一个分岔角度分别为 30°、75°、90°；分岔角为 105°时，对应的另一个分岔角度分别为 30°、45°，大多与上述规律相符。由此可见，对于双分岔管道，当一个分岔角不变时，另一个分岔管道随着分岔角度的增大，其爆炸冲击波衰减系数呈现增大的趋势，角度不变的那个分岔管道中的冲击波衰减系数受另一个分岔角影响，呈相反的变化趋势，随另一个分岔角度的增大而减小。增大的幅度大于减小的幅度。能量并没有因某条分岔管道中能量的减少，而完全转移到另一分岔上，这是由于随分岔角度的增大，反射回转的能量相应有所增加。

表 3-24　单个分岔变化对爆炸冲击波衰减系数影响变化值表

分岔类型	分岔角度/(°)	衰减系数 L_1	衰减系数 L_2	对应分岔角度/(°)	衰减系数 K_1	衰减系数 K_2
30/45	30	1.6474	1.6390	45	1.6881	1.6998
60/30	30	1.5952	1.6445	60	1.6952	1.7745
105/30	30	1.4563	1.5030	105	2.0490	2.1886
30/45	45	1.6881	1.6998	30	1.6474	1.6390
45/105	45	1.4071	1.5316	105	1.8078	1.8270

续表

分岔类型	分岔角度/(°)	衰减系数 L_1	衰减系数 L_2	对应分岔角度/(°)	衰减系数 K_1	衰减系数 K_2
60/30	60	1.6952	1.7745	30	1.5952	1.6445
75/60	60	1.7151	1.8182	75	1.6973	1.7252
90/60	60	1.6794	1.8217	90	1.8559	1.9520
75/60	75	1.6973	1.7252	60	1.7151	1.8182
90/60	90	1.8559	1.9520	60	1.6794	1.8217
105/30	105	2.0490	2.1886	30	1.4563	1.5030
45/105	105	1.8078	1.8270	45	1.4071	1.5316

从表 3-25 中可以得出，在两个分岔角总和由 75°增加到 150°的过程中，两条分岔的总的衰减系数 $L_1+K_1(L_2+K_2)$大体上呈逐渐增大的趋势，增幅在 0.2 左右。由此可见，随分岔管道的角度的总和增加，其总的衰减系数也增大。原因在于，分岔角度的总和越大，能量反射回转的越多，分岔管道内剩余的就越少。

表 3-25　两个分岔共同作用对爆炸冲击波衰减系数影响变化值表

分岔类型	两分岔角度之和/(°)	衰减系数 L_1	衰减系数 L_2	衰减系数 K_1	衰减系数 K_2
30/45	75	1.6474	1.6390	1.6881	1.6998
60/30	90	1.6952	1.7745	1.5952	1.6445
75/60	135	1.6973	1.7252	1.7151	1.8182
105/30	135	2.0490	2.1886	1.4563	1.5030
45/105	150	1.4071	1.5316	1.8078	1.8270
90/60	150	1.8559	1.9520	1.6794	1.8217

3.4.6　瓦斯煤尘爆炸冲击波在截面突变管道内的传播规律试验研究

利用瓦斯煤尘爆炸试验系统，测试瓦斯煤尘爆炸压力，来研究瓦斯煤尘爆炸冲击波在截面突变管道内的传播衰减规律。

1. 试验方案

本小节的主要研究内容是一般空气区瓦斯煤尘爆炸冲击波在截面突变管道内的传播衰减规律，压力传感器均布置在瓦斯煤尘燃烧区外。本试验设计瓦斯煤尘爆炸腔体总长度分别为 1.5m、1.46m 和 1.28m，通过观察窗可以发现在距爆炸仓最左侧 8m 处已经观测不到火焰，因此第 1 个压力传感器布置在距爆炸腔体最左侧 10.75m 处，此距离能使瓦斯煤尘爆炸燃烧火焰到达不了压力传感器测点位置。在试验管道上测试截面突变初始压力的传感器前端安设一个透明的火焰观察窗，来观察火焰到达情况。此试验腔体使用矩形、梯形、拱形三种不同截面的钢质管道。三种截面的周长相等，以保证在爆炸过程中因散热、摩擦带来的能量损失一致。在距爆炸腔体最左端 11m 处接入 1.5m 长的同类型的变截面管道，后面接上和截面突变前一样的管道，在距左侧突变点 1.25m 处布置测点 2，距右侧突变点 1.25m 处布置测点 3，此距离均大于 6 倍管径(当量直径)，以使测点 2、3 的压力值，离开冲击波反射区域，减小冲击波反射给测量值带来的影响。试验系统如图 3-57 所示。

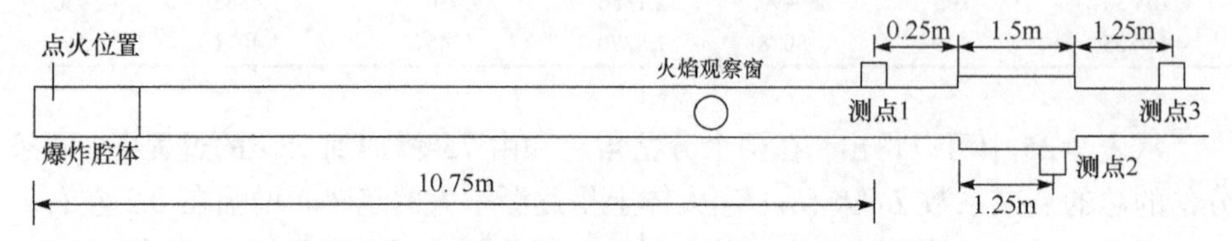

图 3-57 管道截面突变情况下冲击波传播试验系统

变截面管道的规格见表 3-17。按照表 3-26 中的规格，可以保证在不同截面形状下，对应的周长仍然一致，截面面积的变化率基本相同。

表 3-26 不同形状变截面管道参数表

截面形状	管道参数	原始管道	突变 1	突变 2	突变 3	突变 4	突变 5	突变 6
矩形	周长/mm	610	670	730	790	850	910	970
	面积/cm^2	222	268	318	372	431	494	562
	面积变化率	1	1.21	1.43	1.68	1.94	2.23	2.53
梯形	周长/mm	610	671	728	789	850	910	971
	面积/cm^2	227	275	325	380	441	506	576
	面积变化率	1	1.21	1.43	1.67	1.94	2.23	2.54
拱形	周长/mm	610	670	730	792	850	909	969
	面积/cm^2	260	313	372	437	503	576	655
	面积变化率	1	1.20	1.43	1.68	1.93	2.22	2.52

为减少误差，降低偶然因素对试验结果的影响，在一种分岔角度下，每种截面的管道要重复 3 次成功爆炸，共需成功进行 54 次试验。

在 3 种不同界面，每种截面有 6 种变截面尺寸的管道中，经多次试验，共获取 54 组试验数据。对试验数据进行整理，得出了瓦斯煤尘爆炸冲击波超压在变截面管道中传播的试验数据。表 3-27 所示为不同截面形状、不同截面积情况下瓦斯煤尘爆炸冲击波超压数据。

表 3-27　冲击波在管道截面突变情况下压力变化表

变径管道	截面形状	测点 1 超压/MPa	测点 2 超压/MPa	测点超压 3/MPa
突变 1	拱形	0.1247	0.1171	0.1245
		0.1016	0.0918	0.0962
		0.1139	0.1019	0.1103
	梯形	0.1346	0.1304	0.1378
		0.1453	0.1195	0.1258
		0.1186	0.1048	0.1106
	矩形	0.1572	0.1234	0.1301
		0.1429	0.1116	0.1145
		0.1369	0.1089	0.1105
突变 2	拱形	0.1268	0.1075	0.1246
		0.1147	0.0998	0.1113
		0.0988	0.0842	0.0962
	梯形	0.1452	0.1169	0.1251
		0.1354	0.1005	0.1125
		0.1211	0.087	0.0985
	矩形	0.1693	0.1352	0.1398
		0.1529	0.1156	0.1219
		0.1463	0.1082	0.1114
突变 3	拱形	0.0967	0.0775	0.0905
		0.1236	0.0986	0.1185
		0.1027	0.0782	0.0969
	梯形	0.1503	0.1153	0.1405
		0.1361	0.1022	0.1235
		0.1493	0.1052	0.1266
	矩形	0.1496	0.0958	0.1169
		0.1604	0.1052	0.1252
		0.1337	0.0869	0.1024
突变 4	拱形	0.1198	0.0849	0.1162
		0.0963	0.0641	0.0789
		0.1249	0.0795	0.1064
	梯形	0.1412	0.091	0.1147
		0.1286	0.0812	0.1044
		0.1243	0.0811	0.1095
	矩形	0.1368	0.0851	0.1042
		0.1448	0.0946	0.1179
		0.1599	0.0949	0.1042

续表

变径管道	截面形状	测点 1 超压/MPa	测点 2 超压/MPa	测点超压 3/MPa
突变 5	拱形	0.1028	0.0606	0.0995
		0.1293	0.0701	0.1207
		0.1105	0.0613	0.1003
	梯形	0.1253	0.0637	0.0875
		0.1468	0.0806	0.1073
		0.1377	0.0722	0.0974
	矩形	0.1498	0.0765	0.0981
		0.1645	0.0832	0.1024
		0.1489	0.0766	0.0898
突变 6	拱形	0.0882	0.0498	0.0805
		0.1027	0.0535	0.1012
		0.1255	0.0628	0.1064
	梯形	0.1285	0.0598	0.1004
		0.1477	0.0652	0.1011
		0.1208	0.0571	0.0853
	矩形	0.1466	0.0612	0.0776
		0.1537	0.0663	0.0808
		0.1608	0.0659	0.0994

表 3-27 中的压力数据均为超压，测定的测点 1、2、3 的压力数据是基于图 3-57 所示的爆炸冲击波传播试验系统得出的。

2. 数据分析

表 3-28 为瓦斯煤尘爆炸冲击波在管道截面突变情况下的衰减系数。

表 3-28 冲击波在管道截面突变情况下超压衰减系数

变径管道	截面形状	由小断面到大断面衰减系数			由大断面到小断面衰减系数		
		L_1	相同形状均值	相同突变均值	L_2	相同形状均值	相同突变均值
突变 1	拱形	1.0649	1.0965	1.1645	0.9406	0.9396	0.9524
		1.1068			0.9543		
		1.1178			0.9238		
	梯形	1.0322	1.1266		0.9463	0.9479	
		1.2159			0.9499		
		1.1317			0.9476		
	矩形	1.2739	1.2705		0.9485	0.9696	
		1.2805			0.9747		
		1.2571			0.9855		

续表

变径管道	截面形状	由小断面到大断面衰减系数			由大断面到小断面衰减系数		
		L_1	相同形状均值	相同突变均值	L_2	相同形状均值	相同突变均值
突变 2	拱形	1.1795			0.8628		
		1.1493	1.1674		0.8967	0.8783	
		1.1734			0.8753		
	梯形	1.2421			0.9345		
		1.3473	1.3271	1.2678	0.8933	0.9037	0.9147
		1.3920			0.8832		
	矩形	1.2522			0.9671		
		1.3227	1.3090		0.9483	0.9622	
		1.3521			0.9713		
突变 3	拱形	1.2477			0.8564		
		1.2535	1.2715		0.8321	0.8318	
		1.3133			0.8070		
	梯形	1.3036			0.8206		
		1.3317	1.3515	1.3882	0.8275	0.8264	0.8314
		1.4192			0.8310		
	矩形	1.5616			0.8195		
		1.5247	1.5416		0.8403	0.8361	
		1.5386			0.8486		
突变 4	拱形	1.4111			0.7306		
		1.5023	1.4948		0.8124	0.7634	
		1.5711			0.7472		
	梯形	1.5516			0.7934		
		1.5837	1.5560	1.5528	0.7778	0.7706	0.7924
		1.5327			0.7406		
	矩形	1.6075			0.8167		
		1.5307	1.6077		0.8024	0.8433	
		1.6849			0.9107		
突变 5	拱形	1.6964			0.6090		
		1.8445	1.7812		0.5808	0.6003	
		1.8026			0.6112		
	梯形	1.9670			0.7280		
		1.8213	1.8985	1.8798	0.7512	0.7402	0.7185
		1.9072			0.7413		
	矩形	1.9582			0.7798		
		1.9772	1.9598		0.8125	0.8151	
		1.9439			0.8530		

续表

变径管道	截面形状	由小断面到大断面衰减系数			由大断面到小断面衰减系数		
		L_1	相同形状均值	相同突变均值	L_2	相同形状均值	相同突变均值
突变 6	拱形	1.7711			0.6186		
		1.9196	1.8964		0.5287	0.5792	
		1.9984			0.5902		
	梯形	2.1488			0.5956		
		2.2653	2.1766	2.1525	0.6449	0.6366	0.6577
		2.1156			0.6694		
	矩形	2.3954			0.7887		
		2.3183	2.3846		0.8205	0.7574	
		2.4401			0.6630		

1) 小断面突变到大断面管道内冲击波超压的衰减变化规律分析

基于表 3-27 中试验数据，计算出表 3-28 中爆炸冲击波衰减系数的值，绘制不同截面突变管道在不同截面积变化率情况下的冲击波超压衰减系数变化图。

图 3-58 所示的是不同截面突变管道在不同截面积变化率情况下，由小断面进入大断面爆炸冲击波衰减系数 L_1 的变化情况。从图 3-58 中可以得出，随截面积变化率的增大，三种不同截面中冲击波衰减系数均呈逐渐增大趋势。从表 3-28 可以得出，在拱形截面管道中，冲击波在由小断面进入大断面管道中时，随着截面积变化率的增大由 1.0965 持续增加至 1.8964；在梯形截面管道中，冲击波在由小断面进入大断面管道中时，随着截面积变化率的增大由 1.1266 持续增加至 2.1766；在矩形截面管道中，冲击波在由小断面进入大断面管道中时，随着截面积变化率的增大由 1.2705 持续增加至 2.3846。在拱形、梯形、矩形截面中增幅分别为 72.95%、93.20%、87.69%，平均增幅为 84.61%，增幅明显。除个别点外，

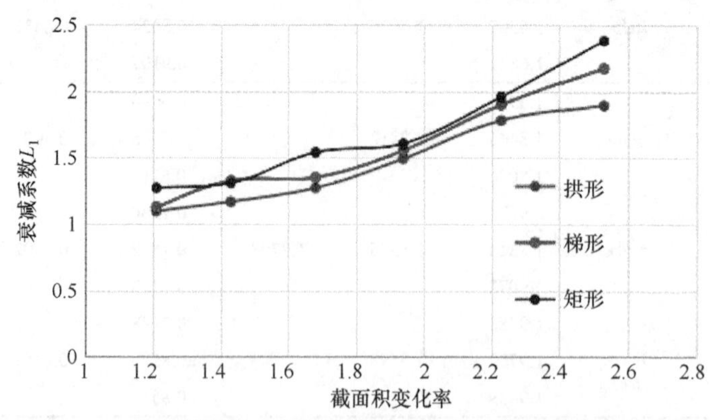

图 3-58　由小断面进入大断面的冲击波超压衰减系数变化曲线

在相同的截面积变化率下矩形截面中衰减系数相对最大，梯形截面中衰减系数次之，拱形截面中衰减系数最小，增幅分别为 15.87%、12.13%、21.24%、7.55%、10.02%、25.74%，平均增幅为 15.43%，增幅不明显。

总体来说，冲击波由小断面进入大断面情况下，随着截面积变化率的增加，不同截面中的冲击波超压衰减系数均呈上升趋势，平均增幅可达 84.61%。而截面形状由拱形变为梯形再变为矩形，冲击波超压衰减系数也呈上升趋势，平均增幅仅为 15.43%。这说明管道截面积变化率越大，冲击波衰减越快，这是影响冲击波衰减的主要因素。

2) 大断面突变到小断面管道内冲击波超压的衰减变化规律分析

图 3-59 所示的是不同截面突变管道在不同截面积变化率情况下，由大断面进入小断面爆炸冲击波衰减系数 L_2 的变化情况。从图 3-59 中可以得出，随截面积变化率的增大，三种不同截面中冲击波衰减系数均呈逐渐减小的趋势。从表 3-28 可以得出，在拱形截面管道中，冲击波在由大断面进入小断面管道中时，随着截面积变化率的增大由 0.9396 持续减小至 0.5792；在梯形截面管道中，冲击波在由大断面进入小断面管道中时，随着截面积变化率的增大由 0.9479 持续减小至 0.6366；在矩形截面管道中，冲击波在由大断面进入小断面管道中时，随着截面积变化率的增大由 0.9696 减小至 0.7574。在拱形、梯形、矩形截面中降幅分别为 38.36%、32.84%、21.89%，平均降幅为 31.03%，降幅明显。除个别点外，在相同的截面积变化率下矩形截面中衰减系数相对最大，梯形截面中衰减系数次之，拱形截面中衰减系数最小，降幅分别为 3.09%、8.73%、1.16%、9.47%、26.35%、23.53%，平均降幅为 12.06%，降幅不明显。此种情况与冲击波由小断面进入大断面不同，冲击波由大断面进入小断面情况下超压是增大的，说明冲击波波阵面单位面积的能量是增大的。但由于冲击波波阵面面积变小，总体来说，冲击波波阵面的总能量是降低的。冲击波超压衰减系数越大(越接近 1)，冲击波超压增量

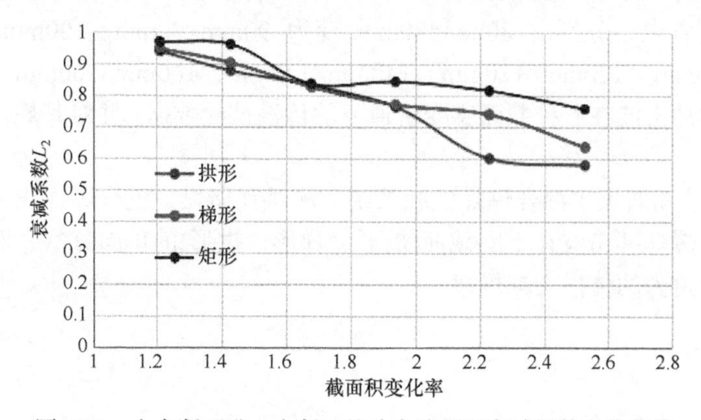

图 3-59　由大断面进入小断面的冲击波超压衰减系数变化曲线

越小，冲击波波阵面的总能量损失就越大，冲击波衰减越快。

总体来说，冲击波由大断面进入小断面情况下，随着截面积变化率的增加，不同截面中的冲击波超压衰减系数均呈下降趋势，平均降幅可达 31.03%。而截面形状由矩形变为梯形再变为拱形，冲击波超压衰减系数也呈下降趋势，平均降幅仅为 12.06%。管道截面积变化率越大，冲击波衰减越快，这是影响冲击波衰减的主要因素。

3.5 本章小结

(1) 本章设计加工、制作了煤尘爆炸试验系统，主要包括煤尘仓、煤尘爆炸腔体、半球形煤尘喷头。煤尘仓起到扬尘作用，在煤尘仓内的煤尘通过高压管及半球形煤尘喷头将煤尘喷入爆炸腔体内，成功使煤尘在煤尘腔体内保持悬浮状态，形成煤尘云，使对煤尘爆炸的传播规律研究成为可能。

(2) 进行了单向分岔管道中煤尘爆炸传播规律试验。试验中，制作了 4 种单向分岔管道，单向分岔角分别为 30°、45°、60°、90°。通过旋转安装到试验管道上，可得到 30°、45°、60°、90°、120°、135°、150°共 7 种单向分岔类型。通过试验测定了煤尘爆炸冲击波在 7 种单向分岔角度下的传播试验数据，并对其规律进行了研究分析。

(3) 进行了双向分岔管道中煤尘爆炸传播规律试验。试验中，制作了 3 种单向分岔管道，分岔角分别为 30°/45°、60°/30°、75°/60°。旋转安装在试验管道上，可得到 30°/45°、45°/105°、60°/30°、75°/60°、90°/60°、105°/30°共 6 种双向分岔类型。进行试验测定了煤尘爆炸冲击波在 6 种双向分岔角度下的传播试验数据，并对其规律进行了研究分析。

(4) 进行了截面突变管道中煤尘爆炸传播规律试验。试验中，制作了 6 种截面突变类型管道，分别由 80mm×80mm 变为 90mm×90mm、100mm×100mm、110mm×110mm、120mm×120mm、140mm×140mm、160mm×160mm。试验测定了煤尘爆炸冲击波在 6 种截面突变管道下的传播试验数据，并对其规律进行了研究分析。

(5) 设计瓦斯煤尘混合爆炸试验系统，测试瓦斯煤尘混合爆炸压力，研究瓦斯煤尘混合爆炸冲击波在不同截面(矩形、梯形、拱形)的单向分岔、双向分岔、截面突变管道内的传播衰减规律。

第 4 章　煤尘爆炸火焰传播规律的试验研究

在我国煤矿井下的各类重特大事故中，瓦斯煤尘爆炸事故对矿井设施的破坏所产生的损失巨大，其死亡人数已经多年占据煤矿事故死亡人数首位，一直是困扰煤矿安全生产的重大灾害。矿井瓦斯煤尘爆炸事故一般是由于瓦斯煤尘达到爆炸浓度界限，遇到火源引起爆炸，然后迅速传播，爆炸火焰速度每秒可达数百米乃至上千米，可产生高达 2300～2500℃的高温，可烧死烧伤井下人员，引起井下火灾。而爆炸传播过程中火焰、爆炸波的发展变化特性决定了爆炸事故破坏程度的大小。因此，研究瓦斯煤尘爆炸火焰传播规律尤显重要，本章通过试验研究煤尘爆炸火焰传播规律。

4.1　直线管道煤尘爆炸火焰传播规律的试验研究

本节通过试验对直线管道煤尘爆炸的火焰传播规律进行研究，搭建试验平台，确定试验方案，分析煤尘浓度对火焰传播速度和火焰持续时间的影响机制。

4.1.1　试验系统原理与设备

煤尘爆炸系统主要包括 4 个部分：煤尘扬起系统、点火爆炸系统、爆炸传播管道系统、数据自动采集系统。煤尘爆炸试验系统如图 3-9 所示，煤尘仓、煤尘爆炸腔体结构图如图 3-10、图 3-11 所示。

1. 煤尘扬起系统

该系统主要包含 4L 煤尘仓和 2MPa 高压储气瓶，如图 4-1、图 4-2 所示。

图 4-1　煤尘仓

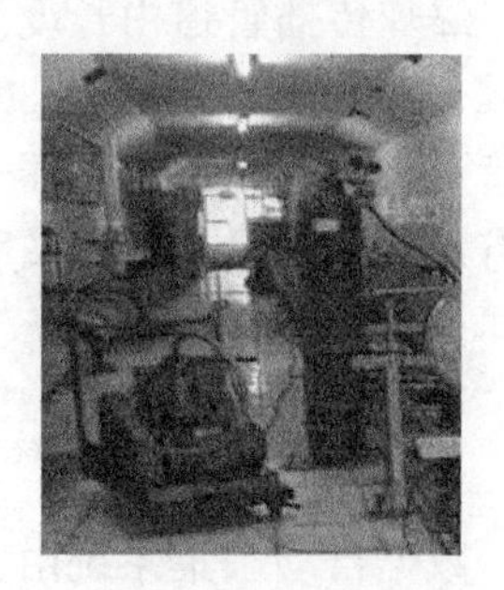

图 4-2　真空泵与高压储气瓶

煤尘仓固定，通过内径 10mm 的高压管分别与高压储气瓶、爆炸腔体相连。煤尘仓底部放入煤尘后，由高压储气瓶提供 1.5MPa 的高压气流将煤尘吹入爆炸腔体，通过真空泵先行抽取适当的真空度保证爆炸腔体内吹入高压气流后气压与外界大气压力平衡。煤尘仓上部为圆柱体，高 320mm，下部为圆锥体，高 100mm，煤尘仓与一量程为 0～4MPa 的空气压力表连通，煤尘仓耐压 20MPa 以上。

2. 点火爆炸系统

该系统主要包括点火装置、高能点火头及爆炸腔体 3 部分。点火装置采用 6V 直流电源，由于煤尘爆炸需要较高的点火能量，所以该试验采用 10kJ 高能点火头(图 4-3)，由点火装置开关闭合后提供电流瞬间引爆高能点火头，继而引发煤尘爆炸。爆炸腔体由直径 300mm，长 1000mm 的无缝钢管连接一半球体过渡到开口端为 80mm×80mm 的正方形构成，通过控制阀与爆炸传播管道系统相连，固定在组合支架上，耐压 20MPa 以上(图 4-4)。

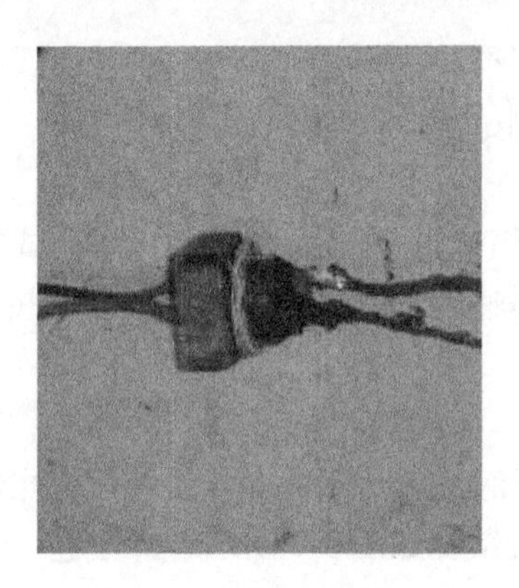

图 4-3 自制高能点火头

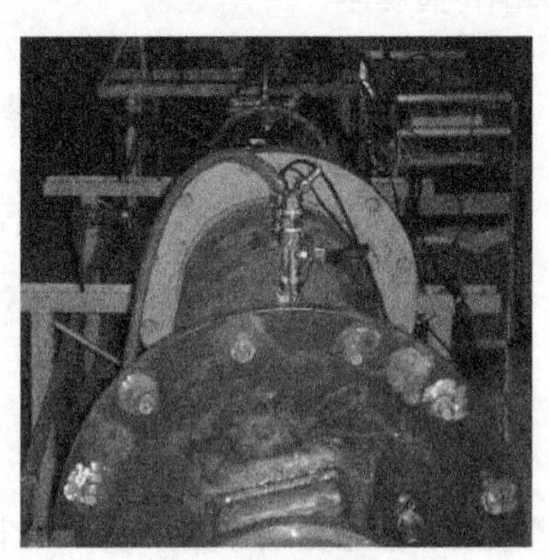

图 4-4 爆炸腔体

3. 爆炸传播管道系统

爆炸传播管道由长度为 0.5m、1.0m、1.5m、2.5m 的 4 种方形钢管分节组合而成，横截面为 80mm×80mm，厚 10mm 钢板焊制而成，耐压 15MPa 以上。在各管道上留有火焰传感器安装孔，方便在需要的位置安装火焰传感器。为保证每次有足够的能量起爆，采用 10kJ 的高能点火头，由连接的 6V 点火装置引爆，如图 4-5 所示。

4. 数据自动采集系统

数据自动采集系统由火焰传感器、TST6300 高速动态测试仪、数据记录处理装置、计算机及相应的连接线组成(图 4-6)。火焰传感器利用光电管的高频特性，

图4-5　固定有火焰传感器和压力传感器的传播管道

采集速度可达到微秒级，再将光信号转换为开关量，即可测量火焰到达时间。TST6300测试仪每台16个并行采集通道，每通道最高200kHz/s，参数程控设置，直接接收火焰传感器信号数据，可达毫伏级。信号经放大、滤波后通过RJ45以太网接口与上位计算机连接，采用TCP/IP通信协议实现控制命令及数据传输，数据传输速率为100Mbit/s。上位计算机装有DAP6.X系统程序，可方便地完成速度、加速度、位移、力、压力等物理量的数据采集，支持用户专用程序开发，支持Excel、Matlab、Word。

图4-6　数据自动采集系统

4.1.2　爆炸试验方法与步骤

1. 试验方法

将称量好的煤尘放入煤尘仓内底部，然后将高压储气瓶中高压气体充入煤尘仓，借助于煤尘仓中的高压气体将煤尘吹入已经被真空泵抽成一定真空度的爆炸腔体，形成煤尘云，接着点火引爆，计算机自动记录煤尘爆炸过程中的有关参数。

2. 试验步骤

(1) 标定、安装火焰传感器和压力传感器。

(2) 更换或安装高能点火头，封闭爆炸腔体，用真空泵抽气使爆炸腔体气压降至−0.06MPa。

(3) 关闭煤尘仓底部的半球形煤尘喷头阀门，用天平称取相应量煤尘放入煤尘仓内，将高压储气瓶气体充入煤尘仓至压力达到 1.5MPa，关闭高压储气瓶与煤尘仓。

(4) 利用煤尘仓中的高压气流把煤尘吹入爆炸腔体，约 5s 后关闭控制阀门，再快速打开传播管道上的控制阀，约 5s 后启动点火装置，引爆。该步骤时间控制在 15s 内完成。

(5) 打开爆炸腔体清理开口，清洁爆炸腔体以及其他部分。检查火焰、压力传感器，保养试验仪器和设备，尤其是要保证火焰传感器头部镜片的透亮性。

(6) 重复步骤(2)～(5)。

3. 试验条件

煤尘爆炸试验采用四川南江县宏源煤业集团有限公司的烟煤，煤尘粒度为 200 目(粒径 0.075mm)，在 100℃电烤箱中烘干 1h 以上，试验时环境温度为 17～20℃，空气相对湿度 RH 为 40%～60%，具体煤尘指标如表 4-1 所示。从表 4-1 可以得出，煤样的挥发分较高，所选煤尘具有强爆炸性。

表 4-1 煤尘样品指标

试样编号	空气干燥基				干基			煤样重/g	坩埚重/g
	水分 M_{ad}/%	挥发分 V_{ad}/%	灰分 A_{ad}/%	固定碳 FC_{ad}/%	挥发分 V_d/%	灰分 A_d/%	固定碳 FC_d/%		
0920	2.17	38.56	11.20	48.07	39.42	11.45	49.13	0.44	11.09
0920	2.07	38.24	13.11	46.58	39.05	13.39	47.56	0.48	10.86
0302	2.09	37.67	12.46	47.78	38.47	12.73	48.80	0.40	10.90
0302	2.13	37.89	12.10	47.88	38.96	12.15	48.89	0.39	11.09

试验进行 3 组，共 9 次，具体情况如表 4-2 所示。

表 4-2 煤尘爆炸试验条件

序号	煤尘量/g	扬尘管道当量直径/m	扬尘区长度 L_1/m	煤尘浓度/(g/m³)	传播管道当量直径/m
1	30	0.226	2	375	0.09
2	30	0.226	2	375	0.09
3	30	0.226	2	375	0.09
4	40	0.226	2	500	0.09
5	40	0.226	2	500	0.09
6	40	0.226	2	500	0.09

续表

序号	煤尘量/g	扬尘管道当量直径/m	扬尘区长度 L_1/m	煤尘浓度/(g/m^3)	传播管道当量直径/m
7	50	0.226	2	625	0.09
8	50	0.226	2	625	0.09
9	50	0.226	2	625	0.09

4.1.3　试验目的与测点布置方案

1. 试验目的

利用试验系统，测试在一端封闭一端开口直线管道内煤尘爆炸火焰、超压各自的形成过程、传播规律及其伴生关系。

2. 测点布置方案

根据先期初步试验经验，既定条件下爆炸火焰最远传播到距离点火位置 15m 左右，冲击波超压也已达到最大，因此测点应至少覆盖到此位置，具体布置如图 4-7 所示，管道全长 17m。

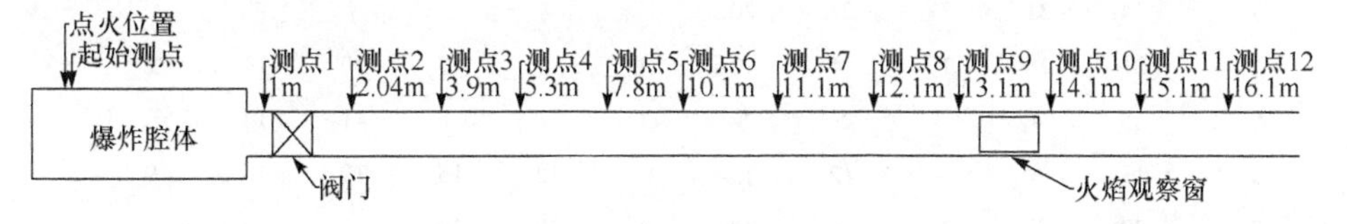

图 4-7　测点布置示意图

4.1.4　试验数据分析

为了便于对比分析，曲线图横坐标统一使用长径比。在这里，长径比是指测点位置与点火头间的距离与传播管道当量直径之比，即 L/D，无量纲。当量直径是指与传播管道内横截面积相等的圆形管道内横截圆面的直径。试验采用的传播管道当量直径 $D_{当}$=0.09027m，测得的数据见表 4-3～表 4-7。

表 4-3　煤尘爆炸各测点火焰到达时间(ms)

序号	测点位置 L/m(长径比 L/D)											
	1 (11)	2 (23)	4 (43)	5 (59)	8 (86)	10 112)	11 (123)	12 (134)	13 (145)	14 (156)	15 (167)	16 (178)
1	6	11	19	25	35	42	46	49	—	—	—	—
2	9	15	24	29	37	44	47	50	—	—	—	—
3	7	12	21	26	36	44	47	50	53	56	—	—

续表

序号	测点位置 L/m(长径比 L/D)											
	1 (11)	2 (23)	4 (43)	5 (59)	8 (86)	10 (112)	11 (123)	12 (134)	13 (145)	14 (156)	15 (167)	16 (178)
4	5	8	13	17	24	31	34	37	40	43	46	—
5	6	9	13	16	22	28	31	34	37	40	—	—
6	4	7	11	14	20	26	29	32	34	37	40	—
7	5	9	15	19	26	32	35	38	42	—	—	—
8	3	7	12	15	22	28	31	34	37	40	—	—
9	5	8	13	16	22	28	31	35	38	—	—	—

表 4-4　煤尘爆炸各测点火焰持续时间(ms)

序号	测点位置(L/D)											
	11	23	42	59	86	112	123	134	145	158	167	178
1	51	40	38	39	44	29	8	11	—	—	—	—
2	53	51	51	35	34	32	25	25	—	—	—	—
3	34	31	37	25	20	18	4	5	7	7	—	—
4	21	15	10	11	10	16	17	17	17	20	22	—
5	15	4	3	5	8	7	9	9	11	14	—	—
6	13	6	4	12	13	15	12	15	19	16	19	—
7	29	23	11	9	30	26	39	39	43	—	—	—
8	32	32	21	12	21	31	29	34	39	46	—	—
9	42	42	24	21	34	40	40	51	53	—	—	—

表 4-5　煤尘爆炸各测点火焰传播速度 V_1(m/s)

序号	测点位置(L/D)										
	6	17	33	51	73	99	119	131	140	151	162
1	164	226	234	239	242	303	310	305	—	—	—
2	117	173	194	299	302	324	360	342	—	—	—
3	148	199	214	256	268	268	342	330	327	320	—
4	214	290	377	369	358	336	333	333	329	324	321
5	172	356	438	430	415	402	353	320	313	307	—
6	266	362	465	407	393	389	382	373	364	365	356
7	192	277	298	367	362	363	333	324	316	—	—
8	298	336	344	420	375	357	358	347	347	335	—
9	223	319	384	390	412	391	308	306	303	—	—

表 4-6　煤尘爆炸各测点火焰传播速度 V_2(m/s)

序号	测点位置(*L*/*D*)										
	11	23	43	59	86	112	123	134	145	156	167
1	191	231	236	241	268	305	307	305	—	—	—
2	140	186	229	301	312	334	351	342	—	—	—
3	170	208	230	264	268	287	336	328	323	320	—
4	247	340	374	362	347	335	333	331	326	322	321
5	234	404	435	420	409	386	336	316	310	307	—
6	308	422	438	398	391	387	377	368	364	360	356
7	228	290	324	364	362	353	328	320	316	—	—
8	316	341	373	390	366	357	352	347	341	335	—
9	264	358	387	404	402	361	307	304	303	—	—

表 4-7　煤尘爆炸各测点最大压力(MPa)

序号	测点位置(*L*/*D*)										
	11	22	43	59	86	112	123	134	145	156	167
1	0.38	0.65	0.83	0.76	0.93	1.06	1.44	0.86	0.75	0.81	0.58
3	0.32	0.52	0.55	0.65	0.93	0.86	1.13	0.97	0.95	0.96	0.92
4	0.76	1.31	1.74	1.57	1.04	1.28	1.25	1.31	1.26	1.10	1.01
5	0.69	0.89	1.52	1.26	1.44	1.01	1.06	1.03	0.86	0.87	0.74
6	1.05	1.46	1.93	1.53	1.44	1.30	1.20	1.03	1.16	1.06	1.06
7	0.51	0.59	0.93	1.28	0.91	0.77	0.76	0.81	0.65	0.72	0.67
8	0.76	0.81	1.26	1.48	1.14	1.01	0.93	0.86	0.89	0.82	0.80
9	0.71	0.96	0.99	1.16	0.99	0.62	0.58	0.52	0.55	0.58	0.55

(1) 火焰速度 V_1 计算方法。

在试验管道内各测点布置了火焰传感器记录火焰到达该点的时间，每两个测点之间火焰的平均速度可用式(4-1)来计算。

$$V_1 = L_1 / (T_2 - T_1) \tag{4-1}$$

式中，L_1 为相邻两个测点 1、2 之间的距离，m；T_1 为火焰到达测点 1 的时刻，s；T_2 为火焰到达测点 2 的时刻，s。

严格意义上，V_1 仅仅是传感器 1 和 2 之间火焰的平均速度，为了方便分析，把 V_1 计为传感器 1 和 2 之间中点位置的速度，其他各位置火焰速度计算方法与此类似。

(2) 火焰速度 V_2 计算方法。

在试验管道内各测点布置的火焰传感器记录火焰到达该点的时间，每个测点处火焰的平均速度用该测点前后相邻两测点间距与该两测点传感器火焰到达时刻之差来计算，见式(4-2)。

$$V_2 = L_2 / (T_3 - T_1) \tag{4-2}$$

式中，L_2 为某测点前后相邻两个测点 1、3 处传感器之间的距离，m；T_1 为火焰到达测点 1 的时刻，s；T_3 为火焰到达测点 3 的时刻，s。

严格意义上，V_2 仅仅是传感器(即测点)1 和 3 之间的火焰平均速度，为了方便分析，在与火焰持续时间、冲击波最大压力指标进行对比分析时，把 V_2 计为测点 2 位置的速度，其他各测点位置火焰速度计算方法与此类似，末测点火焰速度则取末测点与相邻前一测点间的平均速度。这样就可以保证所得火焰速度曲线横坐标与火焰持续时间、冲击波最大压力数据的横坐标保持一致。而在单纯分析火焰速度规律时，使用速度 V_1 能尽量使火焰速度表达更准。

1. 火焰传播特性

煤尘爆炸燃烧由于涉及气固两相，是一个十分复杂的过程，火焰结构如图 4-8 所示。

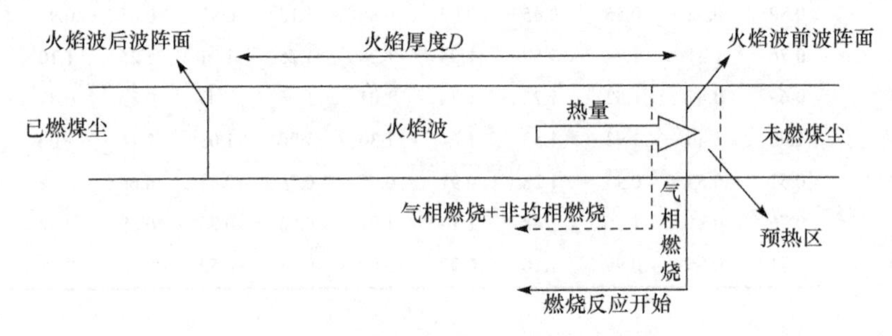

图 4-8 煤尘爆炸火焰结构模型示意图

随着火焰波的不断推进，未燃的煤尘粒子首先进入预热区。火焰前沿将预热区的煤尘粒子加热释放出挥发分，挥发分首先燃烧形成气相燃烧区。紧接着煤尘粒子进一步被加热，剩余的挥发分和焦炭的燃烧形成非均相燃烧和气相燃烧的共存区(图 4-8)。由于焦炭燃烧比挥发分燃烧慢，因此共存区的长度远大于气相燃烧区，而煤尘粒子团聚形成的大煤尘粒子会在共存区之后形成大量的黄色发光点。

2. 最大火焰传播速度和火焰区长度

从表 4-8 可以得出，煤尘爆炸火焰传播有如下特点。

表 4-8　煤尘爆炸火焰传播试验结果

序号	煤尘量/g	扬尘区长度 L_1'/m	火焰区长度 L_2'/m	最大火焰速度/(m/s)	L_2'/L_1'	火焰区长度均值	最大火焰速度均值
1	30	2	12.6	310	6.3		
2	30	2	12.6	360	6.3	12.3	337
3	30	2	11.6	342	5.8		
4	40	2	15.6	377	7.8		
5	40	2	14.6	438	7.3	15.3	427
6	40	2	15.6	465	7.8		
7	50	2	13.6	367	6.8		
8	50	2	14.6	420	7.3	13.9	400
9	50	2	13.6	412	6.8		

(1) 在试验 1～9 中，煤尘量分别为 30g、40g、50g，不断增加，而最大火焰速度整体趋势是先变大，而后减小，这说明在受限空间内 40g 煤尘对应的煤尘浓度 500g/m^3 更接近使最大火焰速度达到最大的最佳爆炸浓度，煤尘爆炸火焰传播速度很快，但并不存在与煤尘量的正比例关系。

(2) 最大火焰速度值有较大波动。

在试验 1～3 中的 3 次 30g 煤尘爆炸的最大火焰速度比试验 4～6 的 3 次 40g 煤尘爆炸的最大火焰速度低，但试验 1～3 中最大火焰速度的最大差值为 50，而试验 1～3 中最大火焰速度的最大值与试验 4～6 中最大火焰速度的最小值的差值仅为 17。另外，试验 8、9 的 50g 煤尘的最大火焰速度比试验 4 中 40g 的最大火焰速度还大，这些都说明即使同样的爆炸条件，最大火焰速度值也会有较大波动，煤尘爆炸火焰传播稳定性差。这是由于火焰传播过程受到煤尘粒子的聚集效应影响。

在燃烧反应区前的未燃区域中，煤尘粒子的运动趋势由 3 种力来决定[75]。

$$\frac{4}{3}\pi r^3\rho_{\mathrm{p}}\frac{\mathrm{d}^2x}{\mathrm{d}t^2}=6\pi\mu r\left(v_{\mathrm{g}}-\frac{\mathrm{d}x}{\mathrm{d}t}\right)+F_t-\frac{4}{3}\pi r^3(\rho_{\mathrm{p}}-\rho_{\mathrm{g}})g \tag{4-3}$$

式中，r 为粒子的直径，μm；ρ_{p} 为粒子的密度，g/m^3；ρ_{g} 为周围气体的密度，g/m^3；v_{g} 为周围气体的速度，m/s；μ 为气体的黏性系数，Pa · s；g 为重力加速度，m/s^2；F_t 为热泳力，N。

与火焰前沿的距离不同，煤尘粒子的运动状况会有很大改变，而在距离火焰前沿较近的区域中，则会形成煤尘粒子的聚集效应。随着煤尘粒径的增大，煤尘的着火难度增大，使得火焰温度有下降的趋势；但同时煤尘粒子在火焰面上的聚集效应更加明显，粒子浓度增大，使得燃烧反应有增大的趋势，燃烧过程受到这两种因素的共同制约，因而随着煤尘粒径的增大，火焰变化趋势更加复杂，导致传播稳定性差。

(3) 小尺寸管道爆炸火焰区长度增加明显。

管道试验中，火焰区长度约是原始扬尘区长度的 6～8 倍，火焰区长度远大于原始区长度。煤尘在爆炸腔体内形成煤尘云才能参与爆炸，最初是部分尘粒点火，尘粒燃烧放出的热量以分子传导和火焰辐射的方式传递给周围的尘粒，并使之燃烧，如此循环，不断持续下去，火焰开始快速向外传播。火焰波扩散到管壁诱发湍流，火焰皱折，火焰面运动加速，燃烧放出的大量热和生成的大量气体加剧膨胀，由于管道存在已燃煤尘和未燃煤尘，火焰前驱压力波压缩作用迫使一些未燃混合物紧随火焰区运动，并不断被点燃，这种正反馈作用激起湍流高速运动，燃烧火焰进一步被加速，导致火焰区长度远大于原始区长度。

3. 火焰传播速度沿程变化趋势

从图 4-9～图 4-11 得出，火焰速度曲线先是快速上升，达到最大值后，再缓慢下降，火焰速度最大值出现在传播管道 L/D=20 之外，离扬尘区(爆源点)有较远距离，这是由爆燃到爆轰的转变造成的。初期的火焰阵面加热气体膨胀产生压缩波，未燃的煤尘随着火焰前面的压缩气体一起运动，并不断被点燃，继而产生更强的压缩波，这些波不断叠加，当强度达到一定程度转变为爆轰。

4. 火焰速度与煤尘量的关系

把每组的 3 次火焰速度试验数据均值化处理后，如图 4-12 所示，可以发现偏离了 40g 的最佳爆炸浓度，30g 煤尘和 50g 煤尘的火焰速度曲线均有所降低，

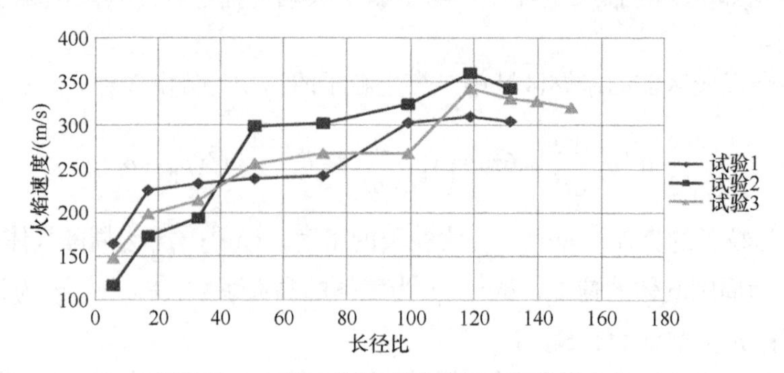

图 4-9　30g 煤尘爆炸火焰传播速度沿程变化

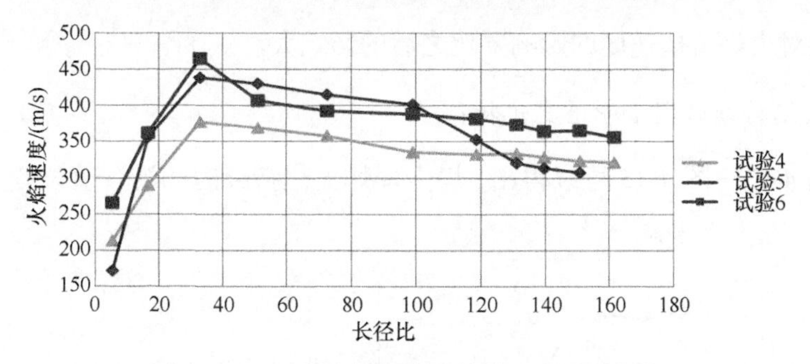

图 4-10　40g 煤尘爆炸火焰传播速度沿程变化

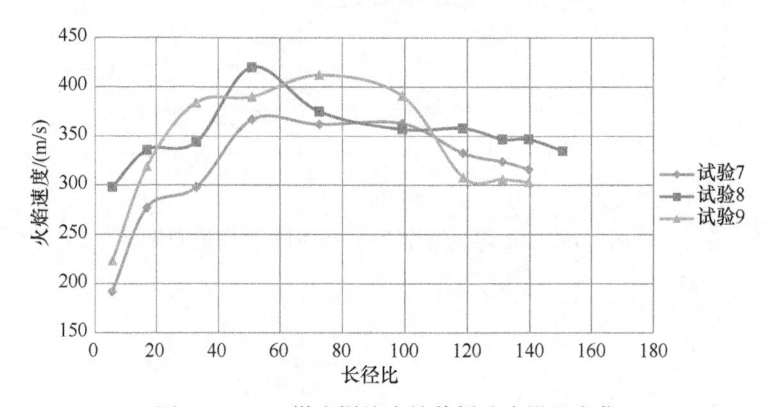

图 4-11　50g 煤尘爆炸火焰传播速度沿程变化

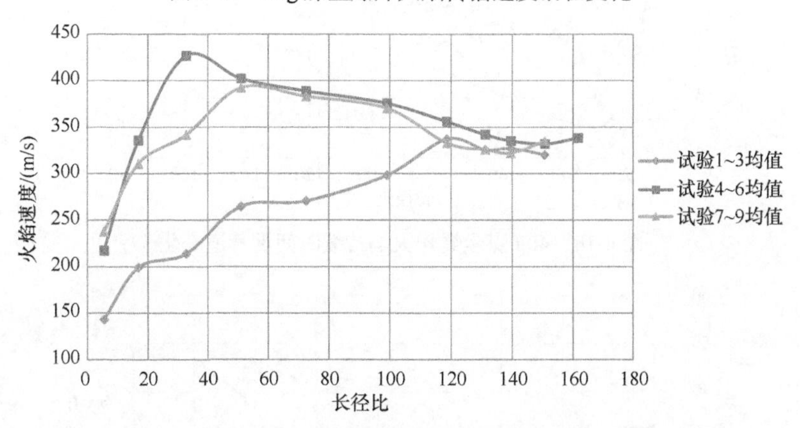

图 4-12　火焰传播速度均值沿程变化

但 50g 煤尘火焰速度曲线降低的幅度更小。这主要是因为最佳爆炸浓度时，煤尘与周边空气中的氧气达到一个最佳的比例，当煤尘量超过最佳爆炸浓度煤尘量时，火焰传播由于暂时“缺氧”而受到抑制，此时火焰速度曲线就会降低，当已燃的煤尘和未燃的煤尘随膨胀气体向外运动过程中，这种抑制又会得到一定的改善，导致火焰速度曲线降低的幅度相对较小。因此，在最佳爆炸浓度之前煤尘浓度的变化对火焰传播速度的影响要比之后的影响大。

5. 火焰持续时间沿管道变化特征

由图 4-13～图 4-15 可以得出，煤尘爆炸火焰持续时间沿管道位置变化有如下特点。

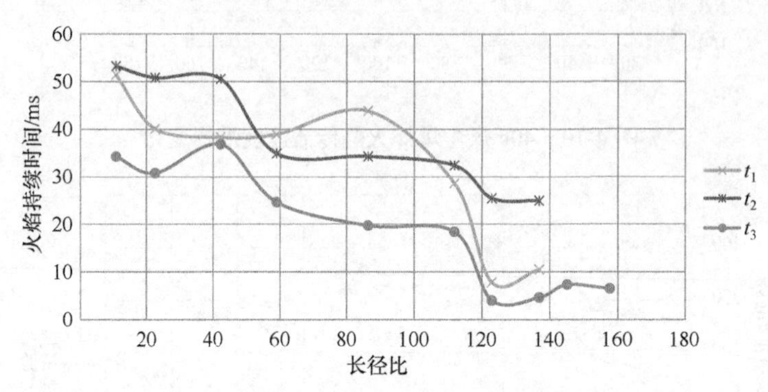

图 4-13 30g 煤尘爆炸火焰持续时间沿管道变化

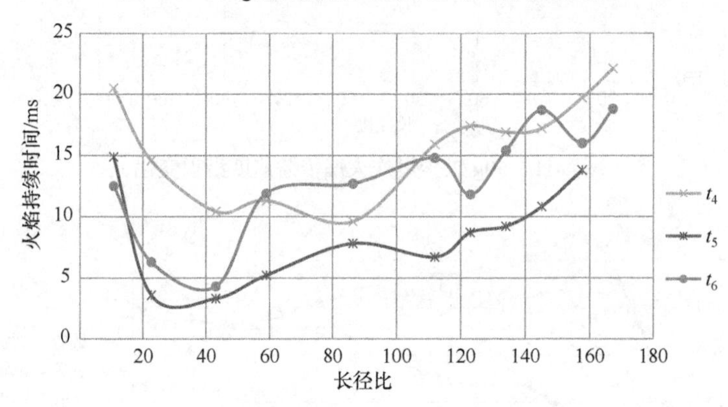

图 4-14 40g 煤尘爆炸火焰持续时间沿管道变化

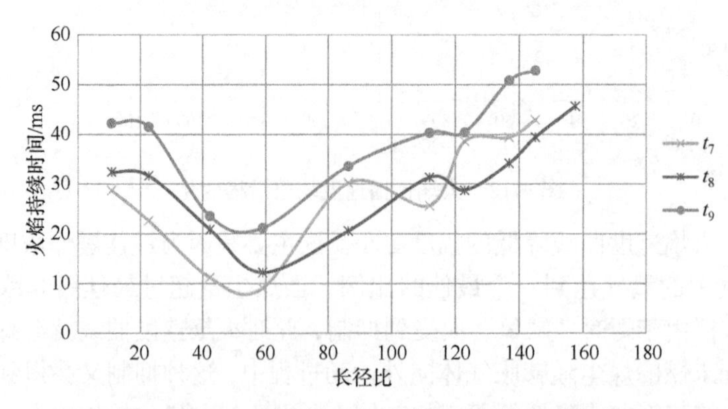

图 4-15 50g 煤尘爆炸火焰持续时间沿管道变化

1) 火焰持续时间沿管道分布存在最小值

试验 1～3 中，煤尘爆炸火焰持续时间在最靠近点火位置的测点处值最大，沿管道远离点火位置整体趋势不断减小，在火焰区末端略有变大。而试验 4～6 以及 7～9 中，火焰持续时间整体趋势先快速减小，然后又缓慢变大，两端火焰持续时间值相差不大。各组试验火焰持续时间沿管道分布均存在最小值，分别在 L/D 为 123(试验 1、3)、134(试验 2)、42(试验 4～6)、59(试验 7～9)处，出现最小值的位置多数不在管道内火焰区的末端，而在点火处与火焰区末端之间的某处，具体位置与爆炸情况有关。

2) 火焰持续时间整体趋势随煤尘爆炸强度增加而变小

三组试验的煤尘量分别为 30g、40g、50g，不断增加，而火焰持续时间最小值先变小后变大，整体趋势与煤尘爆炸强度相反。最接近最佳爆炸浓度的 40g 煤尘爆炸强度最大，火焰持续时间最小值达到最小，并且该组火焰持续时间在各测点值普遍比 30g、50g 组试验偏小。随着爆炸强度的增加，火焰持续时间最小值出现的位置不断靠近点火位置。

6. 火焰速度与火焰持续时间的关系

由图 4-16、图 4-17、图 4-18 可以得出，管道内煤尘爆炸火焰传播速度越大，其火焰持续时间越短；相反，火焰传播速度越小，其火焰持续时间越长。

煤尘爆炸的火焰属于湍流传播火焰，在测点处的持续时间与火焰传播速度和火焰厚度紧密相关，其关系如式(4-4)所示。

$$\tau = \frac{D}{v_{\mathrm{f}}} \tag{4-4}$$

式中，τ 为火焰持续时间；D 为火焰厚度；v_{f} 为测点处火焰的传播速度。

在管道内最初火焰波以较低的速度传播，火焰持续的时间较长，传播速度由基本燃烧速度、火焰面积和锋面反应区后炽热气体膨胀所决定。随着火焰传播，波后气体受热膨胀，以增加燃烧速度推动火焰波向前运动，且湍流效应也使反应区有效面积增大，结果火焰波传播速度迅速增大，火焰持续时间快速减小。实际的火焰波传播过程中会受到内摩擦、壁面热损失、反应产物膨胀产生的稀疏波等复杂因素的影响，能量损耗也不断增加，当速度增加到一定程度时，便不再增加。此后，由于煤尘的不断消耗，单位时间参与反应的煤尘量减少，火焰波开始减速传播，直至可燃物耗尽，火焰波消失。

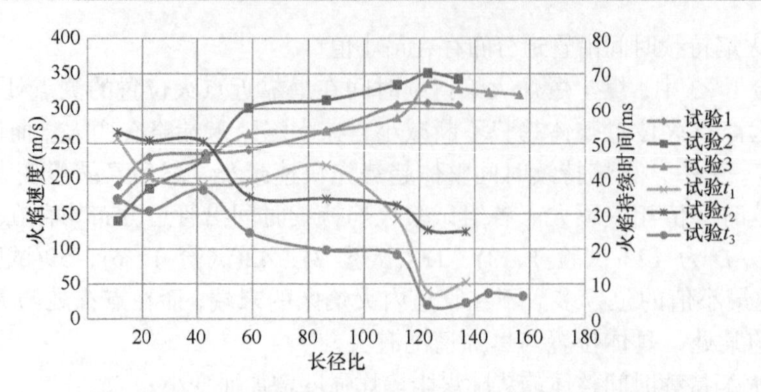

图 4-16 30g 煤尘爆炸火焰速度变化与火焰持续时间关系

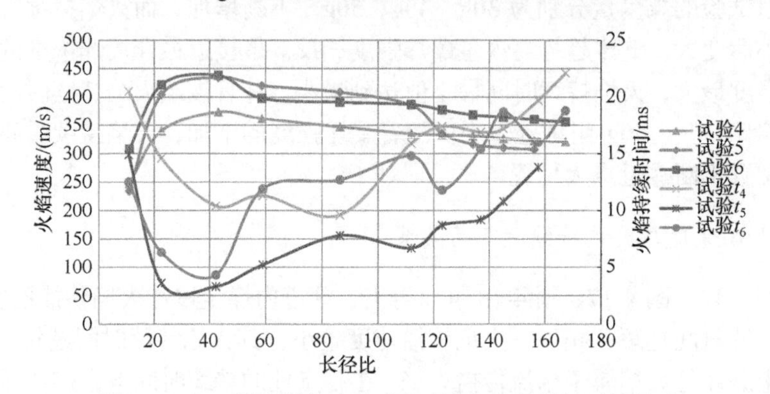

图 4-17 40g 煤尘爆炸火焰速度变化与火焰持续时间关系

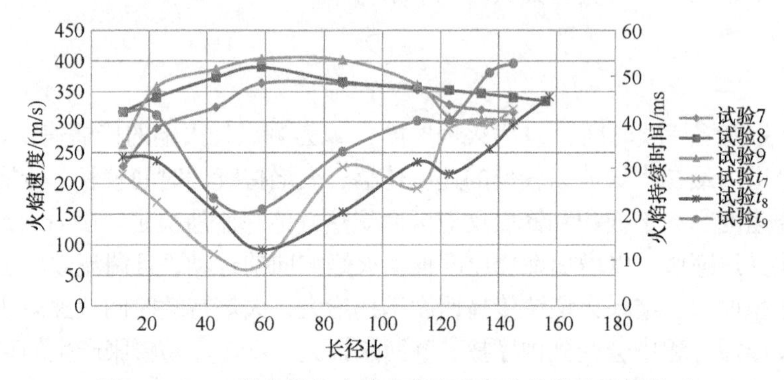

图 4-18 50g 煤尘爆炸火焰速度变化与火焰持续时间关系

7. 火焰速度与冲击波超压分布的关系

由图 4-19、图 4-20、图 4-21、图 4-22 可以看出，煤尘爆炸冲击波超压分布有如下特点。

(1) 煤尘爆炸冲击波超压并不与煤尘量成正比，而是先升后降。40g 煤尘爆炸超压大于 30g 煤尘爆炸超压，而 50g 煤尘爆炸超压小于 40g 煤尘爆炸超压。

(2) 煤尘爆炸冲击波最大压力远大于爆源点附近超压。30g、40g、50g 煤尘爆炸各自平均最大压力分别是最靠近爆源点的测点超压的 2.7、2.1、2.0 倍。超压值随着长径比的增加，整体趋势先升后降，存在整个曲线的最大压力值。因此，煤矿煤尘爆炸冲击波破坏最严重的地方往往不在爆源点，而存在于传播途径中。

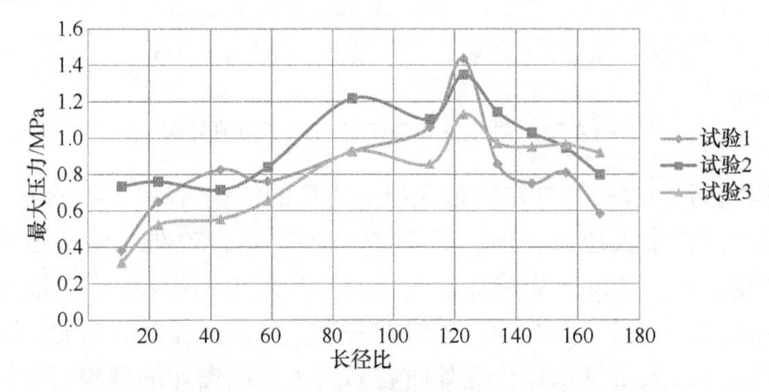

图 4-19　30g 煤尘爆炸冲击波超压分布

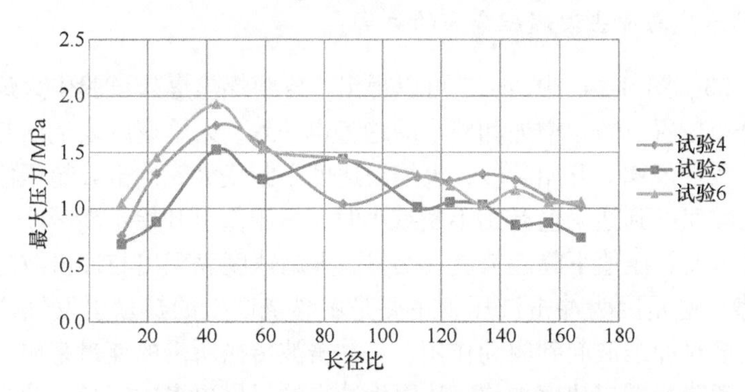

图 4-20　40g 煤尘爆炸冲击波超压分布

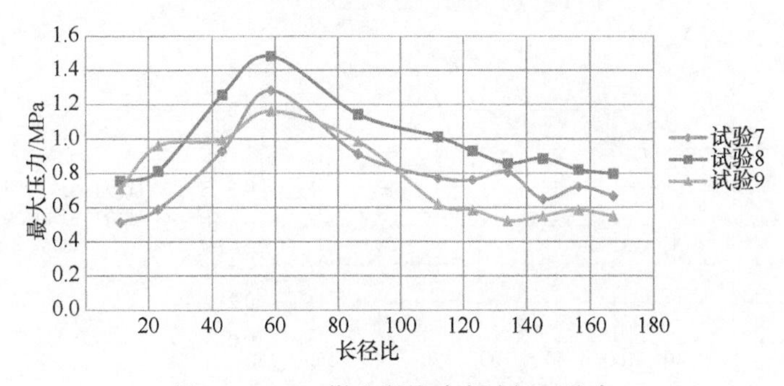

图 4-21　50g 煤尘爆炸冲击波超压分布

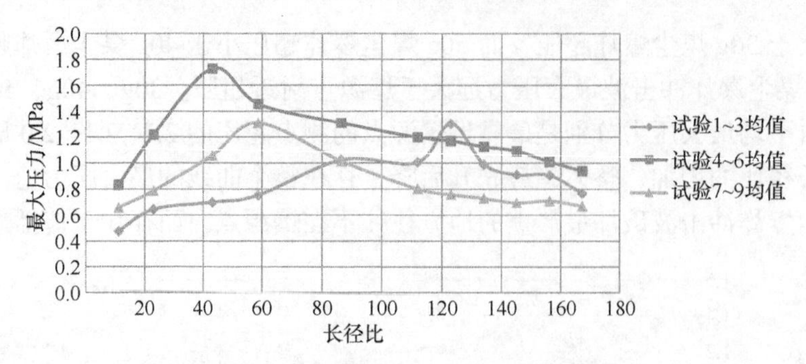

图 4-22　煤尘爆炸冲击波超压平均值分布

(3) 煤尘量不同时爆炸冲击波最大压力出现的位置波动较大。30g、40g、50g 三组试验煤尘爆炸最大压力分别位于 L/D =123、43、59 处，最远距离是最近距离的将近 3 倍。30g、40g 煤尘爆炸最大压力相差无几，但 40g 煤尘爆炸最大压力出现位置距离点火处只有大约 30g 煤尘的一半，有很大程度的缩短。这一特性很可能与管道存在的大量沉积煤尘爆炸时容易发生二次爆炸的现象有密切关系。

8. 火焰速度与冲击波超压分布的关系

由图 4-23、图 4-24、图 4-25 可以得出，各组煤尘爆炸试验中火焰速度与冲击波超压分布位置一致，增加和减小的趋势也一致，火焰速度表现出与冲击波超压分布相一致的规律。开始阶段，火焰波速度不断变大，冲击波超压值也不断变大，当火焰波速度到达峰值开始不断减小时，超压值也开始不断减小。当火焰波消失后，冲击波超压值下降趋势更为明显，火焰速度表现出与冲击波超压分布相一致的规律。这是因为冲击波压力主要是由燃烧产生的热量引发气体膨胀而形成，爆炸火焰对冲击波起到驱动作用，是冲击波传播所需的能量来源。当火焰速度变大时，意味着燃烧速度加快，从而为冲击波提供更多的能量，冲击波超压值变大。

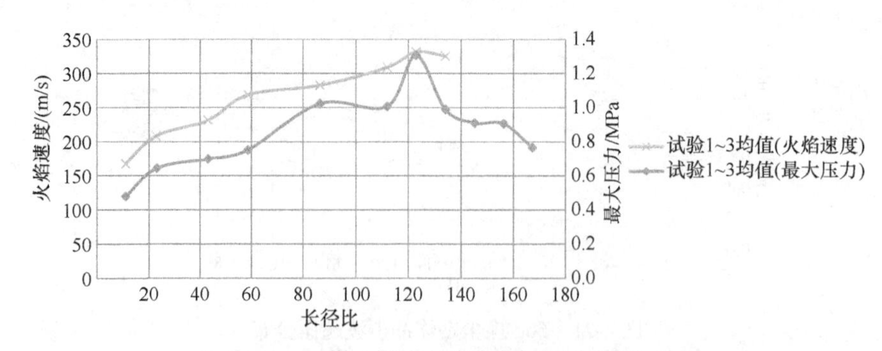

图 4-23　30g 煤尘爆炸火焰速度与超压分布的关系

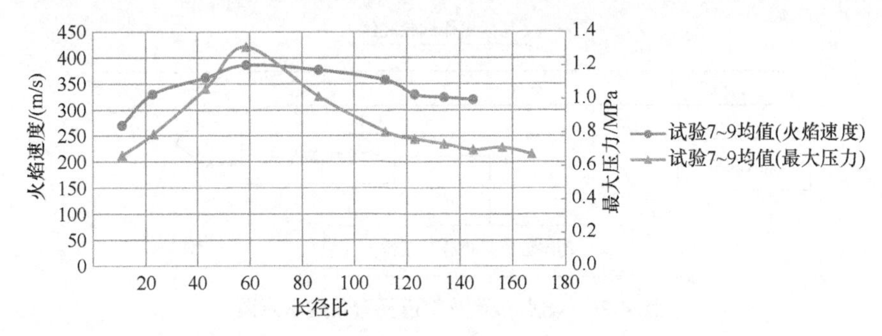

图 4-24　40g 煤尘爆炸火焰速度与超压分布的关系

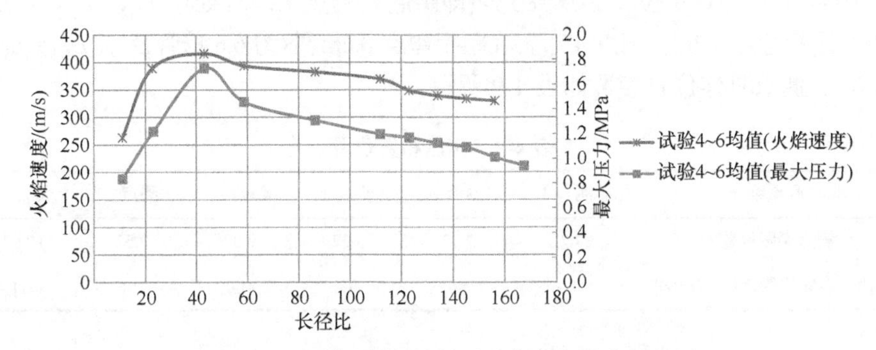

图 4-25　50g 煤尘爆炸火焰速度与超压分布的关系

4.2　拐弯管道煤尘爆炸火焰传播规律的试验研究

本节主要通过试验对拐弯管道煤尘爆炸的火焰传播规律进行研究，搭建试验平台，确定试验方案，分析煤尘浓度对火焰传播速度和火焰持续时间的影响机制。

4.2.1　试验目的

利用一端封闭一端开口管道试验系统，改变煤尘爆炸强度，改变管道拐弯角度，测试煤尘爆炸火焰波、冲击波相关参数，研究火焰波通过弯道时速度以及持续时间的变化规律。

4.2.2　测点布置

根据先期试验经验，30g、40g、50g 煤尘爆炸火焰速度最大值分别出现在约 L/D=119、33、51 处，因此把拐弯管道布置在约 L/D=80 处(即距起始测点 7.22m 处)，就可以实现对火焰达到最大值前、后等不同情况测定，具体测点布置位置如图 4-26 所示。本节试验管道拐弯角度 σ 分别为 30°、45°、60°、90°、120°、135°、150°，共 7 种角度。

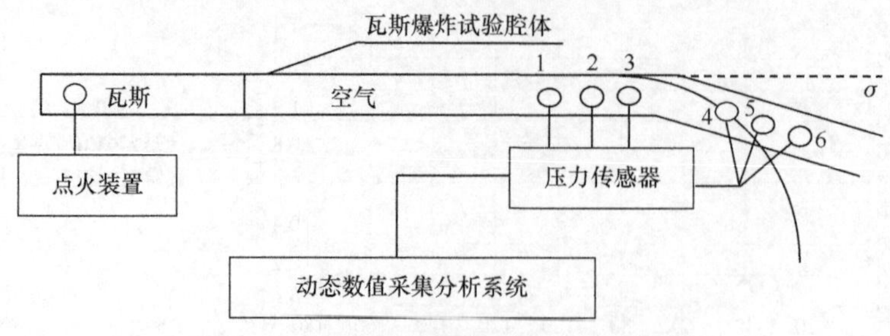

图 4-26　测点布置及管道拐弯角度示意图

图 4-26 中测点 1 位于 L/D =80 处(即距起始测点 7.22m 处)，$L_{1\text{-}2}=L_{2\text{-}3}$=0.5m，测点 3 距拐弯点 0.2m，测点 4 布置在距拐弯点 0.6m 处(约 6.6 倍管径)，$L_{4\text{-}5}=L_{5\text{-}6}$= 0.5m。各测点具体位置参数如表 4-9 所示。

表 4-9　测点布置位置

测点编号	测点 1	测点 2	测点 3	测点 4	测点 5	测点 6
测点实际位置/m	7.22	7.72	8.22	9.02	9.52	10.02
测点实际位置长径比(L/D)	80	86	91	100	105	111

火焰速度 V_1 计算方法同式(4-1)。

V_1 是传感器 1 和 2 之间火焰的平均速度，为了方便分析，把测点 1 和 2 之间火焰的平均速度记为测点 1 和 2 之间中点位置的速度，此中点位置的速度称为当量测点速度，其他各位置当量测点速度含义与此类似。当量测点位置布置如表 4-10 所示。

表 4-10　当量测点布置位置

当量测点编号	当量测点 1	当量测点 2	当量测点 3	当量测点 4	当量测点 5
火焰平均速度当量点位置/m	7.47	7.97	8.62	9.27	9.77
火焰平均速度当量点位置长径比(L/D)	83	88	95	103	108

测点 1、2、3 可用来测试火焰波拐弯前的初始速度，还可以用来辅助分析反射波对冲击波、火焰波的影响情况。瓦斯和煤尘爆炸冲击波在非火焰区通过拐弯点后 6 倍管径外发展比较均匀，所以测点 4 布置在距拐弯点 0.6m 处(约 6.6 倍管径)，再加上测点 5、6($L_{4\text{-}5}=L_{5\text{-}6}$=0.5m)，可用来测试判断拐弯点后冲击波超压到何处已经发展均匀，能用来分析火焰速度增减规律。如果 $V_{1\text{-}2}$ 与 $V_{2\text{-}3}$ 差别较大，则说明冲击波反射已经影响到测点 3 之前，如果 $V_{4\text{-}5}$ 与 $V_{5\text{-}6}$ 差别较大，则说明冲击波反射已经影响到测点 4 之后。

4.2.3 试验数据分析

试验表明，即使在相同工况下，每次爆炸试验所测得数据也不完全相同，这主要是由于煤尘爆炸过程十分复杂，影响因素太多，微小的差别就可能会给试验结果带来很大的差别，而煤尘爆炸试验全过程除数据可以自动采集、煤尘吹入后起爆时间可以自动控制外，其余的如煤尘称量、干燥、爆后管道清理、仪器保养等均是人工操作，容易出现人为原因导致的爆炸试验的条件细小变化。为减少误差，每组试验在相同工况下需成功地做3次，并且数据相对差异很小，才认为是成功试验，并记录和采纳相关数据。

同一种拐弯角度下，针对30g、40g、50g煤尘对应的3种不同煤尘浓度，各分别重复3次成功爆炸，共9次，才算完成一种拐弯角度下的测试，拐弯管道共7种角度，共需成功进行63次试验。试验所得原始数据如表4-11、表4-12所示。表4-13、表4-14为管道拐弯情况下火焰在各测点持续时间。

表4-11　在管道拐弯情况下火焰到达各测点时间($\sigma \leqslant 90°$)(ms)

序号	管道拐弯角度	起爆煤尘浓度/(g/m^3)	时间					
			测点1	测点2	测点3	测点4	测点5	测点6
1-1	30°	375(30g)	31.2	33.3	35.2	37.6	39.2	40.6
1-2			33.7	35.2	36.6	38.9	40.3	41.6
1-3			30.1	32.0	33.8	36.6	38.3	39.9
1-4		500(40g)	21.7	23.1	24.5	26.5	27.8	29.1
1-5			18.6	19.9	21.1	23.2	24.6	25.8
1-6			23.7	24.8	26.0	27.8	29.0	30.1
1-7		625(50g)	19.8	21.0	22.2	24.1	25.3	26.4
1-8			24.6	25.9	27.2	29.1	30.3	31.6
1-9			26.3	27.8	29.2	31.3	32.7	34.0
2-1	45°	375(30g)	35.6	37.4	39.2	41.5	43.0	44.4
2-2			33.4	35.3	37.3	40.0	41.5	43.0
2-3			29.7	31.3	32.8	35.1	36.4	37.7
2-4		500(40g)	18.3	19.6	20.9	22.9	24.1	25.3
2-5			22.4	23.6	24.7	26.4	27.5	28.6
2-6			23.3	24.8	26.2	28.4	29.7	30.9
2-7		625(50g)	31.8	33.1	34.3	36.3	37.5	38.6
2-8			36.2	37.8	39.3	41.6	42.9	44.3
2-9			34.7	36.2	37.5	39.6	40.7	41.9

续表

序号	管道拐弯角度	起爆煤尘浓度/(g/m^3)	时间					
			测点 1	测点 2	测点 3	测点 4	测点 5	测点 6
3-1	60°	375(30g)	17.9	19.4	20.8	22.6	23.8	24.8
3-2			19.2	20.8	22.3	24.5	25.6	26.8
3-3			24.8	26.7	28.5	30.7	32.0	33.3
3-4		500(40g)	34.1	35.5	36.9	38.9	40.0	41.0
3-5			37.3	38.6	39.9	41.8	43.0	44.1
3-6			33.4	34.5	35.7	37.5	38.4	39.4
3-7		625(50g)	26.6	27.8	29.0	30.9	32.0	33.0
3-8			21.8	23.2	24.6	26.6	27.6	28.8
3-9			23.5	25.0	26.4	28.6	29.7	30.9
4-1	90°	375(30g)	37.2	39.2	40.8	42.9	43.9	44.9
4-2			34.3	35.8	37.3	38.9	39.8	40.7
4-3			38.7	40.4	41.9	43.9	44.9	45.9
4-4		500(40g)	26.3	27.7	29.0	30.8	31.7	32.5
4-5			25.2	26.3	27.5	29.2	30.1	31.1
4-6			27.8	29.1	30.1	31.7	32.5	33.3
4-7		625(50g)	23.4	24.6	25.8	27.6	28.5	29.4
4-8			26	27.4	28.9	30.5	31.3	32.2
4-9			27.1	28.3	29.4	30.8	31.6	32.4

表 4-12　在管道拐弯情况下火焰到达各测点时间(σ >90°)(ms)

序号	管道拐弯角度	起爆煤尘浓度/(g/m^3)	时间					
			测点 1	测点 2	测点 3	测点 4	测点 5	测点 6
5-1	120°	375(30g)	35.2	37.3	39.2	41.4	42.5	43.5
5-2			33.7	35.3	36.8	38.5	39.5	40.5
5-3			33.2	35.1	36.9	38.7	39.7	40.8
5-4		500(40g)	38.1	39.5	40.9	42.9	43.8	44.7
5-5			35.6	36.8	38.1	40.2	41.0	41.8
5-6			32.7	33.8	35.0	36.7	37.4	38.2
5-7		625(50g)	20.5	21.9	23.1	25.0	25.7	26.6
5-8			23.7	25.1	26.6	28.4	29.4	30.4
5-9			21.4	23.0	24.5	26.5	27.4	28.4

续表

序号	管道拐弯角度	起爆煤尘浓度/(g/m³)	时间					
			测点 1	测点 2	测点 3	测点 4	测点 5	测点 6
6-1			15.7	17.9	19.9	21.9	23.0	24.1
6-2		375(30g)	18.9	20.6	22.2	23.9	24.8	25.7
6-3			16.3	18.1	19.8	22.0	23.0	24.1
6-4			31.2	32.5	33.8	35.8	36.6	37.6
6-5	135°	500(40g)	29.4	30.7	31.9	33.4	34.2	35.0
6-6			28.7	30.0	31.3	32.8	33.6	34.4
6-7			28.2	29.6	30.9	32.3	33.2	34.1
6-8		625(50g)	32.5	34.1	35.7	37.4	38.4	39.3
6-9			26.9	28.2	29.5	31.1	31.9	32.7
7-1			37.2	38.6	40.0	41.3	42.1	42.8
7-2		375(30g)	36.4	37.9	39.5	41.2	42.1	43.0
7-3			38.4	40.2	41.9	43.3	44.1	45.0
7-4			22	23.4	24.8	26.7	27.5	28.3
7-5	150°	500(40g)	18.7	20.0	21.2	22.7	23.5	24.3
7-6			26.7	27.8	28.9	30.4	31.1	31.8
7-7			32.3	33.7	35.0	36.7	37.5	38.4
7-8		625(50g)	35.9	37.1	38.4	39.8	40.6	41.5
7-9			34.1	35.8	37.5	39.0	40.0	41.0

表 4-13　管道拐弯情况下火焰在各测点持续时间($\sigma \leqslant 90°$)(ms)

序号	管道拐弯角度	起爆煤尘浓度/(g/m³)	时间					
			测点 1	测点 2	测点 3	测点 4	测点 5	测点 6
1-1			32.8	25.0	34.4	20.6	14.5	28.2
1-2		375(30g)	24.4	25.6	20.9	37.0	20.0	25.2
1-3			45.8	42.7	28.0	37.8	31.3	40.0
1-4			16.0	17.2	27.1	13.0	9.5	6.9
1-5	30°	500(40g)	7.3	15.3	10.7	21.8	22.0	17.2
1-6			22.9	32.4	28.2	36.6	18.7	29.8
1-7			31.5	29.0	18.3	22.6	25.1	21.1
1-8		625(50g)	13.3	24.0	22.9	13.6	34.0	36.2
1-9			37.8	40.0	27.2	25.8	20.0	29.4

续表

序号	管道拐弯角度	起爆煤尘浓度/(g/m³)	时间					
			测点 1	测点 2	测点 3	测点 4	测点 5	测点 6
2-1	45°	375(30g)	36.6	25.0	25.6	37.0	46.6	45.0
2-2			17.9	25.6	20.9	18.3	25.2	14.0
2-3			42.4	34.7	41.6	26.7	28.2	22.9
2-4		500(40g)	17.6	25.0	23.0	30.0	23.0	26.7
2-5			12.0	7.6	8.8	7.0	16.0	5.3
2-6			8.4	15.0	16.4	12.0	4.2	6.5
2-7		625(50g)	11.1	21.0	36.6	31.7	26.2	33.6
2-8			40.5	37.8	28.6	36.3	22.5	18.3
2-9			27.5	34.7	33.2	15.3	8.4	14.5
3-1	60°	375(30g)	29.1	25.0	25.6	27.6	17.5	15.3
3-2			44.0	45.1	32.0	42.9	28.7	33.2
3-3			24.0	34.7	36.2	18.0	18.3	22.9
3-4		500(40g)	23.3	25.0	32.8	10.3	12.0	10.3
3-5			16.4	10.7	23.7	25.6	23.7	14.0
3-6			10.3	18.0	8.8	3.1	10.7	5.3
3-7		625(50g)	26.7	25.0	28.2	33.6	28.0	17.2
3-8			13.7	25.6	13.4	6.9	5.0	8.4
3-9			37.8	34.7	33.2	13.0	26.3	22.9
4-1	90°	375(30g)	31.3	25.0	8.8	9.2	14.3	29.7
4-2			17.9	25.6	20.9	8.8	14.9	14.0
4-3			37.8	34.7	33.2	20.0	29.4	22.9
4-4		500(40g)	14.9	7.6	18.3	5.7	9.5	6.9
4-5			9.2	22.5	19.5	20.0	5.7	14.0
4-6			30.0	26.0	34.7	25.6	21.4	22.9
4-7		625(50g)	26.7	25.0	31.7	24.4	16.8	21.8
4-8			17.9	25.6	22.0	5.3	13.0	7.3
4-9			10.0	14.9	10.0	5.3	3.1	3.4

表 4-14　管道拐弯情况下火焰在各测点持续时间(σ >90°)(ms)

序号	管道拐弯角度	起爆煤尘浓度/ (g/m^3)	时间					
			测点 1	测点 2	测点 3	测点 4	测点 5	测点 6
5-1			19.1	25.0	32.8	20.6	8.0	15.3
5-2		375(30g)	24.8	29.8	17.2	9.5	14.9	6.9
5-3			46.6	38.0	46.9	26.7	32.8	19.1
5-4			23.3	27.1	25.6	6.9	12.0	10.3
5-5	120°	500(40g)	9.5	8.0	20.9	7.3	6.0	14.0
5-6			30.0	28.0	32.0	23.3	16.4	22.9
5-7			16.0	7.3	20.2	23.7	14.5	18.7
5-8		625(50g)	34.7	40.5	29.8	7.3	15.6	7.3
5-9			24.0	13.4	27.1	9.2	28.2	22.9
6-1			42.7	29.8	38.5	24.4	21.0	20.0
6-2		375(30g)	17.9	23.3	17.2	7.3	15.3	6.9
6-3			28.6	34.7	13.4	10.0	5.7	5.0
6-4			19.6	25.0	17.0	13.6	12.0	10.3
6-5	135°	500(40g)	8.7	7.5	20.9	6.8	5.7	12.8
6-6			30.0	23.4	29.0	23.3	15.5	22.9
6-7			33.1	37.6	36.5	19.8	17.5	7.6
6-8		625(50g)	13.7	22.8	11.0	4.9	10.3	4.0
6-9			36.0	27.4	26.6	20.9	9.5	12.0
7-1			31.3	25.0	25.6	36.9	29.7	35.4
7-2		375(30g)	42.6	48.0	33.5	20.9	27.0	20.9
7-3			36.0	18.6	28.5	11.0	4.6	12.9
7-4			29.8	22.3	28.0	5.3	12.0	10.9
7-5	150°	500(40g)	33.6	34.7	32.0	15.5	14.9	14.0
7-6			8.3	17.4	10.0	8.3	2.6	5.7
7-7			15.3	32.8	12.2	7.1	4.4	5.4
7-8		625(50g)	17.9	25.6	20.9	14.9	21.8	14.0
7-9			37.8	34.7	33.2	16.4	9.5	8.0

1. 火焰波速度变化规律分析

定义：火焰波突变系数 λ_1 =当量测点 4 火焰波速度/当量测点 2 火焰波速度。

根据先期试验经验，影响火焰波突变系数 λ_1 的因素主要有：初始火焰波速度，管道拐弯角度。因此，通过这两个方面来分析试验数据，一是在确定管道拐弯角度条件下分析初始火焰波速度对火焰波突变系数的影响，二是在确定初始火焰波速度条件下分析管道拐弯角度对火焰波突变系数的影响。在具体试验中，每次用等量的煤尘，其他爆炸条件都不变，即认为确定拐弯前相同的初始火焰波速度。由于煤尘爆炸过程十分复杂，影响因素甚多，即使认为起爆条件完全相同的情况下，每次管道拐弯前的初始火焰波速度也有一定差别，但这并不影响对整体变化趋势的判断。

将试验所得表 4-11、表 4-12 中数据按式(4-1)计算得各当量测点火焰速度，见表 4-15、表 4-16。

表 4-15　在管道拐弯情况下各当量测点火焰速度($\sigma \leqslant 90°$)(m/s)

序号	管道拐弯角度/(°)	起爆煤尘浓度/(g/m³)	速度					突变系数 λ_1
			当量测点 1	当量测点 2	当量测点 3	当量测点 4	当量测点 5	
1-1			242	260	328	320	347	1.2308
1-2		375(30g)	337	346	354	365	373	1.0549
1-3			268	268	290	292	305	1.0896
1-4			357	366	389	400	380	1.0929
1-5	30	500(40g)	400	392	382	373	405	0.9515
1-6			435	433	439	443	433	1.0231
1-7			412	416	423	420	440	1.0096
1-8		625(50g)	387	392	410	407	407	1.0383
1-9			344	357	372	359	380	1.0056
2-1			280	280	338	351	342	1.2536
2-2		375(30g)	260	258	297	314	347	1.2171
2-3			316	324	357	371	385	1.1451
2-4			398	366	405	417	417	1.1393
2-5	45	500(40g)	430	430	464	458	469	1.0651
2-6			337	360	364	385	408	1.0694
2-7			372	416	410	431	424	1.0361
2-8		625(50g)	317	334	351	359	365	1.0749
2-9			344	366	393	440	405	1.2022
3-1			338	354	434	446	460	1.2599
3-2		375(30g)	306	336	372	444	434	1.3214
3-3			261	276	370	377	391	1.3659
3-4			357	366	389	480	465	1.3115
3-5	60	500(40g)	392	380	415	431	444	1.1342
3-6			435	433	453	513	527	1.1848
3-7			412	416	423	464	471	1.1154
3-8		625(50g)	353	374	398	468	445	1.2513
3-9			344	345	372	430	422	1.2464

续表

序号	管道拐弯角度/(°)	起爆煤尘浓度/(g/m³)	速度					突变系数 λ_1
			当量测点 1	当量测点 2	当量测点 3	当量测点 4	当量测点 5	
4-1			253	299	384	510	499	1.7057
4-2		375(30g)	340	337	491	542	552	1.6083
4-3			300	317	414	494	503	1.5584
4-4			369	374	435	588	615	1.5722
4-5	90	500(40g)	435	430	465	564	526	1.3116
4-6			396	473	510	640	620	1.3531
4-7			403	427	449	534	548	1.2506
4-8		625(50g)	345	355	494	583	569	1.6423
4-9			418	468	564	625	628	1.3355

表 4-16　在管道拐弯情况下各当量测点火焰速度(σ> 90°)(m/s)

序号	管道拐弯角度/(°)	起爆煤尘浓度/(g/m³)	速度					突变系数 λ_1
			当量测点 1	当量测点 2	当量测点 3	当量测点 4	当量测点 5	
5-1			242	260	360	460	480	1.7692
5-2		375(30g)	313	323	472	511	529	1.5820
5-3			268	275	433	492	483	1.7891
5-4			357	366	389	560	553	1.5301
5-5	120	500(40g)	417	392	382	593	620	1.5128
5-6			435	433	483	653	657	1.5081
5-7			370	409	425	633	620	1.5477
5-8		625(50g)	359	323	454	502	518	1.5542
5-9			317	326	398	553	524	1.6963
6-1			227	247	405	470	456	1.9028
6-2		375(30g)	300	314	451	558	547	1.7771
6-3			284	291	362	502	463	1.7251
6-4			397	360	418	574	540	1.5944
6-5	135	500(40g)	377	417	526	676	620	1.6211
6-6			385	390	520	629	657	1.6128
6-7			370	371	556	577	553	1.5553
6-8		625(50g)	315	310	468	529	518	1.7065
6-9			387	385	484	633	628	1.6442

续表

序号	管道拐弯角度/(°)	起爆煤尘浓度/(g/m³)	速度					突变系数 λ_1
			当量测点 1	当量测点 2	当量测点 3	当量测点 4	当量测点 5	
7-1			348	377	592	679	632	1.8011
7-2		375(30g)	325	323	467	568	525	1.7585
7-3			273	307	560	595	589	1.9381
7-4			360	360	418	623	592	1.7306
7-5	150	500(40g)	377	417	526	635	647	1.5228
7-6			443	452	550	740	647	1.6372
7-7			370	358	492	606	550	1.6927
7-8		625(50g)	420	382	582	638	560	1.6702
7-9			302	293	516	510	497	1.7406

基于表 4-15、表 4-16 中的数据，分析在确定管道拐弯角度条件下初始火焰波速度大小对火焰波突变系数的影响。

由图 4-27 可以得出以下结论。

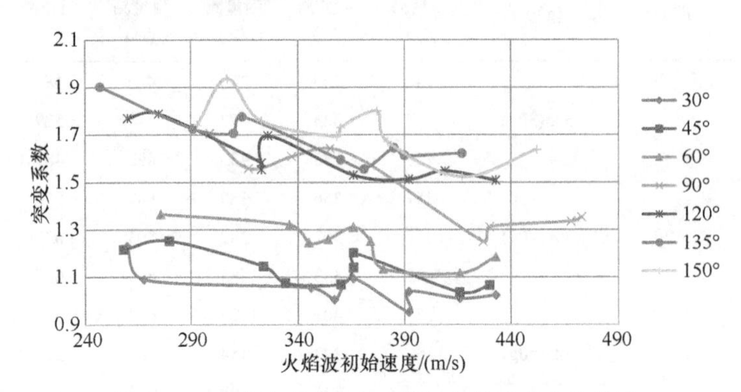

图 4-27 火焰波速度突变系数随初始速度变化曲线

(1) 火焰波经过拐弯处时的速度突变系数大多在 1.0～1.8 之间，随火焰波初始速度的增加，曲线的走向有升有降，整体趋势并不明显。这说明火焰波经过拐弯后速度整体上都是增加的，而火焰波初始速度的大小对突变系数的影响并不大。

(2) 随着拐弯角度的增加，火焰波速度突变系数曲线整体呈上升趋势，大多数分布在 1.1～1.6 区间。这说明火焰波突变系数受管道拐弯角度变化的影响较大，随着拐弯角度的增加而变大。当拐弯角度σ<90°，突变度系数多为 1.1 左右，当拐弯角度σ>90°，突变度系数多为 1.6 左右，而当拐弯角度σ=90°，突变度系数为 1.5 左右。

将图 4-27 中的数据点按多项式曲线拟合，得到图 4-28 所示突变系数变化趋势拟合曲线。由图可以得出，突变系数曲线整体呈略降趋势。这说明随着火焰波在拐弯前初始速度的增大，拐弯后火焰波速度都是增大的，只是增大的幅度越来越小，这一趋势不受拐弯角度变化的影响。

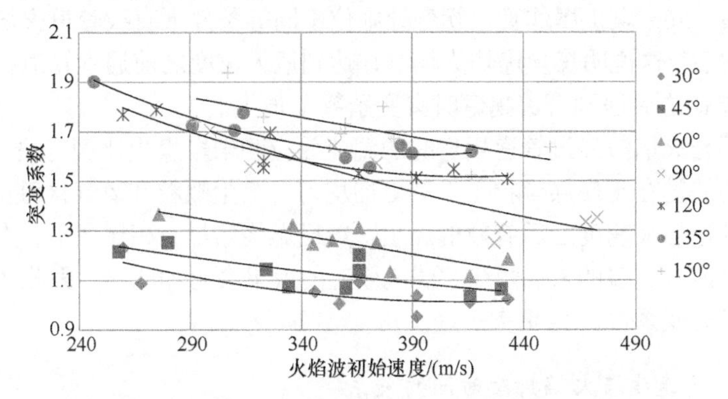

图 4-28　火焰波速度突变系数随初始速度变化趋势拟合曲线

将试验所得数据点按多项式曲线拟合，得到图 4-29 所示的突变系数随管道拐弯角度变化趋势拟合曲线。

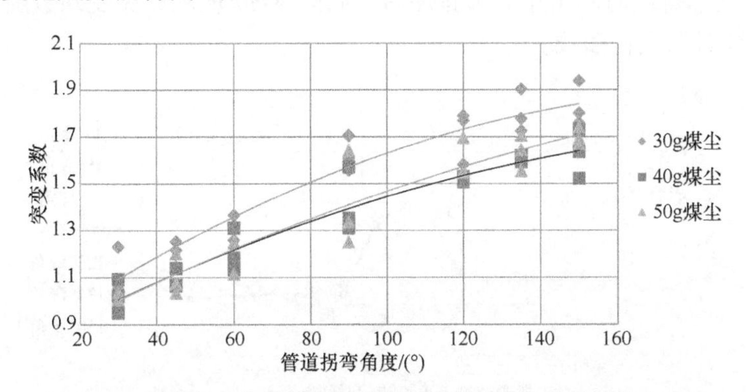

图 4-29　火焰波速度突变系数随管道拐弯角度变化趋势拟合曲线

由图 4-29 可以得出以下结论。

(1) 随着管道拐弯角度的增加，火焰波速度突变系数 λ_1 不断变大。这主要与火焰传播时的湍流效应密切相关。火焰波经过管道拐弯时，主流区气流及携带的未燃煤尘颗粒被管道壁面反弹，并且被诱导产生涡旋，这一方面会促使煤尘云的均匀扩散，另一方面造成火焰阵面褶皱，与空气中氧气的有效反应面积增大，这些都会加快煤尘燃烧速度，推进火焰波前进。随着管道拐弯角度的增加，这种湍流效应被加强，火焰波传播速度进一步加快，因此突变系数不断变大。

(2) 对于不同管道拐弯角度，30g 煤尘爆炸对应的突变系数 λ_1 值普遍比 40g、50g 煤尘爆炸对应的突变系数 λ_1 值大，而 40g、50g 对应的突变系数 λ_1 值差别不大。根据前述分析知道，火焰波初始速度的大小对突变系数的影响并不大，所以此处造成突变系数 λ_1 值的差别应当另有原因。通过进一步对比分析试验条件发现，30g 煤尘爆炸管道拐弯处位于同等条件下直线管道火焰波达到最大速度位置前，而 40g、50g 煤尘爆炸管道拐弯处则位于同等条件下直线管道火焰波达到最大速度位置后。这说明煤尘爆炸火焰波在达到最大速度之前遇到管道拐弯时突变系数 λ_1 值要比之后遇到管道拐弯时突变系数 λ_1 值大。

这主要与火焰波经过管道拐弯时的湍流效应和未燃煤尘比例有关。湍流效应发挥作用的关键在于使煤尘粒子扩散更加均匀，煤尘颗粒和氧气接触更加充分。而火焰波到达最大速度之后有效的煤尘颗粒已燃烧殆尽，相比之下，火焰波到达最大速度之前有更多的未燃煤尘，湍流效应的效果会更加明显，因此 30g 煤尘的火焰波速度突变系数 λ_1 值更大一些。

2. 火焰波速度与火焰持续时间的关系

定义：火焰持续时间突变系数 λ_2=测点 4 火焰持续时间/测点 3 火焰持续时间。

将试验所得表 4-13、表 4-14 中管道拐弯情况下火焰在各测点持续时间数据按测点 3 火焰持续时间由小到大排序后绘制图 4-30 所示的突变系数随拐弯前测点火焰持续时间变化曲线。

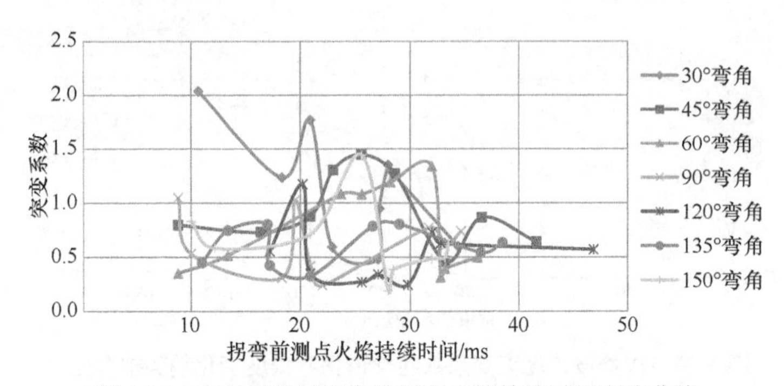

图 4-30　突变系数随拐弯前测点火焰持续时间变化曲线

由图中可以得出，随着拐弯前测点火焰持续时间的变大，突变系数 λ_2 没有明显的变大或变小的趋势，而是在较大范围内波动，最大值达到 2.04，最小值为 0.19，这说明火焰持续时间在拐弯前后情况十分复杂，这与火焰波在前进过程中携带的煤尘云在拐弯后受湍流效应的影响产生了复杂的运动分布状态和燃烧过程紧密相关。λ_2 主体位于 0.2～1.5 之间，且多数小于 1.0，这说明经过拐弯后，火焰持续时间多数开始减少，这可能是由于在拐弯处受湍流作用的影响，使剩余煤尘燃烧速度加快。煤尘云的燃烧速度加快，会使火焰在此处的燃烧持续时间减少，周边气体膨胀速度加快，进而使火焰波前进速度加快，这与前述试验结论是一致的。

将相同管道拐弯角度下同一煤尘组的三次试验数据求平均值，得到表 4-17，并绘成图 4-31。将图 4-31 中的数据点按多项式曲线拟合，得到图 4-32 所示的突变系数随管道拐弯角度变化趋势拟合曲线。

表 4-17　火焰持续时间突变系数 λ_2 均值随管道拐弯角度变化值表

爆炸煤尘量	拐弯角度/(°)						
	30	45	60	90	120	135	150
30g 煤尘爆炸	1.24	0.99	0.97	0.69	0.58	0.60	0.82
40g 煤尘爆炸	1.27	0.94	0.58	0.69	0.45	0.64	0.50
50g 煤尘爆炸	0.93	0.87	0.70	0.51	0.59	0.59	0.60

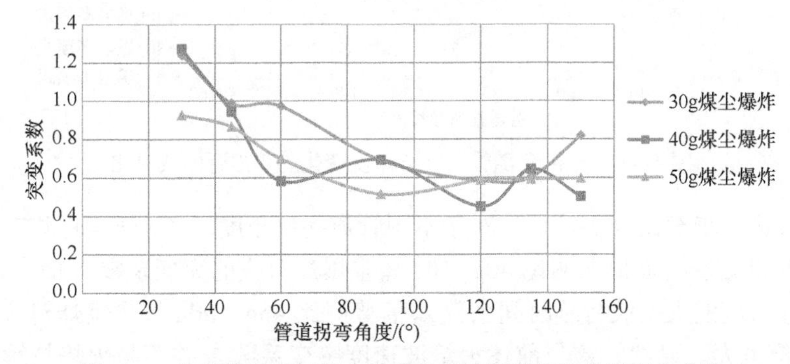

图 4-31　火焰持续时间突变系数均值随管道拐弯角度变化曲线

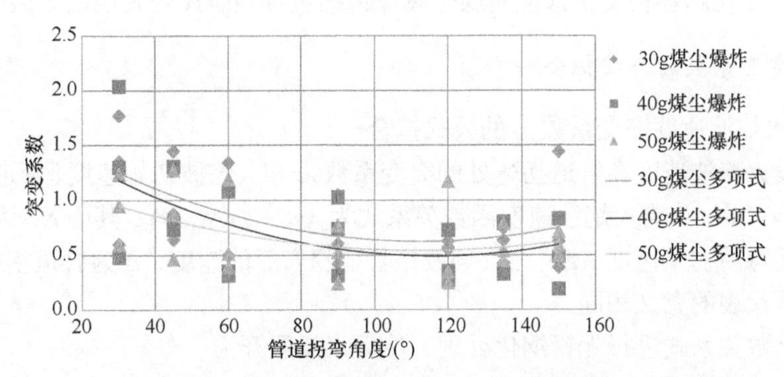

图 4-32　火焰持续时间突变系数随管道拐弯角度变化趋势拟合曲线

由图 4-31、图 4-32 可以得出，随管道拐弯角度的增加，火焰持续时间突变系数 λ_2 整体有不断变小的趋势。当管道拐弯角度 $\sigma<90°$ 时，突变系数变小的趋势

较为明显，拟合曲线在 0.5～1.3 间变化；当管道拐弯角度σ>90°时，突变系数不断变小的趋势不明显，拟合曲线基本在 0.5～0.7 之间波动。

3. 火焰波速度变化与火焰持续时间变化的关系

由图 4-33 可以得出，随着管道拐弯角度的增加，火焰波速度突变系数λ_1不断增大，而火焰持续时间突变系数λ_2不断减小，两者变化趋势恰好相反。拐弯角度 90°前后，火焰持续时间突变系数λ_2变化由急到缓，而火焰波速度突变系数λ_1则在拐弯角度 90°前后变化相对均匀。

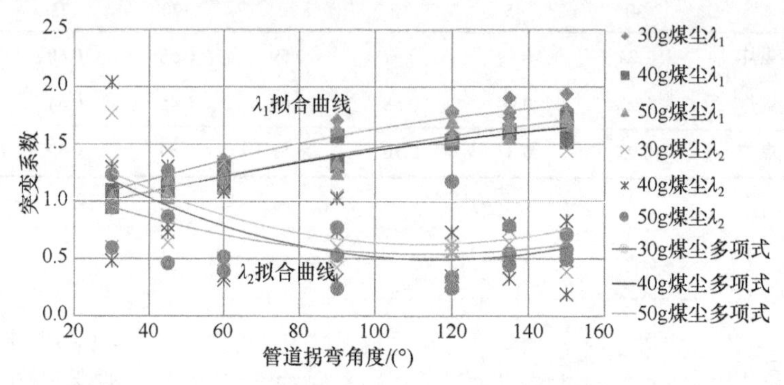

图 4-33 λ_1和λ_2随管道拐弯角度变化趋势拟合曲线对比

通过进一步对比分析发现，对于不同管道拐弯角度，30g 煤尘爆炸对应的火焰波速度突变系数λ_1值普遍比 40g、50g 煤尘爆炸对应的突变系数λ_1值大，而 30g 煤尘爆炸对应的火焰波持续时间系数λ_2值普遍比 40g、50g 煤尘爆炸对应的突变系数λ_2值也大。显然，这与前述火焰波速度突变系数λ_1并不与火焰持续时间突变系数λ_2变化趋势相反，这说明煤尘爆炸传播过程同时还受其他诸多因素影响。

4. 突变系数的公式拟合

1) 火焰波速度突变系数λ_1的公式拟合

假设火焰波速度在管道拐弯处的突变系数λ_1和火焰波初始速度、管道拐弯角度的大小有关，认为火焰波速度函数关系式为$\Delta v_2 = f(\Delta v_1, \sigma)$，其中$\Delta v_1$为火焰波在管道拐弯前初始速度，$\Delta v_2$为火焰波在管道拐弯后的速度，$\sigma$为管道拐弯角度，以下符号代表的意义相同。

对函数关系式进行无量纲化处理，然后泰勒展开为

$$\frac{\Delta v_2}{\Delta v_1} = a + b\frac{\Delta v_1}{v_0}\sin\sigma + c\left(\frac{\Delta v_1}{v_0}\sin\sigma\right)^2 + d\left(\frac{\Delta v_1}{v_0}\sin\sigma\right)^3 \tag{4-5}$$

式中，v_0 为当地声速；a、b、c、d 为待定系数，由试验数据利用最小二乘法求得。$\Delta v_2/\Delta v_1$ 就是火焰波在管道拐弯处的速度突变系数 λ_1。此式适用于管道拐角小于 90°的情况，火焰波速度突变系数 λ_1 随着火焰波在管道拐弯前初始速度 Δv_1 的变化而波动，随着管道拐弯角度 σ 的增大而增大。

当管道拐弯角度大于 90°时，火焰波速度突变系数变化公式处理为

$$\lambda_1 = a + b\frac{\Delta v_1}{v_0}\cos(\pi-\sigma) + c\left[\frac{\Delta v_1}{v_0}\cos(\pi-\sigma)\right]^2 + d\left[\frac{\Delta v_1}{v_0}\cos(\pi-\sigma)\right]^3 \tag{4-6}$$

式中，a、b、c、d 为待定系数，由试验数据利用最小二乘法求得。此式适用于管道拐角大于 90°的情况，火焰波速度突变系数 λ_1 随着火焰波在管道拐弯前初始速度 Δv_1 的变化而波动，随着管道拐弯角度 σ 的增大而增大。

基于火焰波速度在管道拐弯处的变化规律数据，拟合公式为

$$\lambda_1 = -1.38 - 0.29\frac{\Delta v_1}{v_0}\sin\sigma - 0.32\left(\frac{\Delta v_1}{v_0}\sin\sigma\right)^2 + 0.24\left(\frac{\Delta v_1}{v_0}\sin\sigma\right)^3 \tag{4-7}$$

$$\lambda_1 = -2.3 + 1.37\frac{\Delta v_1}{v_0}\cos(\pi-\sigma) + 3.88\left[\frac{\Delta v_1}{v_0}\cos(\pi-\sigma)\right]^2 + 0.22\left[\frac{\Delta v_1}{v_0}\cos(\pi-\sigma)\right]^3 \tag{4-8}$$

式(4-7)用于管道拐弯小于 90°的情况，式(4-8)适用于管道拐弯大于 90°的情况。

2) 火焰持续时间突变系数 λ_2 的公式拟合

假设在管道拐弯处的火焰持续时间突变系数 λ_2 和拐弯前火焰持续时间、管道拐弯角度的大小有关，认为火焰持续时间为 $\Delta t_2 = f(\Delta t_1,\sigma)$，其中 Δt_1 为在管道拐弯前火焰持续时间，Δt_2 为在管道拐弯后的火焰持续时间，σ 为管道拐弯角度，以下符号代表的意义相同。

对函数关系式进行无量纲化处理，然后泰勒展开为

$$\frac{\Delta t_2}{\Delta t_1} = a + b\frac{\Delta t_1}{t_0}\cos\sigma + c\left(\frac{\Delta t_1}{t_0}\cos\sigma\right)^2 + d\left(\frac{\Delta t_1}{t_0}\cos\sigma\right)^3 \tag{4-9}$$

式中，$t_0 = \max(\Delta t_1)$；a、b、c、d 为待定系数，由试验数据利用最小二乘法求得。$\Delta t_2/\Delta t_1$ 就是在管道拐弯处火焰持续时间的突变系数 λ_2。此式适用于管道拐角小于 90°的情况，火焰持续时间突变系数 λ_2 随着在管道拐弯前火焰持续时间 Δt_1 的变化而波动，随着管道拐弯角度 σ 的增大而减小。

当管道拐弯角度大于 90°时，火焰持续时间突变系数变化公式处理为

$$\lambda_2 = a + b\frac{\Delta t_1}{t_0}\sin(\pi-\sigma) + c\left[\frac{\Delta t_1}{t_0}\sin(\pi-\sigma)\right]^2 + d\left[\frac{\Delta t_1}{t_0}\sin(\pi-\sigma)\right]^3 \tag{4-10}$$

式中，a、b、c、d 为待定系数，由试验数据利用最小二乘法求得。$\Delta t_2 / \Delta t_1$ 就是在管道拐弯处火焰持续时间的突变系数 λ_2。此式适用于管道拐角大于 90°的情况，火焰持续时间突变系数 λ_2 随着在管道拐弯前火焰持续时间 Δt_1 的变化而波动，随着管道拐弯角度 σ 的增大而减小。

基于火焰持续时间在管道拐弯处的变化规律数据，拟合公式为

$$\lambda_2 = 1.22 + 0.59\frac{\Delta t_1}{t_0}\cos\sigma + 0.42\left(\frac{\Delta t_1}{t_0}\cos\sigma\right)^2 - 0.18\left(\frac{\Delta t_1}{t_0}\cos\sigma\right)^3 \tag{4-11}$$

$$\lambda_2 = 1.73 - 1.62\frac{\Delta t_1}{t_0}\sin(\pi-\sigma) + 3.96\left[\frac{\Delta t_1}{t_0}\sin(\pi-\sigma)\right]^2 - 2.1\left[\frac{\Delta t_1}{t_0}\sin(\pi-\sigma)\right]^3 \tag{4-12}$$

式(4-11)适用于管道拐弯小于 90°的情况，式(4-12)适用于管道拐弯大于 90°的情况。

4.3 瓦斯煤尘耦合爆炸火焰传播规律试验研究

本节主要通过试验对瓦斯煤尘耦合爆炸的火焰传播规律进行研究，根据试验内容搭建试验平台，确定试验方案，分析瓦斯、煤尘浓度及煤尘粒径对火焰传播速度和火焰锋面距离的影响机制。

4.3.1 试验系统

本试验所用的试验系统如图 4-34 所示，主要由爆炸腔体、传播管道、配气系统、扬尘系统、点火系统、测试与数据采集系统、高速摄像图像采集系统等组成。通过该试验系统，可以进行试验，测试瓦斯煤尘耦合爆炸的压力变化规律与火焰传播规律。

1. 试验管道和扬尘系统

本试验所用管道为方形管道，其中试验爆炸腔为 120mm×120mm×500mm 的透明有机玻璃管道，传播管道为 120mm×120mm×1000mm 的透明有机玻璃管道，耐压强度为 2MPa。爆炸腔体末端选用 PVC 薄膜进行密封，并用橡胶垫将密封后的爆炸腔与传播管道紧密连接在一起。管壁上有点火器、热电偶和进气口。压力传感器和排气口安装在管道底部，如图 4-35 所示。

扬尘系统位于爆炸腔的底部，如图 4-36 所示，由高压储气装置、压力表、锥形喷嘴、碗状储粉器和管路组成。试验之前将筛分好的煤粉均匀铺洒在储粉碗底部，然后上紧法兰螺丝，将 PVC 泄爆膜密封在爆炸腔末端，测试管道气密性。

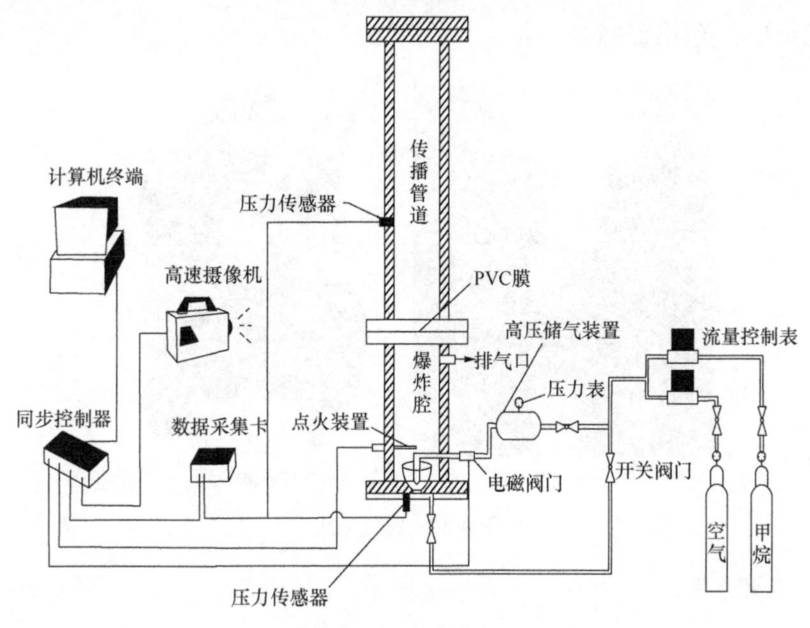

图 4-34　试验装置

试验时通过电磁阀启闭高压预混气瓶，预混气体把储粉器煤粉吹起，均匀地分散在爆炸腔中。

图 4-35　试验管道

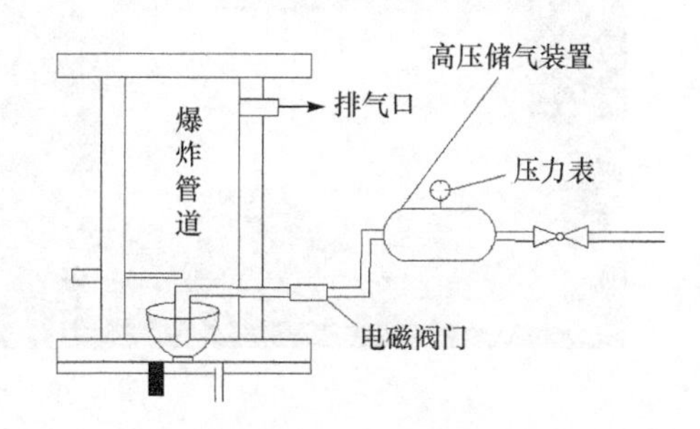

图 4-36　扬尘系统

2. 配气系统

配气系统如图 4-37 所示，由瓦斯气瓶、空气压缩机、质量流量控制器组成。试验中采用排气法，从管道左端通入 4 倍管道容器体积的预配气体。具体配气的方法是：通过质量流量控制器控制瓦斯和空气流量，配制甲烷/空气预混气，充气时间控制在 6min 左右，以便排尽管道内的空气，保证腔体内为所需预混气。预配气结束后，关闭通气阀。

气瓶　　空气压缩机

图 4-37　配气系统

3. 点火系统

本试验采用的点火器是由西安顺泰热工机电设备有限公司生产的 HEI19 型高频脉冲点火器，由点火控制器和高热能点火器组成，如图 4-38 所示。输出电压为 6kV，点火能量为 2.5J。点火电极距离爆炸腔道底部 75mm，左右各一个，点火电极端间距 5mm。

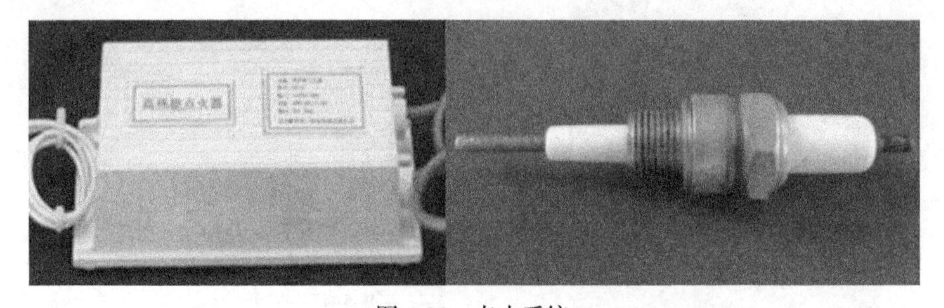

图 4-38　点火系统

4. 数据采集系统

压力数据采集系统如图 4-39 所示，由 MD-HF 高频动态压力传感器、USB-1608FS 数据采集卡和同步控制器组成；在爆炸腔体和传播管中部各安装一个压力传感器，通过压力采集系统可以得到两处的爆炸压力数据，通过数据可分析该位置最大爆炸压力和最大压力上升速率。

高速摄像图像采集系统如图 4-40 所示，由是 High Speed Star 4G 高速摄像机、图像控制器和高速计算机组成，高速摄像机的拍摄速度可以达到 2000fps；通过拍摄爆炸火焰前锋位置可以计算出火焰到达管道顶管的时间和火焰传播速度等。

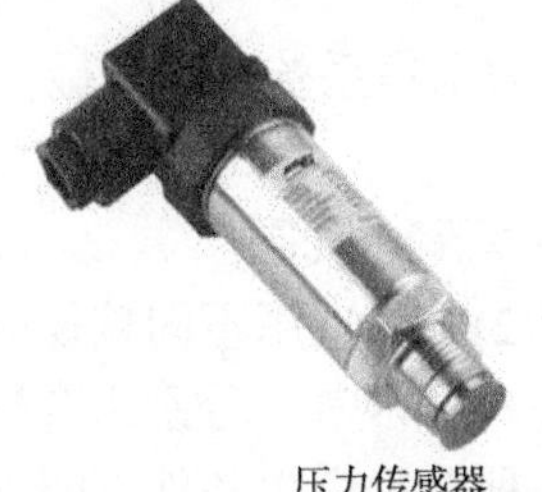

压力传感器

数据采集卡

图 4-39　压力数据采集系统

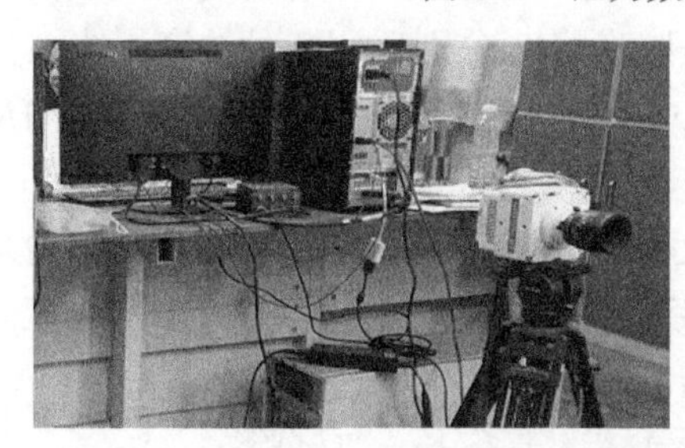

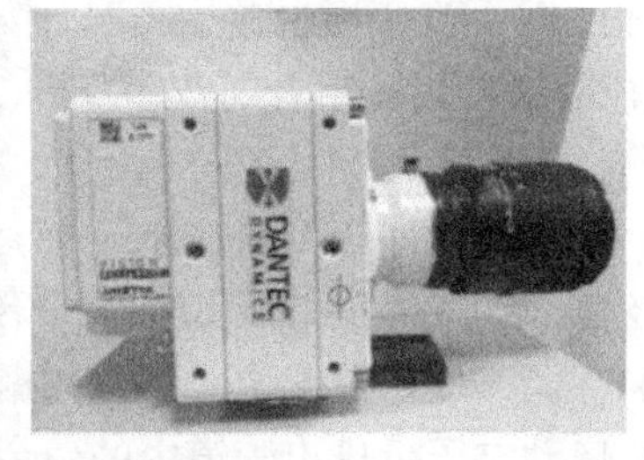

图 4-40　高速摄像图像采集系统

4.3.2　试验方案

本试验中瓦斯通过配比制备出浓度为 7%、9%、11%、13%的瓦斯，煤尘选用河南省义马煤业集团股份有限公司耿村煤矿烟煤(煤样工业分析如表 4-18 所示)，煤样经过机械破碎，用标准筛进行筛分，制备了中位径为 150μm、106μm、75μm、45μm 的 4 种粒径梯度的煤样，试验前煤尘放在 60℃电烤箱中烘干 24h 以上。根据爆炸腔的体积，每种粒径分别配制 25g/m^3、50g/m^3、100g/m^3、200g/m^3 四种质量浓度煤样。

表 4-18　煤样工业分析

煤尘	A_{ad}	M_{ad}	V_{ad}	F_{cad}
百分比/%	10.02	1.04	20.78	68.16

(1) 改变瓦斯浓度。分析不同浓度瓦斯与不同粒径的煤尘耦合爆炸的影响。

(2) 改变煤尘质量浓度。分析不同质量浓度煤尘与浓度为 9%瓦斯耦合爆炸的影响。

(3) 改变煤尘粒径。分析不同粒径的煤尘与浓度为 9%瓦斯耦合爆炸的影响。

4.3.3 试验步骤

(1) 连接预混气瓶、压力表、点火器、压力采集系统、高速摄像等系统。

(2) 加装称量好的煤粉和 PVC 泄爆膜。

(3) 配制所需要的瓦斯/空气预混气，然后关闭通气阀。

(4) 对于改变瓦斯浓度的工况，按照步骤(2)分别选用不同粒径的煤尘，按照步骤 (3)的配气方法配制好不同浓度的瓦斯/空气预混气，分别组合进行试验。对于改变煤尘浓度工况，按照步骤(2)分别选用 4 种粒径煤尘条件下的不同浓度的煤尘相互组合与按照步骤(3)的配气方法配制好的浓度为 9%的瓦斯空气预混气分别进行试验。对于改变煤尘粒径工况，按照步骤(2)分别选用 4 种浓度煤尘条件下的不同粒径的煤尘相互组合与按照步骤(3)的配气方法配制好的浓度为 9%的瓦斯空气预混气分别进行试验。

(5) 将预混气加压到 0.3MPa，然后按下同步控制器的启动按钮，喷粉与点火之间的延迟时间为 500ms，继而光电传感器触发高速摄像与数据采集系统。

(6) 存储火焰拍摄图像、压力数据。

(7) 启动空压机排出管道内的残余气体，准备下一次试验。

(8) 对每个试验工况进行 3～5 次试验。

4.3.4 瓦斯煤尘耦合爆炸火焰传播过程

对于瓦斯煤尘耦合爆炸产生的复合火焰来说，由于煤尘的存在，反应过程更加复杂。在反应的初始阶段，最先发生燃烧的是瓦斯气体，随着瓦斯反应的进行，爆炸管道内温度和反应速率都大大增加，煤尘粒子吸收能量使粒子表面温度迅速升高，进而析出大量的挥发分，管道内的温度上升到一定程度时，析出的挥发分开始参与反应。由于煤尘粒子反应时放出的能量较高且燃烧持续的时间较长，所以耦合爆炸火焰在整个管道中存在，这和瓦斯的爆炸火焰有一定的区别，瓦斯爆炸的火焰热量是在火焰面处释放，而煤尘爆炸火焰的火焰面只会释放部分热量，其余的热量在远离火焰面的地方释放。瓦斯煤尘耦合爆炸时，瓦斯的参与并不能改变煤尘的这种燃烧特性。对于瓦斯煤尘耦合爆炸产生的火焰来说，反应过程受瓦斯和煤尘两者特性共同决定，因而火焰的传播特性及火焰的形态也受到两者的共同制约。

本试验由高速摄像机拍摄获得了火焰在管道中传播的图片，图 4-41 所示为不同煤尘浓度下瓦斯煤尘耦合爆炸火焰的传播状态图，选用的是瓦斯浓度为 9%条件下的瓦斯煤尘耦合爆炸火焰传播图像。其中图 4-41(a)～(d)分别对应的煤尘浓度为 25g/m^3、50g/m^3、100g/m^3、200g/m^3。

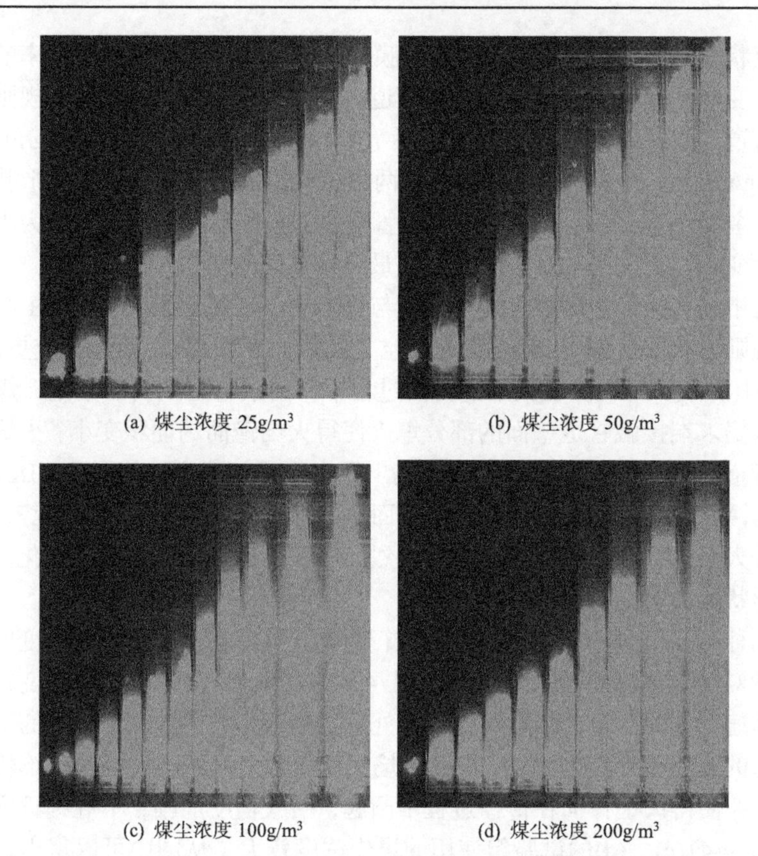

(a) 煤尘浓度 25g/m³　(b) 煤尘浓度 50g/m³

(c) 煤尘浓度 100g/m³　(d) 煤尘浓度 200g/m³

图 4-41　不同煤尘浓度下瓦斯爆炸火焰传播状态图

高速摄像机拍摄的图片表明，火焰在传播过程中，管道内发出明亮的光芒，当瓦斯浓度及其他环境条件相同时，煤尘浓度的变化对瓦斯煤尘耦合爆炸的火焰形状有很大的影响，煤尘浓度不同的试验组，火焰的亮度和火焰锋面形状的发展趋势也略有不同。

由图 4-41 中爆炸火焰的变化过程可得出：在反应初始阶段，火焰以点火源为中心不断向周围扩张。由于初始火焰体积较小，未接触管道壁面，扩张过程中无空间的限制，火焰燃烧阵面的扩展形状不尽相同，没有明显的规律性，由于试验时爆炸管道上方以 PVC 膜为边界条件，初始火焰传播过程中受湍流机制的影响作用较小，火焰向上端扩张的趋势并不强烈，随着火焰接触管道壁面逐渐向爆炸管道上端传播，火焰锋面扩张区域越来越大。

分析不同试验组的火焰传播过程中的形状变化，图 4-41(a)、(b)分别为瓦斯浓度 9%，煤尘浓度 25g/m³ 和 50g/m³ 试验组的火焰传播图像。从图中可以得出，耦合爆炸火焰形状经历了两种形状变化，在爆炸前期(爆炸管道内)，火焰从半球形以层流状态向前传播，穿过 PVC 薄膜进入传播管道后随着反应速率的增加，火焰最终变为不规则的形状紧贴传播管道右侧壁面传播，并一直以不规则的形状传播到管道末端。图 4-41(c)、(d)分别为瓦斯浓度 9%，煤尘浓度 100g/m^3 和煤尘浓度 200g/m^3 试验组的火焰传播图像，两组试验组的火焰传播过程中形状变化情况类似，主要发生了三次变化，由爆炸管道内的半球形，到破膜后变为不规则形状，之后变为较为规则的平面形状，并最终以平面的形状传出管道。

管道中的瓦斯煤尘爆炸火焰的形状与煤尘的浓度密切相关。火焰由半球形过渡到不规则形状的过程中，火焰锋面与空气的接触面积增加，因此反应更加剧烈，如图 4-41(a)、(b)所示。在火焰的传播过程中，由于管道空间的限制，煤尘的抑制以及火焰末端接触管道壁面的部分熄灭使得火焰锋面的面积变小，火焰裙边不断接触管道壁面使管道壁面附近的火焰出现小型局部湍流，如图 4-41(c)、(d)所示，火焰锋面形状由不规则形状变为平面形，有形成郁金香火焰的趋势，但在出现郁金香火焰前，传播管道内发生了剧烈反应，干扰了火焰形状的变化，最终以平面的形状传出管道。

对四种不同工况的火焰传播图像进行对比，可以发现瓦斯浓度不变时，改变煤尘浓度对反应强度有较大的影响。图 4-41(a)、(b)的试验组煤尘浓度较小，反应较为迅速彻底，由于火焰与壁面接触处发生局部小型的湍流，湍流的加剧使得靠近管壁的火焰传播速度加快，同时火焰锋面向未燃区域凸起处的火焰传播速度不断增大，使得火焰锋面在传播过程中凸起，褶皱程度加剧，不规则程度越来越明显。图 4-41(c)、(d)的试验组使用的煤尘浓度较大，从图中可以得出，在爆炸管道内反应较弱，火焰的形状较为规则，放出的光亮较弱，当火焰即将传出传播管道时发生了剧烈反应，放出刺眼的光芒，说明煤尘的剧烈反应没有发生在爆炸管道内，而是在传播管道中。造成这种现象的原因是爆炸初期以气相燃烧为主，在贫燃范围内，反应放出的热量较少，煤尘浓度过高会对反应产生抑制；随着反应的进行，管道内温度升高，气体开始膨胀，产生压缩波，迫使没有被点燃的混合物随着火焰前端的压缩气体共同运动，火焰传出爆炸管道进入传播管道时，大量的氧气参与反应，放出大量的光和热，更多的煤尘粒子不断吸收热量参与反应，使燃烧反应加剧。

4.3.5 瓦斯浓度对火焰锋面距离的影响

在试验系统中 7%、9%、11%、13%四种不同浓度的瓦斯与煤尘耦合爆炸试验，图 4-42 是四种不同浓度的瓦斯与煤尘耦合的火焰锋面随时间变化曲线。

在火焰锋面到达管道顶端过程中，火焰锋面位移一直增大，运用 Origin 软件中 ExpGrol 函数进行指数拟合，拟合度较高，说明曲线呈现出指数增长的变化趋势。瓦斯浓度对耦合爆炸的火焰锋面位移有很大影响。

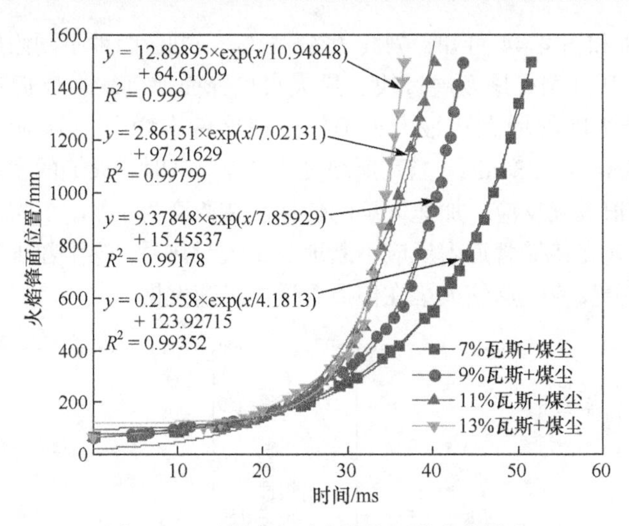

图 4-42　瓦斯浓度对火焰锋面距离的影响

由图 4-42 可得出，火焰锋面到达管道顶端的时间随着瓦斯浓度的增大一直减小，所用时间分别为 51.5ms、43.4ms、40.2ms、36.7ms。这说明在点火后瓦斯浓度为 13%时，整体火焰速度最快；瓦斯浓度为 7%时，整体火焰速度最慢。

这主要是由于耦合爆炸的火焰传播是瓦斯与煤尘共同存在的结果，具有协同爆炸的特征，在电极点火后，管道内首先发生瓦斯的气相燃烧，释放的热量致使少量煤尘粒子热解，混合气相燃烧及焦炭颗粒燃烧，形成极为复杂的链式反应，火焰开始在爆炸腔中缓慢传播；在火焰冲破 PVC 后，由于燃烧产物的膨胀，颗粒向上运动，加热膨胀气体的存在，不完全燃烧煤尘颗粒被推到火焰前面，热解速率加快，火焰迅速传播，造成位移呈现出指数增长的趋势；由于顶端开口，传播管道内没有氧气的限制，由于 11%、13%的瓦斯与 7%、9%相比处于富燃料状态，在传播管道内瓦斯迅速反应，加快火焰的传播，所以 13%瓦斯参与的耦合爆炸火焰最先到达管道顶端。

4.3.6　瓦斯浓度对火焰锋面速度的影响

由图 4-43 可知 7%、9%、11%、13%四种不同浓度的瓦斯与煤尘耦合爆炸火焰锋面速度随时间变化规律，各工况火焰锋面速度都有先上升后短暂下降又快速上升的规律。这是因为在爆炸腔内，瓦斯与煤尘粒子燃烧，煤尘粒子在火焰的前段进行反应，导致耦合爆炸火焰锋面速度逐渐增大，在火焰穿出爆炸腔时，PVC 薄膜完全破裂，火焰传播时，传播管道底端煤尘粒子没有足够的时间被加热和热解，部分热量被冷粒子吸收，火焰传播速度降低，导致火焰速度出现短暂的下降。

由图 4-43 和图 4-44 可知，7%、9%、11%、13% 四种不同浓度的瓦斯与煤尘耦合爆炸在开口端火焰发展过快，最大火焰锋面速度均在靠近管道顶端处测得。随着瓦斯浓度的增大，最大火焰锋面速度一直增大，分别为 143.5m/s、203.3m/s、214.4m/s、280m/s。当瓦斯浓度为 7%、9%时，火焰的发展带动未反应煤尘在传播管道继续反应，加速火焰的传播。在浓度为 11%、13%时，在爆炸腔内未燃烧的瓦斯在传播管道内反应不断地放出大量热量，煤尘粒子吸收瓦斯反应转化的热量充分反应，这使火焰在传播管道内迅速发展。

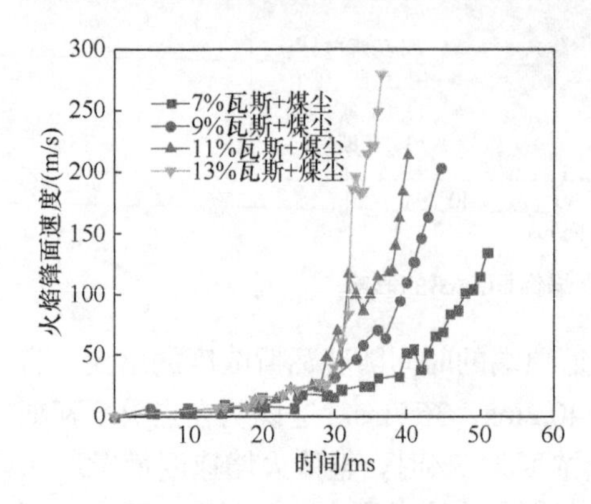

图 4-43 瓦斯浓度对火焰锋面速度的影响

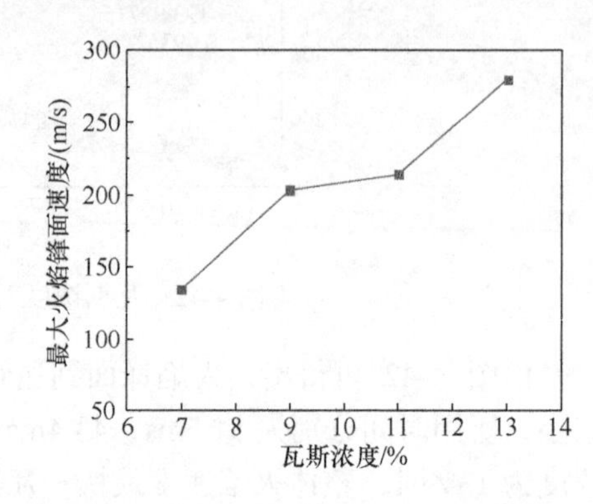

图 4-44 瓦斯浓度对最大火焰锋面速度的影响

通过观察火焰亮度可以判断耦合爆炸的剧烈程度。不同浓度的瓦斯与煤尘耦合爆炸在传播管道底部发出更亮的光，说明耦合爆炸在传播管道底部继续反应，且剧烈程度逐渐增大，也说明了随瓦斯浓度的增大，最大火焰锋面速度一直增大。

4.3.7 煤尘浓度对火焰锋面距离的影响

在试验系统中分别在四种煤尘粒径条件下进行质量浓度为 25g/m^3、50g/m^3、100g/m^3、200g/m^3 煤尘与浓度为 9%的瓦斯进行耦合爆炸试验，图 4-45 是四种煤尘粒径条件下管道内耦合爆炸的火焰锋面随时间变化曲线。在火焰锋面到达管道顶端过程中，火焰锋面位移一直增大，以图 4-45(a)为例，运用 Origin 软件对试验数据绘制散点图，用 ExpGrol 函数进行指数拟合，拟合度较高，说明曲线呈现出指数增长的变化趋势，煤尘浓度对火焰锋面的位移有很大影响。这是由于在火焰发展的过程中，瓦斯煤尘耦合爆炸的火焰锋面位移主要由气相燃烧和煤尘燃烧结合共同促进发展，在系统点火以后，首先瓦斯气相燃烧释放热量，随着煤尘粒子吸热后的挥发、着火和随后的表面反应，火焰会逐渐发展。火焰沿垂直管道向上传播，在管道内部，火焰向四周传播，当火焰到达管壁，由于管道的约束效应，火焰只有沿着燃烧管传播，燃烧产物的膨胀使得火焰传播加快。

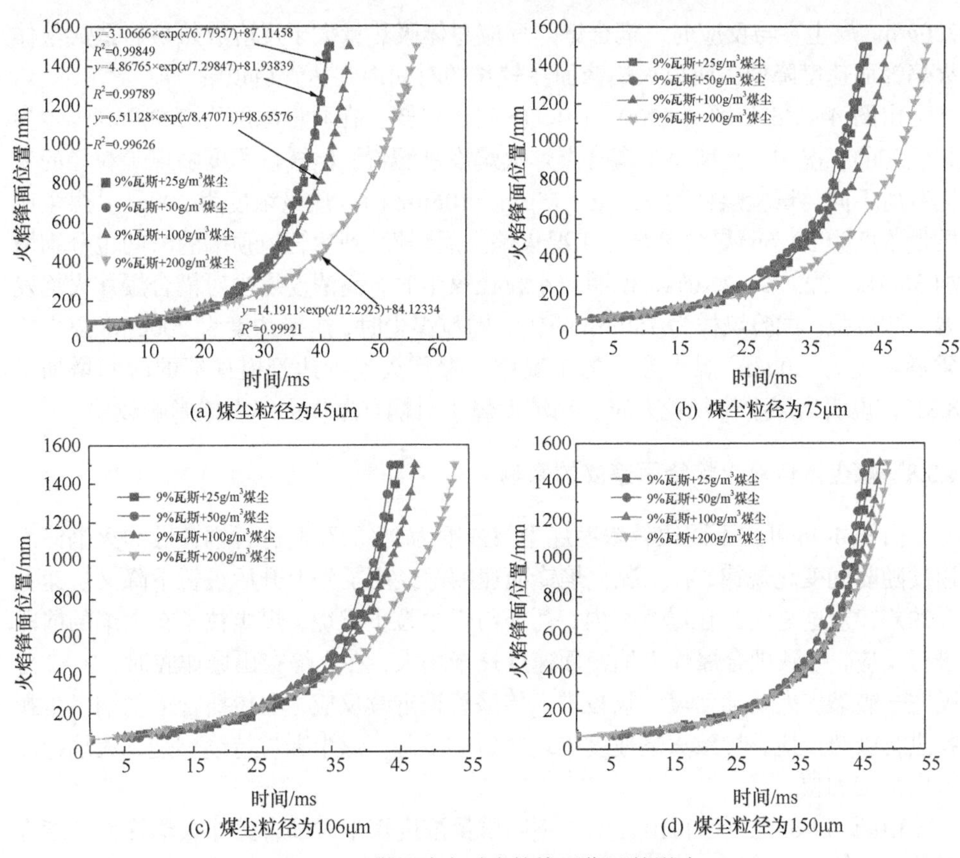

(a) 煤尘粒径为45μm　(b) 煤尘粒径为75μm

(c) 煤尘粒径为106μm　(d) 煤尘粒径为150μm

图 4-45　煤尘浓度对火焰锋面位置的影响

在煤尘粒径不改变时，管道内不同质量浓度煤尘对耦合爆炸的火焰锋面位移有很大影响。由图 4-45 可得出，随着煤尘浓度的增大，火焰锋面到达管道顶端的时间先减小后增大，均在质量浓度为 50g/m³ 煤尘参与时，火焰锋面最先到达管道顶端，所用时间分别为 41.25ms、42.7ms、43.57ms、45.5ms，这说明质量浓度为 50g/m³ 的煤尘在点火后整体火焰速度最快；质量浓度为 200g/m³ 的煤尘在点火后整体火焰速度最慢，分别在 56.5ms、52.5ms、53ms、49.5ms 时，耦合爆炸的火焰锋面到达管道顶端。这是由于煤尘浓度较低时，系统内总的燃料贫乏，所有的氧气都消耗在反应前沿附近，多余的挥发物被输送到下游的反应产物中，煤尘大都消耗在靠近反应前沿的地方，促进火焰的发展。随着粉尘浓度的增加，更多的挥发物出现在火焰前端，这些挥发物反应迅速，瓦斯、煤尘与氧气的反应更加完全，在 50g/m³ 煤尘参与时，整个系统内放热与吸热反应达到相对平衡，整体火焰速度较大，火焰锋面在较短时间内到达管道顶端。随着煤尘浓度持续增大，气相反应提供的能量不能满足粒子的热损失和过量的挥发物吸收热量反应，在

200g/m³ 煤尘参与反应时，耦合爆炸反应总体吸热量大于反应放热量，造成整体火焰锋面速度降低，所以火焰锋面在较长的时间内到达管道顶端。

由图 4-45(d)与图 4-45(a)、(b)、(c)对比可知，在质量浓度为 200g/m³ 煤尘参与反应的工况中，瓦斯煤尘耦合爆炸火焰发展缓慢，但缓慢程度随煤尘粒径的变化有所不同。试验煤样为 45μm、75μm、106μm 时，质量浓度为 200g/m³ 煤尘比质量浓度为 50g/m³ 煤尘参与的工况火焰发展缓慢，到达管道顶端的时间也分别增加 36.9%、22.7%、21.6%，说明较小粒径煤尘时，高浓度煤尘对耦合爆炸火焰发展影响较强。试验煤样为 150μm 的较大颗粒煤尘时，质量浓度为 200g/m³ 煤尘比质量浓度为 50g/m³ 煤尘参与的工况耦合爆炸火焰到达管道顶端的时间增加了 8.8%，说明当煤尘粒径较大时，高浓度煤尘对耦合爆炸火焰发展影响较弱。

4.3.8 煤尘浓度对火焰锋面速度的影响

由图 4-46 可知不同质量浓度煤尘与浓度为 9%的瓦斯进行耦合爆炸火焰锋面速度随时间变化规律，各工况火焰锋面速度都经历了先上升后短暂下降又快速上升的规律。这是因为在爆炸腔内，瓦斯与煤尘粒子燃烧，煤尘粒子在火焰的前段进行反应，导致耦合爆炸火焰锋面速度逐渐增大，在火焰穿出爆炸腔时，PVC 薄膜完全破裂，火焰推动煤尘颗粒进入传播管道继续反应，在传播管道初期煤尘颗粒进行吸热反应，导致火焰速度出现短暂的下降。煤尘颗粒持续燃烧，火焰锋面速度继续加快。

由图 4-46 也可以得出，四种不同质量浓度煤尘对耦合爆炸火焰锋面速度有显著的影响。这是因为在半封闭的管道内，火焰在冲出 PVC 薄膜后，煤尘粒子继续反应从而继续促进火焰发展，所以耦合爆炸的最大火焰锋面速度均出现在管道顶端。

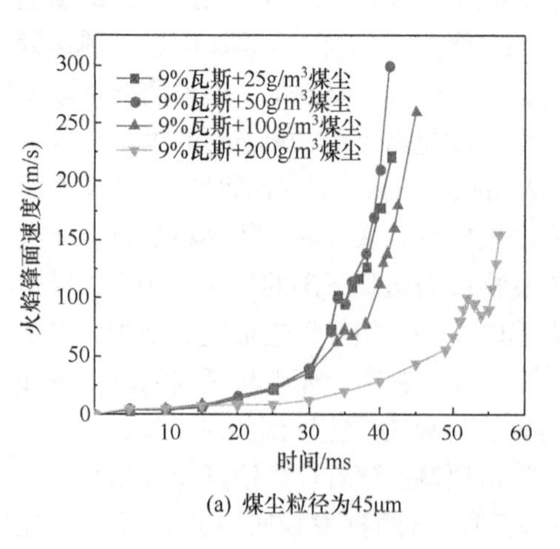

(a) 煤尘粒径为45μm

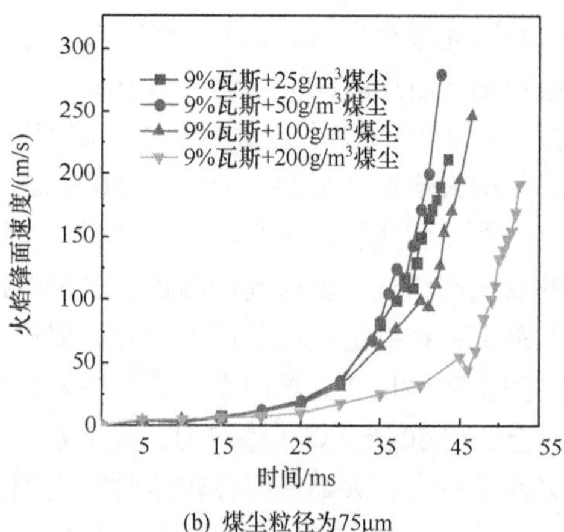

(b) 煤尘粒径为75μm

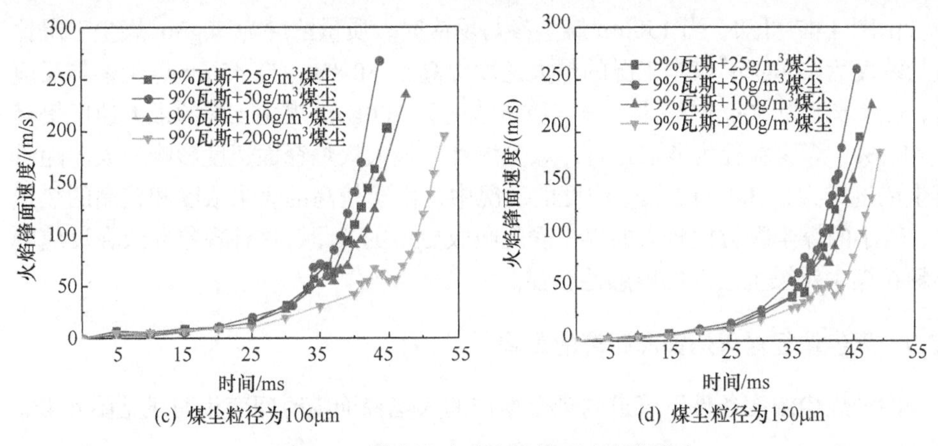

(c) 煤尘粒径为106μm　(d) 煤尘粒径为150μm

图 4-46　煤尘浓度对火焰锋面速度的影响

由图 4-46 可知，随着煤尘浓度的增大，最大火焰锋面速度先增大后减小，最大火焰锋面速度的峰值，均在质量浓度为 50g/m^3 时，分别为 300m/s、280m/s、269m/s、260m/s。这是因为在火焰锋面速度增大的阶段，低浓度煤尘参与反应时，煤尘挥发物在火焰的前锋与氧气反应，多余的挥发物被输送到下游的反应产物中，煤尘表面反应速率与氧向颗粒表面扩散有关，而氧向颗粒表面扩散又与颗粒附近氧的质量分数有关。粒子向下游移动，消耗了更多的氧气，这反过来又降低了表面反应速率，这一过程是连续发生的。随着粉尘浓度的增加，更多的反应挥发物出现在火焰前端，导致燃烧速度随粉尘浓度的增加而增加。在火焰锋面速度减小的阶段，颗粒和过量挥发物的热损失超过了表面反应和气相反应提供的能量，则随着粉尘浓度的增加，火焰燃烧速度降低。瓦斯浓度为 9%时与不同粒径煤尘混合爆炸时，最大火焰锋面速度随煤尘浓度变化图如图 4-47 所示，最大火焰锋面速度随着煤尘浓度的增大呈现先增大后减小的规律。

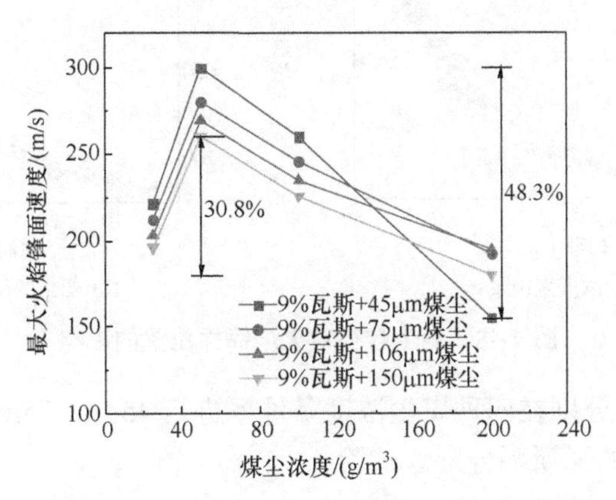

图 4-47　煤尘浓度对最大火焰锋面速度的影响

由图 4-47 可知，当 150μm 煤尘参与反应时，质量浓度为 50g/m³ 煤尘工况比质量浓度为 200g/m³ 煤尘工况的最大速度提高了 30.8%，当 45μm 煤尘参与反应时，质量浓度为 50g/m³ 煤尘工况比质量浓度为 200g/m³ 煤尘工况的最大速度提高了 48.3%，煤尘粒径为 45μm 时，煤尘浓度对最大火焰锋面速度影响最大。随着煤尘浓度增大，200g/m³ 煤尘浓度的工况中，由于较高的煤尘浓度和较高的热损失，较小的煤尘颗粒比较大的煤尘颗粒吸收更多的热量，这种现象导致在反应中小颗粒煤尘对煤尘浓度的敏感性较强。

4.3.9 煤尘粒径对火焰锋面距离的影响

四种煤尘浓度条件下管道内耦合爆炸的火焰锋面随时间变化曲线见图 4-48。

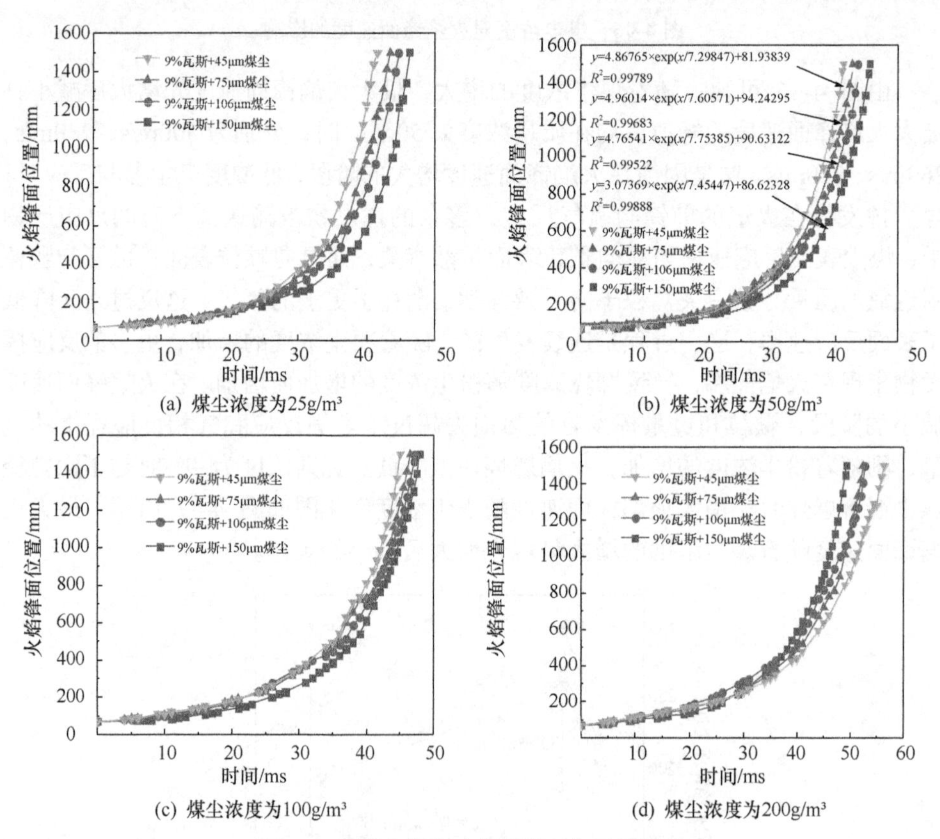

(a) 煤尘浓度为25g/m³　(b) 煤尘浓度为50g/m³

(c) 煤尘浓度为100g/m³　(d) 煤尘浓度为200g/m³

图 4-48 煤尘粒径对火焰锋面位置的影响

在试验系统中分别在四种煤尘浓度条件下进行 45μm、75μm、106μm、150μm 煤尘与浓度为 9%的瓦斯耦合爆炸试验。

在火焰锋面到达管道顶端过程中，火焰锋面位移一直增大，以图 4-48(b)为例，运用 Origin 软件对试验数据绘制散点图，利用 ExpGrol 函数进行指数拟合，拟合度较高，说明曲线呈现出指数增长的变化趋势，煤尘粒径对火焰锋面的位移有很大影响。

由图 4-48 可知，随着煤尘粒径的增大，火焰锋面到达管道顶端的时间延长。以图 4-48(b)50g/m^3 煤尘为例，45μm 煤尘参与反应时，火焰锋面到达管道顶端的时间为 41.25ms，150μm 煤尘参与反应时，火焰锋面到达管道顶端的时间为 45.5ms；可以得出，随着煤尘粒径的增大，火焰锋面到达管道顶端的时间增加了 10%。由图 4-48(d)可知，在质量浓度为 200g/m^3 煤尘参与反应的工况中，45μm、75μm、106μm、150μm 煤尘反应的火焰锋面到达管道顶端的时间分别为 56.5ms、53ms、52.5ms、49.5ms，火焰锋面到达管道顶端的时间随煤尘粒径的增大而减小，这是由于煤尘粒径影响耦合爆炸火焰锋面速度。

4.3.10　煤尘粒径对火焰锋面速度的影响

图 4-49 是不同粒径煤尘与 9%瓦斯的耦合爆炸火焰锋面速度随时间变化规律，火焰传播速度出现小幅下降又持续上升的震荡现象，主要是在火焰冲出 PVC 薄膜后，煤尘颗粒分布不均和化学反应速率的影响。由图 4-49 也可以得出，煤尘粒径对耦合爆炸火焰锋面速度有显著的影响，最大火焰锋面速度均在管口顶端测得。

由图 4-49(a)、(b)、(c)可得，在质量浓度 25g/m^3、50g/m^3、100g/m^3 煤尘为初始条件时，随着煤尘粒径的减小，火焰锋面到达管道顶端时的速度增大，在煤尘粒径为 45μm 时最大火焰锋面速度达到峰值；以图 4-49(b) 50g/m^3 煤尘为例，150μm 煤尘参与反应时最大速度为 260m/s，45μm 煤尘参与反应时最大速度为 300m/s，可以得出，煤尘粒径减小，即由 150μm 减小到 45μm 时，耦合爆炸火焰锋面速度提升了 15.4%。这是因为随着煤尘粒径的减小，煤尘的比表面积增加，每单位质量的粉尘参与化学反应的比表面积增加，这极大地增加了粉尘与空气中氧气发生反应的可能性，随着反应强度增大会散发更多的热量。如果煤尘的粒径较小时，煤尘会被较短时间加热，并且在相同温度环境下可能会挥发出更多的挥发物，这也是在小粒径下产生较高火焰速度的原因。

在质量浓度为 200g/m^3 煤尘的试验工况中，耦合爆炸火焰锋面速度随煤尘粒径的变化与较低煤尘浓度时的现象不一致。由图 4-49(d)可知，200g/m^3 煤尘工况中，150μm 煤尘参与反应时产生最大整体燃烧速度，耦合爆炸用时 49.5ms，最先到达管道顶端，45μm 煤尘参与反应时，耦合爆炸用时 56.5ms，最后到达管道顶端，随煤尘粒径的增大，火焰锋面到达管道顶端的时间降低了 12.4%。

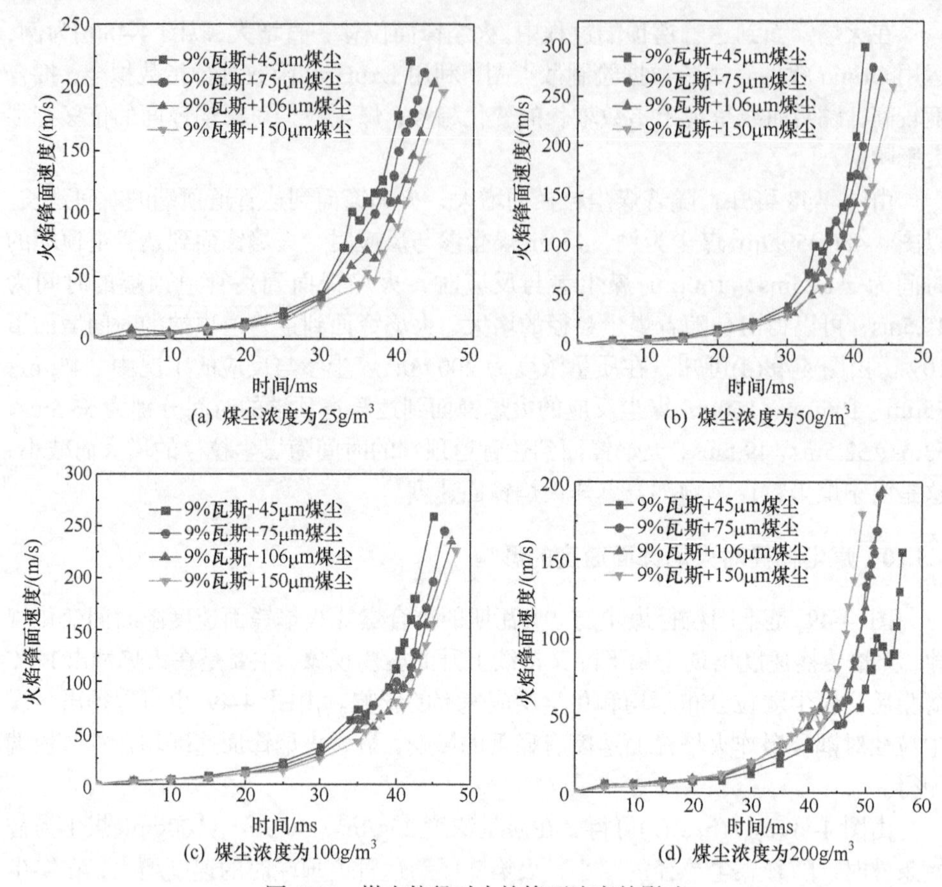

图 4-49　煤尘粒径对火焰锋面速度的影响

同等煤尘浓度条件下，粒径 150μm 和 106μm 时粒子数量的理论比值 τ 为

$$\tau = \frac{n_1}{n_2} \tag{4-13}$$

又因为

$$n_1 = \frac{m_{总}}{m_{单粒1}} = \frac{c \times V_0}{m_{单粒1}} \qquad n_2 = \frac{m_{总}}{m_{单粒2}} = \frac{c \times V_0}{m_{单粒2}} \tag{4-14}$$

式中，n_1, n_2 分别为 150μm 和 106μm 时的煤尘粒子数；$m_{总}$ 为环境中的煤尘总质量，g；$m_{单粒1}$，$m_{单粒2}$ 为粒径为 150μm 和 106μm 的单粒煤尘粒子的质量，g；c 为环境的煤尘浓度，g/m³；V_0 为爆炸腔体的体积，m³。所以

$$\tau = \frac{m_{单粒1}}{m_{单粒2}} \tag{4-15}$$

假设煤尘粒子为球体，

$$m_{单粒1}=\rho_{煤}\times V_{单粒}=\rho_{煤}\times\frac{4}{3}\pi\left(\frac{d_1}{2}\right)^3=\frac{\rho_{煤}\times\pi}{6}d_1^3 \tag{4-16}$$

$$m_{单粒2}=\rho_{煤}\times V_{单粒}=\rho_{煤}\times\frac{4}{3}\pi\left(\frac{d_2}{2}\right)^3=\frac{\rho_{煤}\times\pi}{6}d_2^3 \tag{4-17}$$

式中，$\rho_{煤}$ 为煤尘的密度，g/m^3；$V_{单粒}$ 为一粒煤尘的体积，m^3；d_1,d_2 分别为 150μm 和 106μm。则粒径为 150μm 和 106μm 时粒子数量的理论比值 τ 为

$$\tau=\frac{n_1}{n_2}=\frac{d_2^3}{d_1^3}=0.3529 \tag{4-18}$$

即 150μm 时的煤尘粒子数目比 106μm 时减少了近 65%。200g/m^3 煤尘工况中，较大颗粒煤尘参与的耦合爆炸整体燃烧速度较高，一种可能的解释是较高的煤尘浓度条件下，较小的煤尘颗粒比较大的煤尘颗粒吸收更多的热量，较大煤尘颗粒的数目较少，颗粒间距较大，煤尘粒子微观反应上吸热量低于放热量，加速了火焰的传播。

4.3.11　煤尘粒径对最大火焰锋面速度的影响

火焰锋面在管道顶端的速度为最大火焰锋面速度。图 4-50 是 9%瓦斯与不同浓度煤尘混合爆炸时，最大火焰锋面速度随煤尘粒径变化图。从图中可以得出，当煤尘浓度为 25g/m^3、50g/m^3、100g/m^3 时，最大火焰锋面速度随着煤尘粒径的增大呈现逐渐减小的规律，最大火焰锋面速度分别降低了 13.1%、15.4%、15.2%，煤尘浓度为 50g/m^3，煤尘粒径对最大火焰锋面速度影响最大。这是由于煤尘粒径决定煤尘粒子的表面积，质量浓度为 50g/m^3 煤尘参与反应时，颗粒和挥发物的热损失与表面反应和气相反应提供的能量大致相同，此时煤尘粒子的表面积对系统反应速率的影响最大。

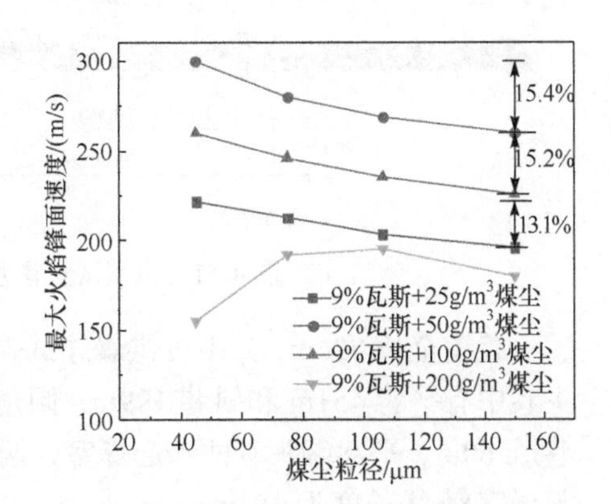

图 4-50　煤尘浓度对最大火焰锋面速度的影响

煤尘浓度为 200g/m^3 时，最大火焰锋面速度出现了与煤尘浓度为 25g/m^3、50g/m^3、100g/m^3 时不一致的现象，没有较强的规律性。这是由于在高浓度煤尘参与反应时，瓦斯煤尘耦合爆炸在爆炸腔内的反应受到了更多方面的影响，火焰冲破 PVC 薄膜时的速度差异造成了这种现象。

4.4 巷道内煤尘爆炸火焰传播规律的试验研究

本节对巷道内煤尘爆炸火焰的传播规律进行试验研究，建立巷道试验系统，根据试验需求制定试验方案和方法，揭示巷道内煤尘爆炸火焰传播机理。

4.4.1 试验系统

1. 模型试验巷道

大尺寸模型试验巷道如图 4-51 所示。

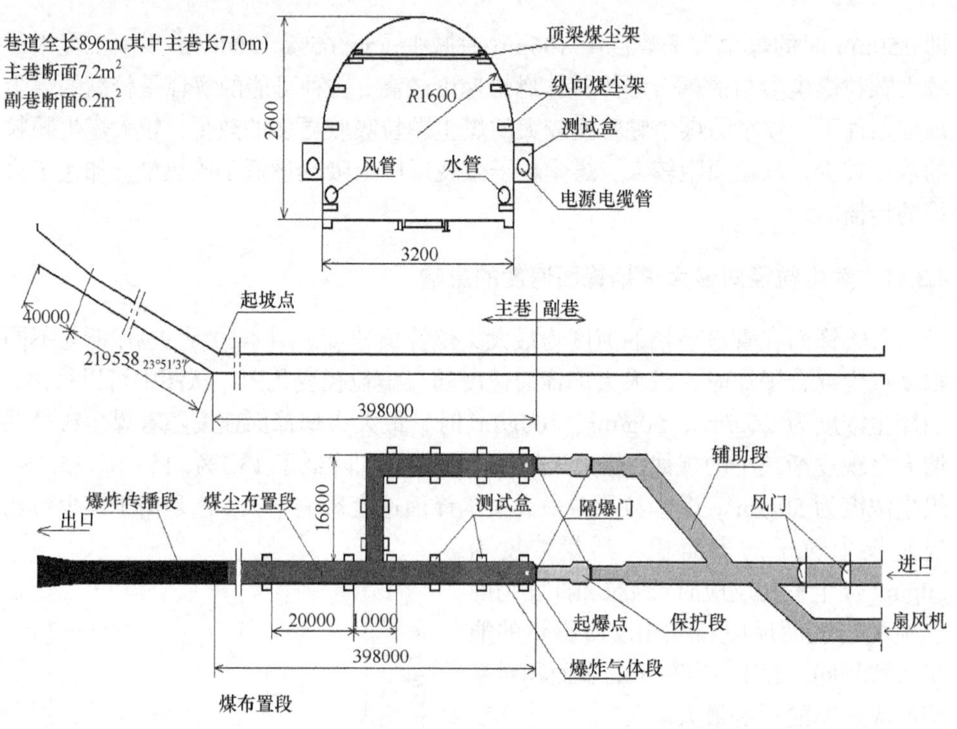

图 4-51 大型试验巷道系统及断面示意图(mm)

巷道全长 896m，其中可供爆炸试验的主巷长 710m，其余 186m 为辅助巷道。主巷中有平巷 451m 和斜巷 199m，倾角约为 24°，连接平巷和斜巷的起坡段曲线巷道 60m。平巷端头有两个起爆室，两室间用 16.8m 巷道连通。平巷(包括第一起爆室)直线长度为 398m。

在两个起爆室的端头分别设置了双重防爆门，门关闭后巷道形成一端封闭、一端开放的状态。试验时，爆炸从封闭端起爆后沿巷道开口端传播，这样可近似模拟煤矿井下掘进工作面发生瓦斯煤尘爆炸的真实状态，从巷道封闭端防爆门算起，在 4.15m、7m、14m 和 28m 处设置有封闭巷道用的密封环，用塑料薄膜在密封环处封闭后，形成 $30m^3$、$50m^3$、$100m^3$ 和 $200m^3$ 四种容量等级的瓦斯起爆室。在斜巷出口端向内 45m 范围为安全水幕段，安设有 30 道环形水幕，以防止煤尘、火焰冲出巷道形成空中爆炸。

主巷为墙高 1m，拱高 1.6m，截面积 $7.2m^2$ 的半圆拱形巷道，如图 4-52 所示。巷道支护方式为锚、喷、网联合支护形式。由于煤尘爆炸随着传爆距离的增加，爆炸压力、火焰速度等爆炸参量呈增加的趋势，巷道支护强度也随距起爆室距离的增加而加强，一般按 0.784～1.47MPa 强度考虑。个别特殊地段，如起爆室、交岔口、弯曲段、出口段等区段，采取特殊加固措施，保证巷道有足够的抗内爆强度。

在巷道两侧高度分别为 1.1m 和 1.55m 处沿巷道安设纵向煤尘架，在高度 1.9m 处每间隔 3m 安设煤尘架，架上铺设煤尘，使其能在爆风作用下扬起。

为测试各爆炸参量，沿巷道两侧壁内对称布置测试用壁龛，如图 4-53 所示，壁龛间用埋设在壁内的钢管连通，管内铺设电源及电缆。壁龛盖板上安设各类爆炸参量传感器，壁龛内安设遥测仪等信号传输设备。壁龛间距除 0～40m 为 10m 外，从 40m 到出口均为 20m 间距。

图 4-52　试验巷道现场图

图 4-53　试验巷道内壁龛图

2. 数据采集系统

试验采用 PXI 50612 高速多通道数据采集分析系统。PXI 50612 高速多通道数据采集分析系统具有对 32 个通道进行 A/D 转换，具备 50MHz 并行采样的能力，系统自动保存所采集的数据，同时可进行数据的后处理分析，如图 4-54 所示。

当可燃气体与空气混合后的浓度处于爆炸极限范围内时，用点火装置引爆煤尘爆炸，通过安装在爆炸巷道壁上的压力传感器、火焰传感器采集爆炸过程中巷

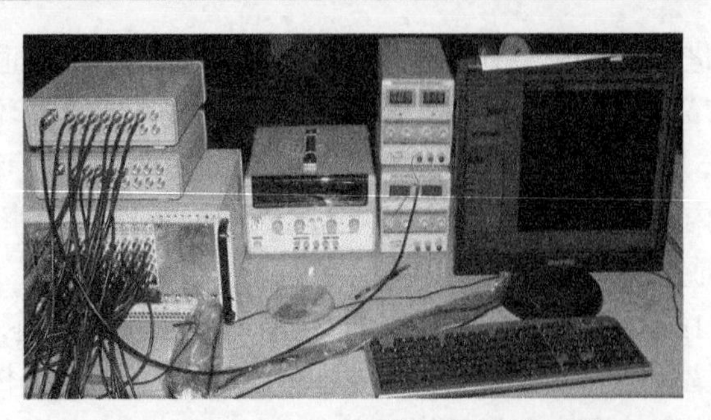

图 4-54 高速多通道数据采集分析系统

道内不同压力、火焰信号，煤尘爆炸所产生的火焰、压力分别作用在各自的传感器上并转变为电信号，这些电信号经过电荷放大器放大之后，存储在动态数据采集系统的存储器中，动态数据采集分析系统再对这些信号进行处理，并给出各自的波形图，然后进行显示和输出。

为测试各爆炸参量，沿巷道两侧壁内对称布置测试用壁龛，壁龛间用埋设在壁内的钢管连通，管内铺设电源及测试信号电缆。在壁龛盖板上安设各类爆炸参量传感器，壁盒内安设遥测仪等信号传输设备。

3. 火焰传感器

火焰传感器采用以 2CU24 光敏二极管为核心的光电火焰探头。火焰信号为开关信号，为了便于判读，在对火焰信号进行放大的同时进行了门限滤波。传感器采集到的火焰信号经过火焰速度测试仪进入 CS2092H 动态数据采集分析系统。经过处理后的火焰信号便于判读，提高了读数精度，减少了误差。瞬态记录仪上记录的波形，指示了火焰到达光电探头的时刻。在火焰传播通道上(即试验巷道内壁)布置多个光电探头，每相邻两个探头之间火焰的平均速度为

$$V=\frac{L}{T_2-T_1} \tag{4-19}$$

式中，L 为相邻两个光电或压力传感器之间的距离；T_1 为火焰前锋到达传感器探头 1 的时刻；T_2 为火焰前锋到达传感器探头 2 的时刻。

4. 压力传感器

试验采用 CYG 系列压阻式压力传感器，如图 4-55 所示，安装位置与火焰传感器相同，压力信号经放大器放大为满量程 5V 的标准电信号，该模拟电信号经过 CS2092H 数据采集工控计算机的高速 A/D 转换器变为数字信号直接存储在计算机的物理内存中，试验后可转存为数据文件保存于计算机硬盘以便后续处理。使用传感器的量程为 0.2MPa、0.5MPa 和 1.0MPa 等规格，采用国际标准信号 4～

20mA 输出，24VDC 电压输入，允许过载≤120%。

图 4-55　压力传感器示意图

火焰传感器、压力传感器的安装在试验巷道壁龛中，安装位置如图 4-53 所示。

5. 点火装置

点火装置用来点燃瓦斯气体，试验中将打火头作为瓦斯爆炸点火源。每个点火头的点火能量为 2J。为了可靠点火，试验中通常在同一平面布置两个以上的点火头，如图 4-56 所示。同时，考虑到要减小点火电脉冲对数据采集系统的影响，试验中点火电源采用 36V 稳压直流电源。为保证试验的安全，点火控制开关设在地面测控中心。

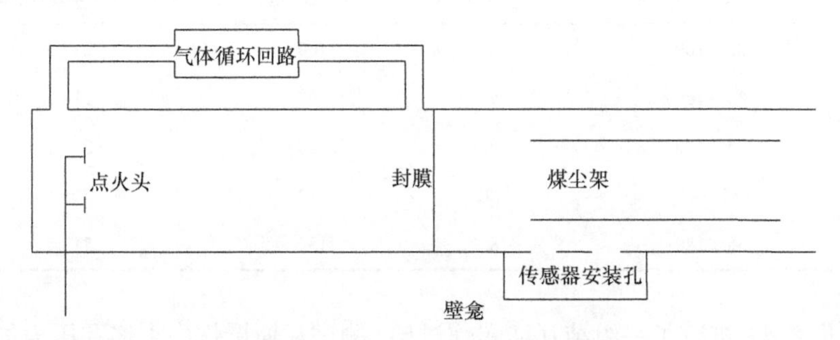

图 4-56　巷道试验系统布置示意图

4.4.2　试验环境及样品参数

试验环境温度 8～12℃；环境湿度 87%。

煤尘爆炸试验所采用的煤尘的粒度为 200 目(粒径 0.075mm)，取自四川宏源集团煤业有限公司的烟煤，煤尘指标如表 4-19 所示。

表 4-19 煤尘样品指标

元素分析/%					工业分析/%		
C_d	H_d	O_d	N_d	S_d	V_d	W_d	A_d
78.1	5.2	12.78	1.03	0.82	16.9	0.53	12.5

本试验中的煤尘爆炸试验是通过瓦斯爆炸来诱导煤尘的爆炸，使用了体积浓度为 9.5%的瓦斯/空气混合气体，封闭的瓦斯容量为 $200m^3$。

4.4.3 试验方案

为了研究巷道中煤尘爆炸过程中的爆炸火焰、压力的传播变化情况，进行直巷道中煤尘爆炸传播试验，测试了煤尘爆炸火焰传播过程中火焰到达时间、火焰波及范围、压力等参数。

试验方案如表 4-20 所示，使用的瓦斯的量均为 $200m^3$，试验中封膜位置在 27.78m 处。在封膜之后的试验巷道里铺设煤尘，煤尘从 35m 处开始铺设，前端煤尘均匀铺设在巷道地面，后面采用定量散布的方法将煤尘铺设在巷道的煤尘架上，在巷道两侧高度分别为 1.1m 处沿巷道安设纵向煤尘架，每间隔 3m 安设一个煤尘架。铺设煤尘的量以及铺设区间根据试验方案要求进行布置。

表 4-20 煤尘爆炸试验方案

序号	煤尘铺设区间/m	铺设长度/m	煤尘量/kg	计算煤尘浓度/(g/m^3)
1	35～100	65	100	214
2	35～100	65	100	214
3	35～130	95	160	234
4	35～85	50	110	306
5	35～120	85	130	213

除此之外，进行了一组纯瓦斯爆炸试验，测试瓦斯爆炸中火焰和压力的变化，其中瓦斯浓度为 9.5%，$200m^3$。

1. 测点布置

试验中使用瓦斯的量为 $200m^3$，即瓦斯量在巷道中的封闭长度为 27.78m。10m 和 20m 两处测点均位于密闭区内，且煤尘从 35m 处开始铺设，因此从 30m 测点开始布置传感器，来测试煤尘爆炸的传播情况。依次在巷道 30m、40m、60m、80m、100m、140m、160m 处壁龛布置 7 个压力传感器，30m、60m、80m、100m、

120m 处布置 5 个火焰传感器，测试各测点的最大爆炸压力和火焰到达各测点的时间。

受试验条件的限制，试验中仅能对有限的测试点进行爆炸压力和火焰信号的测量。根据以往瓦斯爆炸动力学理论可知，局部区域气体爆炸过程发展迅速，一般在较短的空间距离上完成爆炸过程的发展。因此，主要对水平巷道的前 160m 部分测点的爆炸压力和火焰进行了测量，测试点的布置如图 4-57 所示。

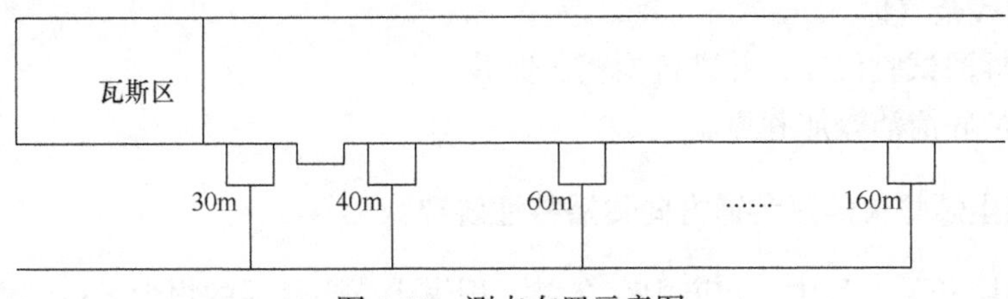

图 4-57　测点布置示意图

从煤尘铺设区间的末端开始，每隔 5m 在巷道中悬挂各种可燃物，可燃物悬挂的距离在 300m 左右。

2. 测试内容

每次煤尘爆炸试验中的测试内容包括以下几点：

(1) 各测点火焰到达时间；

(2) 各测点测得的最大压力值；

(3) 检查巷道中悬挂的可燃物的燃烧情况。

4.4.4　试验步骤

本试验是在常温、常压下进行，相邻两次煤尘爆炸试验一定要间隔足够长时间，待爆炸巷道恢复到常温再进行第二次爆炸。具体试验步骤主要如下：

(1) 根据试验要求，设计好试验系统后，测试试验系统能否正常工作，这是开展试验前必不可少的步骤。首先是 PXI 50612 动态数据采集分析系统的调试、校准，压力传感器和火焰传感器的标定和安装。检查巷道内信号采集线路的连接是否正常，同时在仪器安装到坑道中后通电不少于 1h，所有仪器在点火试验前保持稳定，且系统自检正常。

(2) 根据每次试验要求，将预先配制好的煤尘铺设在试验巷道内相应区间，煤尘的铺设分布基本均匀。

(3) 在煤尘铺设区间末端开始悬挂可燃物。

(4) 试验巷道封膜。

(5) 根据试验要求配制试验要求浓度的瓦斯空气混合气体。

(6) 确定 PXI 50612 动态数据采集分析系统工作正常后，利用点火装置进行点火，引爆试验巷道内的瓦斯气体。PXI 50612 动态数据采集分析系统自动采集火焰、压力传感器传输过来的火焰和压力信号，将其信号处理为数字信号，存储在分析系统中的相应文件中。

(7) 巷道内煤尘爆炸结束后，利用扇风机打开隔爆门对试验巷道通风，排出巷道内的残余气体。

(8) 拆回试验仪器，并进行检查、保养。

(9) 彻底清洁爆炸巷道。

4.4.5 煤尘爆炸火焰沿巷道方向传播特性研究

在煤层开采过程中，巷道中存在着沉积煤尘，当悬浮的煤尘云达到爆炸浓度界限，遇到火源时容易引起爆炸。煤矿瓦斯爆炸是引起煤尘爆炸的主要原因之一，其主要是因为瓦斯爆炸可扬起沉积煤尘，使空间范围内煤尘浓度增大，也增大了煤尘爆炸的危险性，瓦斯爆炸产生的火焰作为引爆火源点燃煤尘爆炸。煤尘爆炸的火焰、冲击波迅速传播，在传播过程中对人员生命和矿井设施造成危害。本小节以煤尘为研究对象，用瓦斯来诱导煤尘爆炸以研究巷道煤尘爆炸的传播特性。根据试验方案布置火焰、压力传感器，测试不同条件下的煤尘爆炸火焰速度和火焰波及范围、压力等参数。根据煤尘爆炸后记录的信号波形读取相关位置的数据参数，得到测点的相应数据表。将所有测点数据图进行处理，得到煤尘爆炸过程中火焰传播的试验数据，试验数据如表 4-21 所示。

表 4-21 煤尘爆炸各测点火焰到达时间(ms)

序号	测点位置/m				
	30	60	80	100	120
1	316	443	497	538	584
2	689	750	787	820	859
3	435	505	554	593	628
4	622	694	731	774	815
5	509	599	640	676	714

分析表 4-21 数据可得煤尘爆炸火焰到达时间沿巷道变化的曲线图。图 4-58 为煤尘爆炸火焰到达巷道中各测点的时间变化情况。从整体上看，图中显示煤尘爆炸火焰到达巷道中各测点的时间是依次响应的，且随距爆源距离增大而延长，但是时间间隔随距爆源距离的增大而有所缩短。而每组的响应时刻又各不相同，与各组试验中爆炸煤尘浓度、传感器采集过程中的时间延迟有一定的关系。爆炸

现场观测火焰到达位置试验数据如表 4-22 所示。根据火焰到达时间的变化情况和测点间的距离,可以计算出爆炸火焰沿巷道的传播速度,如表 4-23 所示,图 4-59 为火焰传播速度变化曲线。

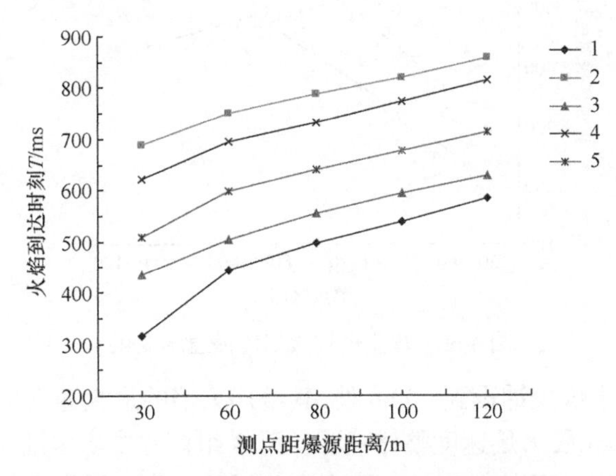

图 4-58　煤尘爆炸火焰到达时间沿巷道的变化

表 4-22　爆炸现场观测火焰到达位置

序号	煤尘铺设区间	煤尘铺设长度/m	火焰到达位置/m
1	35～100	65	210
2	35～100	65	200
3	35～130	95	245
4	35～85	50	160
5	35～120	85	220

表 4-23　煤尘爆炸火焰传播速度(m/s)

序号	区间/m			
	30～60	60～80	80～100	100～120
1	236.2	370.4	487.8	434.8
2	490.1	540.5	606.1	512.6
3	428.6	408.1	512.8	571.4
4	420.6	526.5	465.1	487.8
5	333.3	487.8	555.5	526.3

由图 4-59 可得，在 30～60m 处火焰的平均速度低于之后的火焰传播速度，在 60～80m、80～100m 区间内火焰平均速度迅速增加。结合每组的试验数据，

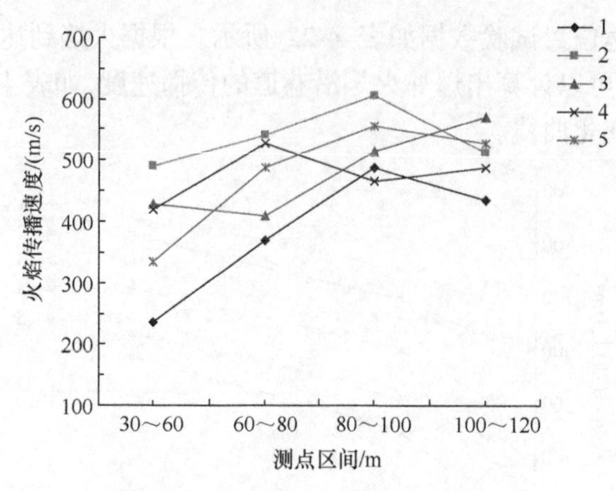

图 4-59 煤尘爆炸火焰传播速度变化

在第 1、2 组试验中煤尘铺设到 100m 处，其爆炸火焰的最大速度出现在 80～100m 段，在 100～120m 段火焰速度整体减弱；第 4 组试验中煤尘铺设到 85m 处，其火焰速度的最大值出现在 60～80m 段；第 3 组试验中煤尘铺设到 130m 处，在 120m 测点前煤尘爆炸火焰的传播速度是呈逐渐增大趋势，由于试验条件的限制，120m 以后无法测出火焰传播速度，由第 1、2、4、5 组的结果分析发现，四组的火焰最大速度均出现在煤尘铺设区间的末端位置附近，由此推断第 3 组的火焰最大值可能出现在 130m 附近。分析表明：火焰速度达到峰值的位置随铺设煤尘长度不同而不同，一般出现在煤尘铺设区间的末端位置附近。另外，由于火焰传播速度为一段距离上的平均速度，并不能代表通过测点时刻的速度，煤尘爆炸火焰传播速度只代表一段距离上的火焰传播速度的变化情况。

根据煤尘爆炸传播机理，巷道中铺设的煤尘受瓦斯冲击波激起，遇到瓦斯火焰着火，火焰的传播速度在起爆区比较慢，在其传播初期，火焰速度较低，这主要是由于在点火燃烧时，邻近的煤尘云需要积累一定的热量，当放出的热量远大于需要吸收的能量时，燃烧过程才会不再受到点火的影响，所以火焰的传播速度在初始时较低；随着火焰持续向前传播，火焰的传播速度持续增大。分析可知，试验中煤尘的铺设从 35m 开始，点火以后火焰速度逐渐加快，火焰速度在铺有煤尘段迅速上升，最大传播速度达到 606.1m/s，这个特点反映了煤尘爆燃转爆轰的过程。

4.4.6 火焰波长度确定

根据表 4-22 测得的火焰波及范围的数据，确定了煤尘爆炸火焰的传播距离。表 4-24 中无煤尘区火焰长度为火焰区到达位置长度减去防爆门到铺设煤尘末端区域的长度，在这段区域没有铺设煤尘，但有火焰传播。

火焰增长倍数=无煤尘区火焰长度/煤尘铺设长度

表 4-24　煤尘爆炸火焰的传播距离

序号	煤尘浓度/(g/m³)	煤尘铺设长度/m	火焰到达位置/m	无煤尘区火焰长度/m	火焰增长倍数
1	214	65	180	80	1.23
2	214	65	185	85	1.30
3	234	95	245	115	1.21
4	306	50	160	75	1.50
5	213	85	220	100	1.17

从爆炸后现场观测悬挂可燃物的燃烧情况来看，火焰到达位置在 200m 左右，无煤尘区火焰长度为 80～115m 之间，从表 4-24 中可以得出以下结论：

(1) 煤尘爆炸火焰区长度远长于原始煤尘积聚区长度，无煤尘火焰区长度比煤尘区长度稍有增加，在 1.17～1.50 倍之间，即火焰区长度是煤尘原始积聚区长度的 2.1～2.5 倍。

(2) 火焰的传播长度与煤尘的铺设长度有关。在煤尘浓度相同的情况下，火焰的增长倍数相当，表中在煤尘浓度为 214g/m³、213g/m³ 时，火焰增长倍数在 1.2 倍左右；并且当煤尘铺设区增长时，火焰区增长倍数相对缩短，第 5 组中煤尘铺设长度为 85m，大于第 1、2 组中的 65m，但是火焰增长倍数比第 1、2 组的略小。

(3) 火焰的传播长度与煤尘的浓度有关。当爆炸煤尘铺设区间相当时，随着煤尘浓度的增大，火焰的增长倍数要稍高于低浓度的煤尘爆炸情况；这一现象在第 4 组与第 2 组的对比中可以发现，第 4 组中的煤尘浓度比第 2 组的煤尘浓度大，两者的铺设距离相差不大，但第 4 组中的火焰增长倍数明显比第 2 组中的大。

分析原因可知，煤尘爆炸时，因体积膨胀而对周围介质做功，从而在火焰前方形成压缩波，诱导和加速当地质点的运动。煤尘云受到压力波的影响而沿着巷道运动。对于巷道内爆炸，如果考虑黏性和巷道壁附面效应，质点轴向速度在截面上呈抛物线分布，轴线处最大，壁面为零。由于壁面附近存在黏性边界层，流速的增大会使巷道内出现湍流。大涡湍流使火焰皱褶，增加燃烧面积，小涡湍流可提高火焰内部的有效输运能力，这些都有助于提高燃烧速率。火焰因此而变形，燃烧面积增大，燃烧速度加快。加速火焰的进一步推动又导致火焰阵面的更大变形。

4.4.7　火焰波传播变化趋势

根据表 4-24 中煤尘爆炸火焰的传播距离，并结合图 4-59 所示的火焰速度的传播变化图综合分析，得出随着传播距离的增大，煤尘量和煤尘浓度的减少，传播速度开始变慢，直至煤尘消耗完毕，火焰消失。

假设巷道中煤尘铺设区间的长度为 x(m)，则由前面数据分析推测得到火焰传播速度的最大值出现在 $(0.8\sim1.1)x$ 区间，火焰波长度到达 $(2.1\sim2.5)x$ 处。综合火焰波的传播变化分析和火焰波长度的确定，得出火焰波的传播变化趋势如图 4-60 所示。在第一阶段，火焰波加速至峰值速度($V_{峰值}$)；在第二阶段，火焰波加速至峰值速度后，随即减速传播至某一速度($V_{燃烧}$)；在第三阶段，火焰波以燃烧速度($V_{燃烧}$)恒速传播直至耗尽煤尘。

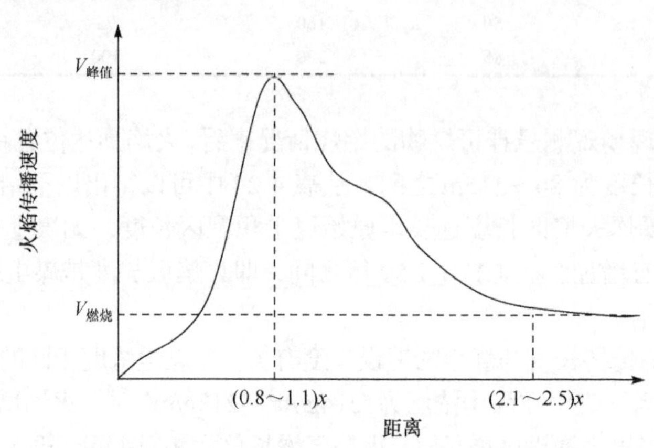

图 4-60　煤尘爆炸火焰波传播变化趋势

火焰波在经历加速阶段后并没有以某恒定速度传播。从能量守恒的观点来看，当火焰波在能量获取和消耗上达到平衡状态，此平衡状态又能够得到维持，火焰波会以恒速传播。但是在实际过程中，这种平衡是脆弱的，这是因为影响火焰波传播状态的因素有很多，如壁面热损失、障碍物的存在、反应产物膨胀产生的稀疏波以及二次冲击波都会影响火焰波的传播状态；另外，火焰波是在前驱冲击波扰动后的区域传播，火焰波的波前状态也影响着火焰波的传播规律，使前驱冲击波和火焰波在传播过程中互为影响，形成一种不稳定的爆炸传播状态，所以当火焰波在初始阶段加速达到某一临界速度之后，此临界状态很难维持，此时由于单位时间参与反应的煤尘量减少，能量释放相应减少，火焰波开始减速传播。

同时，火焰波和前驱冲击波之间距离和气体体积不断增加，前驱冲击波对火焰波和前驱冲击波之间气体状态的影响减弱，可以将前驱冲击波对火焰波前气体状态的影响忽略。此时，火焰波减速到层流火焰传播速度数量级，并以此速度恒速传播直至耗尽煤尘，完成从爆炸向层流预混气体正常燃烧的转变。

煤尘爆炸火焰传播距离的这一特点可为煤尘爆炸事故调查分析中判断煤尘爆炸区域及长度提供依据。

4.4.8　煤尘爆炸火焰传播与压力变化的关系

分析试验中各测点压力信号，可得煤尘爆炸火焰传播过程中各测点压力峰值及其到达时间沿巷道的变化情况，如表 4-25、表 4-26 所示。压力峰值及其到达时间的变化曲线如图 4-61、图 4-62 所示。

表 4-25　煤尘爆炸各测点的压力峰值与到达时间

序号	项目	测点位置/m						
		30	40	60	80	100	140	160
1	压力/MPa	0.126	0.366	0.654	1.240	0.773	0.527	0.489
	时间/ms	556	595	698	685	638	687	709
2	压力/MPa	0.136	0.357	0.486	1.310	0.916	0.598	0.532
	时间/ms	650	668	734	784	830	790	810
3	压力/MPa	0.280	0.251	0.363	0.330	0.396	0.491	0.646
	时间/ms	537	698	560	598	639	692	710
4	压力/MPa	0.210	0.381	0.559	1.210	0.681	0.702	0.679
	时间/ms	440	538	568	605	653	687	694
5	压力/MPa	0.271	0.202	0.252	0.386	0.692	0.432	0.376
	时间/ms	597	693	653	653	686	718	734

表 4-26　瓦斯爆炸各测点压力峰值沿巷道的变化情况

测点位置/m	20	30	40	60	80	100
压力/MPa	0.291	0.261	0.257	0.238	0.235	0.215

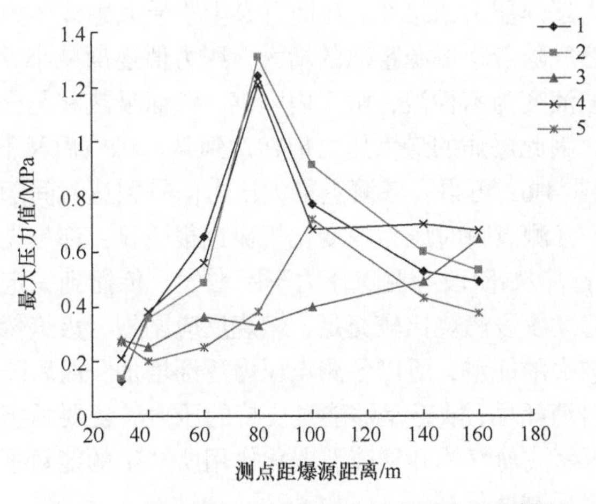

图 4-61　煤尘爆炸火焰传播中最大压力变化情况

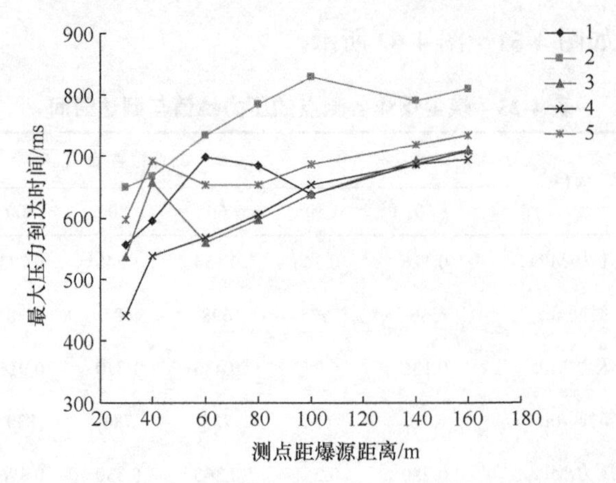

图 4-62 煤尘爆炸火焰传播中最大压力到达时间沿巷道的变化

图 4-61 显示了煤尘爆炸各测点最大压力到达时间沿巷道的变化情况。由图可以得出：

(1) 每次试验中最先在 30m 测点处测得该点的最大压力值，而此时巷道中没有煤尘铺设，最大压力到达时间是瓦斯爆炸时的压力到达时间。

(2) 试验中煤尘段都是在 35m 开始铺设的，巷道 40m 测点处是铺有煤尘段最前端，30～40m 段最大压力到达时间间隔比较大。

(3) 每一点的压力达到最大值都有一个迟滞时间 Δt，离爆源越远，Δt 越小。

图 4-62 显示了煤尘爆炸火焰传播中各测点最大压力沿巷道的变化情况。由图可以得出：在煤尘爆炸火焰的传播中，煤尘爆炸初期煤尘源附近爆炸压力较小，在铺有煤尘段的前端 35～40m 处达到最低值。

分析可知，爆炸冲击波在把铺设的煤尘扬起过程中消耗部分能量，因此在铺有煤尘段前端最大爆炸压力值最小。在铺有煤尘段最大爆炸压力值迅速上升并且达到最大峰值，然后随着距爆源距离的增大，压力值逐渐减小，有衰减趋势。当没有煤尘时爆炸波演变为惰性波，由于内摩擦、壁面吸热和与介质的摩擦，冲击波处于衰减阶段。因此爆炸的最大压力值在达到某一峰值后又下降。

从图 4-61、图 4-62 可得，各测点最大压力信号到达时间随距爆源距离的增加是依次起跳的，各测点瞬时压力的变化规律也很明显：都是先增大后减小的趋势(呈抛物线分布)。初始阶段各测点压力不断增大，传播到一定距离后压力迅速减小，这是由于持续阶段燃烧比较充足，燃烧反应剧烈，火焰传播不断加速，燃烧放出能量大于散失的能量，所以各测点压力逐渐增加，而后随着火焰波的向前推进和一部分燃料消耗尽，缺乏足够能量支持的压力波还要承担克服巷道摩擦阻力、壁面散热、压缩波前气体和稀疏波弱化作用所产生的能量损失，导致压力波在经历加速阶段之后减速传播。

根据前面所得的火焰和压力信号的数据，绘出了火焰传播速度和压力峰值沿巷道的变化关系曲线图，如图 4-63～图 4-67 所示。由图可以得出，在每组煤尘爆炸试验中各测点火焰传播速度的变化与压力的变化趋势是一致的。

火焰波的传播规律受到压力波传播状态的密切影响，表现出与压力波相似的传播规律，即开始阶段，由于当地温度受压缩波传递中扰动的作用而升高，因此后面的压缩波速度总是比前面的压缩波速度快，此时压力和速度不断加强，燃烧速度随压力增大而增大；根据燃烧理论，燃烧速度的增大使得该点获得能量速率增加，使压力波强度增加。

火焰波传播速度与压力波之间相互作用，加速爆炸火焰的传播。随着参与爆炸煤尘量的减少，火焰波传播速度到达峰值后减速传播，压力波速度和峰值也开始减弱。当波穿越火焰面时会对火焰面产生明显的扰动作用，提高了 Rayleigh-

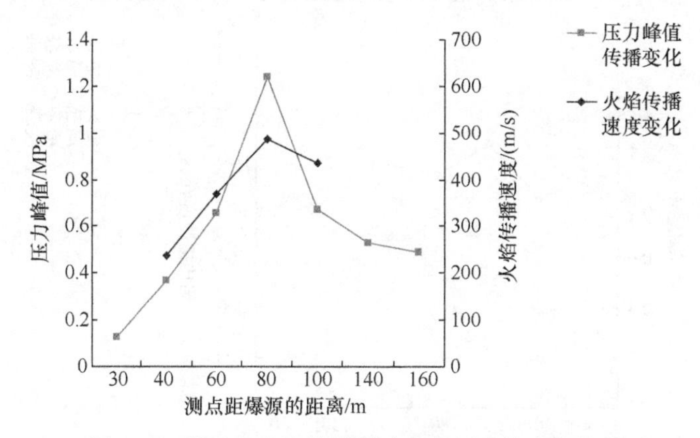

图 4-63　第 1 组中火焰传播速度与压力的变化关系

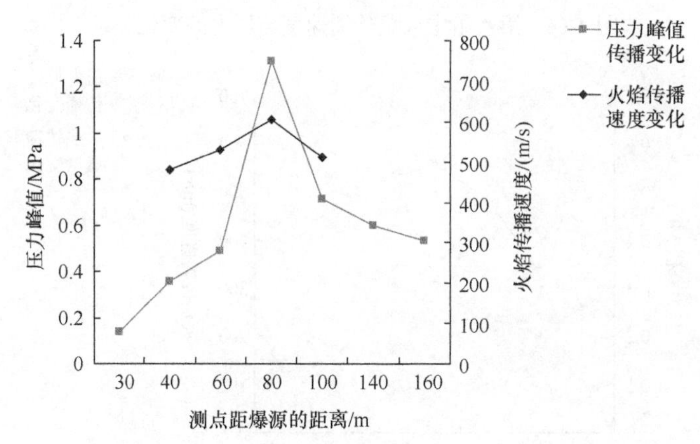

图 4-64　第 2 组中火焰传播速度与压力的变化关系

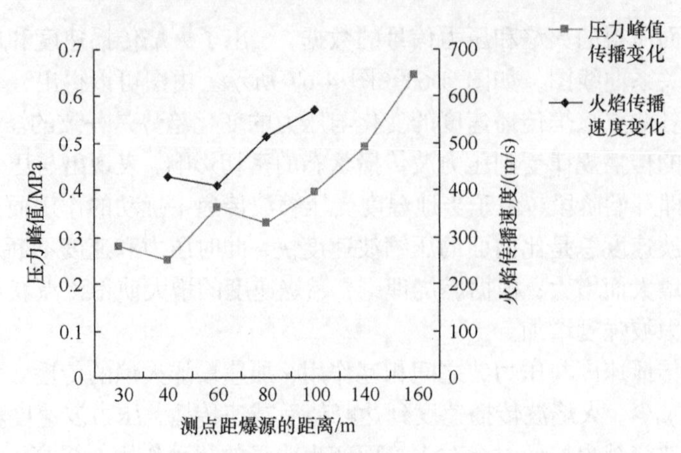

图 4-65　第 3 组中火焰传播速度与压力的变化关系

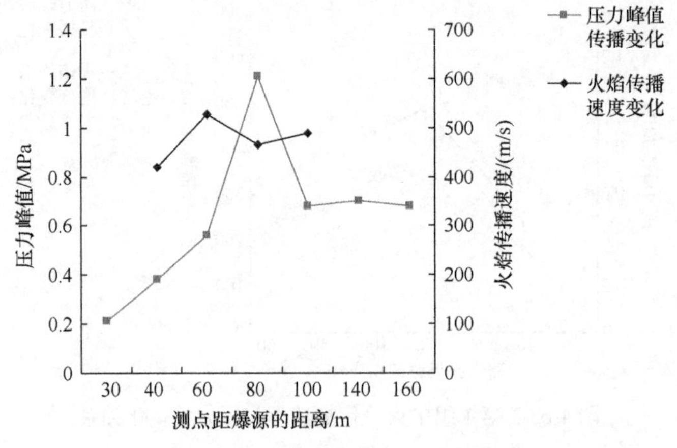

图 4-66　第 4 组中火焰传播速度与压力的变化关系

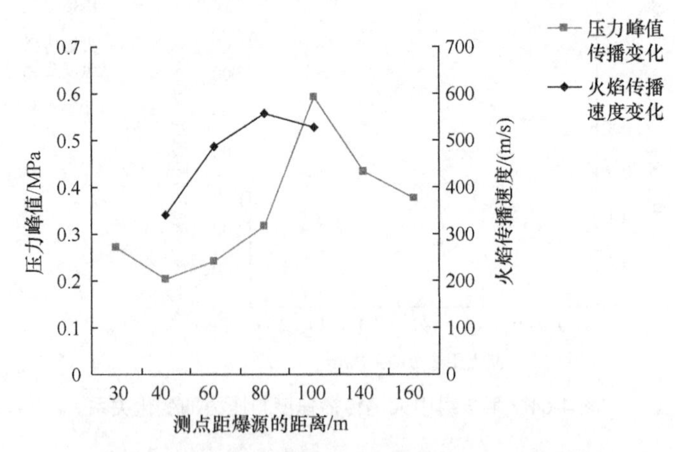

图 4-67　第 5 组中火焰传播速度与压力的变化关系

Taylor 面的不稳定性，增大了火焰面的湍流效应，增加了燃烧速率，促使火焰传播速度加快。随着火焰的传播，这种波与火焰之间的关系是一个正反馈的相互作用过程。

通过以上分析可知，在矿井煤尘爆炸灾害中，要抑制爆炸火焰的传播(吸收能量、降低温度)，必将降低爆炸压力的破坏作用。

4.4.9 煤尘爆炸试验中瓦斯的作用

试验采用瓦斯来诱导煤尘爆炸，研究煤尘爆炸的传播特性，在试验里瓦斯爆炸主要起到两个方面的作用：一是瓦斯爆炸产生的冲击波将铺设的煤尘扬起形成煤尘云；二是利用瓦斯爆炸的火焰来点燃扬起的煤尘云。

为了证实瓦斯爆炸在煤尘爆炸试验中所起的作用，利用试验巷道和系统设备做了一组巷道瓦斯爆炸传播试验，其中瓦斯空气混合气体容积为 200m^3，浓度为 9.5%。参考瓦斯爆炸的试验数据和本次试验数据，绘出了瓦斯爆炸压力沿巷道的变化情况。如表 4-27 所示，其中第 1、2、3 组瓦斯爆炸试验数据由参考文献而得[3]，第 4 组为本次试验测得的试验数据。

表 4-27　瓦斯爆炸中各测点最大压力沿巷道的变化情况(MPa)

序号	测点位置/m								
	20	30	40	60	80	100	120	140	160
1	0.332	0.29	0.289	0.286	0.269	0.261	0.25	0.238	0.231
2	0.351	0.324	0.316	0.302	0.284	0.270	0.26	0.25	0.234
3	0.340	0.305	0.28	0.265	0.264	0.252	0.243	0.232	0.216
4	0.291	0.261	0.257	0.238	0.235	0.215	—	—	—

根据表 4-27 中的试验数据得到瓦斯爆炸压力峰值沿巷道的变化情况图，如图 4-68 所示。从图 4-68 中第 1、2、3 与 4 组试验的变化曲线可以得出：在测点测得的爆炸最大压力中 20m 处压力为整个爆炸过程的最大值；爆炸波最大压力值随距爆源点距离的增大而单调减少；而且在爆源点附近最大压力下降速度较快。

在本次试验中最大压力值为 0.291MPa，距爆源点 20m，在 30m 测点处迅速下降到 0.261MPa，而在 40m 测点处为 0.257MPa，到了 60m 测点则为 0.238MPa，呈逐渐下降趋势。根据超压的计算方法，可以得到 30m 测点处的超压为 0.16MPa，40m 测点处为 0.156MPa，60m 测点处为 0.137MPa，从 30m 测点处开始，各处的超压均小于 0.16MPa。

表 4-28 为不同超压对构筑物的破坏程度[6]，小于 0.16MPa 的超压对构筑物会有局部破坏，不会构成大的危害。而煤尘爆炸试验中的煤尘铺设从 35m 处开始，

相当瓦斯量的瓦斯爆炸的冲击波足够扬起铺设的煤尘。瓦斯爆炸在煤尘爆炸的试验中起到了扬起铺设煤尘形成煤尘云的作用。

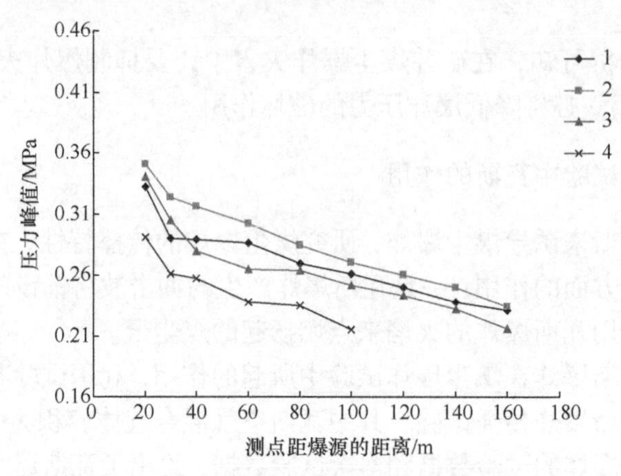

图 4-68 瓦斯爆炸各测点压力峰值沿巷道的变化情况

表 4-28 不同超压对构筑物的破坏程度

序号	超压/(100kPa)	破坏程度
1	0.015～0.02	房屋玻璃破坏
2	0.1～0.2	构筑物局部破坏
3	0.2～0.3	构筑物轻度破坏，墙裂缝
4	0.4～0.5	构筑物中度破坏，墙大裂缝
5	0.6～0.7	构筑物严重破坏，部分倒塌，钢筋混凝土破坏
6	0.7～1.0	砖墙倒塌
7	>1	钢筋混凝土构筑物破坏，防震钢筋混凝土破坏

由图 4-69 可得瓦斯诱导的煤尘爆炸与瓦斯爆炸在传播过程中最大压力的变化情况，图中分别选择了两组数据进行对比，可以得出在传播阶段煤尘爆炸产生的最大压力达到了 1.31MPa，远大于瓦斯爆炸时的最大压力，瓦斯爆炸的压力在煤尘爆炸过程中主要起到了扬尘作用。在煤尘爆炸的传播中，由于瓦斯冲击波的扬尘作用，在距爆源 30～40m 处压力波峰值明显低于瓦斯爆炸时的压力峰值。而煤尘铺设段从 35m 处开始，根据爆炸机理可知，爆炸压力波在把铺设煤尘扬起的过程中消耗部分能量，因此在铺有煤尘段前端最大爆炸压力值最小，也说明了瓦斯爆炸在煤尘爆炸中起到的扬尘作用。

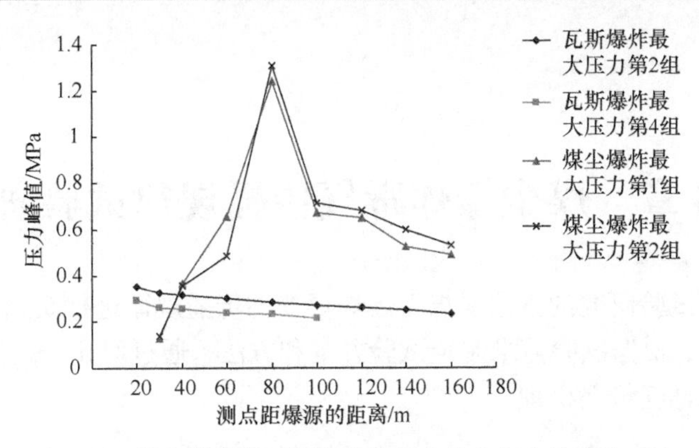

图 4-69　煤尘爆炸与瓦斯爆炸传播中最大压力的变化对比

在点火燃烧时，邻近的煤尘云需要积累一定的热量，火焰的传播速度在初始时较低；当放出的热量远大于需要吸收的能量时，燃烧过程不再受到点火的影响，火焰的传播速度持续增大，最大爆炸压力值也迅速上升。结合图 4-69 中在铺有煤尘段最大爆炸压力值迅速上升，分析可知巷道中的煤尘被压力波扬起后形成煤尘云，达到爆炸界限的煤尘云被瓦斯爆炸的火焰点爆，点燃初期最大压力最小，随着燃烧的加剧最大爆炸压力值迅速上升，瓦斯爆炸火焰在爆炸过程中起到了点火源作用。

4.5　本 章 小 结

(1) 建立了煤尘爆炸火焰试验管道系统，主要包括煤尘扬起系统、点火爆炸系统、爆炸传播管道系统、数据自动采集系统，确定了试验方案和方法。

(2) 通过试验研究分别对直管道、拐弯管道煤尘爆炸的火焰传播规律进行研究，分析煤尘浓度对火焰传播速度和火焰持续时间的影响机制。

(3) 分析了瓦斯煤尘耦合爆炸火焰传播机理及发展过程，揭示了瓦斯煤尘耦合爆炸火焰传播机制。由高速摄像机拍摄火焰传播情况可了解火焰发展过程，分析了瓦斯浓度、煤尘浓度、煤尘粒径对火焰锋面距离和火焰速度的影响。

(4) 通过试验研究巷道内煤尘爆炸过程中火焰的传播规律，研究了煤尘爆炸中火焰波的传播变化特性、火焰传播与压力变化的关系。

第5章　煤尘爆炸毒气传播规律试验研究

本章采用试验研究的方法对煤尘爆炸毒气的传播规律进行研究，建立巷道和管道试验系统，根据试验需求制定试验方案和方法，通过对比分析揭示巷道和管道内煤尘爆炸毒气传播机理。

5.1　半封闭巷道煤尘爆炸毒气传播规律试验研究

5.1.1　试验系统

试验系统如图4-51所示。点火装置和煤尘铺设装置如图4-56所示。

5.1.2　试验方案

1. 试验目的

研究在矿井巷道中煤尘爆炸毒害气体传播浓度与随距爆源距离的变化规律及其波及范围。

2. 测点布置

试验中仅对有限的测试点进行毒气浓度的测量。根据以往瓦斯煤尘爆炸试验的经验和预备试验的结果，局部区域气体爆炸过程发展迅速，一般在较短的空间距离上完成爆炸过程的发展。因此，主要对水平巷道的前160m部分测点的煤尘爆炸毒气浓度进行测量。图5-1给出了前100m测试点的布置图。

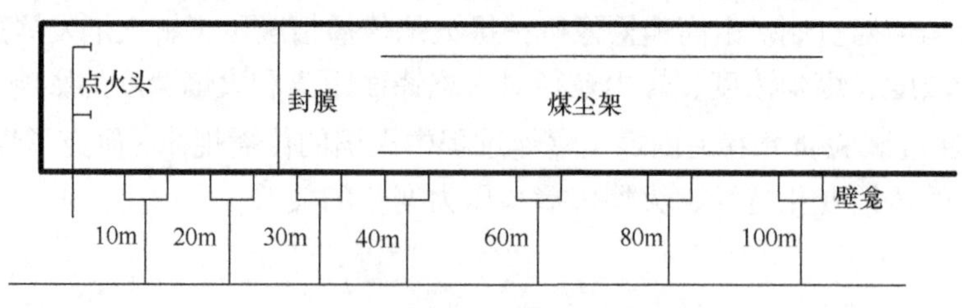

图5-1　测点纵向布置示意图

5.1.3　试验条件

试验中瓦斯的浓度控制在当量浓度 9.5%左右。煤尘的铺设范围一般在距起爆点 35～140m 处，距离比较长，通常采用定量散布的方法铺设在巷道的煤尘架上。试验设计条件如表 5-1 和表 5-2 所示。

表 5-1　瓦斯和煤尘爆炸的试验条件

序号	混合气体体积/m^3	纯瓦斯量/m^3	瓦斯浓度/%	煤尘量/kg	铺设区间/m	铺设长度/m	煤尘浓度/(g/m^3)
1	200	20	9.8	110	35～85	50	110
2	200	19.2	9.6	100	35～100	65	100
3	200	19.4	9.7	100	35～100	65	100

表 5-2　瓦斯爆炸的试验条件

序号	瓦斯体积/m^3	纯瓦斯量/m^3	瓦斯浓度/%
4	200	20	9.8
5	200	19.2	9.6
6	200	19.4	9.7

5.1.4　试验结果分析

试验测得的平均爆炸温度在 2000℃左右，持续时间 190～980ms，煤尘参与爆炸后温度相应升高，测得的爆炸冲击波最大速度约为 1200m/s，火焰最大速度 675m/s，瓦斯煤尘起爆段压力 0.115～300MPa。毒气浓度试验结果如表 5-3 所示。

表 5-3　瓦斯、煤尘爆炸各测点毒害气体一氧化碳浓度(%)

序号	测点位置/m							
	20	30	40	60	80	100	120	140
4	4.75	4.31	3.59	3.15	2.68	2.13	1.18	1.02
5	2.80	2.55	2.09	1.83	1.25	1.16	0.89	0.95
6	3.65	3.23	3.04	2.76	2.54	2.01	1.75	1.39

爆炸毒害气体瞬间采集难度非常大，试验采用瓦斯气体混合泵管路在爆炸后抽取毒害气体和人工进入巷道内用多功能气体采集分析报警器抽取壁龛内残留气体相结合的方法，测试巷道内气体变化特征。图 5-2 是由表 5-3 测试数据绘制的毒害气体沿巷道浓度变化的趋势曲线。瓦斯诱导煤尘爆炸生成的有毒气体一氧化碳浓度沿巷道变化的主要特点如下。

(1) 爆炸生成气体成分复杂，组分中有害气体二氧化碳浓度最大，有毒气体一氧化碳浓度次之。这是由于煤尘爆炸时空气中氧气不足，碳燃烧发生不完全燃烧生成大量一氧化碳气体。其他成分是煤尘挥发分分解产物，证实了煤尘参与爆炸的事实。

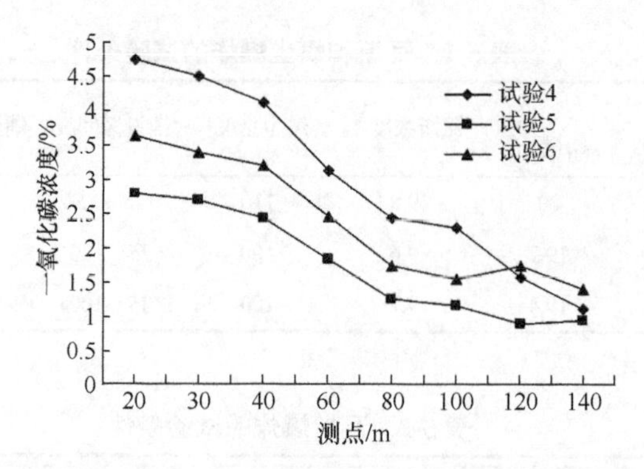

图 5-2　瓦斯、煤尘爆炸一氧化碳气体沿巷道变化趋势

(2) 随爆炸距离增加，毒害气体浓度递减，但递减速度较慢，高浓度传播距离远，伤害范围大。这和事故勘察的结果基本符合，煤尘爆炸产生的毒害气体量大，受爆炸冲击作用，气体动压携带气体传播距离较远。

5.2　管道内煤尘爆炸毒气传播规律试验研究

5.2.1　试验系统

为研究煤尘爆炸毒气传播特性，建立如图 3-9 所示煤尘爆炸试验系统，煤尘爆炸腔体设计如图 3-10 所示，爆炸试验管道系统如 3-12 所示。在测试煤尘爆炸冲击波和火焰的系统加装毒气浓度测试子系统，在爆炸管道不同位置上安装阀门，煤尘爆炸瞬间同时抽取各个位置管道内的毒害气体，用河南鹤壁生产的量程 0～500ppm 和 0%～5%的一氧化碳和量程 0.5%～20%的二氧化碳比长式快速检测管测定浓度大小。

5.2.2　试验方法与步骤

1. 试验方法

利用高压气体和真空负压作用，将煤尘压入爆炸腔体内形成煤尘云，并达到爆炸浓度，启动点火装置点火起爆，自动采集和测定煤尘爆炸过程中的有关参数。

2. 测点布置

试验只对有限的测点进行毒气浓度测量。根据预备试验经验，局部爆炸过程发展迅速，因此主要对沿管道水平方向前 21m 部分布置测点。图 5-3 给出前 21m 长度内的测试点布置图。

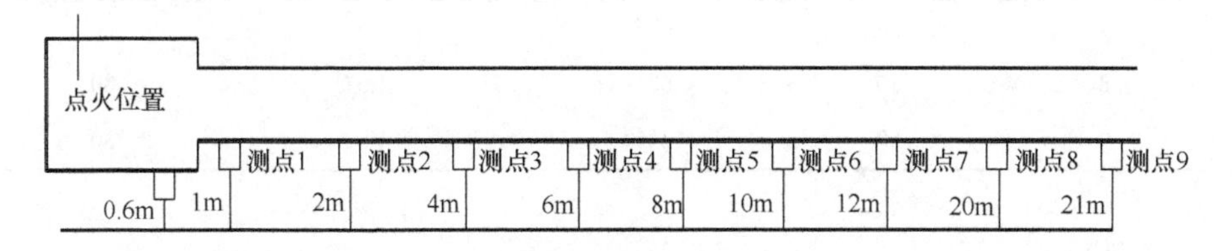

图 5-3　测点纵向布置示意图

3. 试验步骤

试验在常温、常压和湿度 55%条件下进行，每次具体试验主要完成如下步骤：

(1) 测试系统的调试、校准和安装；

(2) 在腔体上安装点火装置，关闭球形阀，打开真空表阀门，启动抽气机抽真空到 0.06MPa；

(3) 关闭煤尘喷嘴阀门，用天平称取一定量煤尘放入储存仓内，打开高压瓶阀门向煤尘储存仓内充入 1.5MPa 的高压空气并关闭阀门；

(4) 启动采集系统，手动打开煤尘喷嘴阀门，真空表压力回零后关闭压力表，快速打开球形阀，人员离开爆炸腔体到较近的安全点，要求在 30s 延时内点火起爆，采集数据和毒害气体；

(5) 启动空压机，打开通气阀门向腔体内吹入高压空气清洗残尘和毒害气体；

(6) 检查试验仪器和各种设备并保养，以备下次使用。

5.2.3　试验条件

为测试煤尘爆炸毒害气体传播和扩散区域以及冲击气流作用特性，在不改变试验设备的前提下，每次试验的条件有所不同，以全面测试煤尘爆炸的传播特性。试验条件见表 5-4。

表 5-4　煤尘爆炸试验条件

序号	纯煤尘量/g	煤尘浓度/(g/m³)	混合物原始长度/m	腔体容积/L
1	30	375	1.5	80
2	30	375	1.5	80
3	30	375	1.5	80
4	40	500	1.5	80
5	40	500	1.5	80
6	40	500	1.5	80

续表

序号	纯煤尘量/g	煤尘浓度/(g/m³)	混合物原始长度/m	腔体容积/L
7	50	625	1.5	80
8	50	625	1.5	80
9	50	625	1.5	80

5.2.4　试验结果分析

煤尘爆炸过程中产生的 CO 是有毒有害的气体，对人体有严重损害。通过试验分析产生的 CO 浓度跟预混煤尘浓度的关系，主要是通过煤尘浓度了解 CO 的浓度值的范围，从而了解 CO 在相应的浓度值的致病或致死的可能性，从而确定 CO 浓度的影响严重程度和危害的特性。煤尘爆炸过程中 CO 会随着冲击波和火焰锋面前行，当超出一定的标准之后，井下的从业人员就会出现各种身体不舒服或者生理的反应。

煤尘爆炸会产生大量毒害气体，目前可用于测试毒害气体的传感器响应时间与压力或者火焰传感器响应时间相比较长，采用在管道上安装阀门待爆炸后多人同时采集气体的办法，能较好地反映爆炸瞬间各测点位置毒害气体浓度的变化。表 5-5～表 5-7 中所列 CO 浓度为试验采集到的各测点浓度值。根据各测点数据绘制 CO 浓度沿管道出口方向浓度变化情况，如图 5-4 所示。

表 5-5　30g 煤尘爆炸各测点瞬间毒害气体 CO 浓度(%)

序号	测点位置(*L*/*D*)							
	13	24	53	70	96	125	155	175
1	1.1	0.7	0.35	0.08	0.002			
2	1.5	0.95	0.52	0.09	0.005			
3	1.3	0.85	0.38	0.06	0.003			

表 5-6　40g 煤尘爆炸各测点瞬间毒害气体 CO 浓度(%)

序号	测点位置(*L*/*D*)							
	13	24	53	70	96	125	155	175
4	1.6	1.00	0.65	0.05	0.01	0.001		
5	1.5	1.02	0.75	0.09	0.03	0.006		
6	1.7	1.15	0.75	0.07	0.04	0.004		

表 5-7 50g 煤尘爆炸各测点瞬间毒害气体 CO 浓度(%)

序号	测点位置(L/D)							
	13	24	53	70	96	125	155	175
7	1.75	1.05	0.61	0.09	0.05	0.02	0.004	
8	1.95	1.25	0.75	0.11	0.09	0.03	0.002	
9	1.90	1.15	0.70	0.13	0.06	0.01	0.001	

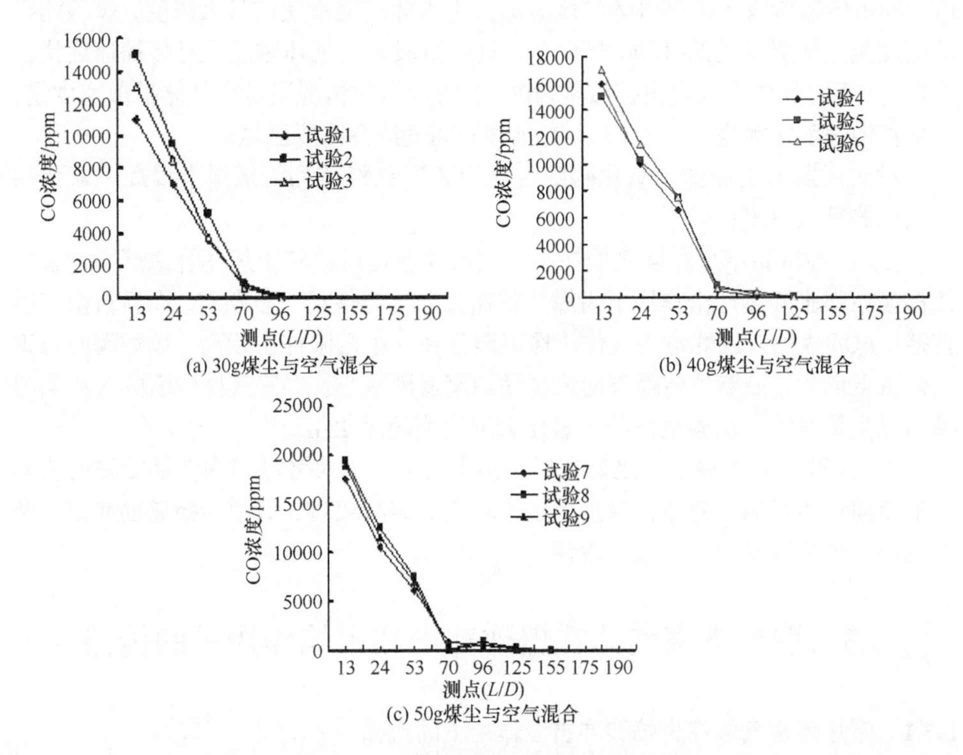

图 5-4 煤尘爆炸 CO 沿管道变化趋势图

从图 5-4 可以得出，毒害气体在传播过程中呈现如下特点：

(1) 煤尘爆炸生成的 CO 毒害气体浓度在爆源附近最大，随传播距离增加快速减小，毒害气体毒性强度减弱，毒害气体传播距离存在极限值。试验测得爆炸瞬间毒害气体传播距离在 4～6m 之间，传播速度不超过 180m/s。这是由于爆炸气体在惯性作用下快速传播，随沿程传播距离增加，动压失去补给，出现短距离衰减停滞现象。

(2) 爆炸瞬间毒害气体传播的距离随参与爆炸煤尘量增加而增大。爆炸气体来自参与煤尘热解出的挥发分和爆炸生成气体，爆炸反应越剧烈充分，生成的气体越多，爆炸强度也就越大，生成气体获得的动压就越大，沿管道开口方向泄放的距离越远，在阻力一定时参与煤尘越多，爆炸生成的有害气体传播的距离和范围越大，造成的损失就越严重。这就是爆炸事故在一定距离内一氧化碳中毒伤亡人数众多的原因，救援和安全设计时应高度重视。

(3) 爆炸瞬间爆炸产物快速膨胀，毒害气体传播到一定距离出现停滞，然后自由扩散传播。这是由于爆炸产生的毒害气体传播受爆炸产物膨胀影响分两个阶段进行，即在冲击气流动压的作用下快速扩散和动压失去后在无风条件下自由扩散。冲击传播阶段的毒害气体浓度远远大于人体所能承受的最大浓度，试验测得的浓度是人体能承受的 1000 倍以上，这一阶段毒害气体浓度大且传播速度快，伤亡重；毒害气体进入自由扩散阶段时，在没通风的情况下毒害气体扩散速度慢，平均扩散速度实测在 0.03m/s，人有足够时间逃离高浓度区域。

对比瓦斯煤尘爆炸一氧化碳随传播距离变化特征和管道煤尘爆炸一氧化碳变化趋势可以得出：

(1) 两种试验结果相同之处在于，大尺寸巷道试验和小尺寸管道试验毒害气体都会在膨胀气体冲击作用下沿爆炸传播方向冲击传播一段距离，而后自由扩散传播，试验表明，爆炸毒害气体传播可能存在一个极限冲击距离。爆炸瞬间毒害气体浓度最大，沿爆炸传播方向浓度随距离逐渐减小。毒害气体浓度的大小均与参与煤尘量有关，试验测得的一氧化碳浓度均超过 1%。

(2) 两种试验结果不同之处在于，毒害气体在大尺寸巷道内传播受障碍物和巷道摩擦作用影响其巷道传播速度极不稳定，衰减较慢；管道传播壁面光滑，摩擦较小，传播基本稳定，衰减较快。

5.3 爆炸毒害气体在爆炸冲击和火焰作用下的传播

5.3.1 爆炸毒害气体在火焰和冲击波作用下的传播

巷道内煤尘爆炸可分为点火和传播两个阶段。从时间和空间上看，点火阶段时间极短，爆炸主要在传播阶段。煤尘被点燃后，燃烧产物膨胀，火焰前方气体因前驱冲击波的作用，被加热和压缩，燃烧波与冲击波在传播过程中相互作用、相互加速形成正反馈机制。煤尘预混气体在燃烧阶段具有一定的速度和加速度，反应生成的有毒气体也以一定的初速度传播，而由于爆炸毒害气体是煤尘分解气体与氧气发生氧化反应的产物，因此，毒害气体滞后于火焰锋面。所以，火焰锋面加速传播，是爆炸过程和毒害气体传播的关键。受巷道障碍物、支护环境和反射波等影响，在煤尘爆炸燃烧反应阶段内毒害气体速度变化非常复杂。燃烧波的传播和冲击波前后或燃烧波前后气体状态发生的变化，决定爆炸产物的运动状态。

煤尘与空气预混气体在燃烧过程中产生大量爆炸产物，分析表明，爆炸开始分解产物以烃类主，其中甲烷最多。爆炸产物主要有 CO_2、CO 和 H_2O，由于其温度很高，爆炸产物急剧膨胀。爆炸产物的体积膨胀有两个方面的原因，一是反应过程中物质的量的增加，另一个原因是反应前后气体温度的增加。化学反应前后，气体的总物质的量不发生改变，燃烧产物的高温使气体密度大幅度降低，体积膨胀，从而对燃烧波前方的气体产生推动作用。通常使用未燃气体的密度 ρ_1 与产物密度 ρ_2 的比 $\varepsilon = \rho_1 / \rho_2$ 表示膨胀率，试验测得的典型膨胀率为 5～12。化学反应式为

$$CH_4 + 2(O_2 + 3.77N_2) \longrightarrow CO_2 + 2H_2O + 7.54N_2 + 886\text{kJ/mol}$$

爆炸产物的急剧膨胀实际上起着“速度活塞”的作用，将火焰前方看成一个加速运动的活塞，则其前方紧邻气体的运动速度 $U = \beta v_f$，v_f 为火焰锋面的传播速度，β 取决于火焰的结构和形状，通常 $\beta = 0.9$。则火焰的加速度为：$g_f = \mathrm{d}v_f / \mathrm{d}t = f(s_L, \varepsilon)$，$g_f$ 与 ε、s_L 的关系，在实际计算中针对某具体可燃气体不妨设 g_f 为常数。

活塞加速压缩使前方未燃气体中的压力波不断叠加，最终形成以超声速传播的具有明显间断的冲击波，形成冲击波的距离 X_s 与 g_f 有如下关系：

$$X_s = \frac{2c^2}{\beta(\gamma + 1)g_f} \tag{5-1}$$

式中，c 为未燃气体中的声速；γ 为比热比。

分析得出，煤尘爆炸阶段，爆炸毒害气体的传播是冲击波和火焰共同作用的结果，火焰的传播距离和范围决定毒害气体在这一阶段的传播范围。有毒气体在煤尘燃烧爆炸反应区的传播范围，一般用火焰波传播范围来表征，即火焰区的长度。煤尘爆炸传播存在显著的卷吸作用，即冲击波和火焰波在传播过程中将携带经过地点的气体一同前进，使得爆炸的燃烧区域远大于原始气体分布区域，所以在煤尘燃耗区内有毒气体的传播范围大于原始混合物分布区域。煤尘爆炸试验证明，此区域一氧化碳浓度一般都超过 1%，由于爆炸气体膨胀冲击速度在 200m/s 左右，此范围的工作人员一般都来不及逃离现场，处于死亡区内。

5.3.2　爆炸毒害气体在爆炸作用下的传播

1. 爆炸膨胀距离的理论解

假设煤尘与空气混合爆炸为瞬时理想气体爆炸，爆炸在管道腔体内进行，爆炸过程时间极短，视为等容绝热过程。一般情况下，当一定量的煤尘爆炸时的压

力 p_2 为 736kPa 左右，环境温度 T_1 =298K， p_1 =101kPa，可根据理想气态方程粗略估算爆炸温度为

$$T_2 = T_1 p_2 / p_1 = 298 \times 736 / 101 = 2172\text{K} = 1899\ ℃$$

由此可以推算出气体膨胀比约为

$$V_2 = V_1 T_2 / T_1 = 2172 \times V_1 / 298 = 7.3 V_1$$

即爆炸后的温度峰值在 1899℃左右，体积膨胀约 7.3 倍。也就是说，在其他条件不变的情况下，同一条巷道内，爆炸冲击和火焰温度作用下，毒害气体保持高浓度传播距离至少是原来混合物积聚长度的 7 倍左右。

2. 爆炸瞬间气体膨胀距离与煤尘量之间的关系拟合

由试验所测数据(表 5-8)，拟合煤尘爆炸试验测得的爆炸瞬间气体膨胀距离与煤尘量之间的关系，见图 5-5。

表 5-8　煤尘爆炸气体膨胀距离与煤尘量的关系

试验煤尘量/g	10	20	30	40	50	60	70	80
气体膨胀平均距离/m	2.10	2.47	2.38	3.25	3.66	5.07	6.15	6.88
一氧化碳平均浓度/%	0.52	1.22	1.31	1.54	1.67	1.72	1.87	2.11
爆炸腔体长度/m	1.5	1.5	1.5	1.5	1.5	1.5	1.5	1.5

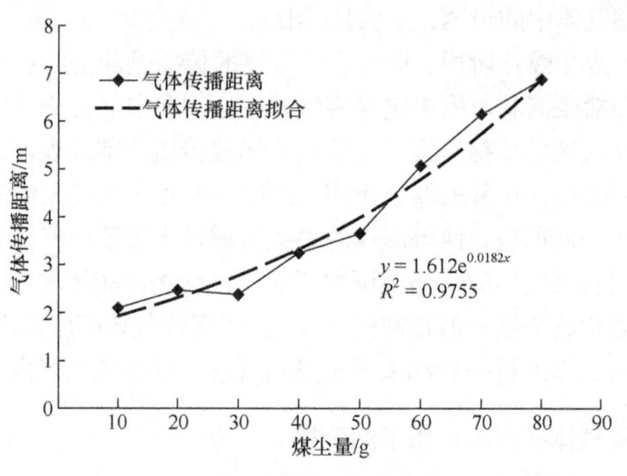

图 5-5　爆炸煤尘量与毒害气体膨胀距离的关系

拟合得到煤尘爆炸瞬间气体膨胀距离 y 与煤尘量 x 之间的关系式为

$$y = 1.612\text{e}^{0.0182x} \tag{5-2}$$

拟合度 $R^2 = 0.9755$，达到拟合要求。

拟合结果表明，爆炸阶段毒害气体的传播距离与参与爆炸的煤尘量呈指数关系变化。在其他条件不变的情况下，参与爆炸的煤尘量越多，爆炸毒害气体传播的距离就越远，伤害的范围就越大。

3. 不同爆炸煤尘量火焰传播距离与毒害气体传播距离比较

由表5-9绘制火焰传播距离与毒害气体传播距离随爆炸煤尘量变化，如图5-6所示。

表5-9　煤尘爆炸气体膨胀距离与火焰传播距离的关系

试验煤尘量/g	10	20	30	40	50	60	70	80
气体膨胀距离/m	2.10	2.47	2.38	3.25	3.66	5.07	6.15	6.88
火焰传播距离/m	2.39	2.82	2.80	4.12	4.30	5.24	7.05	7.64

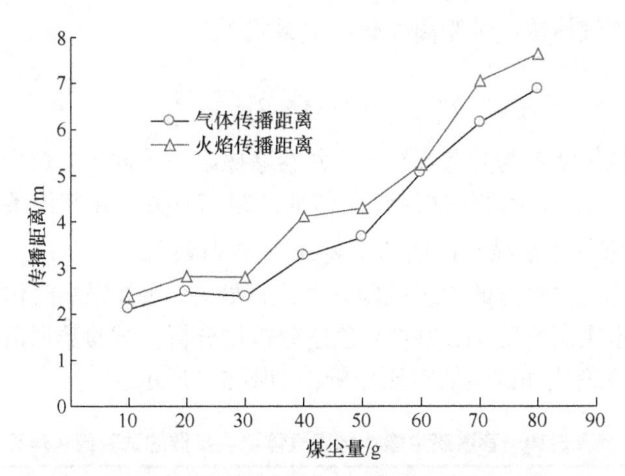

图5-6　爆炸煤尘量与毒害气体及火焰传播距离的关系

4. 爆炸阶段毒害气体传播伤害范围分析

从上述理论计算及试验值拟合结果可以得出毒害气体传播伤害范围。

(1) 在巷道截面不变的情况下，爆炸气体膨胀体积是原集聚煤尘和空气混合气体体积(80m³)的2～6倍，试验值比理论值要小一些。总体上看，试验值和理论值吻合度较高。拟合的火焰、气体膨胀距离与爆炸煤尘量的关系表明，煤尘爆炸瞬间高浓度毒害气体的传播距离是有限的，在不考虑巷道内其他影响因素时，在这个区域内作业的人员一般都会中毒死亡，死亡范围远大于煤尘聚集区长度。

(2) 由30g、40g、50g煤尘管道爆炸试验得知，不同煤尘量的爆炸所生成的毒害气体—氧化碳的传播距离基本上都存在一个极限传播距离，这与理论计算和拟合结果是一致的。这一研究结果对爆炸冲击波伤害较轻的又不在这一极限范围的人员，快速逃离现场和减少伤亡有着重要的意义。

(3) 火焰传播伤害距离与毒害气体冲击传播伤害距离基本相当。也就是说，爆炸火焰的传播决定毒害气体初始传播伤害死亡区的范围大小。

煤尘爆炸结束，爆炸气体停滞且爆温与外界温度平衡后，气体开始扩散传播。这一阶段的混合气体因受多种因素影响，传播扩散过程比较复杂。为更好地反映传播的复杂性和不确定性，采用两种方式建立毒害气体扩散的理论模型并进行对比分析。

5.3.3　毒害气体沿传播方向扩散试验值与理论值对比分析

研究表明，当巷道平均风速为 0.32～4.55m/s，摩擦阻力系数为 0.008～0.047N · s^2/m^4，雷诺数 Re 为 1×10^4～1.36×10^5，环境温度为 20～23℃，气压为 100391.76Pa，纵向紊流弥散系数 E_x 为 0.922～7.921m^2/s。

巷道内毒害气体浓度随距离变化的关系式[6]为

$$C_{\max}=0.035Mr^{-\frac{1}{2}}\alpha^{-\frac{1}{4}}x^{-\frac{1}{2}} \tag{5-3}$$

巷道毒害气体浓度与井巷半径 r 、井巷摩擦阻力系数 α 、煤尘爆炸生成的毒害气体总量 M ，以及毒害气体沿纵向传播的距离有关。在其他条件不变的情况下，$C_{\max}$ 与毒害气体沿纵向传播的距离的平方根成反比，即 $C_{\max}\propto\sqrt{x}$ 。

对煤尘在巷道内爆炸的 6 组试验数据进行处理，爆炸采集气体气样使用煤炭科学研究总院重庆研究院 GC4008A 色谱分析仪分析。试验数据值和理论计算值见表 5-10，将理论值和试验值对比分析，如图 5-7 所示。

表 5-10　巷道煤尘爆炸毒害气体浓度扩散的试验值和理论值

测点/m	20	30	40	60	80	100	120	140
试验 1 浓度/%	4.83	3.89	2.44	2.27	1.60	1.52	1.23	0.80
试验 2 浓度/%	4.68	2.85	2.97	2.51	2.27	2.08	1.64	1.04
试验 3 浓度/%	5.12	3.46	3.29	2.76	2.03	1.93	1.47	1.28
理论值浓度/%	7.23	4.16	3.62	2.95	2.58	2.29	2.08	1.93

由试验值与理论值对照得出，理论值均稍大于试验值，原因是理论模型做了适当假设，同时也受到试验条件影响。但理论值与试验值的吻合度较高，总体趋势保持一致，模型能反映爆炸结束后毒害气体的扩散传播特征。

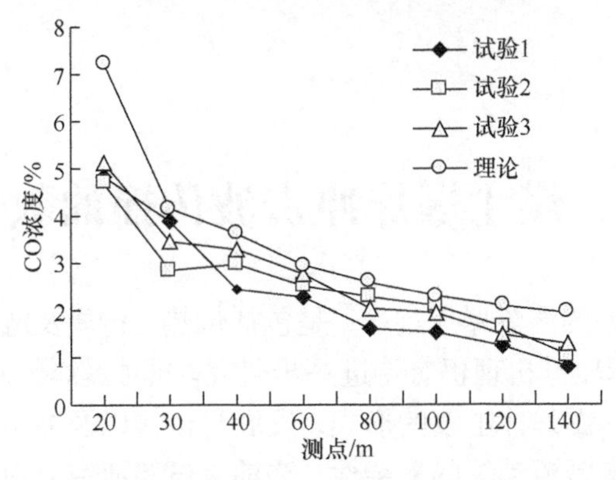

图 5-7　巷道煤尘爆炸毒害气体浓度扩散的试验值和理论值对照

5.4　本 章 小 结

(1) 本章重点进行了半封闭管道和巷道煤尘爆炸试验，测得沿爆炸传播方向上各测点位置的爆炸有毒气体特征参数值，并绘制了各测点位置特征参数的变化散点曲线图。

(2) 根据所测数据，分析了半封闭管道和巷道煤尘爆炸在不同尺寸断面条件下的爆炸毒气传播特征。大尺寸巷道试验和小尺寸管道试验毒害气体都会在膨胀气体冲击作用下沿爆炸传播方向冲击传播一段距离，而后自由扩散传播。试验表明，爆炸毒害气体传播可能存在一个极限冲击距离。爆炸瞬间毒害气体浓度最大，沿爆炸传播方向浓度随距离逐渐减小。毒害气体浓度的大小均与参与煤尘量有关，试验测得的 CO 浓度均超过 1%。煤尘量不同的爆炸，毒害气体膨胀传播存在一个极限距离；在巷道截面不变的情况下，爆炸气体膨胀体积是原集聚煤尘和空气混合气体体积($80m^3$)的 2～6 倍，火焰传播伤害距离与毒害气体冲击传播伤害距离基本相当，爆炸火焰的传播距离决定毒害气体初始传播伤害的范围大小。

第6章 煤尘爆炸冲击波传播的数值模拟

煤尘爆炸是典型的湍流爆炸过程，是包括传热、传质及链式连环反应的复杂的物理化学反应过程，其机理仍有待进一步研究。同时爆炸传播过程也非常复杂，在于其火焰的传播、爆炸冲击波的形成、发展与传播以及冲击波与火焰波的正反馈机制、湍流、非定常流动等的复杂性。当前，试验研究是对爆炸机理、爆炸事故过程传播规律研究的基本手段。随着计算机技术和计算流体力学理论的不断发展，数值模拟越来越得到重视。与试验相比，数值模拟快速、经济，而且能够重现事故爆炸过程，具有试验研究不可替代的优越性。而且数值模拟的精度和准确性随模拟技术的发展还在不断提高，逐渐成为研究的重要手段。通过数值模拟计算，能够确切、定量地描述煤尘爆炸过程，使爆炸过程得以重现，对于提示煤尘爆炸机理、爆炸过程中的热质传递等物理化学过程及爆炸冲击波、火焰波、毒害气体等的传播规律均有重要意义。数值模拟结果的准确性主要取决于理论与数值计算方法。

计算流体力学(CFD)就是在流体动力学和数值计算方法的基础上发展起来的一门学科。应用计算流体力学理论和方法，根据流体的运动和传热传质规律的三大守恒定律来编制计算机运行程序，求解确定边界条件下的数值解。

Fluent 是目前国际上比较流行的 CFD 软件包，由美国 FLUENT 公司于 1983 年推出。其采用基于完全非结构化网格的有限体积法，而且具有基于网格节点和网格单元的梯度算法，适用于定常/非定常流动模拟，支持界面不连续的网格、混合网格、动/变形网格以及滑动网格，能够精确地模拟无黏流、层流、湍流。湍流模型包含 Spalart-Allmaras 模型、k-ω 模型组、k-ε 模型组、雷诺应力模型(RSM)组、大涡模拟(LES)模型组以及最新的分离涡模拟(DES)和 V2F 模型等，用户还可以定制或添加自己的湍流模型。由于采用了多种求解方法和多重网格加速收敛技术，因而 Fluent 能达到最佳的收敛速度和求解精度。灵活的非结构化网格和基于解的自适应网格技术及成熟的物理模型，使 Fluent 在转捩与湍流、传热与相变、化学反应与燃烧、多相流、旋转机械、动/变形网格、噪声、材料加工、燃料电池等方面有广泛应用，可用来模拟从不可压缩到高度可压缩范围内的复杂流动。

本章在试验研究、理论分析研究的基础上，来模拟研究煤尘爆炸冲击波在单向分岔管道、双向分岔管道中的传播规律，模拟煤尘爆炸毒气在巷道中的传播规律，模拟计算结果与试验结果对比分析，验证计算结果的可靠性。

6.1　数值模拟模型

6.1.1　连续相流场模型

煤尘爆炸流场是高马赫数、高压力梯度的湍流流场。对于爆炸这样的高马赫数流场的分析，本研究采用总量 $E = e + u_i u_j / 2$ 作为能量的度量，以此建立 k-ε 湍流模型的连续相控制方程组[121]。

连续相控制方程汇总如下。

(1) 质量方程：

$$\frac{\partial \rho}{\partial t} + \frac{\partial}{\partial x_i}(\rho u_i) = 0 \tag{6-1}$$

(2) 动量方程：

$$\frac{\partial}{\partial t}(\rho u_i) + \frac{\partial}{\partial x_i}(\rho u_i u_j + p) = \frac{\partial}{\partial x_j}\left[(\tau_{ij})_{\text{eff}}\right] \tag{6-2}$$

(3) 组分方程：

$$\frac{\partial}{\partial t}(\rho f_s) + \frac{\partial}{\partial x_i}(\rho u_i f_s) = \frac{\partial}{\partial x_j}\left(D_{\text{eff}} \frac{\partial f_s}{\partial x_j}\right) - \omega_s \tag{6-3}$$

(4) 能量方程：

$$\frac{\partial}{\partial t}(\rho E) + \frac{\partial}{\partial x_j}[u_j(\rho E + p)] = \frac{\partial}{\partial x_j}\left[u_i(\tau_{ij})_{\text{eff}}\right] + \frac{\partial}{\partial x_j}\left[k_{\text{eff}}\left(\frac{\partial T}{\partial x_j}\right) + \sum h_s J_s\right] \tag{6-4}$$

(5) k 方程：

$$\frac{\partial}{\partial t}(\rho k) + \frac{\partial}{\partial x_i}(\rho k u_i) = \frac{\partial}{\partial x_j}\left(\alpha_k \mu_{\text{eff}} \frac{\partial k}{\partial x_j}\right) + G_k - \rho\varepsilon - Y_M \tag{6-5}$$

(6) ε 方程：

$$\frac{\partial}{\partial t}(\rho \varepsilon) + \frac{\partial}{\partial x_i}(\rho \varepsilon u_i) = \frac{\partial}{\partial x_j}\left[\alpha_\varepsilon \mu_{\text{eff}}\left(\frac{\partial \varepsilon}{\partial x_j}\right)\right] + C_{1\varepsilon}\frac{\varepsilon}{k}G_k - C_{2\varepsilon}\rho\frac{\varepsilon^2}{k} - R_\varepsilon \tag{6-6}$$

(7) 根据爆炸流场有较大压力梯度的特点，采用非平衡壁面函数补充壁面湍流边界条件，有压力梯度的壁面湍流动量条件：

$$\frac{\tilde{U} C_\mu^{0.25} {k_P}^{0.5}}{\tau_w / \rho} = \frac{1}{\kappa}\ln\left(E\frac{\rho C_\mu^{0.25} {k_P}^{0.5} y_P}{\mu}\right) \tag{6-7}$$

6.1.2 颗粒相模拟模型

煤尘爆炸过程中的非连续相煤尘在爆炸过程中将经历卷扬、释放挥发分、焦炭燃烧等复杂过程，一般的多相流模型对该过程的模拟有较大的难度，因此本研究采用颗粒相模型对煤尘进行直接模拟[3]。

颗粒相模拟采用拉格朗日坐标，通过积分拉氏坐标系下的颗粒作用力微分方程来求解离散相颗粒的轨道。颗粒的作用力平衡方程(颗粒惯性=作用在颗粒上的各种力)在笛卡儿坐标系下的形式(x 方向)为

$$\frac{\mathrm{d}u_{\mathrm{p}}}{\mathrm{d}t}=F_D(u-u_{\mathrm{p}})+\frac{g_x(\rho_{\mathrm{p}}-\rho)}{\rho_{\mathrm{p}}}+F_x \tag{6-8}$$

式中，u 为流体相速度；u_{p} 为颗粒速度；ρ 为流体密度；ρ_{p} 为颗粒密度。

计算中采用随机轨道模拟或颗粒云模拟考虑颗粒运动的随机过程。

F_D 为相间速度差形成的作用力，作用力 F_x 在某些情况下可能很重要。作用力中的最重要的一项是“视质量力”(附加质量力)。它是由于要使颗粒周围流体加速而引起的附加作用力。视质量力的表达式为

$$F_x=\frac{1}{2}\frac{\rho}{\rho_{\mathrm{p}}}\frac{\mathrm{d}}{\mathrm{d}t}(u-u_{\mathrm{p}}) \tag{6-9}$$

计算中热平衡方程关联颗粒温度 $T_{\mathrm{p}}(t)$ 与颗粒表面的对流与辐射传热：

$$m_{\mathrm{p}}c_{\mathrm{p}}\frac{\mathrm{d}T_{\mathrm{p}}}{\mathrm{d}t}=hA_{\mathrm{p}}\left(T_\infty-T_{\mathrm{p}}\right)+\varepsilon_{\mathrm{p}}A_{\mathrm{p}}\sigma\left(\theta_R^4-T_{\mathrm{p}}^4\right) \tag{6-10}$$

式中，m_{p} 为颗粒质量，kg；c_{p} 为颗粒比热，J/(kg · K)；T_{p} 为颗粒蒸发温度，K；h 为对流传热系数，W/(m^2 · K)；A_{p} 为颗粒表面积，m^2；T_∞ 为连续相当地温度，K；ε_{p} 为颗粒黑度；σ 为常数，5.67×10^{-8}；θ_R 为辐射温度，K。

脱挥发分时颗粒的传热包括对流给热、辐射给热(如果激活该选项)以及挥发分引起的传热[122]：

$$m_{\mathrm{p}}c_{\mathrm{p}}\frac{\mathrm{d}T}{\mathrm{d}t}=hA\left(T_\infty-T_{\mathrm{p}}\right)+\frac{\mathrm{d}m_{\mathrm{p}}}{\mathrm{d}t}h_{fg}+A_{\mathrm{p}}\varepsilon_{\mathrm{p}}\sigma\left(\theta_R^4-T_{\mathrm{p}}^4\right) \tag{6-11}$$

式中，$\dfrac{\mathrm{d}m_{\mathrm{p}}}{\mathrm{d}t}$ 为颗粒蒸发速率，kg/s；h_{fg} 为汽化潜能，J/kg。

只有应用了离散转移辐射模型，并且采用颗粒的辐射热传选项，上式的计算才包括颗粒的辐射热传。

一旦挥发分全部析出之后，颗粒就开始进行表面反应，以烧掉颗粒的可燃组

分 f_{comb}。

$$m_{\text{p}} < \left(1-f_{v,0}\right)\left(1-f_{w,0}\right)m_{\text{p},0} \tag{6-12}$$

直到可燃组分全部消耗：

$$m_{\text{p}} > \left(1-f_{v,0}\right)\left(1-f_{w,0}\right)m_{\text{p},0} \tag{6-13}$$

挥发分的燃烧反应与瓦斯爆炸燃烧反应的处理方法类似，在此不复述。

6.1.3　连续相计算方法

综合考虑计算的精度和计算的耗费，利用有限体积法(finite volume method)求解湍流爆炸流场的控制方程组[123]。

有限体积法是一种数值积分方法，其基本思路是将计算区域划分为网格，并使每个网格点周围有一个互不重复的控制体积；将待解微分方程(控制方程)对每一个控制体积积分，从而得出一组离散方程。爆炸流场的控制方程中的时均 N-S 组写成积分形式为

$$\int_V \frac{\partial U}{\partial t}\mathrm{d}V + \oint\left[F-G\right]\cdot \mathrm{d}\vec{A} = \int_V H\mathrm{d}V \tag{6-14}$$

对于二维流场的模拟，上式中：

$$\begin{gathered} U=\begin{bmatrix}\rho & \rho u & \rho v & \rho E\end{bmatrix}^{\mathrm{T}} \\ F=\begin{bmatrix}\rho V & \rho V u + p\vec{i} & \rho V v + p\vec{j} & \rho V E + pV\end{bmatrix}^{\mathrm{T}} \\ G=\begin{bmatrix}0 & \tau_{xi} & \tau_{yi} & \tau_{ij}u_j + q\end{bmatrix}^{\mathrm{T}} \end{gathered} \tag{6-15}$$

式中，$V=u_1\vec{i}+u_2\vec{j}=u\vec{i}+v\vec{j}$；$q$ 为导热相。

按 CFD 的习惯 F 称为无黏通量；G 称为黏性通量。各式具体的表达式参见相关的推导。控制方程中的 k 方程和 ε 方程无黏通量仅含有对流项，与 N-S 方程 F 在处理上有较大差别，所以单独求解。但可以写成同样的积分形式，在此不复述。

6.1.4　颗粒相计算方法

当计算颗粒的轨道时，可以跟踪计算颗粒沿轨道的热量、质量、动量的得到与损失，这些物理量可作用于随后的连续相的计算中。于是，在连续相影响离散相的同时，也可以考虑离散相对连续相的作用。交替求解离散相与连续相的控制方程，直到二者均收敛(二者计算解不再变化)为止，这样就实现了双向耦合计算[3]。图 6-1 描述了连续相与颗粒相之间的质量、动量与热量间的交换。

颗粒动量变化值为

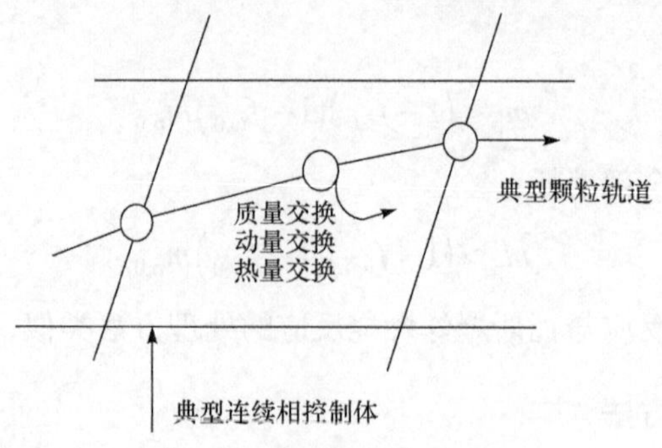

图 6-1　颗粒相计算示意图

$$F=\sum\left(\frac{18\beta\mu C_D Re}{\rho_{\mathrm{p}} d_{\mathrm{p}}^2 24}\left(u_{\mathrm{p}}-u\right)+F_{\text{other}}\right) m_{\mathrm{p}} \Delta t \tag{6-16}$$

当不存在化学反应时，热量交换的计算式为

$$Q=\left[\frac{\overline{m_{\mathrm{p}}}}{m_{\mathrm{p},0}} c_{\mathrm{p}} \Delta T_{\mathrm{p}}+\frac{\Delta m_{\mathrm{p}}}{m_{\mathrm{p},0}}\left(-h_{fg}+h_{\text{pyrol}}+\int_{T_{\text{ref}}}^{T_{\mathrm{p}}} c_{\mathrm{p},i} \mathrm{d} T\right)\right] \dot{m}_{\mathrm{p},0} \tag{6-17}$$

质量变化值可简写为

$$M=\frac{\Delta m_{\mathrm{p}}}{m_{\mathrm{p},0}} \dot{m}_{\mathrm{p},0} \tag{6-18}$$

6.1.5　初始与边界条件

1. *初始条件设置*

初始压力条件：参与爆炸的煤尘分别有 30g(375g/m^3)、40g(500g/m^3)、50g (625g/m^3)，点燃能量为 10kJ，初始压力值为 101325Pa，煤尘充填区在爆炸腔体内，管道内其他部分为可压缩空气，不考虑质量力和黏性力。

点火零时刻整个计算区域压力为大气压力，因此整个区域超压 $p_0=0\mathrm{MPa}$ 。

初始温度条件：点火区域 $T_0=2000\mathrm{K}$ ；其他区域 $T_0=293\mathrm{K}$ 。

初始速度条件：整个区域初速为零时 $V=0\mathrm{m/s}$ 。

2. *边界条件设置*

管道壁面为刚体，不考虑热传导，没有质量穿透，煤尘粒的粒径都相同，均为球形，不考虑煤尘粒间的相互作用[107]。采用单元流场参数外推的方法处理出口边界条件。

包括试验腔体在内，整个试验管道长度为 21m。在煤尘爆炸腔体内，将煤尘点燃引爆，爆炸沿一端开口的管道传播，在距煤尘爆炸传播起点位置 15m 处安装分岔管道，研究分岔管道内煤尘爆炸冲击波的传播规律。

3. 建模与分网

GAMBIT 是 Fluent 的前处理包,用来模拟生成网格模型,可以生成结构网格、非结构网格和混合网格等多种类型的网格。考虑到煤尘爆炸的复杂性，在计算中采用三角形网格和矩形网格形成的混合网格处理点火区域，管道的分岔变形区域等，在管道的边界区域尽量使用结构网格。

图 6-2 所示为整体网格划分情况，图 6-3、图 6-4 所示为局部网格。

图 6-2　爆炸腔体及管道的计算网格

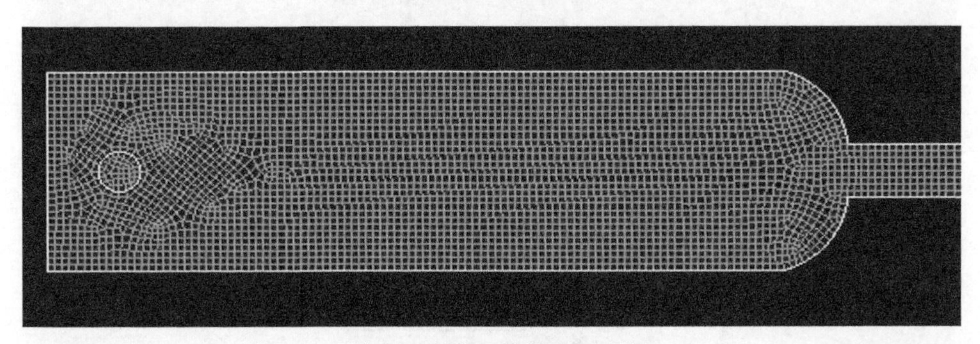

图 6-3　点火区域的局部网格

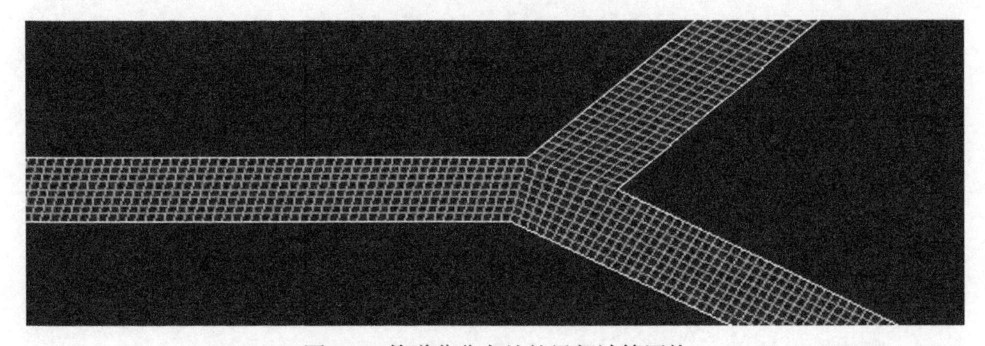

图 6-4　管道分岔点处的局部计算网格

4. 计算的流程图与过程图

根据内容要求，按图 6-5 所示的流程图进行模拟计算。

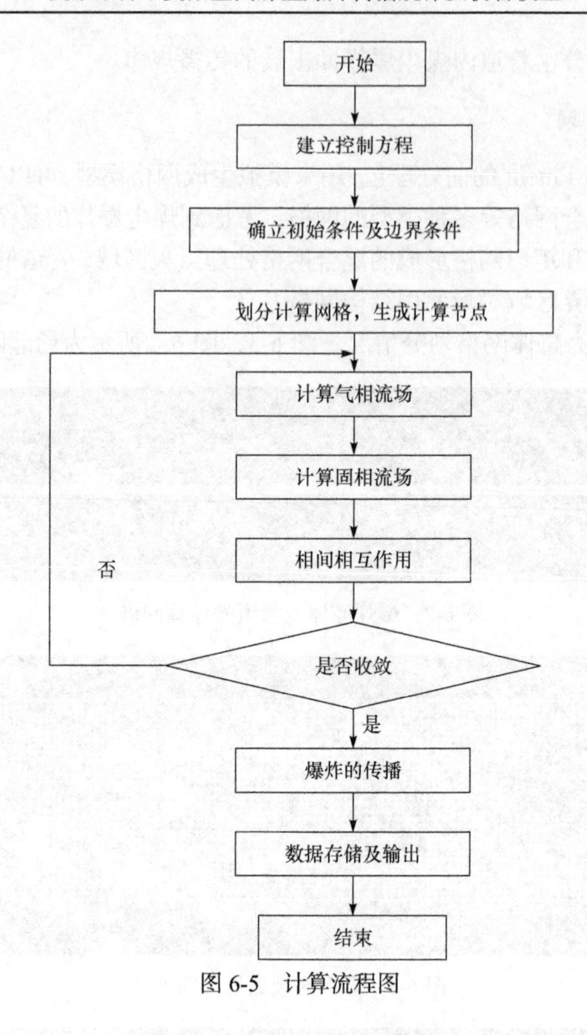

图 6-5　计算流程图

6.2　单向分岔管道内冲击波压力变化数值模拟结果与分析

改变参与爆炸煤尘量，分别模拟计算了单向分岔管道支线分岔角度为 30°、45°、60°、90°、120°、135°、150°情况下的冲击波传播超压变化值，共 7 种类型的单向分岔管道。测点的布置如图 3-16 所示。

6.2.1　数值模拟结果

1. 数值模拟结果压力分布图

通过数值模拟计算，得出了在单向分岔管道内、不同分岔角度下冲击波传播到分岔点处的压力分布情况图，如图 6-6～图 6-12 所示。

图 6-6　单向分岔管道 30°分岔管道冲击波压力图

图 6-7　单向分岔管道 45°分岔管道冲击波压力图

图 6-8　单向分岔管道 60°分岔管道冲击波压力图

图 6-9　单向分岔管道 90°分岔管道冲击波压力图

图 6-10　单向分岔管道 120°分岔管道冲击波压力图

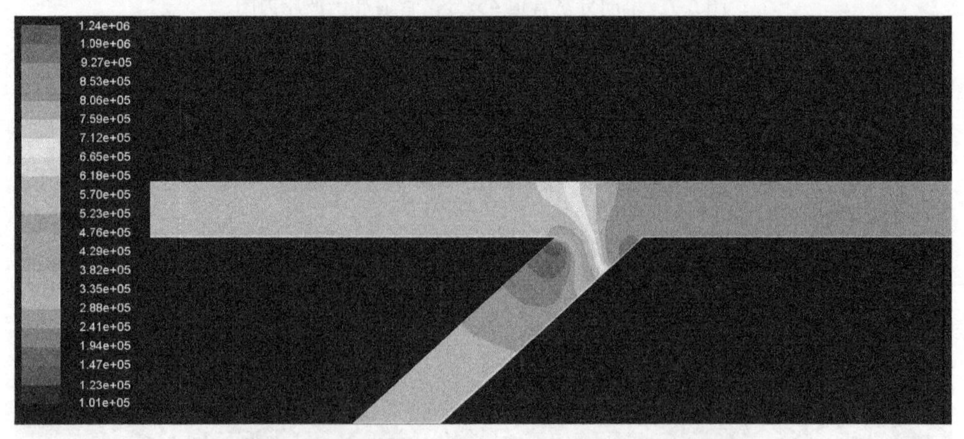

图 6-11　单向分岔管道 135°分岔管道冲击波压力图

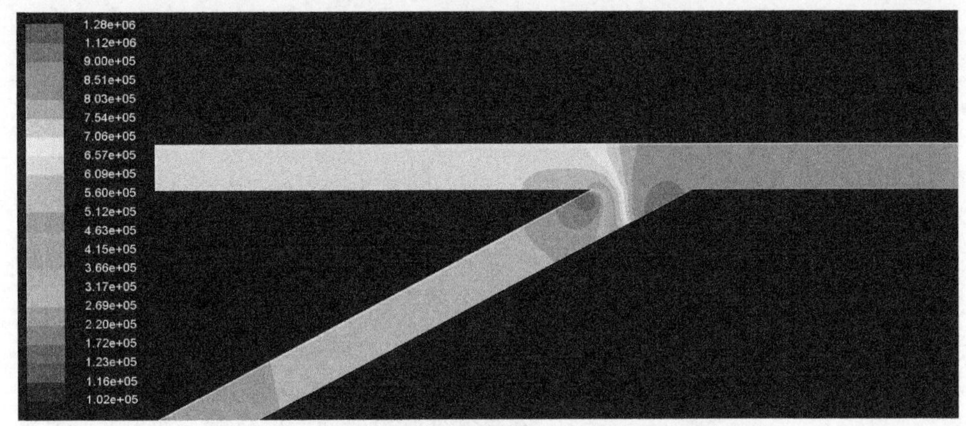

图 6-12　单向分岔管道 150°分岔管道冲击波压力图

2. 数值模拟测点峰值压力数据

通过数值模拟得出煤尘爆炸冲击波在管道单向分岔处的压力数据，如表 6-1 所示，测点 1 在交叉点的前方(所测数值为初始超压)，测点 2 在单向分岔管道的支线段内，测点 3 在交叉点的后方，测点位置如图 6-13 所示。

表 6-1　煤尘爆炸冲击波在管道单向分岔处的压力值

支线分岔角 β/(°)	爆炸腔体煤尘浓度 /(g/m^3)	测点 1 超压 /MPa	测点 2 超压 /MPa	测点 3 超压 /MPa	直线段衰减系数	支线段衰减系数
	375(30g)	0.7028	0.4167	0.5120	1.3725	1.6866
30	625(50g)	0.8608	0.4971	0.6206	1.3871	1.7316
	500(40g)	1.2621	0.7235	0.9034	1.3971	1.7443
	375(30g)	0.7601	0.4318	0.5684	1.3371	1.7602
45	625(50g)	0.8501	0.4749	0.6281	1.3534	1.7902
	500(40g)	1.4562	0.7967	1.0643	1.3682	1.8278
	375(30g)	0.7596	0.4127	0.5857	1.2969	1.8406
60	625(50g)	0.8837	0.4688	0.6685	1.3220	1.8853
	500(40g)	1.3528	0.7021	1.0019	1.3503	1.9267
	375(30g)	0.7838	0.4039	0.6258	1.2526	1.9405
90	625(50g)	0.9548	0.4742	0.7575	1.2605	2.0134
	500(40g)	1.2824	0.6244	1.0005	1.2817	2.0538
	375(30g)	0.8531	0.4106	0.6974	1.2233	2.0776
120	625(50g)	1.1438	0.5450	0.9145	1.2507	2.0988
	500(40g)	1.4281	0.6667	1.1246	1.2698	2.1421
	375(30g)	0.8268	0.3843	0.6957	1.1884	2.1516
135	625(50g)	0.9514	0.4338	0.7859	1.2106	2.1932
	500(40g)	1.4714	0.6533	1.1893	1.2372	2.2522
	375(30g)	0.7711	0.3420	0.6754	1.1417	2.2547
150	625(50g)	0.8804	0.3843	0.7584	1.1609	2.2911
	500(40g)	1.3966	0.6043	1.1771	1.1865	2.3109

6.2.2　数值模拟结果分析

通过数值模拟，由冲击波在管道单向分岔情况下传播的压力分布图可以得出以下结论：

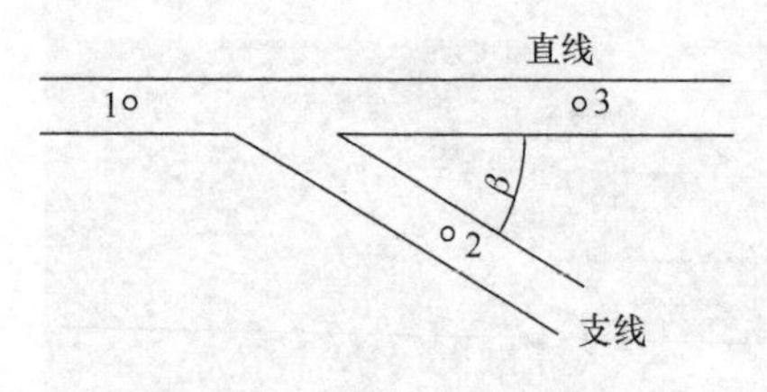

图 6-13　模拟测点位置图

(1) 随着单向分岔角度的增大，交叉口下游的直线管道内的压力逐渐增大，交叉口上游直线管道内的压力也呈现逐渐增大的趋势，衰减系数逐渐减小；而支线管道内的压力逐渐减小，衰减系数逐渐增大。

(2) 冲击波传播到管道单向分岔处时，在分岔处管道壁面发生反射，冲击波压力叠加。在迎着支线与直线段交叉处位置下游区域壁面产生高压，高压区域的位置范围随着支线分岔角度的增大，其高压区域逐渐向支线管道内的壁面转移，使得高压反射区域范围逐渐扩大，在支线分岔角等于、大于 90°反射回流现象逐渐明晰，可见交叉口上游直线管道内的压力呈现逐渐增大的趋势主要是由回流造成的。

(3) 在迎着支线与直线段交叉处位置上游区域壁面产生低压，低压区域范围随分岔角度的增大，逐渐向支线管内的壁面转移，使支线管道内的压力逐渐减小，衰减系数增大。

(4) 随着爆炸冲击波初始压力的增大，反射区域略有增加，使衰减系数略有增大。

(5) 在冲击波经过单向分岔处复杂的反射后，爆炸冲击波逐渐发展成为平面波，反射区域长度约为 4～6 倍的管道宽度。

基于表 6-1 数据得出图 6-14 中煤尘爆炸冲击波衰减系数随角度增加的变化曲线。

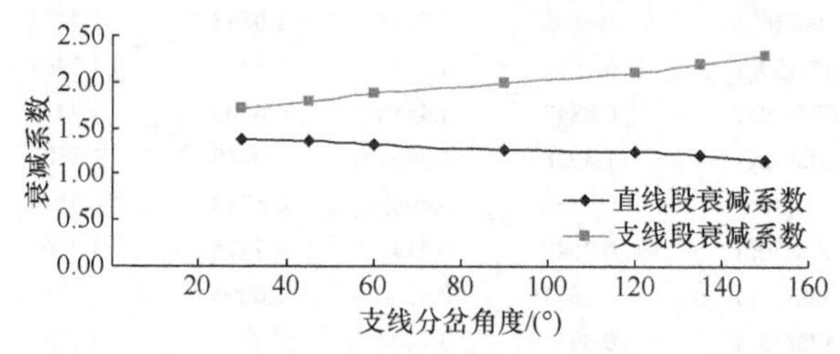

图 6-14　单向分岔管道冲击波超压衰减系数随角度变化曲线

从表 6-1、图 6-14 中可以得出，随着爆炸初始压力的升高，爆炸冲击波衰减系数不论是在单向分岔管道的直线段还是支线段均随煤尘爆炸初始超压增大而呈增大趋势。随支线分岔角度的增大，单向分岔管道直线段的衰减系数逐渐减小，支线段的衰减系数逐渐增大，在 30°～150°范围内直线段的衰减系数由 1.3725 减小到 1.1417，支线段的衰减系数由 1.6866 增加到 2.2547，增加的幅度大于减小的幅度。

6.2.3　数值模拟结果与试验对比分析

(1) 通过分析数值模拟的压力分布图，得到随着单向分岔角度的增大，交叉口下游的直线管道内的压力逐渐增大，解释了试验中直线段衰减系数随单向分岔角度的增大而减小的原因。

(2) 通过数值模拟分析，发现在迎着支线与直线段交叉处位置上游区域的壁面产生低压，低压区域范围随分岔角度的增大，逐渐向支线管内的壁面转移，解释了支线管道内的压力逐渐减小的原因。

(3) 通过数值模拟分析，得到在迎着支线与直线段交叉处位置下游区域壁面产生高压，高压区域的位置范围随着支线分岔角度的增大，其高压区域逐渐向支线管道内的壁面转移，使得高压反射区域范围逐渐扩大，在支线分岔角等于、大于 90°反射回流现象逐渐明晰，解释了单向分岔管道支线段衰减系数随分岔角度的增大而增大、直线段则随着分岔角的增大而减小，其增大的幅度大于减少的幅度的原因。

(4) 数值模拟结果表明，随着爆炸初始压力的升高，爆炸冲击波衰减系数不论是在单向分岔管道的直线段还是支线段均随煤尘爆炸初始超压增大而呈增大趋势，并得到了试验结果的证明。

(5) 数值模拟结果表明，单向分岔管道直线段的衰减系数逐渐减小，支线段的衰减系数逐渐增大，在 30°～150°范围内直线段的衰减系数由 1.3725 减小到 1.1417，支线段的衰减系数由 1.6866 增加到 2.2547；而试验结果表明：直线段的衰减系数由 1.5286 减小到 1.0452，支线段则由 1.3581 增加到 2.8184。数值模拟结果与试验结果趋势一致，而模拟结果的变化幅度较小。分析其主要原因在于：数值模拟中，不考虑管道壁面热交换损失、壁面粗糙程度及气体的质量力、质量损失等因素，但实际中，与壁面间存在摩擦、有热交换、密封不好的接口处有能量及质量损失等因素，从而使得试验中的变化幅度比数值模拟的大。图 6-15、图 6-16 为模拟与试验结果对比图。

总体来说，数值模拟结果与试验结果基本吻合，通过数值模拟对试验中结论与现象作了合理的解释与有益的补充。

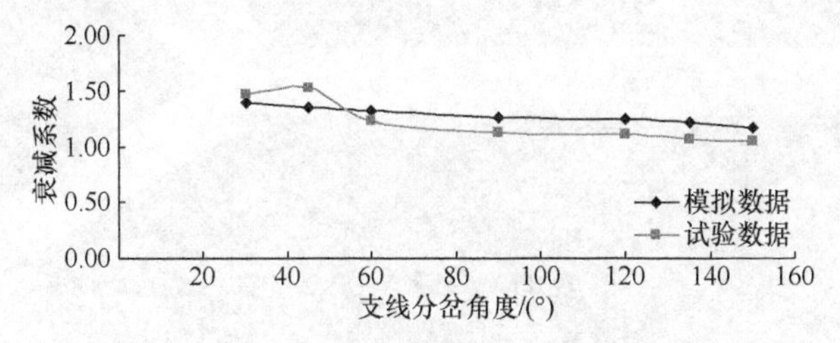

图 6-15　单向分岔巷道直线段冲击波衰减系数对比图

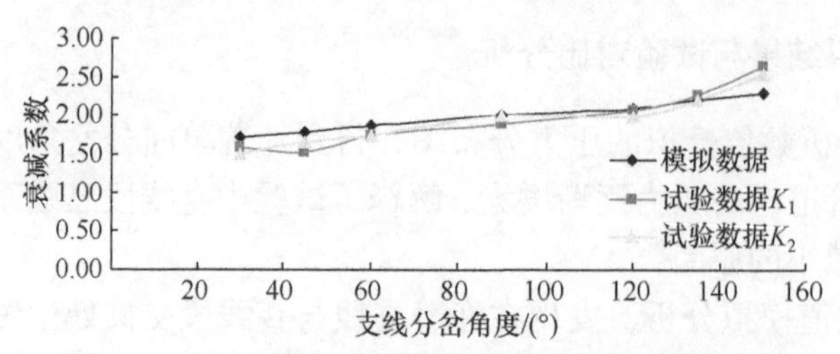

图 6-16 单向分岔巷道支线段冲击波衰减系数对比图

6.3 双向分岔管道内冲击波压力变化数值模拟结果与分析

改变参与爆炸煤尘量，模拟计算了双向分岔管道分岔角度为 30°/45°、60°/30°、75°/60°、45°/105°、105°/30°、90°/60°情况下的冲击波传播超压变化值，共 6 种类型双向分岔管道。测点的布置如图 3-32 所示。

6.3.1 数值模拟结果

1. 数值模拟结果压力分布图

通过数值模拟计算，得出了在双向分岔管道内、不同分岔角度下冲击波传播到分岔点后的超压分布情况，如图 6-17～图 6-22 所示。

2. 数值模拟测点峰值压力数据

通过数值模拟得出煤尘爆炸冲击波在管道双向分岔处的压力数据，如表 6-2

图 6-17 双向分岔管道 30°/45°分岔管道冲击波压力图

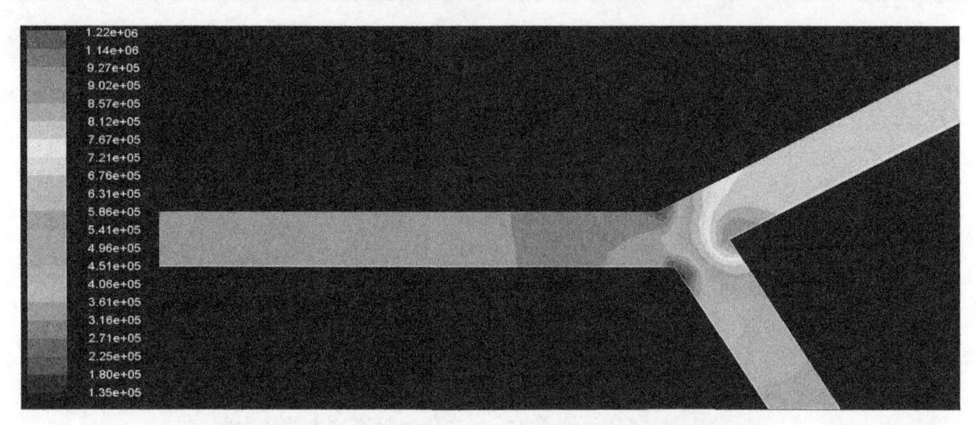

图 6-18　双向分岔管道 60°/30°分岔管道冲击波压力图

图 6-19　双向分岔管道 75°/60°分岔管道冲击波压力图

图 6-20　双向分岔管道 90°/60°分岔管道冲击波压力图

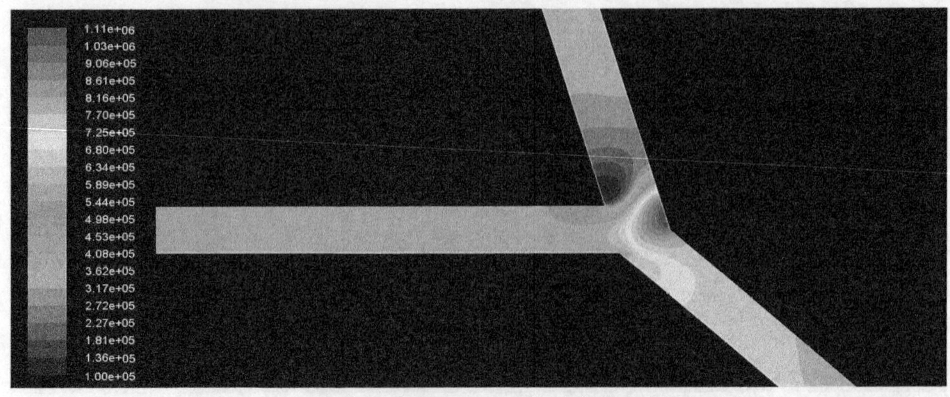

图 6-21　双向分岔管道 45°/105°分岔管道冲击波压力图

图 6-22　双向分岔管道 105°/30°分岔管道冲击波压力图

所示，测点 1 在交叉点的前方(所测数值为初始超压)，测点 2 在单向分岔管道的支线段内，测点 3 在交叉点的后方，压力分布图中下方的为分岔 1，上方的为分岔 2。测点位置如图 6-23 所示。

表 6-2　煤尘爆炸冲击波在管道双向分岔处的压力值

支线分岔角 $\beta/\alpha/(°)$	爆炸腔体煤尘浓度 /(g/m³)	测点 1 超压 /MPa	测点 2 超压 /MPa	测点 3 超压 /MPa	分岔 1 衰减系数	分岔 2 衰减系数
30/45	375(30g)	0.6536	0.4221	0.4114	1.5485	1.5888
	625(50g)	0.7998	0.5097	0.4938	1.5692	1.6198
	500(40g)	1.2587	0.7962	0.7764	1.5809	1.6212
60/30	375(30g)	0.6621	0.4074	0.4430	1.6252	1.4947
	625(50g)	0.8306	0.5000	0.5467	1.6612	1.5194
	500(40g)	1.2712	0.7605	0.8301	1.6716	1.5314

续表

支线分岔角 $\beta/\alpha/(°)$	爆炸腔体煤尘浓度 $/(g/m^3)$	测点 1 超压 /MPa	测点 2 超压 /MPa	测点 3 超压 /MPa	分岔 1 衰减 系数	分岔 2 衰减 系数
75/60	375(30g)	0.6810	0.4096	0.4224	1.6624	1.6124
	625(50g)	0.7796	0.4583	0.4753	1.7009	1.6402
	500(40g)	1.1693	0.6864	0.7073	1.7035	1.6531
90/60	375(30g)	0.6385	0.3621	0.3987	1.7635	1.6013
	625(50g)	0.8523	0.4857	0.5280	1.7547	1.6144
	500(40g)	1.1697	0.6554	0.7073	1.7848	1.6537
45/105	375(30g)	0.6911	0.4570	0.3920	1.5124	1.7628
	625(50g)	0.8835	0.5789	0.4972	1.5260	1.7770
	500(40g)	1.1276	0.7320	0.6257	1.5404	1.8021
105/30	375(30g)	0.7869	0.4041	0.5493	1.9471	1.4326
	625(50g)	0.8461	0.4308	0.5833	1.9642	1.4505
	500(40g)	1.2155	0.6142	0.8231	1.9790	1.4767

6.3.2　数值模拟结果分析

通过数值模拟，由冲击波在管道双向分岔情况下传播的压力分布图可以得出以下结论：

(1) 在双向分岔管道中，在正对冲击波波阵面分岔处的壁面位置，发生反射，冲击波压力叠加，产生高压。

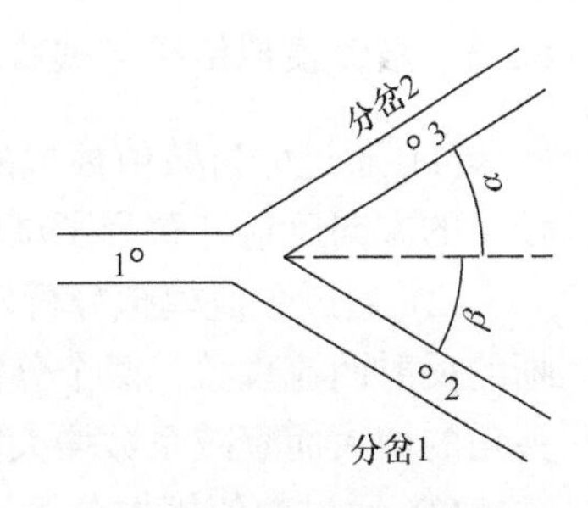

图 6-23　模拟测点位置图

高压的反射区域受分岔角度的影响较大，总是向分岔角度较小的方向反射，使分岔角度较小的分岔的衰减系数变得较小。

当其中一个分岔角超过 90°时，就会出现较为明晰的反射回流现象，而且两个分岔间夹角越大，反射回流越明晰，可见随两个分岔夹角的增大衰减系数增大。

(2) 在双向分岔管道中，在两个分岔角度均小于 90°的情况下，管道分岔处上、下隅角处产生低压区。

低压区的区域作用范围，单个分岔的分岔角度越大，在这个分岔的作用区域范围就越大，其内分压力就越小，其衰减系数就越大。

低压区域的作用范围也与两个分岔之间夹角的大小有关，随夹角的增大，低压总的作用区域越来越小，逐渐向分岔角度较大的分岔中移动，且在这个分岔内的作用区域增大，衰减系数增大。

(3) 在双向分岔管道中，两个分岔的衰减系数随角度的变化而互相影响，两个分岔角度差值越小，两个分岔的压力越均衡；差值越大，分岔角度越大的分岔中的压力越小，衰减系数越大，而另一个分压就越大，衰减系数就越小。

(4) 随着爆炸冲击波初始压力的增大，反射区域略有增加，使衰减系数略有增大。

(5) 在冲击波经过双向分岔处壁面的复杂反射后，爆炸冲击波逐渐发展成为平面波，反射区域长度约为 4～6 倍的管道宽度。

基于表 6-2 的数据可以得出：

(1) 在分岔角由 30°逐渐增大到 105°的过程中，其衰减系数由最小值 1.5662 逐渐增大到 1.9634；分岔角为 30°时，另一个分岔角度从 45°到 60°到 105°的增大过程中，该分岔的衰减系数由 1.6099 增大到 1.9634，其他角度下也呈这种趋势。

分岔角为 60°时，对应另一个分岔角度分别为 30°、75°、90°，分岔角为 45°时，对应另一个分岔角度分别为 30°、105°，分岔角为 105°时，对应另一个分岔角度分别为 30°、45°，都与上述规律相符。

(2) 在两个分岔角总和由 75°增加到 150°过程中，两条分岔的总的衰减系数也呈逐渐增大的趋势，增幅在 0.25 左右。

6.3.3　数值模拟结果与试验对比分析

(1) 通过分析数值模拟的压力分布图可知，高压的反射区域总是向分岔角度较小的方向反射，解释了试验分岔角度较小的分岔的衰减系数较小的原因。

(2) 通过数值模拟分析发现，当其中一个分岔角超过 90°时，就会出现较为明晰的反射回流现象，两个分岔间夹角越大，反射回流越明晰，解释了随两个分岔夹角的增大而衰减系数增大的现象。

(3) 通过数值模拟分析，得出低压区的区域作用范围，单个分岔的分岔角度越大，在这个分岔的作用区域范围就越大，解释了分岔角度越大，其衰减系数越大的现象。

(4) 数值模拟结果表明，随着爆炸初始压力的升高，两个分岔的爆炸冲击波衰减系数均随煤尘爆炸初始超压增大而呈增大趋势，并得到了试验结果的证明。

总体来说，数值模拟结果与试验结果基本吻合，通过数值模拟对试验中结论与现象作了合理的解释与有益的补充。

6.4　截面积突变管道内冲击波压力变化数值模拟结果与分析

改变参与爆炸煤尘量,模拟计算了截面积突变管道由 80mm×80mm 变为 90mm×90mm、100mm×100mm、110mm×110mm、120mm×120mm、140mm×140mm、160mm×160mm，再变为 80mm×80mm 情况下的冲击波传播超压变化值，共 6 种类型截面积突变管道。测点的布置如图 3-36 所示。

6.4.1　数值模拟结果

1. 数值模拟结果压力分布图

通过数值模拟计算，得出了不同截面积变化率下的冲击波传播到变径处的超压分布情况，如图 6-24～图 6-27 所示。

2. 数值模拟测点峰值压力数据

通过数值模拟得出冲击波在管道截面突变处(不同截面积变化率)的超压峰值，如表 6-3 所示。测点的布置如图 3-36 所示。

表 6-3　冲击波在管道截面积变化处压力值

变径管道尺寸 /(mm×mm)	爆炸腔体煤尘浓度 /(g/m^3)	传感器 1 超压/MPa	传感器 2 超压/MPa	传感器 3 超压/MPa	衰减系数 L_1	衰减系数 L_2
90×90	375(30g)	0.7568	0.6216	0.6658	1.2174	0.9337
	625(50g)	0.8614	0.6744	0.7129	1.2773	0.9460
	500(40g)	1.3960	0.9802	1.0297	1.4242	0.9519
100×100	375(30g)	0.7387	0.5726	0.6240	1.2901	0.9177
	625(50g)	0.8812	0.6393	0.6972	1.3784	0.9169
	500(40g)	1.3762	0.8806	0.9429	1.5629	0.9339
110×110	375(30g)	0.7525	0.5486	0.6239	1.3716	0.8794
	625(50g)	0.8416	0.5724	0.6337	1.4703	0.9033
	500(40g)	1.3366	0.7831	0.8495	1.7069	0.9218
120×120	375(30g)	0.7228	0.4961	0.5754	1.4568	0.8623
	625(50g)	0.8515	0.5391	0.6133	1.5793	0.8791
	500(40g)	1.2475	0.6949	0.7681	1.7954	0.9046

续表

变径管道尺寸/(mm×mm)	爆炸腔体煤尘浓度/(g/m³)	传感器 1 超压/MPa	传感器 2 超压/MPa	传感器 3 超压/MPa	衰减系数 L_1	衰减系数 L_2
140×140	375(30g)	0.7525	0.4874	0.5762	1.5438	0.8459
	625(50g)	0.8020	0.4527	0.5214	1.7714	0.8683
	500(40g)	1.3069	0.6714	0.7892	1.9466	0.8507
160×160	375(30g)	0.7228	0.4257	0.5155	1.6977	0.8258
	625(50g)	0.8218	0.4356	0.5155	1.8864	0.8450
	500(40g)	1.3366	0.5842	0.6784	2.2881	0.8611

图 6-24　管道截面由 80mm×80mm 变为 100mm×100mm 情况下冲击波压力图

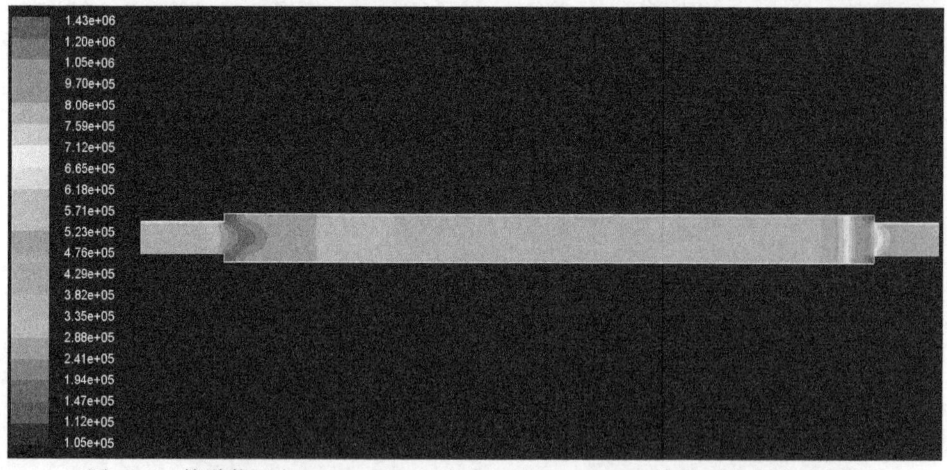

图 6-25　管道截面由 80mm×80mm 变为 110mm×110mm 情况下冲击波压力图

图 6-26　管道截面由 80mm×80mm 变为 140mm×140mm 情况下冲击波压力图

图 6-27　管道截面由 80mm×80mm 变为 160mm×160mm 情况下冲击波压力图

6.4.2　数值模拟结果分析

通过数值模拟，由冲击波在管道截面突变情况下传播的压力分布图可以得出：

(1) 随着管道截面积变化率的增大，由小断面传播到大断面中，在突变处的反射区域大约为 3 倍长径比，而大断面到小断面的反射区域为 2 倍左右；较分岔管道情况下的反射区域小。

(2) 冲击波由小断面进入大断面时，强度降低；由大断面进入小断面时，强度略有增加，这与试验结果吻合。

基于表 6-3 中数值，得出冲击波超压衰减系数随冲击波初始超压的变化曲线，如图 6-28、图 6-29 所示。

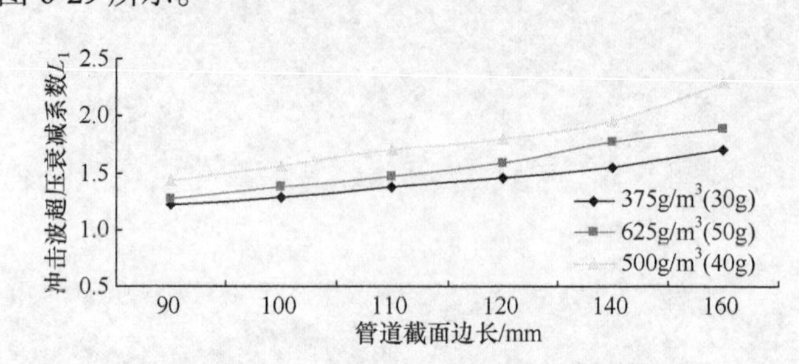

图 6-28 管道截面积变大情况下冲击波超压衰减系数变化曲线

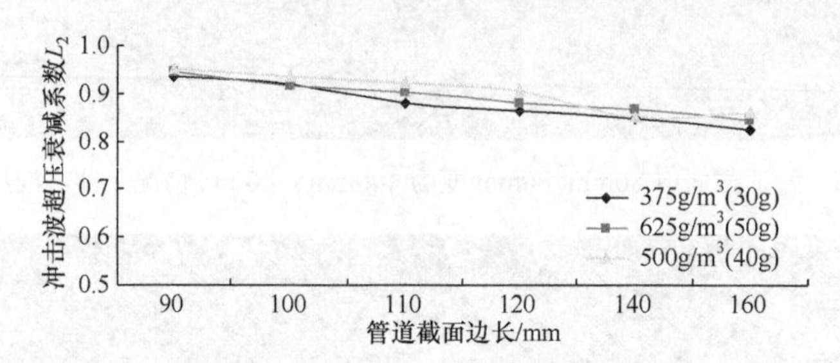

图 6-29 管道截面积变小情况下冲击波超压衰减系数变化曲线

从表 6-3、图 6-28、图 6-29 中可以得出：

冲击波由小断面进入大断面情况下，随初始压力的升高，冲击波衰减系数增大，变化幅度在 0.21～0.59 间；随截面积变化率的增大，冲击波衰减系数增大，变化幅度在 0.48～0.86 间。这主要在于管道截面变化幅度、冲击波初始压力越大，在管道截面变化处所产生的反射效应越大，湍流效应越大，冲击波损失越大。

冲击波由大断面进入小断面情况下，随初始压力的升高，冲击波衰减系数增幅较小，其相关性不明显；随截面积变化率的增大，冲击波衰减系数变化量增大，变化幅度在 0.09～0.11 间，总体来说变化量较小。这主要在于管道截面变化幅度、冲击波初始压力越大，在管道截面变化处所产生的反射效应越大，湍流效应越大，冲击波损失越大；冲击波由大断面进入小断面情况下，冲击波波阵面强度略有增加。

6.4.3 数值模拟结果与试验对比分析

(1) 通过数值模拟的压力分布图可知，在由小断面进入大断面时，超压值降低，而由大断面到小断面时，超压值增大，与试验结果一致。

(2) 数值模拟结果表明，参与爆炸的煤尘量为 40g 时，随截面积变化率的增大，由小断面到大断面，衰减系数由 1.4242 增加到 2.2881；由大断面到小断面，为 0.9519 减小到 0.8611。相同条件下试验结果是由小断面到大断面，衰减系数由

1.2683 增加到 2.3593；由大断面到小断面为 0.9683 减小到 0.8220。图 6-30、图 6-31 为模拟与试验结果对比图。数值模拟结果与试验结果趋势一致，而模拟结果的变化幅度较试验小，其原因同分岔管道。

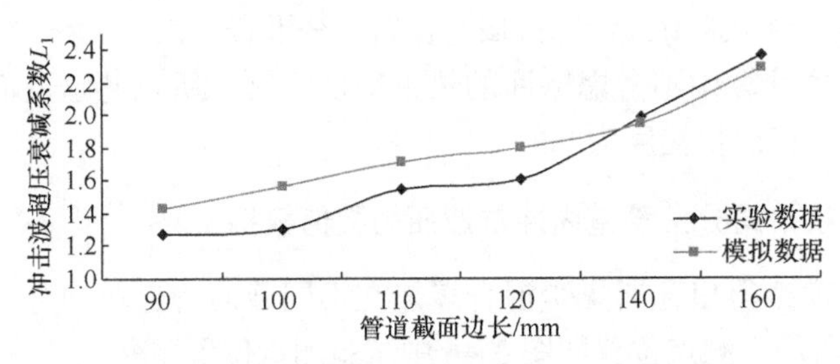

图 6-30　管道截面变大冲击波衰减系数对比图

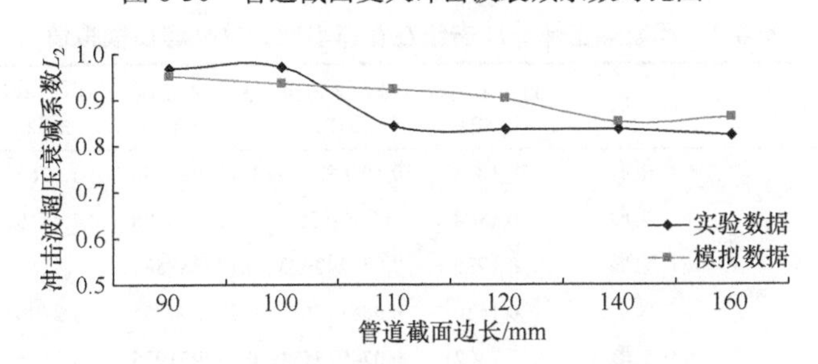

图 6-31　管道截面变小冲击波衰减系数对比图

总体来说，数值模拟结果与试验结果基本吻合，进一步验证了数值模拟结果的可靠性，数值模拟为试验结果作了有益的补充与解释。

6.5　瓦斯煤尘混合爆炸冲击波传播的数值模拟

本节应用流场模拟平台，以瓦斯煤尘爆炸传播理论模型为基础，应用连续相、颗粒相计算方法对瓦斯煤尘爆炸冲击波在不同截面形状巷道内的传播过程进行数值仿真。

6.5.1　建模及设定边界条件

按照第 3 章试验管道尺寸建立的横截面为矩形的单分岔管道建模实例。考虑瓦斯、煤尘爆炸发生场所的复杂性，本研究主要采用结构化网格，在实际计算过程中采用矩形网格。对于点火位置处网格的划分，采用了局部多次加密细划网格，并根据温度梯度使用网格自适应方法，对火焰面进行网格自动细化，使计算更加准确。

在点火区域内，初始温度为 2000K，点火超压为 2000Pa。在其他区域，初始温度为 298K，初始压力在正常大气压下为 101325Pa。而在整个区域内，初始速度设置为0m/s，将湍流系数、湍流动能的初始值设为0；初始组分为空气、甲烷以及煤尘，在空气组分中设置氧气和氮气，其体积分数分别为22%和78%，将瓦斯体积分数设定为8%，将煤尘浓度设定为200g/m^3，并根据煤尘浓度计算煤尘喷射时间，使煤尘均匀地射入计算区域与瓦斯充分混合。

由于在模拟计算中不考虑壁面的热量交换问题，所以巷道壁面设定为无滑移、绝热边界，壁面粗糙度为0.5。

6.5.2 不同形状单向分岔管道内冲击波压力数值模拟

通过数值模拟得出瓦斯煤尘混合爆炸在不同截面管道单向分岔处的压力数据，如表6-4所示。测点位置同图3-46中试验测点位置。

表6-4 瓦斯煤尘爆炸冲击波在管道单向分岔处超压模拟值

支线分岔角β/(°)	截面形状	测点1超压/MPa	测点2超压/MPa	测点4超压/MPa	直线段衰减系数	支线段衰减系数
30	矩形	0.1843	0.101682759	0.116926786	1.5762	1.8125
45	矩形	0.1824	0.09588393	0.123085228	1.4819	1.9023
	矩形	0.1735	0.087242923	0.122988587	1.4107	1.9887
60	梯形	0.1686	0.088147645	0.121504756	1.3876	1.9127
	拱形	0.1402	0.074913171	0.102951975	1.3618	1.8715
90	矩形	0.1785	0.082892171	0.139496718	1.2796	2.1534
120	矩形	0.1814	0.07751143	0.153106009	1.1848	2.3403
135	矩形	0.1816	0.072952236	0.158977502	1.1423	2.4893
150	矩形	0.1779	0.066400418	0.161214318	1.1035	2.6792

1. 数值模拟结果分析

通过数值模拟，由冲击波在管道单向分岔情况下传播的压力分布图可以得出：

(1) 管道截面由拱形变到梯形再到矩形，反射区域略有增加，使衰减系数略有增大。

(2) 随着单向分岔角度的增大，交叉口下游的直线管道内的压力逐渐增大，交叉口上游直线管道内的压力也呈现逐渐增大的趋势，衰减系数逐渐减小；而支线管道内的压力逐渐减小，衰减系数逐渐增大。

(3) 冲击波传播到管道单向分岔处时，在分岔处管道壁面发生反射，冲击波压力叠加。在迎着支线与直线段交叉处位置下游区域壁面产生高压，高压区域的位置范围随着支线分岔角度的增大，其高压区域逐渐向支线管道内的壁面转移，使得高压反射区域范围逐渐扩大，在支线分岔角等于、大于90°反射回流现象逐渐明晰，可见交叉口上游直线管道内的压力呈现逐渐增大的趋势主要是由回流造成的。

(4) 在迎着支线与直线段交叉处位置上游区域壁面产生低压，低压区域范围随分岔角度的增大，逐渐向支线管内的壁面转移，使支线管道内的压力逐渐减小，衰减系数增大。

(5) 在冲击波经过单向分岔处复杂的反射后，爆炸冲击波逐渐发展成为平面波，反射区域长度约为4～6倍的管道宽度。

基于表6-4数据得出图6-32所示的煤尘爆炸冲击波在矩形截面管道中随分岔角度增加的变化曲线。从表6-4、图6-32中可以得出，随支线分岔角度的增大，单向分岔管道直线段的衰减系数逐渐减小，支线段的衰减系数逐渐增大，在30°～150°范围内直线段的衰减系数由1.5762减小到1.1035，支线段的衰减系数由1.8125增加到2.6792，增加的幅度大于减小的幅度。在分岔角度同为60°时，矩形截面管道的衰减系数最大，梯形截面管道的衰减系数次之，拱形截面管道的衰减系数最小。

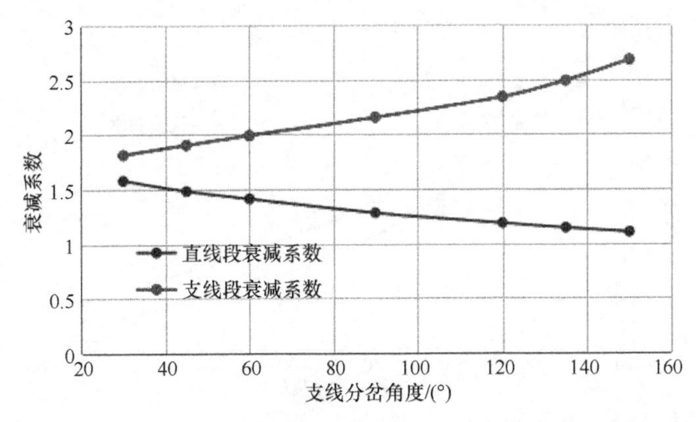

图6-32　矩形截面单向分岔管道冲击波超压衰减系数随角度变化曲线

2. 数值模拟结果与试验结果对比分析

(1) 数值模拟结果表明，在相同分岔角度情况下，矩形截面管道的衰减系数最大，梯形截面管道的衰减系数次之，拱形截面管道的衰减系数最小。这与试验结果一致。

(2) 通过分析数值模拟的压力分布图，得到随着单向分岔角度的增大，交叉口下游的直线管道内的压力逐渐增大，解释了试验中直线段随单向分岔角度的增大而减小的现象。

(3) 通过数值模拟分析，发现在迎着支线与直线段交叉处位置上游区域的壁面产生低压，低压区域范围随分岔角度的增大，逐渐向支线管内的壁面转移，解释了支线管道内的压力逐渐减小的现象。

(4) 通过数值模拟分析，得到在迎着支线与直线段交叉处位置下游区域壁面产生高压，高压区域的位置范围随着支线分岔角度的增大，其高压区域逐渐向支线管道内的壁面转移，使得高压反射区域范围逐渐扩大，在支线分岔角等于、大于90°反射回流现象逐渐明晰，解释了单向分岔管道支线段衰减系数随分岔角的增大而增大、直线段则随着分岔角的增大而减小，其增大的幅度大于减少的幅度的现象。

(5) 数值模拟结果表明，单向分岔管道直线段的衰减系数逐渐减小，支线段的衰减系数逐渐增大，在 30°～150°范围内直线段的衰减系数由 1.5762 减小到 1.1035，支线段的衰减系数由 1.8125 增加到 2.6792；而试验结果表明：直线段的衰减系数由 1.6289 减小到 1.0604，支线段则由 1.7838 增加到 2.8221。数值模拟结果与试验结果趋势一致，而模拟结果的变化幅度较小。分析其主要原因在于：数值模拟中，不考虑管道壁面热交换损失、壁面粗糙程度及气体的质量力、质量损失等因素，但实际中存在与壁面间摩擦、热交换、密封不好的接口处有能量及质量损失等因素，从而使得试验中的变化幅度比数值模拟的大。图 6-33、图 6-34 为模

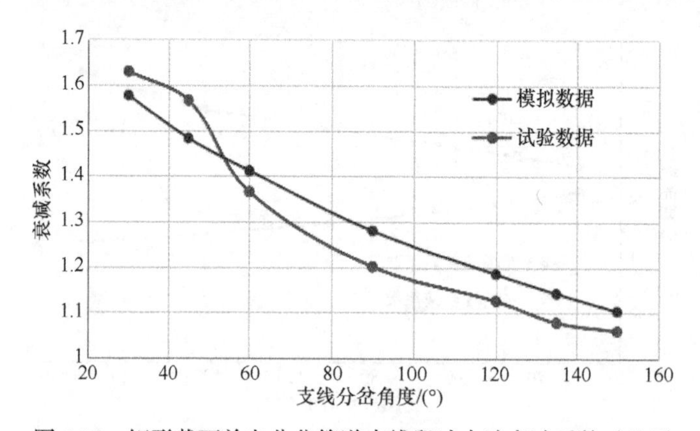

图 6-33　矩形截面单向分岔管道直线段冲击波衰减系数对比图

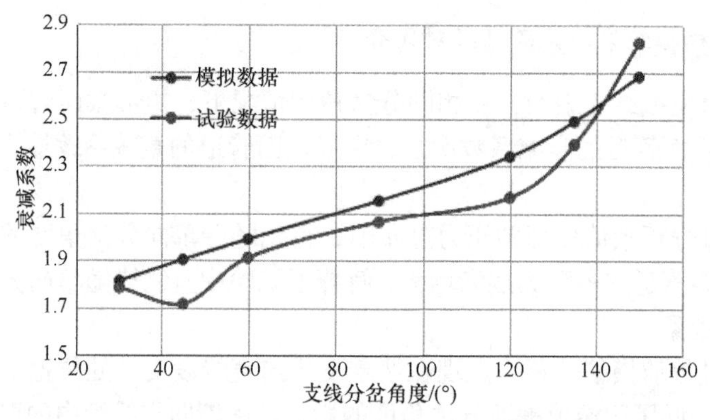

图 6-34　矩形截面单向分岔管道支线段冲击波衰减系数对比图

拟与试验结果对比图，详细数据参见表 3-19 与表 6-4。

总体来说，数值模拟结果与试验结果基本吻合，通过数值模拟对试验中结论与现象作了合理的解释与有益的补充。

6.5.3　不同形状双向分岔管道内冲击波压力数值模拟

通过数值模拟得出瓦斯煤尘混合爆炸在不同截面管道双向分岔处的压力数据，如表 6-5 所示。测点位置同图 3-53 中试验测点位置。

表 6-5　瓦斯煤尘爆炸冲击波在管道双向分岔处超压模拟值

支线分岔角 β/(°)	截面形状	测点 1 超压 /MPa	测点 2 超压 /MPa	测点 4 超压 /MPa	分岔 1 衰减系数	分岔 2 衰减系数
30/45	矩形	0.1786	0.1137	0.1104	1.5714	1.6178
	矩形	0.1743	0.1037	0.1131	1.6804	1.5411
60/30	梯形	0.1527	0.0918	0.1007	1.6627	1.5164
	拱形	0.1381	0.0847	0.0916	1.6314	1.5073
75/60	矩形	0.1697	0.1052	0.1014	1.6125	1.6728
90/60	矩形	0.1814	0.1012	0.1065	1.7925	1.7033
45/105	矩形	0.1806	0.1207	0.0997	1.4964	1.8117
105/30	矩形	0.1712	0.0849	0.1169	2.0173	1.4639

1. 数值模拟结果分析

通过数值模拟，由冲击波在管道双向分岔情况下传播的压力分布图可以得出：

(1) 管道截面由拱形变到梯形再到矩形，两条线路中的反射区域均略有增加，使衰减系数略有增大。

(2)在双向分岔管道中，在正对冲击波波阵面分岔处的壁面位置，发生反射，冲击波压力叠加，产生高压；高压的反射区域受分岔角度的影响较大，总是向分岔角度较小的方向反射，使分岔角度较小的分岔的衰减系数变得较小；当其中一个分岔角超过 90°时，就会出现较为明晰的反射回流现象，而且两个分岔间夹角越大，反射回流越明晰，可见随两个分岔夹角的增大衰减系数增大。

(3) 在双向分岔管道中，在两个分岔角度均小于 90°的情况下，管道分岔处上、下隅角处产生低压区；低压区的区域作用范围，单个分岔的分岔角度越大，在这个分岔的作用区域范围就越大，其内分压力就越小，其衰减系数就越大；低压区域的作用范围也与两个分岔之间夹角的大小有关，随夹角的增大，低压总的作用区域减小，逐渐向分岔角度较大的分岔中移动，且在这个分岔内的作用区域增大，衰减系数增大。

(4) 在双向分岔管道中，两个分岔的衰减系数随角度的变化而互相影响，两个分岔角度差值越小，两个分岔的压力越均衡；差值越大，分岔角度越大的分岔中的压力越小，衰减系数越大，而另一个分压就越大，衰减系数就越小。

(5) 在冲击波经过双向分岔处壁面的复杂反射后，爆炸冲击波逐渐发展成为平面波，反射区域长度约为 4～6 倍的管道宽度。

基于表 6-5 的数据可以得出：

在分岔角由 30°逐渐增大到 105°的过程中，其衰减系数由最小值 1.4964 逐渐增大到 2.0173；当一个分岔角为 30°时，另一个分岔角度从 45°到 60°到 105°的增大过程中，该分岔的衰减系数由 1.6178 增大到 2.0173，其他角度下也呈这种趋势。分岔角为 60°时，对应另一个分岔角度分别为 30°、75°、90°，分岔角为 45°时，对应另一个分岔角度分别为 30°、105°，分岔角为 105°时，对应另一个分岔角度分别为 30°、45°，都与上述规律相符。

在两个分岔角总和由 75°增加到 150°的过程中，两条分岔的总的衰减系数也呈逐渐增大的趋势，增幅在 0.31 左右。

2. 数值模拟结果与试验结果对比分析

(1) 数值模拟结果表明，在相同分岔角度情况下，两条线路中均表现出矩形截面管道的衰减系数最大，梯形截面管道的衰减系数次之，拱形截面管道的衰减系数最小的现象。这与试验结果一致。

(2) 通过分析数值模拟的压力分布图可知，高压的反射区域总是向分岔角度较小的方向反射，解释了试验分岔角度较小的分岔的衰减系数较小的现象。

(3) 通过数值模拟分析发现，当其中一个分岔角超过 90°时，就会出现较为明晰的反射回流现象，两个分岔间夹角越大，反射回流越明晰，解释了随两个分岔夹角的增大而衰减系数增大的现象。

(4) 通过数值模拟分析，得出低压区的区域作用范围，单个分岔的分岔角度越大，在这个分岔的作用区域范围就越大，解释了分岔角度越大，其衰减系数越大的现象。

(5) 数值模拟结果表明，在分岔角由 30°逐渐增大到 105°的过程中，其衰减系数由最小值 1.4964 逐渐增大到 2.0173；试验结果表明：在分岔角由 30°逐渐增大到 105°的过程中，其衰减系数由最小值 1.4563 逐渐增大到 2.0490。当一个分岔角为 30°时，另一个分岔角度从 45°到 60°到 105°的增大过程中，该分岔的衰减系数由 1.6178 增大到 2.0173；试验结果表明：当一个分岔角为 30°时，另一个分岔角度从 45°到 60°到 105°的增大过程中，该分岔的衰减系数由 1.8078 增大到 2.2490。数值模拟结果与试验结果趋势一致，而模拟结果的变化幅度较小。其主要原因同单向分岔管道。详细数据参见表 3-21、表 3-22 与表 6-5。总体来说，数值模拟结果与试验结果基本吻合，通过数值模拟对试验中结论与现象作了合理的解释与有益的补充。

6.5.4　不同截面截面积突变管道内冲击波压力数值模拟

通过数值模拟得出瓦斯煤尘混合爆炸在不同截面管道截面积突变处的压力数据，如表 6-6 所示。测点位置同图 3-57 中试验测点位置。

表 6-6　瓦斯煤尘爆炸冲击波在管道截面积突变处超压模拟值

变径管道	截面形状	测点 1 超压/MPa	测点 2 超压/MPa	测点 3 超压/MPa	衰减系数 1	衰减系数 2
突变 1	矩形	0.1984	0.1426	0.1484	1.3917	0.9608
突变 2	矩形	0.1995	0.1284	0.1363	1.5535	0.9423
	矩形	0.2023	0.1184	0.1272	1.7084	0.9307
突变 3	梯形	0.1714	0.1156	0.1270	1.4821	0.9105
	拱形	0.1509	0.1081	0.1222	1.3954	0.8851
突变 4	矩形	0.2015	0.1117	0.1224	1.8039	0.9128
突变 5	矩形	0.2007	0.1023	0.1157	1.9613	0.8847
突变 6	矩形	0.1967	0.0931	0.1091	2.1125	0.8533

1. 数值模拟结果分析

通过数值模拟，由冲击波在管道截面突变情况下传播的压力值及分布图可以得出：

(1) 管道截面由拱形变到梯形再到矩形，管道截面变化处的反射区域均略有增加，使衰减系数略有增大。冲击波由小断面进入大断面时最大变化幅度为 0.10MPa，由大断面进入小断面时，最大变化幅度为 0.02MPa。

(2) 随着管道截面积变化率的增大，由小断面传播到大断面中，在突变处的反射区域大约为 3 倍长径比，而大断面到小断面的反射区域为 2 倍左右；较分岔管道情况下的反射区域小。

(3) 冲击波由小断面进入大断面时，强度降低；由大断面进入小断面时，强度略有增加。冲击波由小断面进入大断面情况下，随截面积变化率的增大，冲击波衰减系数增大，最大变化幅度为 0.72。这主要在于管道截面变化幅度越大，在管道截面变化处所产生的反射效应越大，湍流效应越大，冲击波损失越大。冲击波由大断面进入小断面情况下，随截面积变化率的增大，冲击波衰减系数减小，最大变化幅度为 0.11，变化量较小。

2. 数值模拟结果与试验结果对比分析

(1) 数值模拟结果表明，在相同截面积变化率情况下，由小断面到大断面和由大断面到小断面均表现出矩形截面管道的衰减系数最大，梯形截面管道的衰减系数次之，拱形截面管道的衰减系数最小的现象，与试验结果一致。

(2) 通过数值模拟的压力分布图可知，在由小断面进入大断面时，超压值降低，而由大断面到小断面时，超压值增大，与试验结果一致。

(3) 数值模拟结果表明，在矩形截面管道中由小断面到大断面，衰减系数由 1.3917 到 2.1125；由大断面到小断面，衰减系数由 0.9608 到 0.8533。图 6-35、图 6-36 为模拟与试验结果对比图。数值模拟结果与试验结果趋势一致。

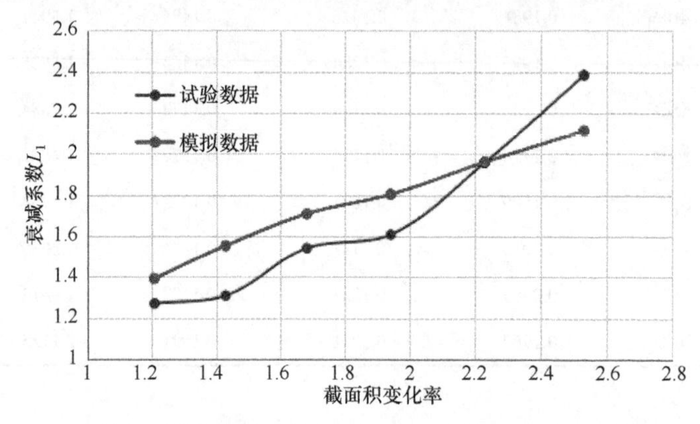

图 6-35　矩形截面管道中截面积变大情况下冲击波超压衰减系数变化曲线

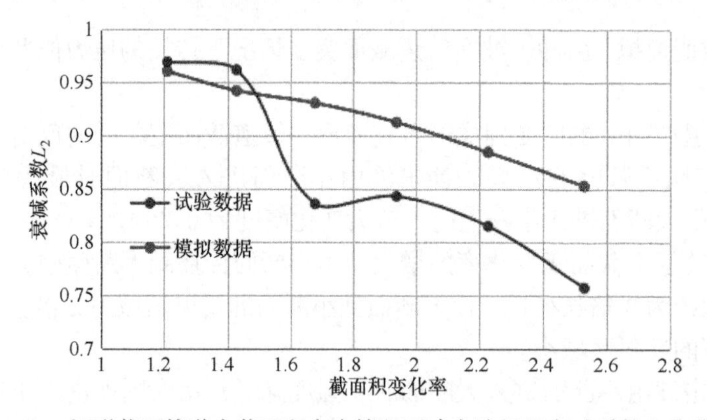

图 6-36　矩形截面管道中截面积变小情况下冲击波超压衰减系数变化曲线

6.6　爆炸冲击波传播规律研究成果的作用

《防治煤与瓦斯突出规定》中明确规定，有突出煤层的采区必须设置采区避难所，突出煤层的采掘工作面应设置工作面避难所或压风自救系统，采区避难所的位置应当根据实际情况确定，工作面避难所应当设在采掘工作面附近和爆破工操纵放炮的地点，压风自救装置安装在掘进工作面巷道和回采工作面巷道内的压缩空气管道上。《煤矿安全规程》中也作了相应规定[124]。

现在我国的煤矿按《防治煤与瓦斯突出规定》或《煤矿安全规程》的要求设置了避难所或压风自救系统，但其位置普遍设置在如图6-37所示位置。压风自救系统直接安装在巷道一帮；避难所直接在巷道一帮内开口构筑，并安设向外开启的门。

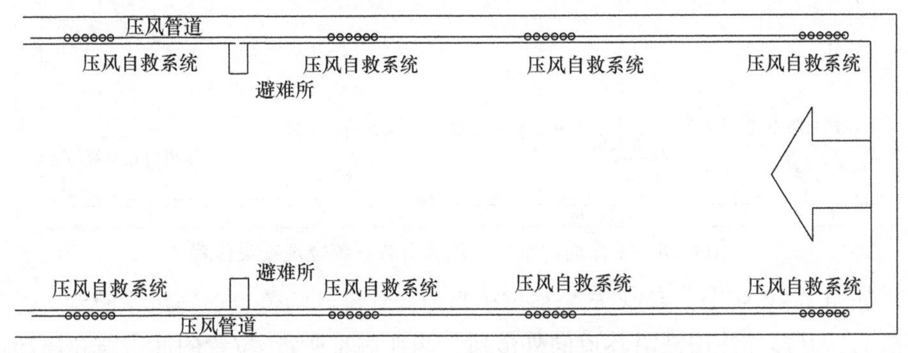

图6-37　工作面避难所、压风自救系统位置

表6-7说明了爆炸冲击波对人、各种构筑物或巷道内设施破坏作用。当冲击波超压大于0.1MPa时，便可破坏巷道中的压风自救系统，也足以破坏避难所的门，从而使压风自救系统、避难所在爆炸真正发生时起不到作用。

表6-7　爆炸冲击波造成井下人员死亡、重伤、轻伤和破坏的超压值

破坏程度	人员死亡	人员重伤	人员轻伤	45.5cm厚的砖墙破坏	风门风桥临时密闭破坏
爆炸冲击波压力/MPa	$\Delta P \geqslant 0.3$	$0.3 > \Delta P \geqslant 0.1$	$0.1 > \Delta P \geqslant 0.02$	$\Delta P \geqslant 0.1$	$\Delta P \geqslant 0.02$

根据试验及理论分析结果，煤尘浓度在500g/m^3、40g煤尘发生爆炸后，在离爆源15m处的分岔点其超压最大可达到1.7MPa。当图6-37中工作面一旦发生煤尘或煤尘瓦斯爆炸，其参与爆炸的煤尘量，爆炸后产生的冲击波超压均要大于试验中所得到的数据，因此，在图6-37所示的压风自救系统或避难所在工作面发生爆炸时随冲击波的到来而被破坏，不能发挥其避灾作用。

根据数值模拟结果可知爆炸冲击波在分岔处的压力分布情况，在巷道发生分岔后，在交叉处位置的上游区域壁面产生低压，因此，可将压风自救系统、避难所按图6-38所示的方式布置。

在工作面的上、下巷内均向煤壁内掘一段一定长度且呈一定角度的独头巷道，在其内安设压风自救系统、避难所。当工作面发生爆炸后冲击波向外传播中，这些处置处于低压区，减少超压对设施的破坏，同时也减少了爆炸超压对在该处避灾人员的直接危害。独头巷道的最佳长度、巷道内的压力大小等定量参数还需要进一步研究。

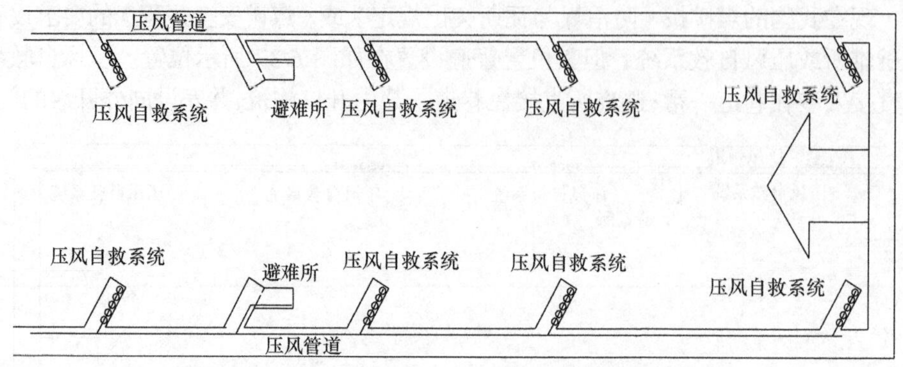

图 6-38　工作面避难所、压风自救系统合理安设位置

如图 6-39 所示，避难所 1 是煤矿当前通常设计的位置。当工作面发生爆炸事故后，其爆炸冲击波沿巷道向外传播，当在避难所 1 位置的冲击波超压超过 0.1MPa 时，避难所 1 就可能遭受冲击波破坏，从而不能发挥避难作用。根据爆炸冲击波在分岔处的压力分布情况，在同样爆炸超压作用下，避难所 2 所在位置会处在低压反射区，从而起到避难作用。因此，采区避难所应按避难所 2 的位置与方式进行设置。

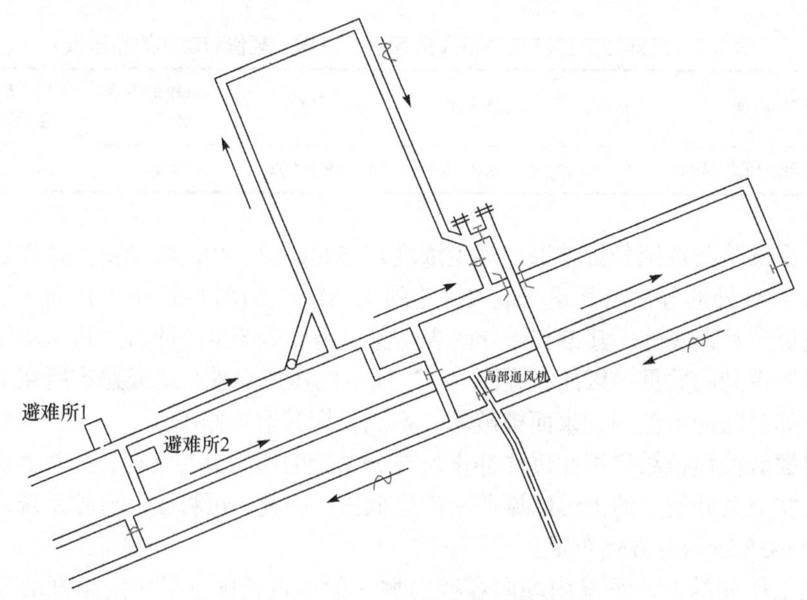

图 6-39　采区避难所安设位置

6.7　煤尘爆炸毒害气体传播的数值模拟

本节应用流场模拟平台，以瓦斯煤尘爆炸传播理论模型为基础，应用连续相、颗粒相计算方法对煤尘爆炸毒气在不同截面形状巷道、管道内的传播过程进行数值仿真。

6.7.1　初始和边界条件

1. 初始条件设置

1) 初始压力条件

点火零时刻整个计算区域压力为大气压力，因此整个区域超压：$P_0 = 0\text{MPa}$。

2) 初始温度条件

点火区域：$T_0 = 1000\text{K}$；其他区域：$T_0 = 293\text{K}$。

3) 初始速度条件

整个区域初速为零：$V = 0\text{m/s}$。

2. 边界条件

整个大型试验巷道的长度近 800m，如果对整个巷道区域进行计算，计算量将特别大，不必要对巷道进行截取，并且按自由大气出口条件设定巷道口的边界条件又会引起计算中不真实的膨胀波，因此，本研究在模拟计算中截取原型巷道的前 160m 进行计算，用单元流场参数外推的方法处理出口边界条件。

按照图 5-1 所示试验巷道尺寸建立横截面为矩形的计算模型。本研究主要采用结构化网格，在实际计算过程中采用矩形网格。对于点火位置处网格的划分，采用了局部多次加密细划网格，根据温度梯度使用网格自适应方法。

6.7.2　巷道内 200m³ 瓦斯+50m 及 65m 煤尘爆炸温度分布模拟

(1) 试验 1。第一次计算中，煤尘铺设在巷道地面 50m，瓦斯浓度 9.8%，煤尘计算浓度 110g/m³，模拟在第 100000 计算步得到爆炸最大压力。

(2) 试验 2。第二次计算中，煤尘铺设在地面和煤尘架上 65m，瓦斯浓度 9.5%，煤尘计算浓度 100g/m³，模拟在第 420000 计算步得到爆炸最大压力。

两次试验得到的模拟结果如图 6-40～图 6-42 所示。

从图 6-42 可以得出煤尘爆炸过程中的温度分布，巷道底部在 1620℃，巷道上部可达到 2320℃，这与试验测得的平均 2200℃基本吻合。可见参与爆炸的煤尘温度极高，已被焦化；未被扬起的煤尘温度低，没有参与爆炸。因此，煤尘是否焦化是煤尘是否参与爆炸以及爆炸过程中爆源确定的重要依据。

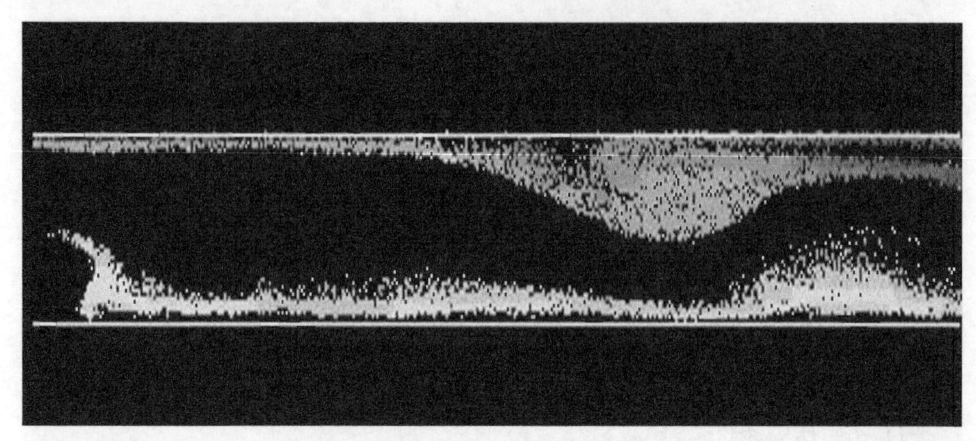

图 6-40 试验 1 煤尘被扬起的模拟结果

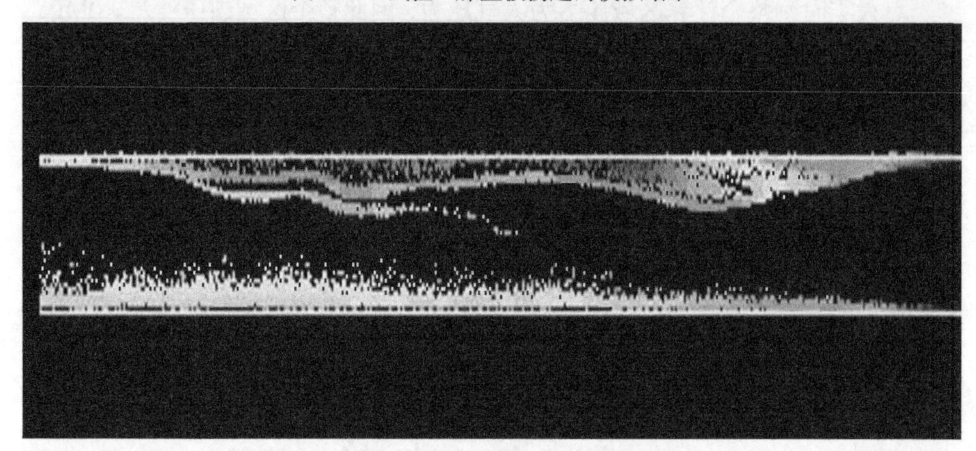

图 6-41 试验 2 煤尘被扬起的模拟结果

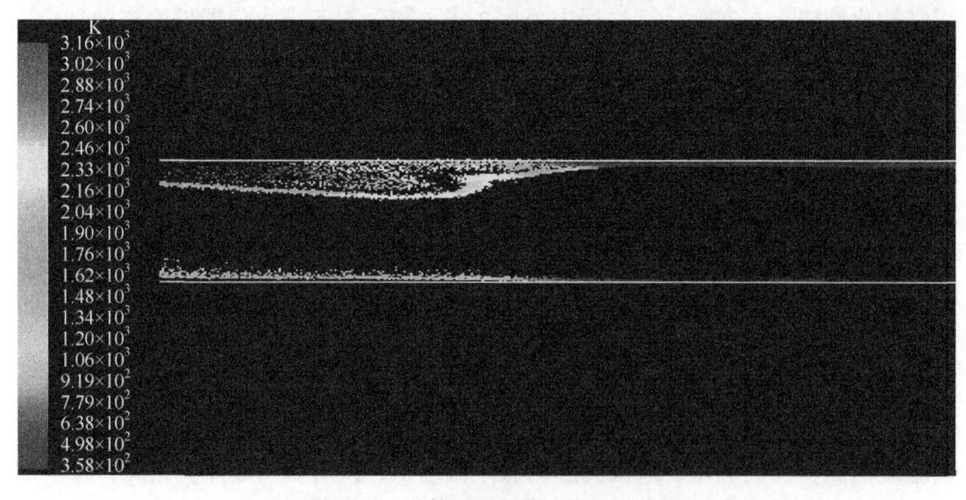

图 6-42 计算得到的煤尘温度分布

爆炸一氧化碳传播模拟等值线云图见图 6-43。

图 6-43　爆炸一氧化碳传播模拟云图

200m^3 瓦斯+50m 及 65m 煤尘火焰及毒害气体传播模拟结果如表 6-8 所示。

表 6-8　火焰及毒害气体传播距离比较

	火焰试验值	火焰模拟值	毒气试验值	毒气模拟值
试验 1 传播距离/m	106	110.2	104	105.4
试验 2 传播距离/m	139	141.1	138	140.6
试验 1 煤尘铺设长度/m	50	50	50	50
试验 2 煤尘铺设长度/m	65	65	65	65
试验 1 L_1/L_0	2.12	2.20	2.08	2.10
试验 2 L_1/L_0	2.14	2.17	2.12	2.15

由表 6-8 可得，煤尘爆炸过程的火焰及毒害气体传播数值模拟值与试验值基本一致，整体仿真结果在试验爆炸参数范围内。火焰传播距离与毒害气体传播距离比较接近，火焰传播距离是原煤尘集聚区长度的 2 倍左右，试验值和模拟结果都印证了这一特征。毒害气体爆炸冲击传播距离基本上也是原煤尘集聚区长度的 2 倍左右，模拟一氧化碳浓度 1.6%～2.3%之间，试验值低于 1.8%，这是由于试验煤尘没有全部参与爆炸。本研究建立的瓦斯煤尘爆炸数值模拟系统可以有效地模拟煤矿瓦斯煤尘的爆炸传播过程，并能判断煤尘是否参与爆炸。

6.7.3　管道内煤尘爆炸毒气传播模拟结果及分析

1. 模拟 CO 毒气在风速 2m/s 下的扩散传播

建立图 5-3 所示毒害气体扩散几何模型为 80mm×80mm 的长方体管道，边界条件温度 300K，压力 0.1MPa，风速 2m/s、3m/s、5m/s，CO 质量浓度 0.02mg/mL、

0.03mg/mL、0.06mg/mL。图 6-44 为模拟的下风向爆炸 CO 传播至不同位置的最大浓度值。

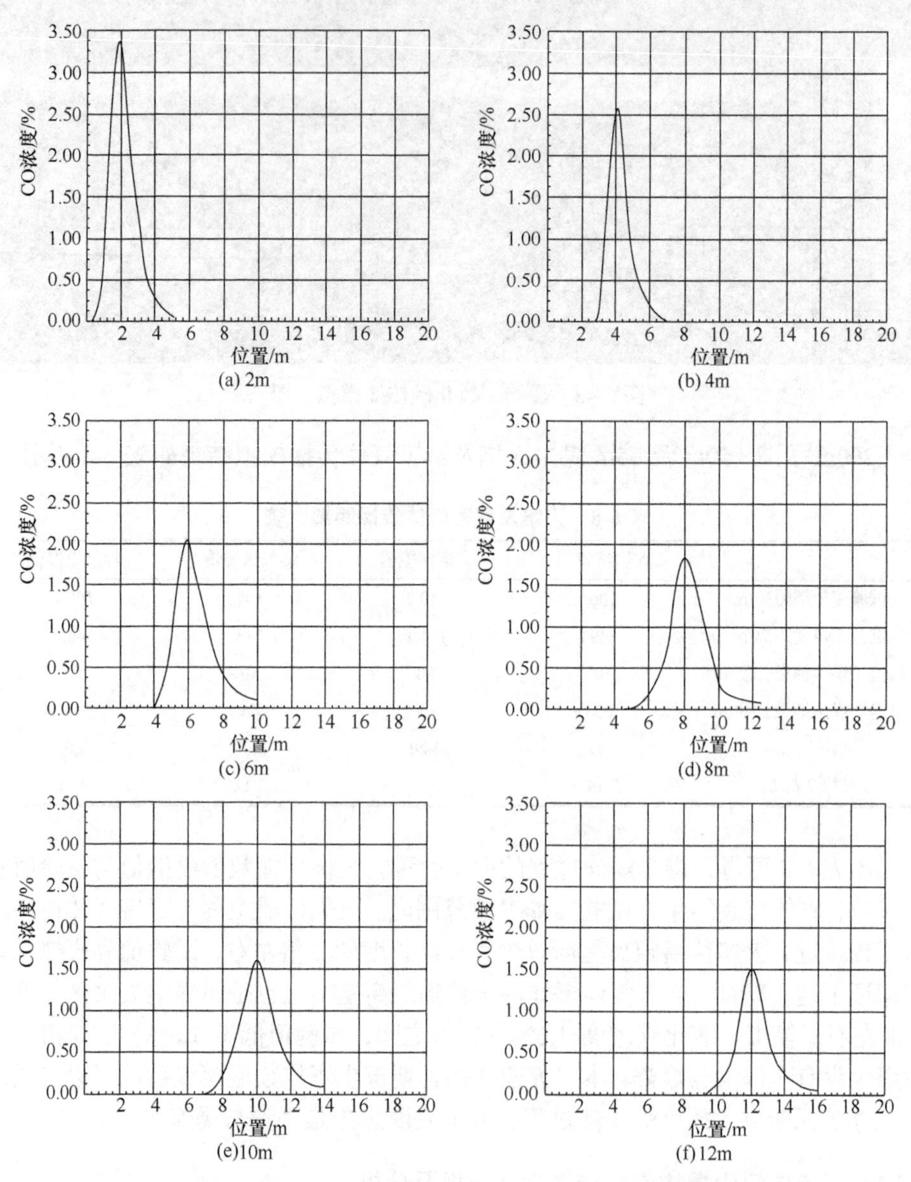

图 6-44　下风向 2m、4m、6m、8m、10m、12m 处 CO 浓度变化情况

从 6 处不同位置 CO 浓度最大值曲线可以得出，毒害气体扩散传播浓度的最大值随扩散距离的增加而逐步衰减，传播距离主要取决于爆炸产生的毒害气体量和风速，风速越大传播距离越远，波及范围越大。

2. 模拟 CO 毒气浓度在不同风速下的扩散分布

图 6-45 为模拟风速 2m/s、3m/s 和 5m/s 下的毒气 CO 浓度分布曲线。可以得出，CO 浓度一定的情况下，风速越小，扩散传播越慢，毒害气体浓度越大；反之，则扩散越快，浓度越小。

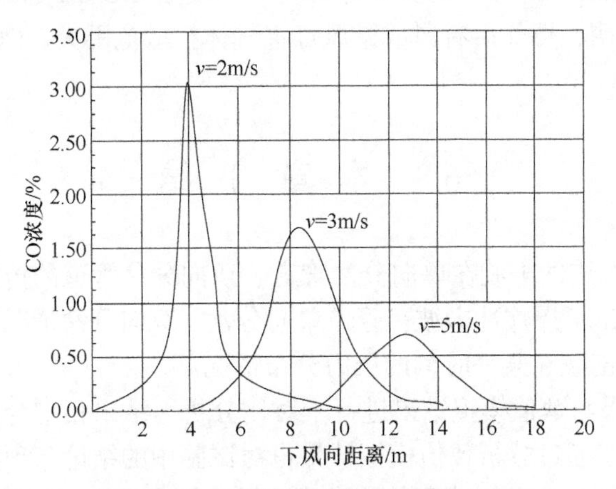

图 6-45　不同风速下的 CO 浓度分布

取下风向 2m、4m、6m、8m、10m 和 12m 处六个不同位置，CO 模拟浓度最大值与试验值对比(表 6-9)。根据表 6-9 绘制模拟值及试验值比较曲线，如图 6-46 所示。

表 6-9　下风向不同位置 CO 浓度最大值模拟结果与试验值对比

下风向距离/m	2	4	6	8	10	12
CO 浓度模拟值/%	3.48	2.57	2.10	1.83	1.62	1.50
CO 浓度模型值/%	3.40	2.50	2.04	1.77	1.58	1.45

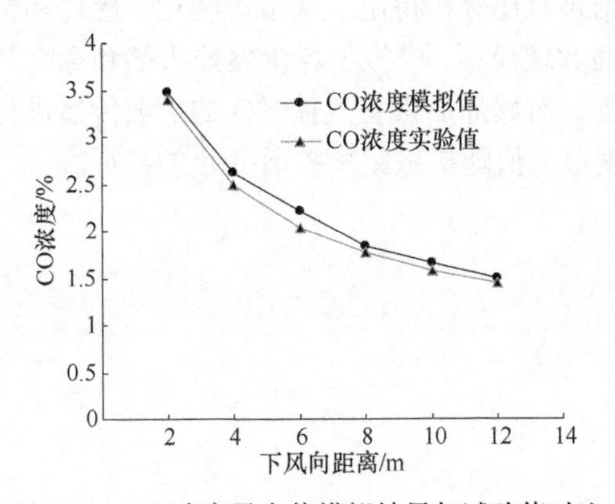

图 6-46　CO 浓度最大值模拟结果与试验值对比

从上述 CO 浓度变化的模拟值与试验值对比得出：拟合模拟结果得到的下风向 CO 浓度最大值随扩散距离关系的 R 值为 0.9936，拟合度很高，说明爆炸后 CO 毒害气体扩散传播服从指数关系，$y = 4.9478x^{-0.4725}$。这与试验和理论推导得到的 $C_{\max} = 0.035Mr^{-\frac{1}{2}}\alpha^{-\frac{1}{4}}x^{-\frac{1}{2}}$ 的关系基本吻合。模拟 CO 毒气浓度在不同风速下的扩散分布也表明，爆炸后有风或微风毒害气体扩散范围大，CO 毒气浓度扩散分布不同。

6.8 本章小结

(1) 对煤尘爆炸冲击波在单向分岔管道、双向分岔管道的传播情况进行了数值模拟计算，得出了爆炸冲击波在管道单向分岔、双向分岔情况下压力变化分布图，得到爆炸冲击波在某一时刻的压力分布情况。

(2) 试验结果与数值模拟结果进行了对比分析，结果相吻合，说明了数值模拟结果的正确性。通过分析数值模拟结果也对试验中的结论与现象作了合理的解释与有益的补充。这充分说明了数值模拟能够比较准确地反映煤尘爆炸的过程，为今后煤尘爆炸方面的研究提供了一种新途径，数值模拟不但能够用来研究冲击波传播的规律，逐渐完善后也可以用于研究其他方面的内容。

(3) 对瓦斯煤尘混合爆炸冲击波在单向分岔管道、双向分岔管道、截面积突变管道中的传播情况进行了数值模拟计算，揭示了爆炸冲击波在管道单向分岔、双向分岔、截面积突变情况下压力变化特征。

(4) 结合试验与模拟分析结果，提出了煤矿中压风自救系统、避难所合理的安设布置方式。

(5) 对巷道、管道中不同浓度的瓦斯爆炸诱导 50m 和 65m 煤尘爆炸做了模拟计算，通过与试验结果对比分析得出，基于连续相、燃烧和颗粒相数理方程建立的瓦斯煤尘爆炸传播数理模型，模拟了煤尘爆炸火焰和毒害气体传播衰减规律及爆炸灾害的波及范围。对爆炸后毒害气体 CO 的扩散传播进行了模拟，分析了不同风速下的 CO 浓度最大值随扩散距离扩散变化的特征。

第 7 章　煤尘爆炸伤害模型

7.1　煤尘爆炸冲击波传播及爆风伤害模型

煤尘爆炸属气相爆炸，可以认为是可燃气体储藏在粉尘自身之中，所以它也是一个爆炸性的气固两相混合物的爆炸。从机理上看，爆炸混合物与火源接触，便有原子或自由基生成而成为连锁反应的作用中心。爆炸混合物在一点上着火，热以及连锁载体都向外传播，促使邻近的一层爆炸混合物起化学反应，然后这一层热和连锁载体向外传播而引起另一层爆炸混合物反应。火焰是以一层层同心圆球面的形式向各个方面蔓延的，火焰的速度在距离点火点 0.5～1.0m 处是固定的，只有每秒若干米或者还要小些，但以后逐渐加大，每秒数百米(爆炸，又称爆燃)以至数千米(爆轰)。在火焰传播的过程受障碍物等影响，引起爆炸波、高温、高压、冲击气流和大量一氧化碳毒害气体急剧增加，可引起相当远距离的破坏和伤害效应。煤尘爆炸事故的危害因素有很多，如爆炸噪声、爆炸尘土以及冲击波、火焰峰面的高温、冲击气流、有毒有害气体等，但主要表现在后三个方面。

本章将在研究煤尘爆炸传播试验研究的基础上，进一步分析煤尘爆炸传播的机理和特性，探讨爆炸冲击波随爆炸传播距离变化的规律，以及冲击气流的伤害作用。运用爆炸传播破坏和伤害准则，建立煤尘爆炸冲击波事故伤害模型，划分事故伤害波及范围等，为煤矿减灾、抑爆，建立安全评价体系和防止事故的扩大及减少损失，提供理论支持。

7.1.1　煤尘爆炸机理与动力学特征

1. 煤尘爆炸的化学反应机理

煤尘爆炸是在高温或一定点火能的热源作用下，空气中氧气与煤尘急剧氧化的反应过程，是一种非常复杂的链式反应。煤中碳元素占绝大多数，从化学上讲，煤在常温常压下氧化，主要是因为桥键中的次甲基醚键、α 位碳原子带羟基和带支链的次烷基键、与两个芳环相连的次甲基，以及侧链中的 α 位碳原子带羟基的烷基、甲氧基和醛基作为活性结构。但在燃烧爆炸中，其反应机理大不相同。从化学上推测，煤在爆炸过程中可能存在如下反应[6]：

(1) C 与 O_2 反应：

$$C+O_2 = CO_2 \qquad -393.30\text{kJ}$$

$$C + 1/2O_2 = CO \qquad -111.29kJ$$

$$CO + 1/2O_2 = CO_2 \qquad -282.00kJ$$

(2) C 与 CO_2 反应：

$$C + CO_2 = 2CO \qquad +170.71kJ$$

(3) C 与 H_2O 反应：

$$C + H_2O = CO + H_2 \qquad +130.12kJ$$

$$CO + H_2O = CO_2 + H_2 \qquad -40.58kJ$$

(4) C 与 H_2 反应：

$$C + 2H_2 = CH_4 \qquad -74.89kJ$$

2. 煤尘爆炸过程和动力学特征

煤尘爆炸是在高温或一定点火能的热源作用下，空气中氧气与煤尘急剧氧化的反应过程，是一种非常复杂的链式反应。煤的燃烧既包括均相过程也包括非均相过程。概括起来，有下列四个主要过程[107]：

(1) 气相中的氧化剂分子扩散到煤粒子表面。煤本身是可燃物质，当它以粉末状态存在时，总表面积显著增加，吸氧和被氧化的能力大大增加，一旦遇见火源，氧化过程迅速展开。

(2) 挥发分以及由煤中析出的碳氢化合物的扩散。当温度达到300～400℃时，煤的干馏现象急剧增强，放出大量的可燃性气体，主要成分为甲烷、乙烷、丙烷、丁烷、氢和1%左右的其他碳氢化合物。

(3) 进行化学反应，形成的可燃气体与空气混合在高温作用下吸收能量。在尘粒周围形成气体外壳，即活化中心，当活化中心的能量达到一定程度后，链反应过程开始，游离基迅速增加，发生了尘粒的闪燃。

(4) 反应产物转移到气流中。闪燃所形成的热量传递给周围的尘粒，并使之参与链反应，当燃烧不断加剧使火焰速度达到每秒数百米后，煤尘的燃烧便在一定临界条件下跳跃式地转变为爆炸。

7.1.2　煤尘爆炸过程的描述及物理模型

1. 半封闭巷道内煤尘爆炸的物理描述

根据矿井煤尘或瓦斯煤尘爆炸事故救援、事故勘察和爆炸试验的结果，不考虑巷道中障碍物的作用和巷道的分岔与转弯变化等简单的情况下，把矿井煤尘爆炸分为以下几个过程。

(1) 火源在煤尘和空气达到预混浓度爆炸范围内点火，爆炸形成一个球形的火焰锋面，向未燃预混气体中传播。

(2) 火焰锋面迅速扩展到整个充满预混气体的巷道断面，在化学反应过程中，由于煤尘过量，氧气量不足或预混不均，不断产生大量的CO气体和浓烟，这些毒害气体在高温作用下膨胀，对火焰锋面前方未燃的预混气体压缩，形成一道以声速传播的压力波，压力波对火焰前方的预混气体产生扰动，使其压力和温度略有上升。

(3) 燃烧放出的热量远大于传播过程中损失的热量，使火焰锋面的燃烧反应速率增加，燃烧波的传播速度也相应增加，从而产生更强的压力波以当地声速向前传播。

(4) 后产生的压力波在前方压力扰动的区域中传播，该区域中的声速大于初始状态下未燃混合物气体中的声速，使后方的压力波追赶上前方的压力波，并在追赶上的位置产生叠加，以超声速向未扰动区域传播。

(5) 压力波追赶和叠加形成一道压力陡变的激波，对传播途径上的障碍物造成破坏，同时，其后的振动区域受到更大的影响，压力和温度都有显著上升，这样就使燃烧反应在较高的温度和压力下进行，从而加速燃烧波的传播。

(6) 燃烧锋面在扩展到整个巷道断面后，膨胀作用继续推动前方预混气体向前运动，从而使火焰传播的距离远远大于积聚的瓦斯体积，火焰锋面的加速作用在膨胀了的积聚区边界达到最大，并产生最大的超压(无其他因素影响)。前导冲击波则继续向前传播，但压力和速度都要衰减。

(7) 在煤尘和空气混合气体爆炸反应过程中，爆炸产生的毒害气体充满了膨胀了的积聚区，由于反应区内部的气体温度高于反应区外的混合气体温度，反应区的毒害气体以一定的初速度向外冲击扩散，在没有外界风压的作用下，这些毒害气体最终要停止流动传播，但边界处CO等毒害气体会因浓度高向前方扩散，但扩散的速度相当慢。

(8) 爆炸冲击波、冲击气流由爆炸区到一般空气区传播并逐渐衰减，直到传到地面衰减为声波和消失。

2. 半封闭巷道煤尘爆炸物理模型

根据矿井煤尘爆炸过程物理描述，建立井下巷道爆炸的物理模型。

(1) 煤矿井下的巷道系统复杂，把掘进工作面发生的爆炸简化为一端开口，一端封闭的管道模型。即使在煤仓附近爆炸，一般情况下，爆炸火焰和冲击波向两个方向传播，由于爆心形成高压，大大高于冲击波传播方向的压力，即使通风系统没有被破坏，暂时的高压起到了截流作用，此时相当于以爆心为中心的两个掘进工作面发生的爆炸。这样爆炸均可简化为一端开口、一端封闭的平直巷道模型。

(2) 矿井煤尘或瓦斯煤尘爆炸一般是煤尘与空气的预混气体的爆燃过程，爆燃并未发展成爆轰，如果巷道中积聚的煤尘量足够多，在其他因素的影响下，爆燃转爆轰的可能性增大，给矿井造成的损害会增大。

(3) 预混空气与煤尘爆炸的四大主要影响因素是点火温度、点火能量(10kJ)、煤尘最低爆炸下限(最低爆炸浓度)、爆炸压力和爆炸压力上升速率。点燃的位置在独头巷道的封闭端。

(4) 巷道断面形状简化为正方形或圆形，这样研究比较简单，正方形和圆形巷道得出的爆炸规律，可以方便地转化为其他形状巷道的传播规律。在试验过程中为考虑支护方式的影响，积聚区初始环境状态为常温、常压，考虑湍流燃烧的影响。

7.1.3 煤尘燃烧爆炸的数学模型

煤尘爆炸过程是一个动态发展过程。粉尘爆炸与气体爆炸的基本数学方程、影响因素等几乎是相同的，从数学观点看，它们是两种类似的现象。气体爆炸的燃料是气体，燃料在混合物中占有的体积部分必须考虑；煤尘爆炸的燃料是固体，燃料在混合物中占有的体积极小，可以忽略不计。煤尘粒子与大气中的氧气结合反应是一种表面反应，反应速率与粒子的密度相关；气体爆炸反应是气相反应，属分子反应。根据上述的物理模型，参照瓦斯与空气混合爆炸，建立一个流体力学和化学动力学相耦合的与时间相关的方程组，波阵面前后气体状态方程是必不可少的补充。

因此，建立湍流燃烧的模型能更好地描述真实井下环境中煤尘爆炸的特性，湍流燃烧模型由湍流基本守恒方程、组分方程、湍流封闭方程[如式(6-1)～式(6-6)]和其他与反应速率、障碍物阻力相关的附加方程组成[122]。

1. 燃烧反应速率方程

选用 EBU-Arrhenius 燃烧模型：

$$R_{Fu}=-\min\left(\left|R_{FuA}\right|,\left|R_{FuT}\right|\right) \tag{7-1}$$

式中，用平均参数表示的 Arrhenius 型燃烧速率 (R_{Fu}) 公式，计算如下：

$$R_{FuA}=-A\rho^{2}Y_{Fu}Y_{0}\exp\left(-\frac{E}{RT}\right)$$

湍流流动的燃烧 (R_{FuT}) 公式为

$$R_{FuT}=-C_{E}\rho Y_{Fu}\left|\frac{\partial u}{\partial y}\right|$$

式中，C_E 为常数，通常取 0.35～0.4；$\partial u/\partial y$ 为沿管道径向均流流速的梯度。

2. 燃烧波受到的静压力

对于某一时刻燃烧波受到的静压力可以表示成波后静压力 p_2 与波前静压力 p_1 的差：

$$p = p_2 - p_1 \tag{7-2}$$

对于波前静压力 p_1，由于受到前驱激波的扰动气体温度略有升高，而密度的变化很小，因此 p_1 较未扰动区域也略有升高。波后静压力 p_2 在壁面绝热条件下，已燃区域没有热损失，温度基本保持不变，因而邻近燃烧锋面的波后高温气体产生的压力全部用于推动波前气体的运动。此后，由于已燃气体的膨胀，密度大幅降低，该部分气体的静压力作用也就随之消失。燃烧波受到的静压力表示为

$$p = \rho_2 u g_f(\rho_1 / \rho_2, s_L)$$

式中，g_f 的具体表达式需要通过试验测定来确定，g_f 表示为

$$g_f = A(\rho_1 / \rho_2, s_L)^B = 1.98(\rho_1 / \rho_2, s_L)^{2.32}$$

3. 其他补充方程

除上述方程外，需要补充的一个方程是气体状态方程：

$$p = \rho RT\sum_{i=1}^{N}\frac{Y_i}{m_i} \tag{7-3}$$

上述方程组成的方程组即为湍流燃烧的预混可燃混合气体爆炸模型，方程组是封闭的，可建立数值计算方法进行求解。由方程包含的源项和湍流动能项、湍流耗散项可以看到，该模型不仅考虑了湍流流动对燃烧传播的影响，可以计算障碍物对爆炸过程的作用，而且通过引入已燃区域壁面热损失的燃烧波静压计算式，将燃烧产物膨胀的作用包含在方程中，从而使建立的模型可以更好地描述爆燃初期的发展过程。

7.1.4　煤尘爆炸冲击波的伤害效应

煤尘爆炸和瓦斯爆炸一样会产生爆炸冲击波，是煤矿井下事故伤害最大、波及范围最广的灾害。煤尘爆炸冲击波虽然峰值压力不高(即使爆轰也不超过3MPa)，但爆炸波的作用时间比凝聚炸药要长得多，即具有高的冲量值，对周围环境及其人员产生很大的破坏和伤害作用。

研究表明，煤尘爆炸分两个阶段，即点火阶段和传播阶段。点火阶段在煤尘爆炸过程所占时间较短，爆炸事故的时间主要体现在传播阶段。从传播空间上，可把爆炸的传播分为含煤尘燃烧和一般空气两个区域。在传播阶段，爆炸冲击波的冲量和波阵面的超压是决定其伤害与破坏的关键因素。常见的冲击波伤害准则

有：超压准则、冲量准则和超压-冲量准则[78]。

(1) 超压准则。

超压准则认为：只有当冲击波超压到达或超过一定的值时，才会对目标造成一定的伤害作用。超压准则的适用范围为

$$\omega T_+ > 40 \tag{7-4}$$

式中，ω 为目标响应角频率，1/s；T_+ 为冲击波正相作用时间，s。典型的超压准则见表 7-1。

表 7-1　人员伤害超压准则

超压值/MPa	伤害等级	伤害情况
0.02～0.03	轻微	轻微挫伤
0.03～0.05	中等	耳鼓膜损伤，骨折，听觉器官损伤
0.05～0.1	严重	内脏器官严重挫伤，可引起死亡
>0.1	极严重	大部分人员死亡

超压准则的一个致命弱点是只考虑超压，不考虑超压持续时间。理论分析和试验研究均表明，同样的超压值，如果持续时间不同，伤害效应也不相同，而持续时间与爆源有关。

(2) 冲量准则。

由于伤害效应不但取决于冲击波超压，而且与超压持续时间直接相关，于是有人建议以冲量作为衡量冲击波伤害效应的参数，这就是冲量准则。将爆炸波作用的比冲量定义为

$$i_s = \int_0^{T_+} p_s(t)\mathrm{d}t \tag{7-5}$$

式中，i_s 为冲量，Pa · s；$p_s(t)$ 为超压，Pa。

冲量准则认为，只有当作用于目标的冲击波冲量达到某一临界值时，才会引起目标相应等级的伤害。由于该准则同时考虑了超压以及波形，因此较超压准则更全面。但该准则同样也存在一个缺点，就是忽略了这样一个基本事实：目标伤害存在一个最小超压。如果其超压不能够到达某一临界值，无论其超压作用时间与冲量多大，目标也不会受到伤害。冲量准则的适用范围为

$$\omega T_+ < 0.4 \tag{7-6}$$

式中各量同前述。

各种类型的破坏和伤害都是很复杂的，与物体的形状、位置和方向有很大的关系。超压对巷道和人员的动力效应取决于爆炸的正相冲量，也就是爆炸压力-时间曲线所包围的面积，如图7-1所示。

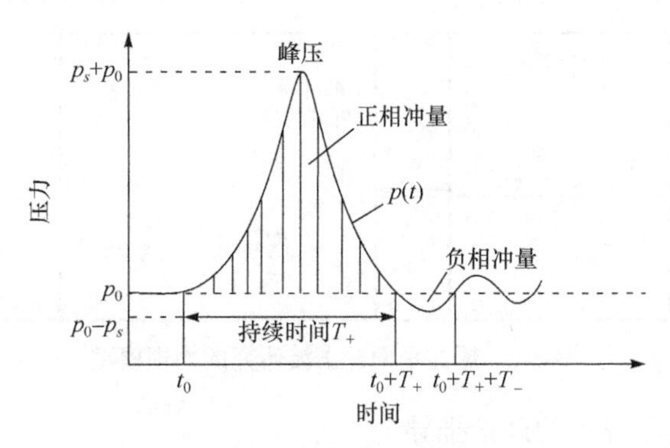

图7-1　爆炸压力-时间曲线

(3) 超压-冲量准则。

理论和实践均证明，对于特定破坏模式或破坏等级，超压和冲量是两个重要的值。超压-冲量准则认为，破坏作用应由超压p_s与冲量I_s共同决定，它们的不同组合如果满足如下条件，就可以产生相同的破坏效应。

$$(\overline{p}-p_{tr})\times(I-I_{cr})=\text{const} \tag{7-7}$$

$$\overline{p}=(\int_0^{t_+}p(t)\mathrm{d}t)^2/[2\int_0^{t_+}(t-t_0)p(t)\mathrm{d}t] \tag{7-8}$$

式中，p_{tr}和I_{cr}分别为目标遭受破坏的临界超压值与临界冲量值；const为常数；t_+为临界压力的作用时间，它们都与目标的性质和破坏等级有关。在(P，I)平面中，任何一种特定破坏曲线(等破坏线)都具有三种不同的破坏体制，即冲量破坏区、超压破坏区和动态破坏区。

1. 爆炸冲击波物理模型与伤害模型建立

1) 爆炸平面冲击波研究的物理模型

本研究采用的是半封闭管道爆炸试验，参照一维C-J理论和ZND模型对煤尘爆炸传播进行合理的理论假设，即巷道内煤尘爆炸后主要以平面冲击波在沿巷道传播、衰减变化。为了研究平面冲击波的变化，建立如图7-2所示煤尘爆炸研究模型。设巷道的横截面积为s，高为h，其他参数在假设中解释。按图7-2简化模型，只考虑冲击波的波前和波后状态。由于冲击波厚度极薄(约在10^{-6}mm量级)，认为传播过程中热交换以及与巷道摩擦可忽略不计。故爆炸开始到形成冲击波过程中，其初始状态到终止状态可以假设为没有外部摩擦和热传导作用的理想状态来处理。由于煤尘爆炸后生成气体产物的膨胀能力远远大于固体，所以可按照理想气体膨胀来研究爆炸后冲击波。爆炸初始阶段，一定体积的煤尘和空气混合物爆炸时忽略其化学反应过程后，能量一次性全部释放。

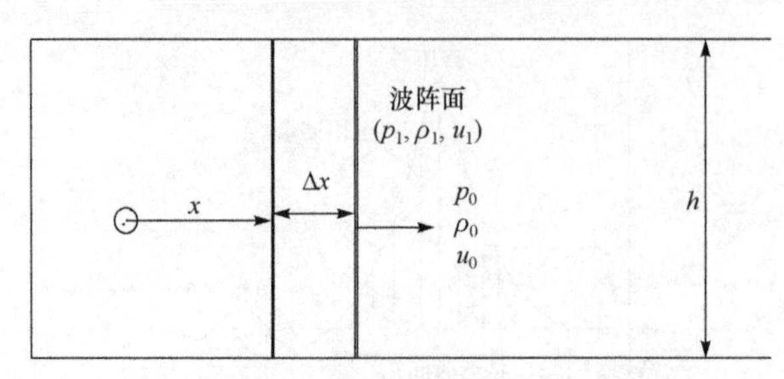

图 7-2　爆炸平面冲击波研究的物理模型

2) 冲击波运动方程的理论推导

一定强度的平面波传入均匀区时，冲击波以恒速推进，波后的参量也是均匀的。对于变强度冲击波或冲击波向气体参数不是常数的区域传播时，冲击波的速度是变化的，冲击波后气体的参数也随时间而变化。从表面上看，这种情况不能转化为定常流，但当观察者跟随冲击波运动时，对冲击波的控制体建立三个基本方程，由于冲击波所占的体积极小，所以控制体内的质量、动量、动能和内能对时间的变化率都可认为是零。此时，定常流关系方程式也适用于变强度冲击波的两侧。这相当于把变强度冲击波的运动分割为许多个瞬时，把每个瞬时都转化为定常流来处理，这称为准定常流动。

空气介质中惰性冲击波关系方程可借助于驻立冲击波来研究，因此需要首先把运动冲击波关系方程转化为驻立冲击波关系方程。此转化相当于把原来的流动与一个速度为$-D_s$的均匀流叠加起来，其中D_s为冲击波速度，此时，冲击波速度为零，转化为驻立冲击波。坐标转换后有两点说明：一是诸如压强、密度、温度及声速这类热力学状态参量不受坐标转换的影响；二是各流场都叠加了速度$(-D_s)$，各流场的速度将发生变化[125]。

据此，在冲击波两侧列出方程如下：

质量守恒方程：

$$\rho_0(v_0 - D_s) = \rho_1(v_1 - D_s) \tag{7-9}$$

动量守恒方程：

$$p_0 + \rho_0(v_0 - D_s) = p_1 + \rho_1(v_1 - D_s) \tag{7-10}$$

能量守恒方程：

$$u_0 + \frac{p_0}{\rho_0} + \frac{1}{2}(v_0 - D_s)^2 = u_1 + \frac{p_1}{\rho_1} + \frac{1}{2}(v_1 - D_s)^2 \tag{7-11}$$

三个方程中参数下标为“0”的表示冲击波前的状态参数，下标为“1”的表示冲击波波阵面上的参数，或认为是紧跟冲击波波阵面之后的参数 7，而不是冲击波(假设冲击波厚度为 Δx)内气体的状态参数。三个方程中共有七个未知数：p_0、ρ_0、u_0、p_1、ρ_1、u_1 和 D_s (比内能 u 可利用状态方程，由 p 和 ρ 得到)，其中有四个参量是独立，若给定其中任意四个量的值，其余的量都可唯一确定。例如，给定了波前状态 p_0、ρ_0、u_0 ，再给出波后参量中的任一个，则其余的参量和冲击波速度就可唯一确定。

式(7-9)、式(7-10)、式(7-11)化简可得到

$$(D_s - v_0)^2 = \frac{\rho_1}{\rho_0}\frac{p_1 - p_0}{\rho_1 - \rho_0} = \tau_0^2 \frac{p_1 - p_0}{\tau_0 - \tau_1} \tag{7-12}$$

$$(D_s - v_1)^2 = \frac{\rho_0}{\rho_1}\frac{p_1 - p_0}{\rho_1 - \rho_0} = \tau_1^2 \frac{p_1 - p_0}{\tau_0 - \tau_1} \tag{7-13}$$

式中，$\tau = \rho^{-1}$，上式也可改写成如下形式

$$\tau_1^2 \frac{p_1 - p_0}{\tau_1 - \tau_0} = -\rho_0^2 (D_s - v_0)^2 = -\rho_1^2 (D_s - v_1)^2 \tag{7-14}$$

式中，$\rho_0(D_s - v_0)$ 为跨过冲击波单位面积的质量流量，是常数。因此，方程(7-14)在 p - τ 平面上表示为一条直线，即瑞利直线，该直线的斜率永远是负的。由于瑞利直线是由质量方程和动量方程导出，因此它适用于无黏的任何气体，而与有无能量加入无关。变换解得

$$u_1 - u_0 = \frac{p_0}{\rho_1} - \frac{p_1}{\rho_1} + \frac{1}{2}(p_1 - p_0)(\tau_0 + \tau_1) = \frac{1}{2}(p_1 + p_0)(\tau_0 - \tau_1) \tag{7-15}$$

式中，内能 u 依赖于 p 和 ρ ，与状态方程有关，可表示为

$$u = u(p, \rho) \tag{7-16}$$

对于完全气体：

$$\begin{aligned} u &= c_v T = \frac{1}{\gamma - 1} p\tau \\ h &= c_p T = \frac{1}{\gamma - 1} p\tau \end{aligned} \tag{7-17}$$

把式(7-17)代入式(7-14)，得

$$\left(\tau_1 - \frac{\gamma - 1}{\gamma + 1}\tau_0\right)p_1 - \left(\tau_0 - \frac{\gamma - 1}{\gamma + 1}\tau_1\right)p_0 = 0 \tag{7-18}$$

于是得到一组方程的表达式：

$$\frac{p_1}{p_0} = \frac{(\gamma+1)\tau_0 - (\gamma-1)\tau_1}{(\gamma+1)\tau_1 - (\gamma-1)\tau_0} \tag{7-19}$$

$$\frac{\tau_0}{\tau_1} = \frac{\rho_1}{\rho_0} = \frac{(\gamma+1)p_1 - (\gamma-1)p_0}{(\gamma+1)p_0 - (\gamma-1)p_1} \tag{7-20}$$

$$\frac{T_1}{T_0} = \frac{p_1\rho_0}{p_0\rho_1} = \left(\frac{c_1}{c_0}\right)^2 = \frac{\dfrac{p_1}{p_0} + \dfrac{\gamma+1}{\gamma-1}}{\dfrac{\gamma+1}{\gamma-1} + \dfrac{p_0}{p_1}} \tag{7-21}$$

引用完全气体状态方程 $p = \rho RT$ ，基于式(7-20)，可得

$$\begin{aligned} \frac{p_1}{p_0} &= 1 + \frac{2\gamma}{\gamma+1}\left[\left(\frac{D_s - v_0}{c_0}\right)^2 - 1\right] \\ \frac{p_0}{p_1} &= 1 + \frac{2\gamma}{\gamma+1}\left[\left(\frac{D_s - v_1}{c_1}\right)^2 - 1\right] \end{aligned} \tag{7-22}$$

由于冲击波是压缩过程，即 $p_1 > p_0$ ，因此，式(7-19)有 $\left|(D_s - v_0)/c_0\right| > 1$ 和 $\left|(D_s - v_1)/c_1\right| < 1$ 的情况。前者说明冲击波相对于波前气流的传播速度总是超声速的；而后者说明冲击波相对于波后气流的传播速度总是亚声速的，c 为声速。引入 $M_s = (D_s - v_0)c_0^{-1}$ ，M_s 代表冲击波相对于波前气流运动的马赫数，则可得如下关系式：

$$\frac{v_1 - v_0}{c_0} = \frac{2}{\gamma+1}\left(M_s - \frac{1}{M_s}\right) \tag{7-23}$$

$$\frac{p_1}{p_0} = \frac{2\gamma}{\gamma+1}M_s^2 - \frac{\gamma-1}{\gamma+1} \tag{7-24}$$

$$\frac{\rho_1}{\rho_0} = \frac{(\gamma+1)M_s^2}{2+(\gamma-1)M_s^2} \tag{7-25}$$

$$\frac{T_1}{T_0} = \left(\frac{c_1}{c_0}\right)^2 = 1 + \frac{2(\gamma-1)}{(\gamma+1)^2}(M_s^2 - 1)\left(\gamma + \frac{1}{M_s^2}\right) \tag{7-26}$$

也可写成

$$p_1 = p_0 + \frac{2}{\gamma+1}\rho_0 D_s^2\left(1 - \frac{c_0^2}{D_s^2}\right) \tag{7-27}$$

$$\rho_1 = \frac{\gamma+1}{\gamma - (1 - c_0^2 D_s^{-2})}\rho_0 \tag{7-28}$$

$$u_1 = \frac{2}{\gamma+1} D_s \left(1 - \frac{c_0^2}{D_s^2}\right) \tag{7-29}$$

如果冲击波强度的参量 $\frac{p_1 - p_0}{p_0}, \frac{\rho_1 - \rho_0}{\rho_0}, \left|\frac{v_1 - v_0}{c_0}\right|, |M_s|$，其中任一个参量的值越大，表明冲击波越强。当冲击波处于极强状态，且 $v_0 = 0, v_1 = u_1$，则上式可简化如下：

$$\frac{u_1}{c_0} \approx \frac{2}{\gamma+1} M_s \tag{7-30}$$

$$\frac{p_1}{p_0} \approx \frac{2\gamma}{\gamma+1} M_s^2 \tag{7-31}$$

$$\frac{\rho_1}{\rho_0} \approx \frac{\gamma+1}{\gamma-1} \tag{7-32}$$

$$\frac{T_1}{T_0} = \left(\frac{c_1}{c_0}\right)^2 \approx 1 + \frac{2(\gamma-1)}{(\gamma+1)^2} M_s^2 \tag{7-33}$$

或

$$u_1 \approx \frac{2}{\gamma+1} D_s \tag{7-34}$$

$$p_1 \approx \frac{2}{\gamma+1} \rho_0 D_s^2 \tag{7-35}$$

式中，u_1 为气流速度；D_s 为冲击波波速；γ 为气体压缩系数；M_s 为马赫数。

现在对惰性平面空气冲击波的传播状态进行下列假定[126]。

(1) 煤尘爆炸前，巷道内空气流相对于爆炸后气体产物的状态参数：空气压力 p_0，密度 ρ_0，温度 T_0。冲击波在空间中的坐标以点燃爆炸的火源点为原点，距离以 x 来表示，冲击波波阵面参数借助于式(7-30)～式(7-35)来表示。

(2) 波阵面附近积聚了煤尘爆炸冲击波席卷来的气体，被冲击波压缩过的气体质量都集中在厚度为 Δx 的冲击波内，由于冲击波厚度极薄，所以 Δx 很小，此薄层内密度为常数，并等于波后密度 ρ_1。即此厚度为 Δx 的薄层质量 M 为

$$M = S\rho_1 \Delta x = S\rho_0 x \tag{7-36}$$

式中，S 为巷道截面积；x 为惰性冲击波所经过的距离。

(3) 由于冲击波厚度极薄，假设厚度 Δx 的薄层内气流速度不变，并等于波阵面后气流速度 u_1；薄层内压强用 p 表示，令它等于波后压强的 φ 倍，即 $p = \varphi p_1$，其中 φ 待定，波前压强 p_0 与 p 相比可忽略。对薄层内气体建立牛顿第二定律，即

$$\frac{\mathrm{d}}{\mathrm{d}t}(Mu_1) = S(p_1 - p_0) = S(\varphi p_1 - p_0) \tag{7-37}$$

将式(7-36)代入式(7-37)，已知$\frac{\mathrm{d}}{\mathrm{d}t}=\frac{\mathrm{d}}{\mathrm{d}x}\frac{\mathrm{d}x}{\mathrm{d}t},\frac{\mathrm{d}x}{\mathrm{d}t}=D_s$，又$\frac{\mathrm{d}}{\mathrm{d}t}=D_s\frac{\mathrm{d}}{\mathrm{d}x}$，利用$p_0=\rho_0 c_0^2/\gamma$，整理得

$$(\varphi-1)^{-1}\left(1+\frac{c_0^2}{D_s^2}\right)\mathrm{d}D_s\left(1+\frac{1+\gamma}{2\gamma}\frac{c_0^2}{D_s^2}\right)^{-1}D_s^{-1}=\frac{\mathrm{d}x}{x} \tag{7-38}$$

对上式积分，得

$$\sqrt{D_s^2+\frac{1-\gamma}{2\gamma}c_0^2}\left[D_s^2\left(D_s^2+\frac{1-\gamma}{2\gamma}c_0^2\right)^{-1}\right]^{\frac{\gamma}{1-\gamma}}=Cx^{\varphi-1} \tag{7-39}$$

式中，C为待定常数。式(7-39)为冲击波速度D_s与距离x的关系式。由于关系式存在多元关系，求解比较困难。必须进行合理假设，使得D_s与距离x的关系明朗化。煤尘爆炸后，从安全角度考虑，假设这里发生的爆炸冲击波为极强冲击波，即$c_0^2/D_s^2\to 0$时，式(7-39)可简化为

$$D_s=Cx^{\varphi-1} \tag{7-40}$$

式中，C为积分常数。

下面用能量方程来确定C和φ。当平面冲击波传播距离非常小时，忽略冲击波与壁面的摩擦损失以及热传导、热辐射等其他能量损失，而只考虑冲击波对波前气体做功的损失。冲击波对气体介质所做的功等于冲击波阵面内气体的动能和内能。被冲击波压缩的气体集中在薄层内，因此，E_r被包含在薄层围成的长度为x、截面为S的巷道中的气体内。

薄层气体内能：

$$E_r=\frac{Sxp}{\gamma-1} \tag{7-41}$$

薄层气体动能：

$$E_k=\frac{1}{2}Mu_1^2 \tag{7-42}$$

将式(7-40)代入式(7-41)和式(7-42)中，将D_s替换u_1，冲击波对气体介质所做的功E为

$$E=E_k+E_r=2S\rho_0\left(\frac{1}{(\gamma+1)^2}+\frac{\varphi}{\gamma^2-1}\right)C^2x^{2\varphi-1} \tag{7-43}$$

煤尘积聚量一定的条件下，E为常数。由于冲击波对气体介质所做的功与x无关，所以$2\varphi-1=0$，得

$$C=\sqrt{\frac{(\gamma-1)(\gamma+1)^2E}{(3\gamma-1)S\rho_0}} \tag{7-44}$$

$$D_s=Cx^{-\frac{1}{2}}=\sqrt{\frac{(\gamma-1)(\gamma+1)^2E}{(3\gamma-1)S\rho_0}}x^{-\frac{1}{2}} \tag{7-45}$$

已知$\frac{\mathrm{d}x}{\mathrm{d}t}=D_s=Cx^{-\frac{1}{2}}$，解得

$$x=\frac{9}{4}C^{\frac{2}{3}}t^{\frac{2}{3}}=\frac{9}{4}\left[\frac{(\gamma-1)(\gamma+1)^2E}{(3\gamma-1)S\rho_0}\right]^{\frac{1}{3}}t^{\frac{2}{3}} \tag{7-46}$$

由式(7-44)、式(7-45)和式(7-46)得到爆炸瞬间冲击波处于极强状态的超压与距爆源距离的关系推导，得巷道内各位置处超压峰值与距离的关系为

$$p_1=\frac{2(\gamma^2-1)E}{(3\gamma-1)S}x^{-1} \tag{7-47}$$

冲击波在巷道内产生的超压Δp，由式(7-46)、式(7-47)可得到

$$\Delta p=p_1-p_0=\frac{2(\gamma+1)^2(\gamma-1)E}{(3\gamma-1)S}x^{-1} \tag{7-48}$$

当$|M_s|\to 1$时，且$v_0=0$，$v_1=u_1$，则

$$\frac{u_1}{c_0}\approx\frac{4}{\gamma+1}(M_s-1) \tag{7-49}$$

$$\frac{T_1}{T_0}=\left(\frac{c_1}{c_0}\right)^2\approx 1+\frac{4(\gamma-1)}{(\gamma+1)^2}(M_s-1) \tag{7-50}$$

$$\frac{p_1}{p_0}\approx 1+\frac{4\gamma}{\gamma+1}(M_s-1) \tag{7-51}$$

$$\frac{\rho_1}{\rho_0}\approx 1+\frac{4}{\gamma-1}(M_s-1) \tag{7-52}$$

引用$\Delta p=p_1-p_0$，$\Delta u=u_1-u_0$，则可改写式(7-50)和式(7-52)，得到

$$\frac{\Delta u}{c_0}\approx\frac{4}{\gamma+1}(M_s-1) \tag{7-53}$$

$$\frac{\Delta p}{p_0}\approx\frac{4\gamma}{\gamma+1}(M_s-1) \tag{7-54}$$

把式(7-45)代入式(7-52)中，由爆炸传播过程冲击波处于极弱状态的超压与距爆源距离的关系可推出冲击波在传播过程中超压与距离的关系：

$$\Delta p \approx \frac{4\gamma p_0}{(\gamma+1)c_0}\left[\frac{(\gamma-1)(\gamma+1)^2 E}{(3\gamma-1)S\rho_0}\right]^{\frac{1}{2}} x^{-\frac{1}{2}} \tag{7-55}$$

由上述假设理论推导可以得出，在煤尘爆炸瞬间，爆炸产生的爆速及超压极高，可以按极强冲击波式(7-48)处理；而当形成冲击波过程中，其马赫数 M_s 并不会远远大于 1。因此，冲击波进入一般空气区成为惰性冲击波后用式(7-55)处理更符合实际。

2. 煤尘、瓦斯和瓦斯煤尘爆炸 TNT 的当量计算

1) 煤尘爆炸转化为当量 TNT 的计算

煤尘燃烧在一定的临界条件下会跳跃式地转变为爆炸。爆炸的转化能力主要取决于过程的放热性和传播速度。如果将煤尘看作无定形碳，则燃烧 1kg 煤尘所放出的热量如下。

燃烧完全时：

$$C + O_2 = CO_2 + 34080.552\text{kJ/kg 碳} \tag{7-56}$$

燃烧不完全时：

$$2C + O_2 = 2CO + 10215.792\text{kJ/kg 碳} \tag{7-57}$$

设煤尘爆炸后空间内空气中 CO 的体积浓度为 $p_{CO}(\%)$，则消耗的无定形碳为

$$C + \frac{1}{2}O_2 \longrightarrow CO \tag{7-58}$$

$$12 \longrightarrow 28$$

$$g_C \longrightarrow g_{CO}$$

由 $g_C = \dfrac{12}{28} g_{CO}$，则

$$g_C = \frac{12}{28} \times 0.97 \times 1.2 \times p_{CO} \times Q_{air} = 0.499 p_{CO} Q_{air} \tag{7-59}$$

式中，g_C 为消耗的碳量，kg；g_{CO} 为产生的 CO 量，kg；CO 的容重为 0.97。

无定形碳量爆炸后转换为标准当量 TNT 炸药的计算公式为

$$Q = \frac{(G_C - g_C)\cdot Q_{CO_2}\cdot \xi \cdot n + g_{CO}\cdot Q_{CO}\cdot \xi \cdot n}{Q_T} \tag{7-60}$$

式中，G_C 为无定形碳量，kg；Q_{CO_2} 为 1kg 煤尘完全燃烧所放出的热量，$Q_{CO_2} =$ 34080.552kJ/kg 碳；Q_{CO} 为 1kg 煤尘不完全燃烧所放出的热量，$Q_{CO} = 10215.792$kJ/kg 碳；ξ 为爆炸系数，$\xi = 1$；n 为 TNT 炸药转化率，$n = 0.2$；Q_T 为 TNT 炸药的发热量，$Q_T = 4186.8$kJ/kg。化简可得

$$Q = 1.628G_{\mathrm{C}} - 1.14g_{\mathrm{CO}} \tag{7-61}$$

设 g_d 为爆炸区原空气的煤尘浓度，引起的爆炸热量误差值按下式计算：

$$\delta = \frac{0.56886p_{\mathrm{CO}}}{1.628g_d - 0.56886p_{\mathrm{CO}}} \tag{7-62}$$

爆炸后空气中一般存在2%～3%的CO。采取 $p_{\mathrm{CO}} = 2.5\%$，g_d 为0.3～0.4mg/m^{3}时，爆炸性最强。1m^{3}含尘空气中，爆前含尘量 $G_{\mathrm{C}} = 0.4\mathrm{kg}$，爆后1m^{3}空气中含CO量为0.0291kg，消耗的碳量 $= 0.0291\mathrm{kg} \times (12/28) = 0.01247\mathrm{kg}$，$\delta$ 为2.23%～3%按 $\delta = 3\%$ 计算，实际误差比率为2.91%。则

$$Q(\mathrm{kg}) = 1.628G_{\mathrm{C}}(1-0.0291) = 1.58G_{\mathrm{C}} \tag{7-63}$$

即1kg煤尘完全参与爆炸时的爆炸能量与1.58kg TNT炸药相当。

2) 瓦斯爆炸转化为当量TNT的计算

瓦斯转化为TNT标准炸药量 Q 的计算公式：

$$Q = \frac{\rho \cdot V_{\mathrm{CH_4}} \cdot q_{\mathrm{CH_4}} \cdot \xi \cdot n}{Q_{\mathrm{T}}} 0.945V_{\mathrm{CH_4}}(\mathrm{kg}) \tag{7-64}$$

式中，Q 为当量TNT标准炸药量，kg；ξ 为爆炸系数，$\xi = 0.6$；n 为TNT炸药转化率，$n = 0.2$；ρ 为瓦斯密度，$\rho = 0.716\mathrm{kg/m^3}$(标准状态下)；$V_{\mathrm{CH_4}}$ 为瓦斯体积，m^3；Q_{T} 为TNT炸药的发热量，$Q_{\mathrm{T}} = 4186.8\mathrm{kJ/kg}$。式(7-64)表示1m^{3}瓦斯(标准状态下)参与爆炸时的爆炸能量与0.945kg炸药TNT相当。

3) 瓦斯煤尘爆炸转化为当量TNT的计算

瓦斯煤尘爆炸转换为TNT标准炸药量 Q 的计算：

$$Q(\mathrm{kg}) = 0.945V_{\mathrm{CH_4}} + 1.58G_{\mathrm{C}} \tag{7-65}$$

4) 煤尘或瓦斯爆炸能量转化为冲击波的初始能量计算

$$Q_s = m_y Q \tag{7-66}$$

式中，Q_s 为爆炸总能量转化为冲击波的初始能量；m_y 为爆炸总能量转化为空气冲击波的系数；Q 为爆炸总能量，其中 $Q = qQ_{\mathrm{T}}$（q 为TNT标准炸药量，kg；$Q_{\mathrm{T}} = 4186.8\mathrm{kJ/kg}$）。

3. 煤尘爆炸冲击波衰减的理论求解

为对上面推导的爆炸冲击波衰减变化规律进行验证，先进行理论求解。利用公式(7-55)和测点位置求解该位置的超压数值。其中，γ=1.4，小断面管道面积 S=0.08m×0.08m，大断面巷道面积 S=7.2m^2，ρ_0 为煤尘爆炸前混合气体的密度，

取 1.29kg/m^3，p_0 为混合气体的初始大气压力，取 0.1013MPa，c_0 为空气中标准大气压下的声速，取 340m/s。E 的计算，假定煤尘全部参与爆炸，用 TNT 当量法进行换算，小断面管道分别用 30g、40g 和 50g 煤尘，大断面巷道用 100kg 和 110kg 煤尘量计算。求解如下。

(1) 管道内 30g 煤尘爆炸冲击波超压随距离衰减的理论求解式,单位为 MPa。

$$\Delta p_{30} = 0.353x^{-1/2} \tag{7-67}$$

(2) 管道内 40g 煤尘爆炸冲击波超压随距离衰减的理论求解式,单位为 MPa。

$$\Delta p_{40} = 0.408x^{-1/2} \tag{7-68}$$

(3) 管道内 50g 煤尘爆炸冲击波超压随距离衰减的理论求解式,单位为 MPa。

$$\Delta p_{50} = 0.456x^{-1/2} \tag{7-69}$$

(4) 巷道内 100kg 煤尘爆炸冲击波超压随距离衰减的理论求解式, 单位为 MPa。

$$\Delta p_{100} = 5.314x^{-1/2} \tag{7-70}$$

(5) 巷道内 110kg 煤尘爆炸冲击波超压随距离衰减的理论求解式, 单位为 MPa。

$$\Delta p_{110} = 5.573x^{-1/2} \tag{7-71}$$

4. 煤尘爆炸冲击波理论值与试验值验证对照

1) 小尺寸管道试验值与理论值对比

考虑到小管道煤尘爆炸试验的各个影响因素所产生的误差等,对所做的 30g、40g 和 50g 煤尘爆炸冲击波超压试验数据(30 组)进行处理，并将 x 的取值代入式(7-67)～式(7-69)中得出各位置的理论超压值，试验值与理论求解值见表 7-2。又根据理论值和试验值数据绘制爆炸冲击波随距离衰减变化曲线,如图 7-3 所示。

表 7-2 管道煤尘爆炸后超压试验值和理论值(MPa)

煤尘量/g		测点位置/m								
		1	2	4	6	8	10	12	20	21
超压 ΔP(试验)	30	0.145	0.162	0.213	0.154	0.131	0.100	0.078	0.072	0.062
	40	0.161	0.192	0.229	0.266	0.203	0.160	0.155	0.126	0.118
	50	0.196	0.242	0.324	0.215	0.184	0.131	0.108	0.089	0.094
超压 ΔP(理论)	30	0.353	0.249	0.176	0.144	0.125	0.112	0.102	0.079	0.077
	40	0.408	0.289	0.204	0.167	0.144	0.129	0.118	0.101	0.089
	50	0.456	0.322	0.228	0.186	0.161	0.144	0.132	0.110	0.099

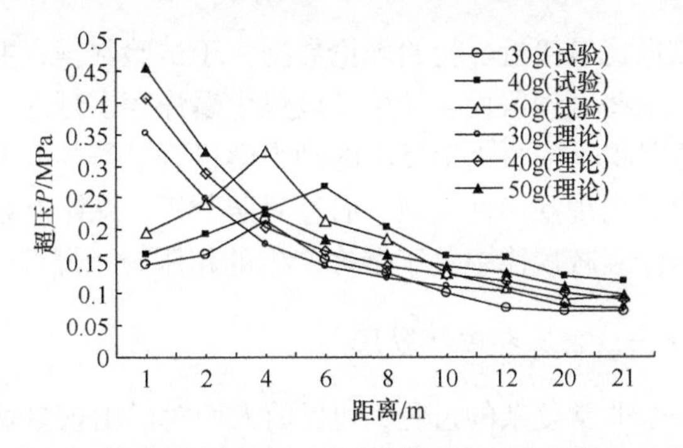

图 7-3　管道煤尘爆炸超压试验数据和理论数据的对比

2) 大尺寸巷道试验值与理论值对比

用同样办法，对大尺寸巷道试验数据进行处理，取 100kg 和 110kg 两组试验数据，并将 x 的取值代入式(7-70)和式(7-71)中得出各位置的理论超压值，将试验值与理论值形成表 7-3。又根据理论值和试验值数据绘制爆炸冲击波随距离衰减变化曲线，如图 7-4 所示。

表 7-3　巷道煤尘爆炸后超压试验值和理论值(MPa)

煤尘量/kg		测点位置/m							
		10	20	40	60	80	100	120	140
超压 ΔP(试验)	100	0.339	0.455	0.520	1.080	0.688	0.681	0.420	0.376
	100	0.473	0.520	0.670	1.214	0.527	0.429	0.532	0.382
	110	0.527	0.625	0.830	1.320	0.750	0.635	0.560	0.567
超压 ΔP(理论)	100	1.680	1.190	0.841	0.686	0.594	0.531	0.483	0.450
	110	1.746	1.247	0.882	0.719	0.632	0.557	0.507	0.464

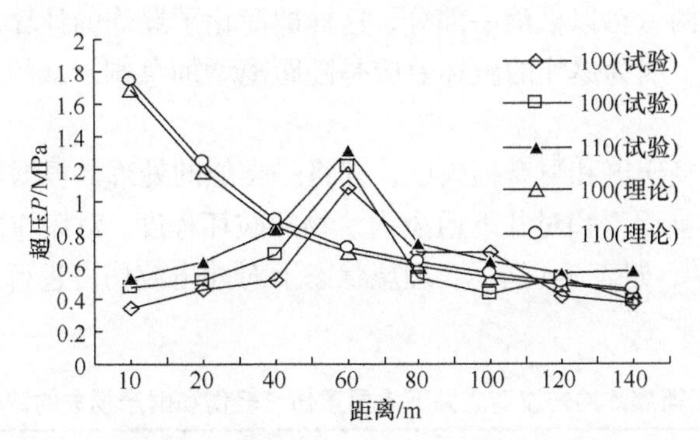

图 7-4　巷道煤尘爆炸超压试验数据和理论数据的对比

从表 7-2、表 7-3 和图 7-3、图 7-4 中数据可以得出，管道和巷道试验中理论计算数据与试验数据比较接近。初始理论数据大于试验数据，主要原因是理论分析计算过程进行了一些合理假设，初始阶段煤尘爆炸存在延迟。而在试验煤尘爆炸过程中，能量的聚积是按照化学反应的动力学机理进行的，因此爆炸产生的超压先增加到最大值后出现规律性衰减。通过对照分析，总体上数据之间的吻合度较好，说明煤尘爆炸衰减规律中关于爆炸产生的超压与距爆源的关系是正确的。

5. 煤尘爆炸冲击波伤害和破坏分区

煤尘爆炸是一个非常复杂的过程，到目前人们对矿山煤尘爆炸事故的发生过程、破坏规律和伤害程度的认识还十分有限，对有些问题的认识还处于发展阶段。建立全面合理可靠又符合实际的伤害模型还有一定的难度和局限性。因此，必须依据井下环境的复杂性及煤尘爆炸事故的短暂性、严重性和难观察性，建立合理可靠又简单实用的煤尘爆炸事故的伤害模型。根据爆炸巷道特征及伤害准则，对爆炸冲击波伤害情况做如下假设：

爆源的集中性假设。爆源集中性假设是指爆炸物质煤尘的集中性，由于巷道断面尺寸与长度尺寸的差异，本研究只考虑直线巷道。为了简化问题，同时又不至于产生较大的偏差，可以假设爆炸煤尘集中在巷道线的一个点上。

巷道支护一致性假设。巷道支护一致性假设是指各巷道的支护形式、断面形状等均一致，爆炸冲击波的差异是由各巷道的断面面积的不同和巷道的连接关系带来的。

爆炸伤害分区性。爆炸伤害模型包括死亡区假设模型、重伤区假设模型、轻伤区假设模型和财产损失区假设模型。

死亡区假设指的是在以距爆源某一距离为长度，巷道宽度为宽的矩形面积内，将造成人员的全部死亡，而在该区域之外的人员，将不会造成人员的死亡。当然，这一假设并不完全符合实际，因为死亡区外可能有人死亡，而死亡区内可能有人不死亡，两者可以抵消一部分，这样即简化了爆炸的计算，同时又不至于带来显著的偏差，因为爆炸的破坏效应是随距离增加急剧衰减的，该假设是近似成立的。

对重伤区、轻伤区和财产损失区，都将作类似的处理。根据煤尘爆炸冲击波对人体的创伤严重程度和对井下通风构筑物的破坏程度，对爆炸冲击波超压的极限进行了取值[107]，如表 7-4 所示。理想状态下对冲击波伤害进行死亡区、重伤区和轻伤区的划分如下。

表 7-4　煤尘瓦斯爆炸冲击波造成井下人员重伤、轻伤和财产损失的破坏压力取值表

破坏程度	人员死亡	人员重伤	人员轻伤	45.5cm 的砖墙破坏	风门风桥临时密闭破坏
冲击波压力/MPa	$\Delta p \geqslant 0.3$	$0.3 > \Delta p \geqslant 0.1$	$0.1 > \Delta p \geqslant 0.02$	$\Delta p \geqslant 0.1$	$\Delta p \geqslant 0.02$

1) 死亡区划分

该区内的人员位于矿井直线巷道内，如果缺少防护，则被认为将无例外地受严重伤害而死亡。死亡距离的内径为零，外径 L_1 表示距离 L_1 处人员因冲击波作用导致肺部出血而死亡的概率为 1。应用超压准则，由上述冲击波超压式(7-55)和表 7-4 可得

$$\Delta p \geqslant 0.3$$

即

$$\frac{4\gamma p_0}{(\gamma+1)c_0}\left[\frac{(\gamma+1)^2(\gamma-1)E}{(3\gamma-1)S\rho_0}\right]^{\frac{1}{2}} x^{-\frac{1}{2}} \geqslant 0.3$$

进而可推导出

$$x \leqslant \frac{1600\gamma^2 p_0^2\gamma(\gamma-1)E}{9(\gamma+1)^2 c_0^2 S\rho_0} \tag{7-72}$$

式中，x 为伤害死亡范围，m；其他参数单位同前。

2) 重伤区划分

该区内的人员如果缺少防护，则绝大多数将遭受严重伤害，极少数可能死亡或受轻伤，其内径就是死亡距离，外径记 L_2，代表该处人员因冲击波作用耳膜破裂的概率为 1，它要求冲击波峰值超压为 0.1MPa。这里应用超压准则，计算公式如下：

$$0.1 \leqslant \Delta p < 0.3 \tag{7-73}$$

由式(7-72)可推导出伤害距离与各参数的关系式：

$$\frac{1600\gamma^2 p_0^2\gamma(\gamma-1)E}{9(\gamma+1)^2 c_0^2 S\rho_0} < x \leqslant \frac{1600\gamma^2 p_0^2\gamma(\gamma-1)E}{(\gamma+1)^2 c_0^2 S\rho_0} \tag{7-74}$$

3) 轻伤区划分

该区内的人员如果缺少防护，绝大多数将遭受冲击波轻微伤害，少数人可能受重伤或平安无事，死亡的可能性极小。其内径就是重伤距离的外径，外径记为 L_3，代表该处人员因冲击波作用耳膜破裂的概率为 1，它要求冲击波峰值超压为 0.02MPa。这里应用超压准则，计算公式如下：

$$0.02 \leqslant \Delta p < 0.1 \tag{7-75}$$

同样可推导出轻伤区 x 范围：

$$\frac{1600\gamma^2 p_0^2\gamma(\gamma-1)E}{(\gamma+1)^2 c_0^2 S\rho_0} < x \leqslant \frac{400\gamma^2 p_0^2\gamma(\gamma-1)E}{(\gamma+1)^2 c_0^2 S\rho_0} \tag{7-76}$$

4) 安全区划分

该区内人员即使无防护，绝大多数人也不会受冲击波伤害，死亡的概率为 0，该区内径为轻伤区，外径为无穷大。

6. 影响爆炸冲击波传播伤害的因素讨论

爆炸冲击波事故伤害，主要是在传播过程中。理想情况下的冲击波伤害的各种距离计算是比较简单的，可在实际情况下，如遇巷道壁正反射或者巷道转弯、分岔、断面变化(增大、缩小)等，其超压会随距离和巷道的各种变化情况出现较大的变化，导致伤害程度及范围有很大的不同[30]。因此，针对爆炸反射、巷道分岔、转弯及断面变化等重大影响因素进行分析讨论，有助于合理使用模型。

1) 巷道拐弯

一般情况下，巷道拐弯对火焰波的影响主要认为巷道拐角增大了火焰波的湍流度，另外某些巷道拐角处煤尘易积聚，这些都会增加煤尘的能量释放率，导致火焰波传播速度增加。对于冲击波的影响主要体现在冲击波超压的增强，这里将对爆炸冲击波与巷道壁面夹角小于等于 90°的情况进行超压计算的讨论，即煤尘爆炸冲击波斜反射。

当爆炸冲击波与壁面成α角入射时，发生冲击波斜反射。此时反射角为β，且α与β未必相等，如图 7-5 所示。

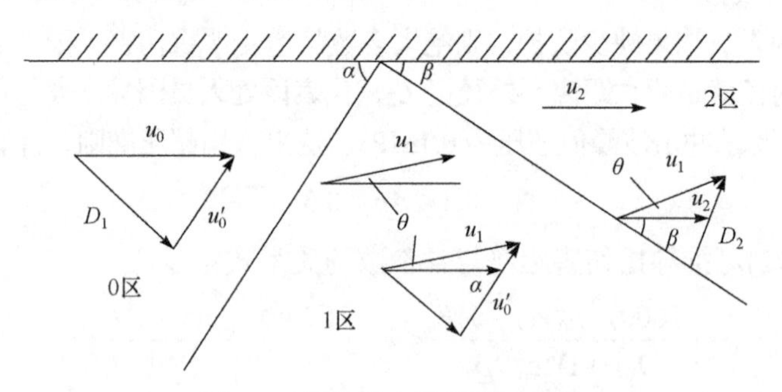

图 7-5 爆炸冲击波反射示意图

0 区表示未扰动区，1 区为入射波已经过而反射波未经过区域，2 区表示反射冲击波已经过的区域。D_1为入射冲击波的速度，u_1和u_2分别表示 1 区和 2 区气体的流动速度。为了方便使用，采用$u_0 = D_1 / \tan\alpha$，速度向左移动的动坐标。对于入射波阵面的两侧应用动量和质量守恒定律：

$$\rho_0 u_0 \sin\alpha = \rho_1 u_1 \sin(\alpha - \beta) \tag{7-77}$$

$$p_0 + \rho_0 u_0^2 \sin^2\alpha = p_1 + \rho_1 u_1^2 \sin^2(\alpha - \beta) \tag{7-78}$$

另有速度分量相等：

$$u_0 \cos\alpha = u_1 \cos(\alpha - \theta) \tag{7-79}$$

对于反射冲击波阵面的两侧应用动量和质量守恒定律及速度分量相等：

$$\rho_2 u_2 \sin\beta = \rho_1 u_1 \sin(\alpha + \beta) \tag{7-80}$$

$$p_0 + \rho_2 u_2^2 \sin^2 \beta = p_1 + \rho_1 u_1^2 \sin^2(\theta + \beta) \tag{7-81}$$

$$u_2 \cos \beta = u_1 \cos(\beta + \theta) \tag{7-82}$$

引入入射波和反射波的冲击绝热方程：

$$\frac{\rho_1}{\rho_2} = \frac{xp_1 + p_0}{xp_0 + p_1}, \quad \frac{\rho_2}{\rho_1} = \frac{xp_2 + p_1}{xp_1 + p_2} \tag{7-83}$$

式中，$x = (k+1)/(k-1)$，k 为空气等熵绝热指数。经过复杂的运算过程可求解出 p_2、ρ_2、u_2、β、θ。求解斜反射的简化计算公式为

$$\Delta p_2 = (1+\cos\alpha)\Delta p_1 + 6\Delta p_1^2 \cos^2 \alpha(\Delta p_1 + 7p_0)^{-1} \tag{7-84}$$

在矿井巷道内活动的人员通常是站立姿势，爆炸波的传播方向与人身高方向垂直，人体成为冲击波传播过程中的相对固定的障碍物，若人体紧靠或距离刚性界面如矿车、巷道壁或岩体等较近时，空气冲击波从界面反射时会产生反射波，在反射波的波阵面上的压力比入射波波阵面的压力至少要大一倍。因此，在巷道内所形成的空气冲击波的强度以及对人体伤害效应，不仅取决于在冲击压缩过程中传给空气的爆炸生成物的能量，而且还取决于反射的过程。另外，反射波作用也可能引燃悬浮煤尘的燃烧和爆炸，造成巨大的破坏和伤亡。

2) 巷道或管道分岔

在煤矿井下巷道管网系统中，巷道分岔随处可见，通过对井下爆炸事故现场分析，在巷道分岔处，破坏程度明显增大。巷道分岔时，产生附加湍流，使爆炸过程中火焰的传播速度迅速提高。由于巷道分岔，巷道分岔点为一扰动源，诱导附加湍流。当巷壁邻近的气流经过分岔点时，发生分离。在分离区形成涡流，在分离区外面有一自由剪切层，把主流区非黏性气流与分离区内气体分割开，边界层分离所产生的气流旋涡与气流剪切层相互作用使气流湍流度增加，所以在分岔处流线改变使原来巷道中的边界层受到破坏，产生湍流脉动，这样火焰阵面发生“伸展和折叠”。该火焰的变形将在一个较大的表面上消耗燃料和氧气，导致热释放速率增加，火焰传播速度加快，较高的燃烧速度导致火焰前面未燃混合物产生较大的平移流动速度，从而引起流场梯度的进一步增大，导致更强烈的火焰伸展和折叠。如此下去，就建立起了气体流动与燃烧过程之间的正反馈耦合，使得煤尘爆炸过程中火焰传播速度和释热速率迅速增加，爆炸波强度随之快速增大。当然，火焰速度增加应是巷道分岔产生的湍流、膨胀波(压缩波)和壁面热效应共同作用的结果。火焰经过分岔巷道与在面积突然扩大巷道中流动产生湍流的机理相似。

计算表明，分岔成 45°、90°和 135°角的直巷中，空气冲击波的衰减系数分别等于 1.82、1.6 和 1.35。

支巷中的空气冲击波的衰减系数在巷道分岔 45°、90°和 135°角和十字交叉时

分别为 2.2～2.3、2.7～3.0、5.8～6.0 和 4.2～4.5。

成 45°、90°、135°角的单向转弯使空气冲击波波面上的压力稍有降低。在此角度下，空气冲击波波阵面上的压力的衰减系数分别等于 1.13～1.15、1.3、1.7。

3) 巷道面积突变

巷道面积突变程度越大，产生湍流度的程度也越大。当然，火焰传播速度增大应是巷道面积突变产生的湍流、膨胀波(压缩波)及其共同作用的结果。巷道面积突然扩大产生的膨胀波和壁面热效应导致能量损失使火焰减速；巷道面积突然缩小产生的压缩波和壁面热效应使火焰加速。湍流度在火焰传播过程中起主要作用，巷道面积突变会使湍流度增加，从而提高火焰传播速度。巷道面积突然扩大比突然缩小使火焰传播速度增大的程度要大得多，火焰传播的最大速度不是在巷道面积突然缩小处，而是往后推移。其主要原因是火焰刚进入截面突然扩大区域时，湍流度的产生最剧烈；截面突然缩小时，最大湍流度不是在截面突然缩小处，而是往后推移至某一断面。湍流在火焰传播和燃烧过程中发挥着非常重要的作用。产生附加湍流或湍流度增大时火焰与未燃煤尘气体之间热量、质量输运程度明显增强，火焰传播速度迅速增大。火焰流经面积突然扩大的巷道会发生边界层的分离，在分离区形成涡流，如在火焰刚进入面积扩大断面时，速度梯度达到最大值。湍流度的产生与速度梯度的三次方成正比，即在火焰刚进入截面突然扩大区域湍流度的产生最剧烈，并使下游火焰的湍流度增大。

空气冲击波的增大系数在由大断面巷道变为小断面巷道时，Ω 变化在 0.5～0.8 之间。在由小断面巷道变为大断面巷道时，冲击波衰减系数等于扩大前的冲击波压力与扩大后的压力之比

$$k = \frac{\Delta p_1}{\Delta p_0} \approx \left(\frac{S}{S_0} \right)^{0.8} \tag{7-85}$$

式中，S_0 为小断面巷道，m^2；S 为大断面巷道，m^2；k 为衰减系数。

4) 通风构筑物

某矿井下的风门和密闭墙，在煤尘爆炸过程中往往相当于一个膜片。当风门和密闭墙强度足以抵抗爆炸产生的作用力时，可以起到阻止爆炸波传播的作用；如果强度不够，一旦发生破膜则会诱导激波的产生，使破坏强度增大，破坏范围增大。所以，在设计煤矿井下的风门和密闭墙时，应确保强度以抵抗爆炸波产生的作用力以避免发生破膜现象。当煤矿井下的风门和密闭墙强度足够大时，冲击波会与风门和密闭墙发生正面碰撞，爆炸冲击波发生正反射使反射波超压增加，已经破坏的巷道遭遇二次破坏，使巷道破坏程度进一步加剧。

当冲击波阵面与壁面发生碰撞时，壁面处的空气质点急剧堆积形成驻点，质点速度骤降为零，压力和密度急剧升高。当此过程进行到一定程度时，就向相反

方向反射而形成反射冲击波。由于入射垂直壁面，故此冲击波反射为正反射。假定入射波是一维定常的，则反射冲击波也是一维定常的。入射波前未扰动参数下标为“0”，入射波后参数下标为“1”，反射波阵面后参数下标为“2”。由基本关系式和边界条件可得

$$v_1 - v_0 = \sqrt{(p_1 - p_0)(\rho_1 - \rho_0)/(\rho_0 \rho_1)} \tag{7-86}$$

$$v_2 - v_1 = \sqrt{(p_2 - p_1)(\rho_2 - \rho_1)/(\rho_2 \rho_1)} \tag{7-87}$$

由于壁面是刚性的，故 $v_0 = 0, v_2 = 0$，整理得

$$(p_1 - p_0)(\rho_1 \rho_2 - \rho_0 \rho_2) = (p_2 - p_1)(\rho_0 \rho_2 - \rho_0 \rho_1) \tag{7-88}$$

令 $x = (k+1)/(k-1)$，k 为空气等熵绝热指数，代入原始的空气冲击波的绝热方程，变形后的绝热方程为

$$\frac{\rho_1}{\rho_0} = \frac{xp_1 + p_0}{p_1 + xp_0}, \frac{\rho_2}{\rho_1} = \frac{xp_2 + p_1}{p_2 + xp_1} \tag{7-89}$$

入射波和反射波的超压为

$$\Delta p_1 = p_1 - p_0, \Delta p_2 = p_2 - p_0 \tag{7-90}$$

综合上述各式，可得反射波的峰值超压为

$$\Delta p_2 = 2(p_1 - p_0) + x(x-1)(p_1 - p_0)^2[(x+3) + (x-1)p_1]^{-1} \tag{7-91}$$

$\gamma = 1.4$ 时，

$$\delta = \frac{8p_2 - p_1}{p_2 + 6p_1} \tag{7-92}$$

对于极强冲击波：

$$\delta = 2 + \frac{\gamma+1}{\gamma-1} = \begin{cases} 8(\gamma = 1.4) \\ 13(\gamma = 1.2) \\ 23(\gamma = 1.1) \end{cases} \tag{7-93}$$

也就是说反射超压是入射超压的 8～23 倍。

对于极弱冲击波 $p_2/p_1 \approx 1(M_s \to 1)$ 时，可得 $\delta \approx 2$。也就是说反射超压约是入射超压的 2 倍，证明环流压力大约比反射压力小一半。

可见，冲击波在固壁反射后，使物面压力提高很多，表明反射超压在正向作用于相对垂直固定的物体上时产生的伤害效应远远大于水平方向的物体，人一旦处于站立状态被伤害的概率极大。

5) 反射波

当一维受限空间中固体壁面反射波与火焰面相遇时，可使火焰速度迅速下

降，然后火焰再加速，形成二次加速，该反射波强度较高，抑制作用较强，可使火焰熄灭；当反射波在内部与火焰相遇时(火焰锋面已过)，对火焰传播速度不产生影响，但可造成火焰内部的分离现象。在爆炸过程中，爆炸波在前，火焰在后；当爆炸波传播过程中遇到固体壁面(尤其是端头密闭的巷道)时，会产生迂射波，对随后达到的火焰传播及爆炸是否能够持续下去均有影响。一维空间中巷内煤尘爆炸火焰传播过程中存在火焰熄灭现象，其中的一个原因是终端反射波所致。当爆炸火焰传播速度不是很高时，前驱激波与火焰区之间距离较大。前驱激波过后，气体被压缩，压力、温度突然升高，并产生同向的伴流速度，但随后迅速膨胀。燃烧波到达前驱压缩区域时，由于被激波压缩过的气流膨胀迅速，超压和温度很快下降至较低水平，同时摩擦损失较大，同向伴流速度值也迅速减小，前驱激波对火焰加速影响程度不大。此时，如前驱冲击波遇到巷道终端壁面产生反射波，传播到该区域与火焰波面相交，其随后较大的且与火焰传播方向相反的伴流速度可明显抑制火焰燃烧速度，并有可能造成火焰熄灭，反射波对火焰传播影响明显。二次加速现象，是指在煤尘爆炸初始火焰加速过程后，当火焰传播到巷道中后端时，与巷道终端壁面产生的反射波相遇，由于反射波的抑制作用，火焰传播速度迅速减小，其后与初始爆炸传播过程相似，火焰又出现不断加速的现象。因此，在一维空间中巷道终端壁面处产生的反射波峰值超压很高，反射波总的效果是对巷道内火焰起抑制作用。

7.1.5　煤尘爆炸冲击气流作用的伤害模型

1. 煤尘爆炸冲击气流的形成与计算

煤尘或瓦斯煤尘爆炸生成大量的爆炸产物，爆炸高温使爆炸产物发生急剧膨胀，与爆炸冲击波在巷道内协同运动。这个过程中，爆炸冲击波的强度不断增强，速度加快，致使冲击波与其后的爆炸产物断离。断离后高速运动的冲击波借助于从爆炸中获得的动能继续沿巷道向前传播。冲击波传播后，波后压力升高，波后气体由于惯性作用产生流动，形成高压冲击气流。煤矿爆炸灾害事故现场勘察分析表明，爆炸冲击波波头以极大的速度袭击遇到的人或其他障碍物，紧跟在冲击波波头后面的以极高速度朝同一方向运动的气体介质流，即冲击气流(又称爆风)，以猛烈的冲击力对人或其他障碍物产生补充伤害和破坏作用，使人及障碍物倾翻伤亡和破坏加重。因此研究冲击波对人体的伤害，除波阵面超压外，不能忽视它后面的高速气流的作用，它的速度可高达每秒几十米或上百米。

爆炸压力分为静压和动压。静压指爆炸使高温气体膨胀对巷道四周产生的压力。动压指在开口巷道，高温气体膨胀，产生在巷道内推动大气流动的冲击气流，又称爆风。动压是有方向的，是可以躲避的，静压是无方向的，不能躲避；静压会摧毁诸如密闭、风门、建筑物等，动压可使巷道中的矿车、设备移动等。

计算爆炸冲击气流速度低于 0.4 倍声速的动压冲击力，可用下式：

$$F = \frac{S\rho v^2}{2g} \tag{7-94}$$

式中，F 为爆炸总压力，kg；S 为物体迎风面积，m^2；ρ 为移动空气密度，kg/m^3；v 为爆炸气体速度，m/s；g 为重力加速度，m/s^2。

2. 爆炸冲击气流速度的理论值与试验值对照

1) 爆炸冲击气流速度的理论求解

考虑到试验爆炸为强爆炸，为了对理论推导出的爆炸冲击气流的衰减变化式(7-45)进行验证，进行理论求解分析。利用强爆炸气流速度公式和测点位置求解该位置的冲击气流数值。其中，k =1.4，小截面管道面积 S =0.08m×0.08m，大截面巷道面积 S =7.2m^2。W 的计算，假定煤尘全部参与爆炸，用 TNT 当量法进行换算，小截面管道分别用 30g、40g 和 50g 煤尘量，大断面巷道用 100kg 和 110kg 煤尘量计算。由式(7-45)求解如下。

(1) 管道内 30g 煤尘爆炸冲击气流速度随距离衰减的理论求解式，单位为 m/s。

$$u_{30} = 346x^{-1/2} \tag{7-95}$$

(2) 管道内 40g 煤尘爆炸冲击气流速度随距离衰减的理论求解式，单位为 m/s。

$$u_{40} = 400x^{-1/2} \tag{7-96}$$

(3) 管道内 50g 煤尘爆炸冲击气流速度随距离衰减的理论求解式，单位为 m/s。

$$u_{50} = 447x^{-1/2} \tag{7-97}$$

(4) 巷道内 100kg 煤尘爆炸冲击气流速度随距离衰减的理论求解式，单位为 m/s。

$$u_{100} = 596x^{-1/2} \tag{7-98}$$

(5) 巷道内 110kg 煤尘爆炸冲击气流速度随距离衰减的理论求解式，单位为 m/s。

$$u_{110} = 625x^{-1/2} \tag{7-99}$$

2) 爆炸冲击气流理论值与试验值验证对照

(1) 小尺寸管道试验值与理论值对比。

考虑到小管道煤尘爆炸试验的各个影响因素所产生的误差等，对所做的 30g、40g 和 50g 煤尘爆炸冲击气流速度试验数据(30 组)进行处理，并将 x 的取值代入式(7-95)～式(7-97)中得出各位置的理论气流速度值，试验值与理论值见表 7-5。又根据理论值和试验值数据绘制爆炸冲击气流速度随距离衰减变化曲线，如图 7-6 所示。

表 7-5 管道煤尘爆炸后气流速度试验值和理论值(m/s)

	煤尘量/g	测点位置/m								
		1	2	4	6	8	10	12	20	21
u(试验)	30	178.2	204.1	296.4	136.0	112.1	107.8	78.10	72.21	62.43
	40	197.8	245.4	340.2	142.3	124.1	112.8	88.61	69.53	64.78
	50	243.0	276.3	394.5	175.3	143.6	132.8	114.5	91.22	89.34
u(理论)	30	345.0	245.4	173.0	144.2	122.3	109.5	100.0	77.60	75.51
	40	400.0	282.9	200.0	163.3	141.3	126.6	115.6	89.70	87.32
	50	447.0	315.6	223.5	182.4	157.9	141.5	122.8	99.81	97.60

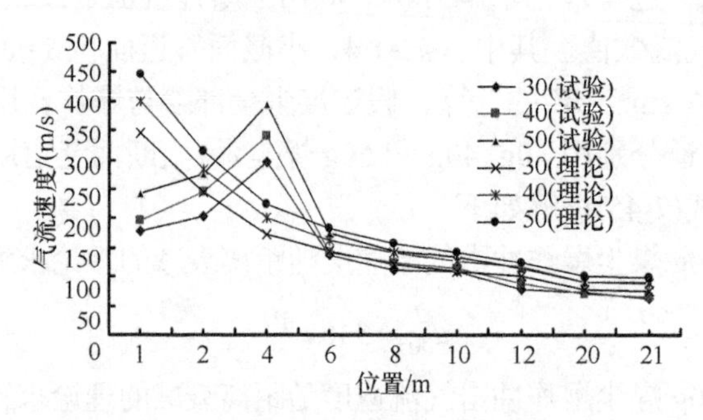

图 7-6 管道煤尘爆炸气流试验数据和理论数据的对比

(2) 大尺寸管道试验值与理论值对比。

用同样办法，对大尺寸巷道试验数据进行处理，取 100kg 和 110kg 两组试验数据，并将 x 的取值代入式(7-98)和式(7-99)中得出各位置的爆炸冲击气流速度理论值，爆炸冲击气流速度试验值与理论值如表 7-6 所示。又根据理论值和试验值数据绘制爆炸冲击气流速度随距离衰减变化曲线，如图 7-7 所示。

表 7-6 巷道煤尘爆炸后气流速度试验值和理论值(m/s)

	煤尘量/kg	测点位置/m							
		20	30	40	60	80	100	120	140
u(试验)	100	414	441	550	576	675	528	320	278
	100	320	409	456	483	624	387	217	202
	110	288	342	395	535	595	288	246	230
u(理论)	100	596	242	298	243	211	189	165	134
	110	625	442	313	255	221	199	181	140

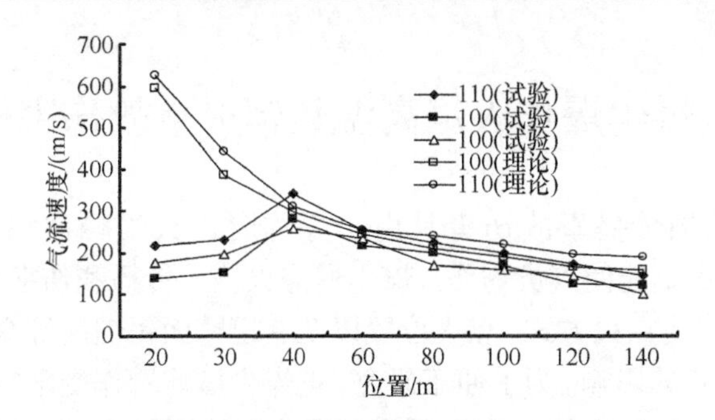

图 7-7　巷道煤尘爆炸气流试验数据和理论数据的对比

从上述小尺寸管道和大尺寸巷道试验值与理论值对比得出，理论计算值比试验值大，这是由于理论分析为求解出较为简洁且又能反映合理数据的数学模型进行了一些合理假设。

通过对比分析，总体上数据之间的吻合程度较好，尤其在爆炸传播衰减后期，说明爆炸冲击气流衰减规律中产生的冲击气流速度与距离测点距离的理论推导公式是正确的，可以用来进行伤害分析应用。

3. 爆炸冲击气流的伤害分区

煤尘爆炸高速气流的破坏和伤害作用主要表现在，它紧跟在冲击波波阵面后面以极高速度朝同一方向运动，并以猛烈的冲击力对人和井下设施设备产生伤害和破坏作用，使人及物倾翻伤亡和破坏加重。依据我国陆地地面风力等级划分标准[127]，风速在 28.5～32.6m/s 为暴风，大树可被吹倒，一般建筑物遭严重破坏；风速在 32.7～36.9m/s 为飓风，摧毁力极大。考虑到矿井巷道空间狭窄，瞬间高速气流的破坏和伤害作用会比地面更大。不考虑其他条件的情况下，冲击气流仅能使人体移位致伤，再加上气流夹杂着碎石、碎片等杂物作用，往往会加重对人体的伤害。因此，这里仅考虑重伤分区。可得重伤分区为

$$28.5 \leqslant u \leqslant 36.9 \tag{7-100}$$

$$28.5 \leqslant \frac{2}{k+1}\sqrt{\frac{(k-1)(k+1)^2 W}{(3k-1)S\rho_0}}x^{-\frac{1}{2}} \leqslant 36.9 \tag{7-101}$$

由上式可求得冲击气流重伤范围为

$$\frac{200(k-1)W}{136161(3k-1)S\rho_0} \leqslant x \leqslant \frac{8(k-1)W}{3249(3k-1)S\rho_0} \tag{7-102}$$

式中，各参数与冲击波模型相同。

7.2 煤尘爆炸火焰高温热辐射事故伤害模型

煤尘爆炸火焰传播事故伤害是由于爆炸时，火焰峰面温度可达 1850～2500℃，高温及火焰能使人员灼伤。煤尘爆炸火焰的传播和伤害是一个复杂的过程，爆炸状态不仅受点火方式、点火位置以及巷道壁面粗糙度等众多因素的影响，而且也受传播方式的影响。为了便于研究，把煤尘爆炸看作受限空间可燃物爆炸，而高温气体温度受爆炸状态的影响，爆燃和爆轰两种状态下火焰峰面温度以及传播的距离又有很大区别，因此，采用试验和理论分析相结合的研究方法更具有合理性。

本节在对火焰传播特性分析和前面试验的基础上，建立静态和动态火球热辐射事故伤害模型，为评估巷道火球辐射伤害提供理论依据。

7.2.1 爆炸煤尘量与火焰传播距离的关系拟合

煤尘爆炸火焰传播距离决定其伤害范围和伤害程度。试验表明，火焰传播距离与参与煤尘量的大小有关，因此，取 20 组不同煤尘量试验结果数据的加权平均值拟合二者之间的关系，如表 7-7 和图 7-8 所示。

表 7-7 爆炸煤尘量与火焰传播距离的关系

试验煤尘量/g	10	20	30	40	50	60	70	80
火焰传播距离/m	2.39	2.82	2.80	4.12	4.30	5.24	7.05	7.64

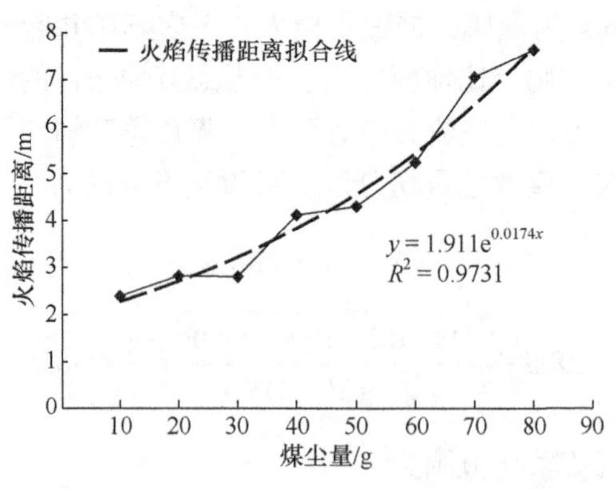

图 7-8 爆炸煤尘量与火焰传播距离的关系

拟合得到煤尘爆炸火焰传播距离 y 与煤尘量 x 之间的关系式为

$$y = 1.911e^{0.0174x} \tag{7-103}$$

拟合度 $R^2 = 0.9731$，达到拟合要求。

拟合结果表明，煤尘爆炸火焰传播距离随煤尘量的增加而呈指数关系变化。煤尘量越大，在其他条件不变的情况下，火焰传播距离是增加的，伤害的范围会增大。爆炸火焰伤害，主要是热辐射造成的，因此，该拟合结果仅能用来判断火焰传播的范围。

7.2.2　热辐射伤害准则的选取

热辐射对人的伤害形式主要有皮肤烧伤、呼吸道和视网膜烧伤，伤害严重时可导致死亡。目前比较常见的热伤害准则有热通量准则、热剂量准则、热通量-热剂量准则、热通量-时间准则和热剂量-时间准则。文献中通常用 q、Q 和 t 分别表示热通量、热剂量和作用时间，所以上述准则又分别被称为 q 准则、Q 准则、q-Q 准则、q-t 准则和 Q-t 准则。热通量、热剂量和作用时间 3 个参数中知道任意 2 个就可以计算出第 3 个，所以热通量-热剂量准则、热通量-时间准则和热剂量-时间准则是完全等价的，所以只介绍热通量准则、热剂量准则、热通量-热剂量准则[128]。

(1) 热通量准则。热通量准则是以热通量作为衡量目标是否被伤害的指标参数，当目标接受到的热通量大于或等于引起目标伤害所需要的临界热通量时，目标被伤害。适用范围为：热通量作用时间比目标达到热平衡所需要的时间长。

(2) 热剂量准则。热剂量准则以目标接收到的热剂量作为目标是否被伤害的指标参数，当目标接收到的热剂量大于或等于目标伤害的临界热剂量时，目标被伤害。适用范围：作用目标的热通量持续时间非常短，以至于接收到的热量来不及散失掉。

(3) 热通量-热剂量准则。当热通量或热剂量准则的适用条件不具备时，应该适用热通量-热剂量准则。该准则认为，目标能否被伤害不能由热通量或热剂量单独 1 个参数决定，而必须由它们共同决定。如果以热通量和热剂量分别为纵坐标和横坐标，那么，目标伤害的临界状态对应热通量-热剂量平面的一条临界曲线。可见，热通量和热剂量准则是该准则的极限情况。

各伤害准则的适用范围不同，当目标达到热平衡时，热通量还继续作用的情况下(作用时间比较长)，选用热通量伤害准则。而在井下巷道中煤尘爆炸事故在很短的时间内结束，火焰峰面热辐射作用的时间相对很短，难以确定，故选用瞬态火灾作用下的热剂量伤害准则研究静态模型。我国学者宇德明在 Pietersen 热辐射伤害概率公式的基础上，假定人员死亡、重伤、轻伤概率都为 0.5，作用时间为 40s 的情况下，推导出热剂量伤害准则，见表 7-8。同时，考虑到火球随时间的变化，借鉴 Martinsen 和 Marx 所提出的火球辐射动态模型，合理给出火球热辐射参数的动态变化值[128]。

表 7-8　瞬态火灾作用下热剂量伤害准则

热剂量/(kJ/m^2)	伤害效应
>592	死亡
3922592	重伤
1722392	轻伤
1030	引燃木材

7.2.3　热辐射静态伤害模型及分区

1. 热辐射静态伤害模型

鉴于井下巷道的复杂性，对煤尘爆炸事故高温灼伤过程作如下假设：

(1) 井下局部积聚的煤尘和空气混合气体量占有参与爆炸反应的煤尘总质量相当大的比重，或者认为爆炸煤尘量全部为积聚煤尘。

(2) 爆炸在井下巷道中瞬时完成，爆炸后高温气体以火球热辐射的形式对井下人员产生伤害。

(3) 不考虑空气对热辐射的吸收作用、井下巷道壁面粗糙程度、截面积突变以及障碍物对冲击波等的影响，爆炸所产生的化学能全部用来产生热辐射。

(4) 爆炸以及热辐射传播在井下直巷道中完成。

根据假设，爆炸在瞬时完成，在估计爆炸火球的伤害距离的过程中采用瞬态火灾作用下的热剂量伤害准则。在不考虑巷道壁面和空气对热辐射的吸收作用的情况下，火球热辐射传播规律公式如下[128]：

$$x = 4.64 M^{0.32} (B M^{\frac{1}{3}} / Q_{火球})^{\frac{1}{2}} \tag{7-104}$$

式中，x 为伤害物到火球中心的距离，m；M 为参与反应的燃料质量，kg；B 为常量，$B = 2.04 \times 10^4$；$Q_{火球}$ 为火球的热剂量，kJ/m^2。

在井下巷道中，火焰受巷道约束，显然不是以火球的形式存在。为了计算简便，根据假设(2)，认为在井下巷道中，火焰以火球的形式存在，将井下爆炸产生的火焰热辐射转换为当量火球热辐射剂量 $Q_{巷道火球}$，设巷道截面面积为 S，火球直径为 D，则可得关系式：

$$4\pi \left(\frac{D}{2} \right)^2 Q_{火球} = 2 S Q_{巷道火球} \tag{7-105}$$

由式(7-105)得到：

$$Q_{火球} = 2 S Q_{巷道火球} / \pi D^2 \tag{7-106}$$

考虑井下巷道中空气成分比较复杂，有必要将式中的燃烧物的质量 M 通过中间物 TNT 当量质量与煤尘量建立关系。而爆源质量与 TNT 当量质量之间的换算关系为

$$M_{\mathrm{TNT}} = MQ_{火球} / Q_{\mathrm{TNT}} \tag{7-107}$$

式中，M_{TNT} 为 TNT 当量质量，kg；M 为爆炸物质量，kg；$Q_{火球}$ 为爆炸物爆热，kJ/m^2；Q_{TNT} 为 TNT 爆热，kJ/m^2。

而火球直径计算公式为

$$D = 59M^{0.32} / T^{\frac{1}{3}} \tag{7-108}$$

式中，T 为火球温度，K，煤尘爆温可取 2580K。

则将式(7-106)、式(7-107)、式(7-108)代入式(7-104)得伤害模型：

$$x = 48510M^{0.807} / (Q_{巷道火球}S)^{1/2} T^{1/3} \tag{7-109}$$

2. 热辐射静态伤害分区

基于热通量伤害准则，依照上述模型，由 7.1.4 小节计算的 1kg 煤尘完全参与爆炸时的爆炸能量与 1.58kg TNT 炸药相当的结果，将表 7-8 中瞬态火灾热辐射伤害剂量代入式(7-109)，计算伤害距离分区如下。

1) 死亡区划分

死亡区伤害距离公式为

$$x = 3.78M^{0.807} / S^{1/2} \tag{7-110}$$

2) 重伤区划分

重伤区伤害距离公式为

$$x = 5.71M^{0.807} / S^{1/2} \tag{7-111}$$

3) 轻伤区划分

轻伤区伤害距离公式为

$$x = 13.01M^{0.807} / S^{1/2} \tag{7-112}$$

4) 引燃木材区

引燃木材区伤害距离公式为

$$x = 2.17M^{0.807} / S^{1/2} \tag{7-113}$$

7.2.4　热辐射动态伤害模型

当煤尘爆炸时可燃气体被瞬间泄放到空气中时，会产生剧烈燃烧的火球。由静态模型可知，火球热辐射模型最基本的参数有火球直径 D 、持续时间 t_d 、火球

高度 H 以及目标所接收到的热通量 I 。前面所做的火球热辐射静态模型将火球发生过程看为静态事件，对火球参数进行了很多假设。如假设火球直径和表面热辐射能在瞬间达到最大，并且在整个火球持续时间之内保持最大值不变，而且火球高度也保持不变。这样，前 3 个参数只与火球内燃料质量 M 有关，可以用通式表示为 aM^b ，其中 a,b 为系数。文献所采用的静态模型中这 3 个参数分别为：$D=5.8M^{1/3}$ ，$H=4.35M^{1/3}$ ，$t_d=0.45M^{1/3}$ $(M\leqslant 3\times10^4\text{kg})$[129, 130]；而第 4 个参数比较复杂，并非固定不变，而是随时间变化的。经过对火球全过程的仔细研究之后提出火球变化要经过 3 个阶段，即增大、稳定燃烧和燃尽[131, 132]。

1. 火球持续时间和火球直径

Martinsen 和 Marx 对 TNO 的经验公式稍做修正之后，提出火球持续时间 t_d 为[129, 130]

$$t_d=0.9M^{1/4} \tag{7-114}$$

式中，M 为火球内燃料质量，kg。

火球直径在第 1 阶段持续变大，大概在 $t=t_d/3$ 时直径达到最大值，然后开始离地升空，一直到消散直径都保持最大值不变，计算公式为

$$D(t)=\begin{cases}8.664M^{1/4}t^{1/3}(0\leqslant t\leqslant t_d/3)\\D_{\max}=5.8M^{1/3}(t_d/3<t\leqslant t_d)\end{cases} \tag{7-115}$$

2. 火球中心到巷道底面的高度

火球在第 1 个阶段保持在地面上，而一旦火球直径达到最大时火球就开始上升，即在第 2 个阶段内，火球中心以固定的速率从 $D_{\max}/2$ 处上升到巷道最高 $H=3D_{\max}/2$ 处。

$$H(t)=\begin{cases}D(t)/2(0\leqslant t\leqslant t_d/3)\\3D_{\max}/2(t_d/3<t\leqslant t_d)\end{cases} \tag{7-116}$$

3. 目标接收到的热通量

目标接受到的热通量是火球表面热辐射能 $E(t)$ 、火球和目标之间的几何视角系数 $F(x,t)$ 和大气传输率 $\tau(x,t)$ 的函数。

$$I(x,t)=\tau(x,t)F(x,t)E(t) \tag{7-117}$$

4. 火球表面辐射能

火球表面的热辐射随时间变化趋势为：在火球的增长阶段保持最大值不变，

而在 $t_d/3<t\leqslant t_d$ 内以固定的速率由最大值减小到 0，即

$$E(t)=\begin{cases}E_{\max}=0.0133fH_cM^{1/12}(0\leqslant t\leqslant t_d/3)\\E_{\max}\left[\dfrac{3}{2}(1-t/t_d)\right](t_d/3<t\leqslant t_d)\end{cases}\tag{7-118}$$

式中，H_c 为燃烧热，kJ/kg；$E_{\max}$ 为表面辐射能最大值，kW/m^2。研究证明，不论 f 和燃料质量如何增长，E 的上限都在 300～450kW/m^2 之间。Martine 和 Marx 认为 $E_{\max}$ 取值为 400kW/m^2 更贴近实际。f 为燃烧热辐射系数，其计算公式为

$$f=0.27B^{0.32}\tag{7-119}$$

式中，B 为爆炸压力，MPa。

5. 几何视角系数

目标可能在火球周围的各个方向，即目标不可能接收到来自于辐射表面上每个点的辐射能，而只能接受到其中一部分，因此，要引入几何视角系数这个参数。几何视角系数就是每单位面积上目标接收的和火球释放的辐射能之比，换一种说法就是目标能看到的火球的范围。它不仅与火球的大小、火球与目标的距离有关，还与火球与目标的相对方位有关。假设目标在地面上且与火球中心的连线垂直于火球表面，则目标的最大几何视角为

$$F(x,t)=D^2(t)/4[H^2(t)+x^2]\tag{7-120}$$

6. 大气传输率

大气传输率(τ)为空气中水蒸气和 CO_2 对热辐射的吸收率，其计算公式为

$$\tau(x,t)=2.02\{RP_v[\sqrt{H^2(t)+x^2}-D(t)/2]\}^{-0.09}\tag{7-121}$$

式中，R 为相对湿度；P_v 为一定温度下水的饱和蒸气压，Pa。

7. 热辐射伤害模型的确定

热辐射对暴露目标所造成的伤害程度是由热辐射强度以及目标暴露时间决定的，而火球持续时间很短，通常认为目标暴露时间等于火球持续时间；因此，可以用热辐射剂量，即热通量 $I(x,t)$ 在火球持续时间 t_d 内的积分 $I_{\text{close}}(x)$ 来评估热辐射对暴露目标所造成的伤害。

$$I_{\text{close}}(x)=\int_0^{t_d}I(x,t)\mathrm{d}t=\int_0^{t_d}\tau(x,t)F(x,t)E(t)\mathrm{d}t\tag{7-122}$$

热辐射剂量与对暴露目标所造成的伤害关系见表 7-9。由此可以确定距离火球 x 处的目标所受到的伤害，也可以确定引起一定伤害的热剂量所对应的目标距离。

表 7-9 热辐射剂量与对目标所造成的伤害的关系

热剂量/(kJ/m²)	对暴露目标所造成的伤害
40	皮肤灼痛
100	一度烧伤
150	二度烧伤
250	三度烧伤(1%死亡)
500	三度烧伤(50%死亡)
1200	三度烧伤(99%死亡)

为验证产生火球的热剂量随目标距离变化关系，用 100kg 煤尘爆炸产生的火球进行实例计算，当 x=100m，200m，500m，1000m 时，静态模型热辐射值 $I_{close}(x)$ 分别为 330.14kJ/m^2，106.28kJ/m^2，15.42kJ/m^2 和 3.18kJ/m^2；动态模型计算的 $I_{close}(x)$ 分别为 180.71kJ/m^2，53.26kJ/m^2，8.69kJ/m^2 和 1.98kJ/m^2。

试验结果分析表明，动态模型计算出的热辐射值小于静态模型计算出的热辐射值。作为火球热辐射后果的一种计算方法，动态模型可以较好模拟火球事故下每个时刻的变化，并合理地评估火球热辐射的后果，理论上来说，可以计算出一个比较接近实际的危害区域。火球热辐射动态模型，以反映火球随时间变化的整个过程为出发点，从机理上更加合理地评估了火球热辐射的后果。

7.3 煤尘爆炸毒害气体传播事故伤害模型

毒害气体在井下的传播过程分为两个连续的阶段：第一阶段是煤尘与空气的混合物燃烧生成的毒害气体在火焰和爆炸冲击的作用下传播过程；第二阶段是爆炸生成的高浓度毒害气体在有风和无风巷道(如掘进巷道中)或微风巷道(爆炸后风流短路，致使巷道风速很小)中的扩散过程。因此，第一阶段研究时，考虑到煤尘与空气的混合气体燃烧生成的毒害气体在火焰和冲击气流的作用下传播是一个非常复杂的过程，重点用爆炸毒害气体传播试验来研究。第二阶段，采用毒害气体紊流扩散和矿井通风理论进行研究。本节采用两种方式建立毒害气体扩散的理论模型并进行对比分析。

7.3.1 基于扩散分布理论的毒害气体扩散模型

煤尘爆炸后在巷道一定区间内充满一定浓度的毒害气体和粉尘，该区间成为毒害混合气体抛出带，抛出带与爆炸过程火焰区长度相当。爆炸后掘进巷道通风设施破坏，巷道处于无风状态，流体毒害污染物质的运移规律遵循流体扩散规律[133]。

基于费克的分子扩散理论建立毒害混合气体的一维扩散模型：

$$\frac{\partial c}{\partial t}=D_m\frac{\partial^2 c}{\partial x_1^2} \tag{7-123}$$

积分上式可解得毒害气体混合气体浓度分布模型：

$$c(x_1,t)=\frac{M}{\sqrt{4\pi D_m t}}\exp\left(-\frac{x_1^2}{4D_m t}\right) \tag{7-124}$$

毒害气体混合物扩散系数方程为

$$D_m=\frac{\overline{x_1^2}}{2t} \tag{7-125}$$

式中，c为毒害混合气体的浓度，是空间x_1和时间t的函数，指在时间t内沿x_1方向毒害混合气体的浓度值，$c=(x_1,t)$，其量纲为 M/L；D_m为毒害混合气体的分子扩散系数，值的大小受温度和压力的影响，量纲为L^2/T；$t=0,x_1=0$时，沿x_1方向的扩散质c的质量M与c成正比。

式(7-124)表明，毒害混合气体的扩散浓度c沿x_1方向的分布规律是按指数规律分布变化的，当M是x_1和t的函数时，即当$t=\tau$，在时间$\mathrm{d}\tau$内，c、x_1沿方向在$x_1=\xi$和$\mathrm{d}\xi$面上有增量$M=\int(\xi,\tau)\mathrm{d}\xi\mathrm{d}\tau$，表示毒害混合气体的质量$M$在时间和空间上的变化，$M$的一维扩散浓度$c$为全部连续区间$a\leqslant x_1\leqslant b$上的二重积分值，为

$$c(x_1,t)=\int_0^t\int_a^b\frac{f(\xi,\tau)}{\sqrt{4\pi D_m(t-\tau)}}\exp\left[-\frac{(x_1-\xi)^2}{4D_m(t-\tau)}\right]\mathrm{d}\xi\mathrm{d}\tau \tag{7-126}$$

毒害混合气体由掘进巷道释放到井巷风流中，必然被风流所携带，整体上与风流一起运动，同时，用于浓度梯度和风流脉动作用而在风流中逐步被稀释，井巷毒害气体的转移过程是平移输送和风流中扩散的综合。紊流传质过程符合质量守恒、费克定律和博申尼克假定，在问题研究中作如下假定：

(1) 井巷中的设备和人员，不足以改变井巷风流的分布状态；

(2) 井巷毒气混合物的掺入对风流密度的影响，可忽略不计；

(3) 粉尘的二次飞扬对毒气混合物的浓度的影响，可忽略不计；

(4) 忽略巷道周壁涌出的微量瓦斯，流体是不可压缩的；

(5) 假设时均流速u不随x变化。

纵向弥散方程可描述为

$$\frac{\partial c}{\partial t}+u\frac{\partial c}{\partial x}=E_x\frac{\partial^2 c}{\partial x^2}+J \tag{7-127}$$

式中，c 为巷道截面毒害气体的平均浓度；u 为巷道平均风速；J 为单位时间内因井巷条件及物理化学变化而引起的有毒气体的变化量；E_x 为纵向弥散系数。

假设井下煤尘爆炸生成的毒害气体总量为 M，根据质量守恒定律，在不考虑单位时间内毒害气体受巷道环境和物理化学变化的情况下(J=0)，毒害气体传播过程中总量保持不变，即

$$M = \int_{-\infty}^{\infty} c(x,t) \mathrm{d}x \tag{7-128}$$

把矿井巷道内煤尘爆炸产生的毒害混合气体看作瞬时点污染源，则：$t=0$ 时，$c(x,t)\big|_{x=0} \to \infty, c(x,t)\big|_{x>0} = 0$; $t \to \infty$ 时，$c(x,t)\big|_{x\to\infty} = 0$。在风速为常数时，可解得巷道中毒害混合气体的浓度分布规律为

$$c(x\ ,t) = \frac{M}{\sqrt{4\pi E_x t}} \exp\left[-\frac{(x-ut)^2}{4E_x t}\right] \tag{7-129}$$

可见，毒害气体的浓度分布为时间和位置的函数，在 $x=ut$ 处为浓度峰值，且不同时刻的峰值的浓度和位置不同。

纵向紊流弥散系数的确定如下。爆炸产生的毒害气体在井巷中的弥散过程是横断面上风速分布不均和紊流风流纵向脉动作用的结果。径向紊流扩散系数则是紊流风流横向脉动的效果。前者比后者大近千倍。纵向弥散系数 E_x 由两部分组成，即

$$E_x = E_{x_1} + E_{x_2} \tag{7-130}$$

式中，E_{x_1} 为井巷横断面上风速分布不均而引起的传质系数，$\mathrm{m^2/s}$；E_{x_2} 为紊流风流纵向脉动而引起的传质系数，$\mathrm{m^2/s}$。

以圆形轴对称井巷中污染物传质模型为基础，应用动量传递和质量传递比拟原理和井巷紊流风速分布函数，推导出传质系数 E_{x_1} 和 E_{x_2} 的函数关系：

$$E_{x_1} = 65.41 r\sqrt{\alpha u}$$

$$E_{x_2} = 0.056 r\sqrt{\alpha u}$$

$$E_x = 65.47 r\sqrt{\alpha u} \tag{7-131}$$

式中，u 为断面平均风速，m/s；r 为巷半径，非圆形井巷时为水力半径，m；α 为井巷摩擦阻力系数，$\mathrm{N \cdot s^2/m^4}$。

7.3.2 基于能量守恒理论的毒害气体扩散模型

1. 毒害气体及烟流区传播物理模型

假设煤尘爆炸后巷道局部区域充满毒害气体和烟流，以此为研究对象，称为

污染区。新鲜风流的流入及毒害气体流出该区域，都会使该区域的温度和气体浓度等随时间降低。毒害气体和烟流与巷道壁存在热交换使区域温度不断下降，热量散失直至与新鲜风流的温度趋于一致[134]。如图 7-9 所示，方框内的巷道充满了煤尘爆炸后毒害气体和烟流，视为初始状态的污染区。假设爆炸污染区的温度处处相等，气体及烟流均匀混合且无化学反应发生，无气体吸附和吸收现象，污染区的瞬时压强和体积不发生变化。图中 T,h,C 分别表示风流的温度、能量和浓度。

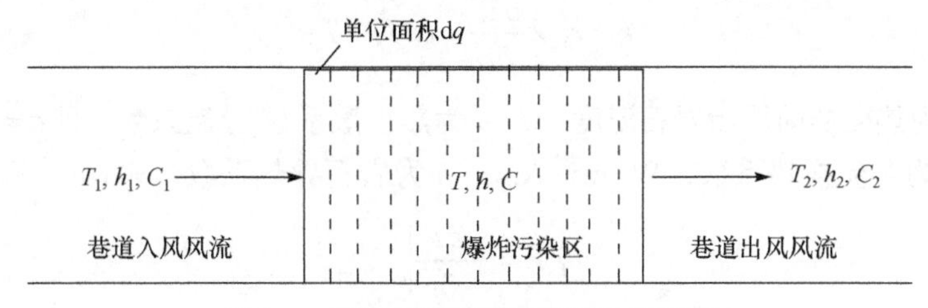

图 7-9　毒害气体及烟流传播物理模型

2. 毒害气体及烟流区传播温度变化分析

由于毒害气体及烟流区随着新鲜风流的进入混合，又有毒害气体及烟流从另一出口流出，并且巷壁也和毒害气体及烟流存在热交换，因此混合物的温度随时间下降[135]。由能量守恒定律，$\mathrm{d}\tau$ 时间内毒害气体及烟流能量的增量为

$$\mathrm{d}Q=\mathrm{d}(h_1-h_2)-\mathrm{d}q \tag{7-132}$$

式中，$h=h_1=h_2$；$\mathrm{d}Q=C_p\mathrm{d}T=\rho AL\mathrm{d}T$，代入上式可得

$$(\rho_1D_1C_{p_1}T_1-\rho DC_pT)\mathrm{d}\tau-SL\mathrm{d}q=\rho ALC_p\mathrm{d}T \tag{7-133}$$

式中，$\mathrm{d}q$ 为 $\mathrm{d}\tau$ 时间内单位面积烟流与巷壁的对流换热量；C_p 为温度的函数；D 为毒害气体及烟流区混合气体流量，$\mathrm{m^3/s}$；在工程计算中某段对间内把 D 当作常数处理，以均值代替。混合气流的密度是温度的函数。将式(7-133)对 $\mathrm{d}\tau$ 微分得到：

$$\rho ALC_p\mathrm{d}T/\mathrm{d}\tau+SL\mathrm{d}q/\mathrm{d}\tau+\rho DC_pT_R-\rho_1D_1C_{p_1}T_1=0 \tag{7-134}$$

式中，C_{p_1} 为巷道入风流的等压比热容，J/(kg · ℃)；C_p 为毒害气体及烟流区混合气体等压比热容，J/(kg · ℃)；ρ_1 为进风流密度，$\mathrm{kg/m^3}$；T_1 为进风流温度，℃；T_R 为原始岩石温度，℃；L 为毒害气体及烟流充满巷道的长度，m；S 为巷道截面周长，m；A 为巷道截面面积，$\mathrm{m^2}$。

毒害气体及烟流的密度为

$$\mathrm{d}\rho=\mathrm{d}\tau/V(\rho_1D_1-\rho D) \tag{7-135}$$

当 $\tau=0$，$\rho_0=\rho$（ρ_0 为毒害气体及烟流区混合气体密度)时，则

$$\rho = \rho_1 D_1 D^{-1} + (\rho_0 - \rho_1 D_1 D^{-1})\exp(-D\tau / V) \tag{7-136}$$

由岩石的非稳态传热可得

$$\frac{\partial T_r}{\partial \tau} = a\left(\frac{\partial^2 T_r}{\partial r^2} + \frac{1}{r}\frac{\partial T_r}{\partial r}\right) \tag{7-137}$$

当$\tau = 0$，$r \to \infty, T_r = T_R$时，则

$$r = r_0, \lambda\frac{\partial T_r}{\partial r} = \alpha(T_r - T) \tag{7-138}$$

式中，T_R为热交换前原始岩石温度，℃；a为热扩散系数(导温系数)，且$a = \lambda\rho^{-1}c^{-1}$，$m^2/s$；$\alpha$为对流换热系数，$W/(m^2 \cdot ℃)$；$\lambda$为岩石导热系数，$W/(m^2 \cdot ℃)$。而

$$q_r\lambda = -\left.\frac{\partial T_r}{\partial r}\right|_{r=r_0}$$

再引入一个无因次函数，即年代系数$K(\alpha)$，它可以视为描述巷道围岩绝热隔离层厚度的无因次参数，该参数随巷道使用年限而增加。则式(7-138)可表示为

$$K(\alpha) = \alpha r_0 \lambda^{-1}(T_w - T)(T_R - T)^{-1} \tag{7-139}$$

又因为$\mathrm{d}q = \alpha(T - T_w)\mathrm{d}\tau = \lambda(T - T_R)K(\alpha)\mathrm{d}\tau$，则可得到

$$\mathrm{d}q / \mathrm{d}\tau = \lambda K(\alpha) r_0^{-1}(T - T_R)\mathrm{d}\tau \tag{7-140}$$

将式(7-139)和$AL = V = r_0 SL$代入式(7-137)，得到

$$\frac{\mathrm{d}T}{\mathrm{d}\tau} + \left[\frac{\lambda K(\alpha)}{\rho C_p r_0^2} + \frac{D}{V}\right]T - \left[\frac{\lambda K(\alpha)T_R}{\rho C_p r_0^2} + \frac{D_1 C_{p_1}\rho_1 T_1}{\rho V C_p}\right] = 0 \tag{7-141}$$

则式(7-141)即为混合气体及烟流区的温度变化关系式，也可写成：

$$\frac{\mathrm{d}T}{\mathrm{d}\tau} + B(\tau)T - A(\tau) = 0 \tag{7-142}$$

式中，

$$B(\tau) = \frac{\lambda K(\alpha)}{\rho C_p r_0^2} + \frac{D}{V}$$

$$A(\tau) = \rho^{-1}\left[\frac{\lambda K(\alpha)T_R}{C_p r_0^2} + \frac{D_1 C_{p_1}\rho_1 T_1}{V C_p}\right]$$

而式(7-142)为一次非齐次方程，其解为

$$T = K\exp\left[-\int B(\tau)\mathrm{d}\tau\right] + \exp\left[-\int B(\tau)\mathrm{d}\tau\right]\int A(\tau)\exp\left[-\int B(\tau)\mathrm{d}\tau\right]\mathrm{d}\tau \tag{7-143}$$

该方程的初始条件为，$\tau = 0$，$T = T_0$。

$K(\alpha)$是含有时间τ的不可积复杂函数，因此式(7-143)很难给出数值解。

实际上$\lambda K(\alpha)/\rho C_p r_0^2$项表示混合气体及烟流与巷道壁换热，在入风流与出风流风量较大的情况下可以忽略，因此，仅计算出入风流所损失的热量。

$$\frac{\mathrm{d}T}{\mathrm{d}\tau}+\left[\frac{\lambda K(\alpha)}{\rho C_p r_0^2}+\frac{D}{V}\right]T=0 \tag{7-144}$$

解式(7-144)可得

$$T=\exp(-E\tau)\{K+T_1 D C_{p_1}\rho^{-1}D_1^{-1}C_1^{-1}[A\exp(E\tau)-BE\tau-B\ln\rho]\} \tag{7-145}$$

式中，

$$A=\rho_1 D_1 D^{-1}$$

$$B=\rho_0-\rho_1 D_1 D^{-1}$$

$$E=DV^{-1}$$

当$\tau=0$，$T=T_0$时，解得

$$T(\tau)=\exp(-E\tau)\{T_0+T_1 D C_{p_1}\rho^{-1}D_1^{-1}C_1^{-1}[A\exp(E\tau-1)-BE\tau+B(\ln\rho_0-\ln\rho)]\} \tag{7-146}$$

式中，

$$\rho=\rho_1 D_1 D^{-1}+(\rho_0-\rho_1 D_1 D^{-1})\exp(-DV^{-1}\tau)$$

当$\tau\to\infty$时，则有

$$\lim_{r\to\infty}T(\tau)=\lim_{r\to\infty}\{K+T_1 D C_{p_1}\rho_1^{-1}D_1^{-1}C_p^{-1}[A\exp(E\tau)-BE\tau-B\ln\rho]\}\exp(-E\tau)$$

用洛必达法则对上式分子分母求导可得极限

$$\lim_{r\to\infty}T(\tau)=DC_{p_1}D_1^{-1}C_p^{-1}T_1$$

而$\lim\limits_{r\to\infty}T(\tau)DC_p=DC_{p_1}$，这样就可得到

$$\lim_{r\to\infty}T(\tau)=T_1 \tag{7-147}$$

分析推导可以得出，式(7-147)是符合实际情况的温度变化关系式。

3. 毒害气体及烟流区传播浓度变化分析

由上述推导分析可知，毒害气体和烟流区浓度变化可由下式描述：

$$\mathrm{d}C=\mathrm{d}\tau V^{-1}(D_i-DC) \tag{7-148}$$

式中，C为毒害气体和烟流区浓度，%；τ为时间，s；V为毒害气体和烟流区的容积，m^3；D_i为流入污染区的毒害气体和烟流流量，m^3/s；D为流出污染区的毒

害气体和烟流流量，m^3/s。

当$\tau=0$, $C=C_0$时，则由式(7-148)可解得毒害气体和烟流在巷道内的浓度变化关系式：

$$C=D_iD^{-1}+(C_0-D_iD^{-1})\exp(-DV^{-1}\tau) \tag{7-149}$$

依据式(7-149)，给出毒害气体和烟流进出流量、容积量和时间，可绘出毒害气体和烟流浓度随各参数变化的函数示意图，如图 7-10 所示。

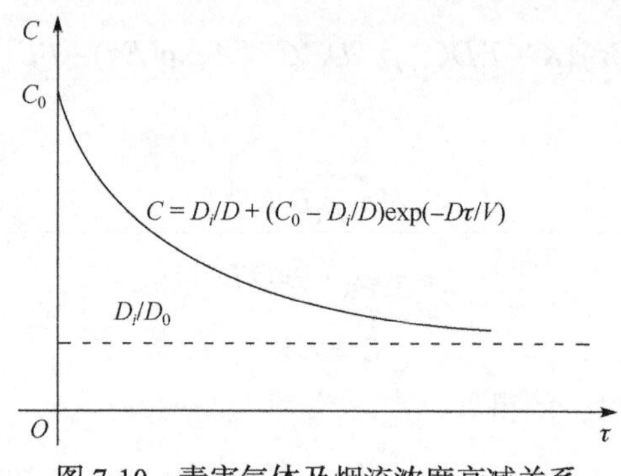

图 7-10　毒害气体及烟流浓度衰减关系

从图 7-10 可以得出，煤尘爆炸后毒害气体和烟流区的浓度随时间呈指数规律衰减变化。但是毒害气体和烟流与周围的环境不断地交换着能量，其温度和压强随时间发生变化，另外，整个矿井通风系统的风量分配也不断变化，这样毒害气体和烟流区流入风量和流出的风量及等压比热容也随时间而变化。

上述两种不同理论建立的模型表明：两种模型采用的方法不同，但结果是一致的，即爆炸后毒害气体的传播变化趋势均服从指数变化。利用扩散分布规律建立的毒害气体模型，能反映矿井空气和巷道影响因素，实际应用性强；利用能量守恒定律等建立的模型，考虑了浓度随时间、温度和压强等变化的因素，但由于毒害气体和烟流与周围的环境不断地交换着能量，其温度和压强随时间发生变化，并且整个矿井通风系统的风量分配也不断变化，这样毒害气体和烟流区流入风量和流出的风量及等压比热容也随时间而变化。由于爆炸瞬间完成，一般情况下毒害气体在 30min 内不能到达受害人，人就会逃离现场免受伤害。

因此，采用扩散分布规律建立的毒害气体模型，揭示爆炸毒害气体传播伤害的规律。

7.3.3　毒害气体伤害准则与分区

1. 毒害气体伤害准则

有毒气体对人员伤害的准则目前主要有两种，即毒物浓度伤害准则和毒物浓度-时间伤害准则[136, 137]。

毒物浓度伤害准则认为只有毒物浓度高于某一临界浓度值时，才会造成人员伤害，否则，即使长期接触也不会对人员造成伤害，这一临界浓度值也称浓度阈值。

毒物浓度-时间伤害准则认为人员是否受到伤害及受到伤害的程度取决于毒物浓度与接触时间两个参数。目前有2种方法表示毒物浓度和接触时间的关系。

毒物浓时积准则(Huber 准则)：有毒气体经呼吸道吸入作用时，其毒性大小常用两个数据表示：一是引起中毒的染毒空气浓度C；二是人员未戴呼吸道防护器材在染毒空气中呼吸的时间，称为暴露时间t。毒性大小可用这两个数据的乘积浓时积(C_t值)表示。C_t值是一个阈值，小于此值时不引起中毒，只有等于或大于此值时才引起中毒，具体地说，某一物质在浓度C时，人员暴露t时间以上能引起中毒，或人员在某一物质的染毒空气中暴露t时间，在染毒空气浓度C以上时能引起中毒。C_t值可看作一常数，取决于毒剂种类、个体差异和中毒条件。然而这一常数只适用于暴露时间较短的情况下。在暴露时间较长或毒剂浓度很低时，测得的致死浓时积往往偏高，特别是那些易于排出体外或体内易于失去毒性的毒物更是如此。浓时积C_t值没有考虑到暴露时间内人员的呼吸状况。众所周知，人员在运动时的肺通气量比在安静时大得多。因此，在浓度C的染病空气中暴露时间t，活动时吸入的毒剂量比静止时大得多。换言之，达到同一伤害程度的毒害剂量，在单位时间内活动状态比在静止状态时小得多。

毒负荷准则：毒物对人员的伤害程度还可用毒负荷(toxic load)衡量，它是毒物浓度和接触时间的函数，其表达式为

$$\mathrm{TL} = kC^n t^m \tag{7-150}$$

式中，TL为毒负荷，ppm · s；k为与靶剂量有关的系数，通常$k \leqslant 1$；C为毒气浓度，ppm，应大于急性阈作用浓度；t为接触时间，min；n为浓度对TL贡献的修正系数，反映毒物浓度在中毒效应中的作用，$n > 1$或$n \leqslant 1$；m为修正系数，反映接触时间对TL贡献的修正指数在中毒效应中的作用，由于机体在吸收毒物的同时发生代谢转化和排出过程，故通常$m \leqslant 1$。

如吸入一氧化碳，血液碳氧血红蛋白(HbCO)比例达65%即不能存活，CO毒负荷为65%。人体对某一毒物的致死毒负荷几乎是一个恒定值。当接触时间不超过30min时，HbCO与一氧化碳浓度及接触时间的关系符合下式：

$$\mathrm{HbCO}(\%) = C^{0.858} t^{0.53} / 197 \tag{7-151}$$

式中，C为CO浓度，ppm；t为接触时间，min。

2. 毒害气体的伤害分区

根据历次有毒气体泄漏事故中人员伤亡情况，可将事故范围划分成致死区、

重伤区、轻伤区和吸入反应区。

毒物对人群反应的强弱呈剂量-反应关系。后者指接触某定量危害因素所致特定效应(如死亡)在接触群体中所占百分率。决定中毒程度的是作用于靶器官或靶分子的剂量。而靶剂量与吸入毒物的浓度以及接触时间有关。吸入毒物的浓度有时可对靶剂量起着决定性的作用。许多毒气当浓度超过一定限度时，可使接触者发生“电击样”中毒，而低于某一浓度阈值，接触时间再长也不会使接触者急性中毒。毒物事故中，空间某点 $P(X, Y, Z)$在某时刻 t 的瞬时浓度 C 取决于气体泄漏速度、泄漏总量、温度、风向、风速、巷道形貌等因素。对事发时停留在 P 点的人员而言，求其伤害程度，只要考虑该点的平均浓度 C_p 和接触时间 t 就够了。一次高浓度接触可能造成的后果，均不作为伤害分区的依据。

(1) 致死区(A 区)：本区人员如缺少防护或未能及时逃离，则将无例外地严重中毒，其中半数左右人员可能中毒死亡，中毒死亡的概率在半数以上。

(2) 重伤区(B 区)：本区内大部分人员重度或中度中毒，须住院治疗，有个别人甚至中毒死亡。

(3) 轻伤区(C 区)：本区内大部分人员有轻度中毒或吸入反应症状，门诊治疗即可康复。

(4) 吸入反应区(D 区)：本区内一部分人员有吸入反应症状，但未达中毒程度，一般在脱离接触后 24h 内恢复正常。

通常，上述四个区是由内向外分布的，居内的重伤害区边界线，也即外侧较轻伤害区的内边界。吸入反应区的外边界不一定要确定出来。致死区和重伤区是疏散、抢救的重点区域，轻伤区也应在疏散之列。

7.3.4 暴露时间的确定

任意时刻有毒气体的浓度可利用扩散模型等计算得到，而接触时间则依据下述原则确定。

(1) 瞬时泄放，人在毒气云中的暴露时间等于浓度大于人的最大忍受浓度的毒气云经过时间。

(2) 连续泄放，在泄放源周围人员无任何准备的情况下，人在毒气云中的暴露时间等于毒气泄漏持续时间。如果泄放源周围人员经过事故防护教育，接到报警后能采取有效防护措施或转移到安全地带，可按事故发生到采取安全防护措施或疏散进入安全区所需时间确定人在毒气云中的暴露时间。

接触时间取决于毒气量、泄放速度、泄放持续时间和人的行为。历次毒物泄漏事故证明造成严重伤害的人群接触高浓度的时间一般不超过 30min，因为在这段时间里人员可以逃离现场，或造成严重伤害的人群接触高浓度的时间一般不用采取保护措施。事故的全部影响时间大多在 60min 之内，越接近泄放源浓度越高、伤亡越严重。为便于比较，致死区和重伤区的最长接触时间假定为 30min；轻伤区由于覆盖面积大，疏散困难，最长接触时间假定为 60min，吸入反应区由于浓度较低，人们尚能忍受，接触时间不限[137]。

7.3.5　毒害气体传播伤害分区

《煤矿安全规程》规定，矿井 CO 有害气体最高允许浓度为 0.0024%，超过此浓度人就会受到伤害。如表 7-10 所示，人体中毒程度和快慢与 CO 浓度的关系。

表 7-10　人体中毒程度和快慢与 CO 浓度的关系

中毒程度	中毒时间	CO 浓度/(mg/L)	CO 体积浓度/%	中毒症状
无征兆或轻微征兆	数小时	<0.2	<0.016	
轻微中毒	1h 内	0.2～0.6	0.016～0.048	耳鸣，心跳，头昏，头痛
严重中毒	0.5～1h 内	0.6～1.6	0.048～0.128	耳鸣，心跳，头痛，四肢无力，哭闹，呕吐
致命中毒	短时间内	1.6～5.0	0.128～0.400	丧失知觉，呼吸停顿

考虑到煤矿井下受限空间毒害气体扩散的特点及爆炸的瞬时泄放等特点，伤害模型采用毒物浓度-时间伤害准则来建立。CO 毒害气体的浓时积按毒害程度的不同可分成若干等级，常用的分级有：致死浓时积，能使 50%左右人员死亡的浓时积称为半致死浓时积，以 LCt_{50} 表示；失能浓时积，能使 50%左右人员丧失能力而未引起死亡的浓时积，以 ICt_{50} 表示；中毒浓时积，能使 50%左右人员中毒的浓时积，以 PCt_{50} 表示。致死区：$LCt_{50}=192g \cdot min/m^3$；重伤区：$ICt_{50}=96g \cdot min/m^3$；轻伤区：$PCt_{50}=14.4g \cdot min/m^3$。即毒气 CO 的致死区半致死剂量为 $192g \cdot min/m^3$(240000ppm · min)；重伤区半伤害剂量为 $96g \cdot min/m^3$ (120000ppm · min)；轻伤区半中毒剂量为 $14.4g \cdot min/m^3$(18000ppm · min)。根据上述假设的接触时间，致死区浓度阈值为 $6.4g/m^3$，重伤区浓度阈值为 $3.2g/m^3$，轻伤区浓度阈值为 $0.24g/m^3$。

1. 毒害气体传播伤害死亡区

当 $c_{max} \geqslant 6.4g/m^3$ 的区域为死亡区，按 $50g/m^3$(体积分数为 4%)的煤尘爆炸产生有毒气体 CO 量计算，由式(5-3)可以得出

$$1.75Mr^{-\frac{1}{2}}\alpha^{-\frac{1}{4}}x^{-\frac{1}{2}} \geqslant 6.4 \tag{7-152}$$

式中，M 为参与爆炸的煤尘量，m^3；r 为井巷半径，m；其余各符号同上。

由式(7-152)可得煤尘爆炸事故毒气伤害死亡区的计算公式：

$$x \leqslant 0.075M^2 r^{-1} \alpha^{-\frac{1}{2}} \tag{7-153}$$

2. 毒害气体传播伤害重伤区

当$6.4\text{g/m}^3 > c_{\max} \geqslant 3.2\text{g/m}^3$的区域为重伤区，同理，可得爆炸事故毒气伤害重伤区的计算公式：

$$3.2 \leqslant 1.75Mr^{-\frac{1}{2}} \alpha^{-\frac{1}{4}} x^{-\frac{1}{2}} < 6.4 \tag{7-154}$$

由式(7-154)可得煤尘爆炸事故毒气伤害重伤区的计算公式：

$$0.075M^2 r^{-1} \alpha^{-\frac{1}{2}} < x \leqslant 0.3M^2 r^{-1} \alpha^{-\frac{1}{2}} \tag{7-155}$$

3. 毒害气体传播伤害轻伤区

当$c_{\max} < 0.24\text{g/m}^3$的区域为轻伤区，同理，可得爆炸事故毒气伤害轻伤区的计算公式：

$$1.75Mr^{-\frac{1}{2}} \alpha^{-\frac{1}{4}} x^{-\frac{1}{2}} < 0.24 \tag{7-156}$$

由式(7-156)可得煤尘爆炸事故毒气伤害轻伤区的计算公式：

$$x > 53.17M^2 r^{-1} \alpha^{-\frac{1}{2}} \tag{7-157}$$

7.3.6 毒害气体在通风网络中传播的讨论

煤尘爆炸毒害气体在爆炸巷道内传播一段距离后进入巷道网络中传播，集中有害气体在网络中除了以平移-扩散形式传播以外，在网络节点处还要与其他风路中的风流相混合，并分流到其他风路中去。因此改变了煤尘爆炸生成的毒害气体的稀释过程，扩大了集中有毒气体的污染范围。结合煤矿实际，建立毒害气体在通风网络中浓度分布模型。

设有通风网络$G(V,E),|V|=m,|E|=n$，初始时刻在e_j风路中产生集中有害气体，则该风路中毒害气体浓度分布为

$$c_j(x,t) = c_j^0 + c_j^1(x,t) \tag{7-158}$$

式中，c_j^0为该风路气体的稳态浓度；x为以集中毒害气体产生地点为原点的位置坐标；$c_j^1(x,t)$为集中毒害气体浓度。

$$c_j^1(x,t) = \frac{M_j}{\sqrt{4\pi E_{xj} t}} \mathrm{e}^{-\frac{(x-u_j t)^2}{4E_{xj} t}} \tag{7-159}$$

式中，M_j、u_j、E_{xj} 分别为 e_j 风路中瓦斯爆炸产生的集中毒害气体的量、风速和弥散系数。

煤尘爆炸产生的集中毒害气体汇集到节点时，要与其他流向该节点的风流混合，并分流到其他风流中去。设节点处风流均匀混合，则节点处集中毒害气体的浓度为

$$D_i(t)=\frac{\sum_{j=1}^{n}b_{ij}Q_j c_j(x_j,t)}{\sum_{j=1}^{n}b_{ij}Q_j} \tag{7-160}$$

式中，$b_{ij}=\begin{cases}1(\text{风路}e_j\text{以}i\text{节点为终点})\\ 0 \\ \text{其他}\end{cases}$；$D_i(t)$ 为 t 时刻节点 i 的毒害气体浓度；$Q_j(j=1,2,3,\cdots)$ 为风路中 j 的风量；x_j 为集中毒害气体从原点到节点的距离。

汇流后的毒害气体浓度将以节点浓度值向下风测风路中传播，风路中的气体浓度为

$$c_{ik}(x,t)=c_{ik}^0+k_i c_{ik}(x,t) \tag{7-161}$$

$$k_i=\frac{D_i(t)}{c_j(x_j,t)} \tag{7-162}$$

$$c_{ik}=\frac{M_{ik}}{\sqrt{4\pi E_{xk}t}}\mathrm{e}^{-\frac{(x-u_k t_k)^2}{4E_{xk}t}} \tag{7-163}$$

式中，k_i 为集中毒害气体节点稀释系数；c_{ik} 为以节点 i 为起点的风路 e_k 中有害气体浓度；u_k 为风路 e_k 的风速；E_{xk} 为风路 e_k 的弥散系数；t_k 为风路 e_k 的传播时间，在 $t_k=t-x_j/u_j$ 时间内，进入风路的毒害气体量为 M_{ik}。

$$M_{ik}=M_j\frac{Q_k}{\sum b_{ij}Q_j} \tag{7-164}$$

令 $t_{aj}=x_j/u_j$，风路的时间常数为 $t_{aj}-e_j$，当风流稳定时，各风路的时间常数为定值。

利用式(7-163)，可以计算出矿井爆炸生成的集中毒害气体在通风网络中的浓度分布，具体应用解算采用计算机编程。

7.4 本 章 小 结

(1) 分析了半封闭巷道煤尘爆炸物理过程，建立了煤尘燃烧爆炸的数学模型。建立了冲击波传播的物理模型，建立了不同爆炸强度下冲击波传播的事故伤害模型。对不同煤尘量参与下的爆炸冲击波传播衰减进行了理论求解，管道和巷道的理论数值与试验数值进行了对比分析。基于冲击波超压伤害准则，对其传播过程的事故伤害进行了死亡区、重伤区、轻伤区(又称三区)的划分，并讨论了影响爆炸冲击波传播伤害的主要因素，给出了影响因素系数。分析了冲击气流(爆风)产生的原因和危害性，推导出了爆炸冲击波过后爆风作用的理论模型，巷道和管道的试验值与理论值吻合度均较高，模型能反映出爆风作用过程的基本特征。结合煤矿事故勘察实际，给出了冲击气流伤害的基本分区。

(2) 结合管道煤尘爆炸试验数据，拟合了火焰传播距离随爆炸煤尘量变化的指数关系，根据拟合关系可以计算火焰传播伤害的距离和范围。基于瞬态火灾作用下的热剂量伤害准则，给出了巷道火球热辐射静态伤害模型和动态伤害模型，并划分出了伤害三区。由试验结果得出，动态模型计算出的热辐射值小于静态模型计算出的热辐射值。火球热辐射动态模型，以反映火球随时间变化的整个过程为出发点，评估了火球热辐射的后果。

(3) 在试验的基础上，建立了毒害气体在爆炸作用下的传播伤害模型。基于扩散分布和能量守恒理论，建立了爆炸毒害气体传播的两个事故伤害模型，结合毒害气体传播特点和伤害分区准则，用毒害气体传播模型划分了伤害三区。分析了爆炸毒害气体进入通风网络后传播的各种影响因素，给出了解算方法。

第8章　煤尘爆炸伤害模型应用实例

煤尘爆炸或者瓦斯爆炸引起煤尘爆炸事故危害性极大，但由于事故发生往往难以预料，而且瞬间结束，加上抢险工作紧急等原因，爆炸参数难以采集，给事故勘察分析带来困难。应用伤害模型，结合事故调查和勘察结果，就可以有效地对事故伤害进行评价，为事故调查提供可靠的理论依据。

本章基于所建立的冲击波、火焰和毒害气体传播的伤害模型，分析煤尘爆炸伤害案例。

8.1　河南平顶山新华四矿瓦斯煤尘爆炸事故概况

2009年9月8日，河南平顶山市新华四矿发生特别重大瓦斯煤尘爆炸事故，当班入井93人，17人生还，76人遇难，直接经济损失近亿元。该矿井年设计生产能力15万t，实际年生产能力30万t，开采平煤己组煤层，煤厚平均6.5m，煤尘爆炸指数33.43%，高沼矿井，属乡镇小煤矿。矿井采用3立井开拓，配有专用风井，井下布置2个采区，2个炮采工作面开采，1个备用工作面，主通风机为对旋轴流式，电机75kW，通风方式为中央式，矿井有效风量980m^3/min。矿井巷道布置如图8-1所示。

事故调查表明：当班工人在矿井201工作面下平巷内掘进巷道时，掘进巷道头内瓦斯超限(传感器记录浓度6.8%)，遇煤电钻电缆短路发火点燃瓦斯，引起瓦斯爆炸。瓦斯爆炸又引起201工作面上平巷内煤尘参与爆炸，爆炸波及整个矿井。

该矿井井上下安装有瓦斯传感器、一氧化碳传感器、风速传感器、温度传感器和井底以及主要巷道交叉点监控摄像头。爆炸瞬间，部分传感器记录了爆炸时间、冲击波传播先后到达的位置(根据破坏先后判断)、冲击波由井底传播到井口的时间和视频、井底人员伤害情况、爆风的冲击过程等数据。

井下勘察得到人员倒向、烧伤程度、体位移动以及坑木黏结块实物照片等资料。大部分人员衣服被火焰烧光，赤身裸体，仅留下皮带、自救器矿灯、铁制工具，人体呈挣扎状。

此外，救护人员在井下还测得了不同地点的一氧化碳浓度(平均在1.8%左右)，温度在40℃以上，爆炸区氧气不足5%，二氧化碳浓度达到30%，甲烷浓度16%。

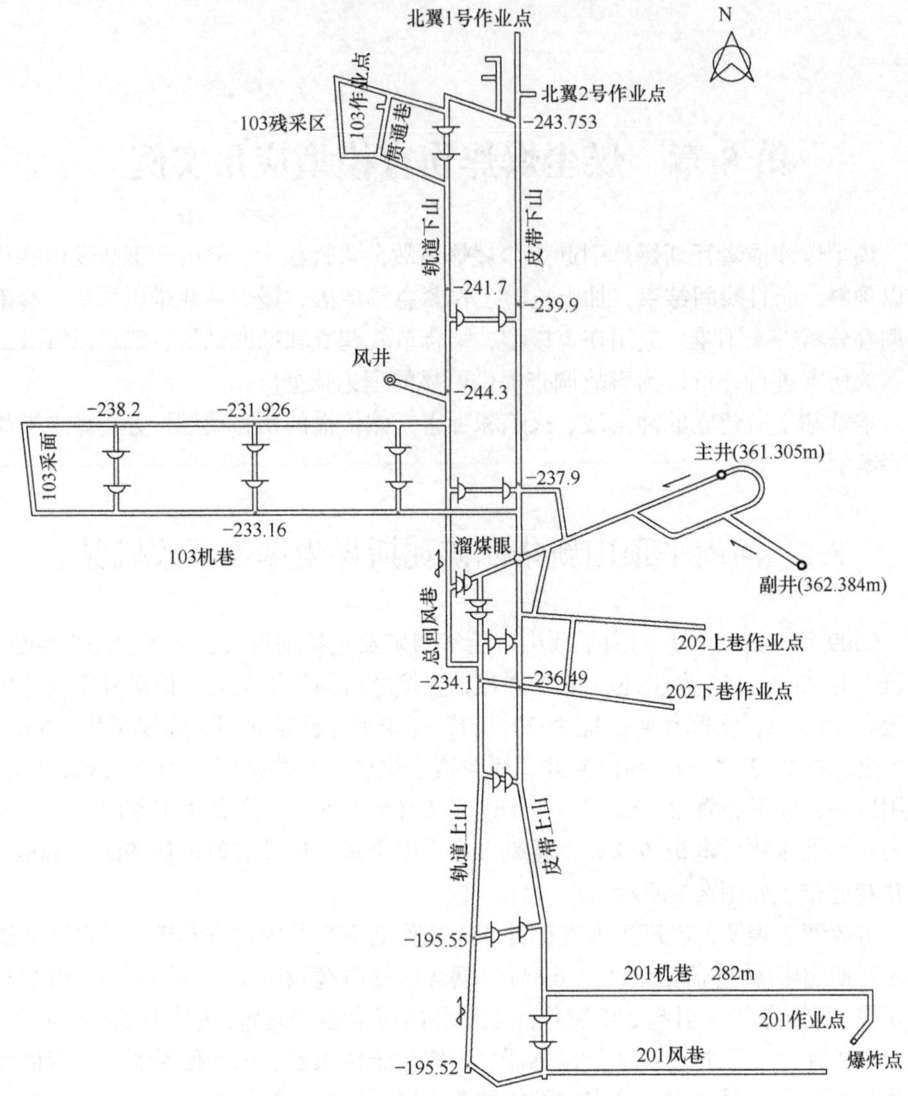

图 8-1　事故矿井巷道布置图(m)

8.2　爆炸参数的计算

根据爆炸瞬间传感器记录，爆炸时作业点的瓦斯浓度只有 6.8%，巷道截面 $6m^2$，窝头长 25m 左右，爆炸产生的冲击波激起 201 机巷(约 280m)煤尘参与爆炸。勘察巷道可燃物和烧伤人员发现，煤尘火焰传播约 180m，没有进入轨道上山。鉴于爆炸波及范围太大，本模型仅研究爆炸沿 201 机巷爆炸点经轨道上山到井底车场一段。爆炸分析模型与后果如图 8-2 所示。

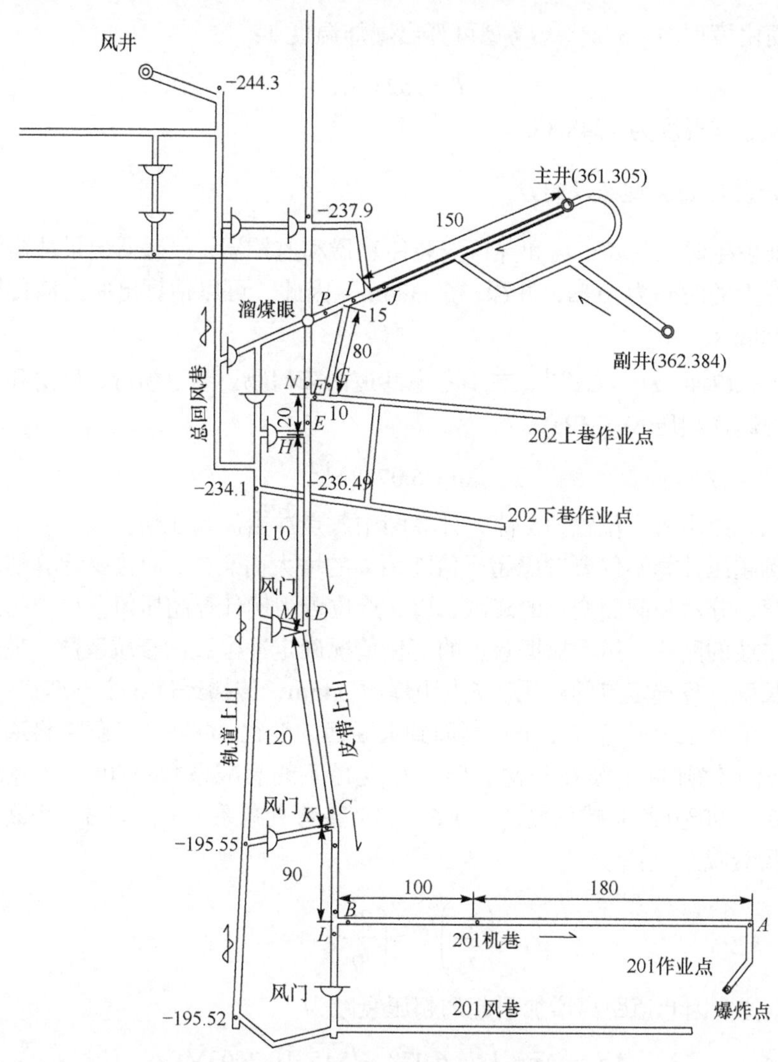

图 8-2　煤尘爆炸物理模型和后果(m)

1. 估算参与煤尘量及爆温

根据爆炸后井下实地观察，被火焰烧伤的工人衣服被高温火焰剥光烧毁，其他地方没有伤痕，是中毒死亡的。因此，采用前面所建立的火焰热辐射重伤模型可以反推出参与煤尘量多少。将火焰传播距离和巷道截面积代入式(7-111)，$x = 5.71M^{0.807} / S^{1/2}$，得参与爆炸的煤尘量 M 为

$$180 = 5.71M^{0.807} / 6^{1/2}$$

即

$$M = 199.5\text{kg}$$

进而由模型 $D=59M^{0.32}/T^{1/3}$ 可算出爆炸温度 T:

$$T=1521.3\text{K}$$

也就是说爆炸温度为 1248.3℃。

2. 计算冲击波超压及速度

爆炸发生时，井底车场和井口安装传感器和监控器，传感器记录冲击波由井底传至井上的时间为 0.8s，井深 362.384m，因此，可以估算出冲击波传播速度 D_s=452.98m/s。

再由式(7-40) $D_s=Cx^{\varphi-1}$，在不考虑巷道内障碍物、巷道拐弯、分岔和变径时计算得到爆炸超压 Δp (MPa)。

$$\Delta p=6.078/x^{1/2} \tag{8-1}$$

由此式给出每个位置的 x 值，计算图中各点冲击波超压值。

实例超压计算不仅要考虑超压值随距离的增大而衰减，而且要计算超压值随巷道转弯、分岔和截面变化的衰减，以 J 点位置为例计算超压值。首先选定要计算的冲击波的路线，然后根据巷道的变化情况确定冲击波的衰减系数，最后根据线路的长度计算选定点的超压。J 点距爆源 545m，传播经过 3 个 90°转弯、4 个 90°分岔、1 个 135°转弯和 1 个小断面到大断面的变化。苏联学者萨文科通过巷道试验得出了爆炸冲击波在分岔、转弯和变径下的衰减系数。90°转弯衰减系数 $\theta_{90}=2.05$，90°分岔衰减系数 $\delta_{90}=1.6$，135°转弯衰减系数 $k_{135}=1.3$，小断面到大断面变径衰减系数:

$$\gamma_s=\left(\frac{s}{s_0}\right)^{0.8}=\left(\frac{20}{6}\right)^{0.8}=2.6 \tag{8-2}$$

J 点位置因巷道距离增加引起的超压衰减为

$$\Delta p_J=\Delta p/\sqrt{x}=6.078/\sqrt{545}=0.2603\text{MPa} \tag{8-3}$$

J 点位置因巷道变化引起的超压衰减为

$$\Delta p_J'=\Delta p/(3\theta_{90}\times 4\delta_{90}\times k_{135}\times\gamma_s)=5.087\text{kPa}$$

可见，冲击波到达井底车场时压力不足以伤害人员，这与当时井底 5 人还能坚持打点的实际相吻合。

同样，可以计算出 B、L、C、K、D、M、H 和 E 点位置的超压分别为：0.304MPa、0.304MPa、0.276MPa、0.2158MPa、0.107MPa、0.087MPa、0.064MPa、0.102MPa。

3. 冲击波破坏效应和毒害气体传播分析

当超压数值在 21～60kPa 时，通风设施完全破坏，见表 8-1。以 60kPa 为参考标准，可见 K、L、M、H 等 4 处风门将会遭到破坏，致使毒害气体进入回风巷，采区通风系统被毁，整个矿井受到威胁和破坏。

表 8-1　井下设施设备破坏程度与超压的关系

超压/MPa	结构类型	破坏特征
0.1～0.13	直径 14～16cm	木梁因弯曲而破坏
0.14～0.21	厚 24～36cm 砖墙	充分破坏
0.15～0.35	风管	因支撑折断而变形
0.35～0.42	电线	折断
0.4～0.6	重 1t 的风机、绞车	脱离基础，位移，翻倒，遭破坏
0.4～0.75	侧面朝爆心的车厢	脱轨、车厢和厢架变形
0.49～0.56	厚 24～37cm 混凝土墙	强烈变形，形成大裂缝而脱落
1.4～1.7	尾部朝爆心的车厢	脱轨、车厢和厢架变形
1.4～2.5	提升机械	翻倒、部分变形、零件破坏
2.8～3.5	厚 25cm 钢筋混凝土墙	强烈变形，形成大裂缝，混凝土脱落

煤尘爆炸时毒害气体随冲击气流扩散距离 y，可由前述拟合公式 $y = 1.612e^{0.0182x}$ 求出，约 4410m。事故勘察发现，毒害气体仅随气流扩散 800m 左右，由此造成的伤亡并不大，而冲击波的作用，使巷道在分岔、转弯和变径处瞬间被破坏，堵塞了逃生的出路，致使大部分人员中毒死亡。

由上述分析可以得出，造成新华四矿事故大量人员伤亡的主要原因：一是煤尘参与爆炸，冲击波破坏了矿井通风系统，导致部分巷道及巷道转弯、分岔等处坍塌，堵塞巷道，部分人员被埋砸而死亡，共 22 人；二是巷道被破坏后毒害气体被封堵在巷道内，绝大部分人员中毒身亡，而发现的 48 名打开自救器的人员，由于使用的是过滤式自救器，巷道内氧气浓度不到 5%，一氧化碳达到 1.8%，甲烷浓度在 16%以上，也未能幸免，另有轻度中毒 28 人；三是煤尘爆炸火焰传播高温辐射，造成 6 人死亡，12 人重伤，6 人轻伤。

因此，研究控制煤尘爆炸冲击波、火焰和毒害气体传播，对遏制重大煤矿煤尘事故的发生，有着十分重要的意义。

8.3　本 章 小 结

本章应用建立的冲击波、火焰和毒害气体伤害模型，分析了新华四矿瓦斯爆炸引起煤尘爆炸的典型事故伤害案例，理论值和现场所得数据基本一致，验证了模型的可靠性。

参 考 文 献

[1] 张映红, 路平. 世界能源趋势预测及能源技术革命特征分析. 天然气工业, 2015, 32(10): 1-10.
[2] 郑欢. 中国煤炭产量峰值与煤炭资源可持续利用问题研究. 成都: 西南财经大学, 2014.
[3] 司荣军. 矿井瓦斯煤尘爆炸传播规律研究. 青岛: 山东科技大学, 2007.
[4] 萨文科 C K. 井下空气冲击波. 北京: 冶金工业出版社, 1979.
[5] Bayless D J, Schroeder A R. The effects of natural gas cofiring on the ignition delay of pulverized coal and coke particles. Combustion Science and Technology, 1994, (98): 185-198.
[6] 第二十一届国际采矿安全会议论文集. 北京: 煤炭工业出版社, 1987.
[7] Inaba Y, Nishihara T, Groethe M A, et al. Study on explosion characteristics of natural gas and methane in semi-open space for the HTTR hydrogen production system. Nuclear Engineering and Design, 2004, 23(2): 111-119.
[8] 邓煦帆, 赫冀成. 粉尘爆炸反应工程学简要综述. 中国安全科学学报, 1995, 5(3): 21-29.
[9] 范喜生, 李丽. 粉尘爆炸的均匀流理论与临界熄火直径的估算. 工业安全与防尘, 1996, (5): 36-37.
[10] 赵雪峰. 浅析煤尘爆炸事故机理. 科技信息, 2007, (3): 208.
[11] Torrent J G. Flammability an explosion propagation of methane-coal dust hybrid mixtures. Proceedings of International Conference of Safety in Mines Research Institute, 1989, 23: 11-15.
[12] Amyotte P R, Mintz K J, Pegg M J, et al. Laboratory investigation of the dust explosibility characteristics of three Nova Scotia coals. Journal of Loss Prevention in the Process Industries, 1991, 4(2): 102-109.
[13] Cashdollar K L. Overview of dust explosibility characteristics. Journal of Loss Prevention in the Process In dustry, 2000, 13(3): 183-199.
[14] Ajrash M J, Zanganeh J, Moghtaderi B. Effects of ignition energy on fire and explosion characteristics of dilute hybrid fuel in ventilation air methane. Journal of Loss Prevention in the Process Industries, 2016, 40: 207-216.
[15] Kylafis G F, Tomlin A S, Sleigh P A, et al. The influence of dust originating from carbon black nanopowders on the explosion characteristics of lean methane/air mixtures within a turbulent environment. Journal of Loss Prevention in the Process Industries, 2018, 55: 61-70.
[16] Man C K, Harris M L. Participation of large particles in coal dust explosions. Journal of Loss Prevention in the Process Industries, 2014, 27: 49-54.
[17] 周心权, 吴兵, 徐景德. 煤矿井下瓦斯爆炸的基本特性. 中国煤炭, 2002, 28(9): 8-11.
[18] 吴洪波. 甲烷火焰及其诱导的煤尘燃烧爆炸机理的试验研究. 淮南: 安徽理工大学, 2002.
[19] 李志宪. 含爆炸性气体、粉尘系统爆炸危险性智能评价决策系统. 北京: 中国矿业大学, 2002.
[20] 刘贞堂. 瓦斯(煤尘)爆炸物证特性参数试验研究. 徐州: 中国矿业大学, 2010.
[21] 邬燕云. 摩擦引燃瓦斯煤尘爆炸机理及其试验研究. 北京: 中国矿业大学, 2003.

[22] 李学来, 胡敬东. 煤矿瓦斯爆炸事故调查分析及模拟验证技术. 煤炭科学技术, 2005, (4): 39-42.

[23] 王岳. 煤尘-甲烷爆炸的试验研究. 大连: 大连理工大学, 2006.

[24] 王洪雨. 密闭空间甲烷煤尘复合爆炸强度研究. 大连: 大连理工大学, 2007.

[25] 刘义. 甲烷、煤尘火焰结构及传播特性的研究. 合肥: 中国科学技术大学, 2006.

[26] 陈东梁. 甲烷/煤尘复合火焰传播特性及机理的研究. 合肥: 中国科学技术大学, 2007.

[27] 陆守香. 沉积粉尘的激波卷扬点火与燃烧. 北京: 中国矿业大学, 1994.

[28] 陆守香, 黄涛, 龙新平, 等. 沉积粉尘的激波点火. 爆炸与冲击, 1996, 16(1): 68-73.

[29] 周宁. 有沉积煤尘的管道内瓦斯爆炸火焰传播特性的试验研究. 科学技术, 2004, (6): 31-35.

[30] 徐景德. 矿井瓦斯爆炸冲击波传播规律及影响因素的研究. 北京: 中国矿业大学, 2003.

[31] Lin B Q, Zhou S N, Zhang R G. The influence of barriers on flame and explosion wave in gas explosion. Journal of Coal Science of Engineering, 1998, 4(2): 53-57.

[32] 周同龄. 瓦斯-煤尘云爆炸火焰内部流场结构的试验研究. 北京: 中国矿业大学, 2004.

[33] 叶青. 管内瓦斯爆炸传播特性及多孔材料抑制技术研究. 徐州: 中国矿业大学, 2007.

[34] 刘天奇, 李雨成, 罗红波. 不同变质程度煤尘爆炸压力特性变化规律试验研究. 爆炸与冲击, 2019, 39(9): 158-165.

[35] 喻健良, 孙会利, 纪文涛, 等. 甲烷/石松子两相混合体系爆炸强度参数. 爆炸与冲击, 2018, 38(1): 92-97.

[36] 毕明树, 李江波. 密闭管内甲烷-煤粉复合爆炸火焰传播规律的试验研究. 煤炭学报, 2010, 35(8): 1298-1302.

[37] 林柏泉, 周世宁. 障碍物对瓦斯爆炸过程中火焰和爆炸波的影响. 中国矿业大学学报, 1999, 28(2): 104-107.

[38] 陆守香, 范宝春. 激波与沉积可燃粉尘相互作用的试验研究. 试验力学, 1997, 12(1): 18-22.

[39] 翟成, 林柏泉, 訾从光. 瓦斯爆炸火焰波再分叉管路中的传播规律. 中国安全科学学报, 2005, 15(6): 69-71.

[40] 王大龙, 周心权. 煤矿瓦斯爆炸火焰波和冲击波传播规律的理论研究与试验分析. 矿业安全与环保, 2002, 29(6): 4-6.

[41] 王冬雪, 刘剑, 高科, 等. 煤尘挥发分及粒径对爆炸火焰长度的影响研究. 中国安全生产科学技术, 2016, 12(5): 43-47.

[42] 李小东, 师峥. 管内煤粉爆炸特性及抑制技术研究. 中国安全科学学报, 2017, 27(4): 72-76.

[43] 何琰儒, 朱顺兵, 李明鑫, 等. 煤粉粒径对粉尘爆炸影响试验研究与数值模拟. 中国安全科学学报, 2017, 27(1): 53-58.

[44] Barr P K. Acceleration of a flame by flame-vortex interactions. Combustion and Flame, 1990, 82: 115-125.

[45] Lebecki K. Gasodynamic phenomena occurring in coal dust explosions. Przegl Gom, 1980, 36(4): 203.

[46] Dunn-Rankin D, McCann M A. Overpressures fromnondetonating baffle acceleratedtur bulent flamesintubes. Combustion Institute, 2000, (10): 504-514.

[47] Moen I O, Donato M, Knystautas R, et al. Flame acceleration due to turbulence produced by obstacles. Combustion and Flame, 1980, 39: 21-32.

[48] Babkin V S, Korzhavin A A, Bunev V A. Propagation of premixed gaseous explosion flame in porous median. Combustion and Flame, 1998, 87: 182-190.

[49] Mishra D P, Azam S. Experimental investigation on effects of particle size, dust concentration and dust-dispersion-air pressure on minimum ignition temperature and combustion process of coal dust clouds in a G-G furnace. Fuel, 2018, 227: 424-433.

[50] Zlochower I A, Sapko M J, Perera I E, et al. Influence of specific surface area on coal dust explosibility using the 20-L chamber. Journal of Loss Prevention in the Process Industries, 2018, 54: 103-109.

[51] Ajrash M J, Zanganeh J, Moghtaderi B. Impact of suspended coal dusts on methane deflagration properties in a large-scale straight duct. Journal of Hazardous Materials, 2017, 338: 334-342.

[52] Li Q, Wang K, Zheng Y, et al. Experimental research of particle size and size dispersity on the explosibility characteristics of coal dust. Powder Technology, 2016, 292: 290-297.

[53] Song Y, Nassim B, Zhang Q. Explosion energy of methane/deposited coal dust and inert effects of rock dust. Fuel, 2018, 228: 112-122.

[54] Xie Y, Raghavan V, Rangwala A S. Study of interaction of entrained coal dust particles in lean methane-air premixed flames. Combustion and Flame, 2012, 159(7): 2449-2456.

[55] Kundu S K, Zanganeh J, Eschebach D, et al. Explosion severity of methane-coal dust hybrid mixtures in a ducted spherical vessel. Powder Technology, 2018, 323: 95-102.

[56] Taveau J R, Going J E, Hochgreb S, et al. Igniter-induced hybrids in the 20-l sphere. Journal of Loss Prevention in the Process Industries, 2017, 49: 348-356.

[57] Middha P, Hansen O R, Grune J, et al.CFD calculations of gas leak dispersion and subsequent gas explosions: validation against ignited impinging hydrogen jet experiments. Journal of Hazardous Materials, 2010, 179(1): 84-94.

[58] Salzano E, Marra F S, Russo G, et al. Numerical simulation of turbulent gas flames in tubes. Journal of Hazardous Materials, 2002, 127(2): 324-328.

[59] Ferrara G, Di Benedetto A, Salzano E, et al. CFD analysis of gas explosions vented through relief pipes. Journal of Hazardous Materials, 2006, 137(2): 654-665.

[60] Tuld T, Peter G, Städtke H. Numerical simulation of explosion phenomena in industrial environments. Journal of Hazardous Materrals, 1996, 112(5): 112-127.

[61] Chang K S. Numerical investigation of in viscid shock wave dynamics in an expansion tube. Shock Waves, 1995, 85: 172-180.

[62] 徐景德，杨庚宇．置障条件下的矿井瓦斯爆炸传播过程数值模拟研究．煤炭学报，2004, 29(1): 53-56.

[63] 张莉聪，徐景德，吴兵，等．甲烷-煤尘爆炸波与障碍物相互作用的数值研究．中国安全科学学报, 2004, (8): 11-13.

[64] Smirnov N N, Panfilov I I. Deflagration to detonation transition in combustible gas mixtures. Combustion and Flame, 1995, (101): 91-100.

[65] Bielert U, Sichel M. Numerical simulation of premixed combustion processes in closed tubes. Combustion and Flame, 1998, (114): 397-419.

[66] Rankin D D, McCann M A. Overpressures from no detonating, baffleac-celerated turbulent

flames in tubes. Combustion and Flame, 2000, (120): 504-514.

[67] Clifford L J, Milne A M. Numerical modeling of chemistry and gas dynamics during shock-induced ethylene combustion. Combust in and Flame, 1996, (104): 311-327.

[68] 吴兵，张莉聪，徐景德. 瓦斯爆炸运动火焰生成压力波的数值模拟. 中国矿业大学学报, 2005, 34(4): 423-426.

[69] 陈志华，范宝春，刘庆明，等. 大型管中两相爆炸现象的试验研究. 流体力学试验与测量, 1998, 12(1): 44-49.

[70] 陈志华，范宝春，李鸿志,等. 大型管中气粒两相湍流燃烧加速机理的研究. 弹道学报, l998, 10(2): 33-37.

[71] 陆守香，汪大立，范宝春，等. 激波卷扬附壁煤尘的湍流模型.淮南矿业学院报, 1994, 4(3): 45-49.

[72] 司荣军，王春秋. 瓦斯煤尘爆炸传播数值仿真系统研究. 山东科技大学学报, 2006, 25(4): 10-13.

[73] Xu C, Cong L, Yu Z, et al. Numerical simulation of premixed methane-air deflagration in a semi-confined obstructed chamber. Journal of Loss Prevention in the Process Industries, 2015, 34: 218-224.

[74] Cloney C T, Ripley R C, Amyotte P R, et al. Quantifying the effect of strong ignition sources on particle preconditioning and distribution in the 20-L chamber. Journal of Loss Prevention in the Process Industries, 2013, 26(6): 1574-1582.

[75] 赵衡阳. 气体和粉尘爆炸原理. 北京: 北京理工大学出版社, 1996.

[76] White. Methods for the Determination of Possible Damage to People and Objects from Releases of Hazardous Materials CPR 16E(Green Book) Netherlands, 1992.

[77] Zhu J H. Calculation of the characteristic parameters of jet flame and the assessment of its heat radiation hazard. Progress in safety Science and Technology. Beijing: Science Press, 2002.

[78] 宇德明. 重大危险源评价及火灾爆炸事故严重度的若干研究. 北京: 北京理工大学, 1996.

[79] 李润之，王磊，姚三巧，等. 试验巷道内瓦斯爆炸对动物的损伤试验. 煤炭科学技术, 2018, 46(7): 130-133.

[80] 王海宾. 甲烷爆炸冲击波对动物损伤研究. 太原: 中北大学, 2015.

[81] 朱邵飞，叶青，柳伟. 瓦斯爆炸对地下巷道破坏效应的数值模拟分析. 湖南科技大学学报, 2019, 34(4): 17-23.

[82] 卢细苗. 瓦斯爆炸载荷与高应力耦合作用下巷道损伤破坏机制研究. 徐州: 中国矿业大学, 2019.

[83] 曲志明，吴会阁，郝刚立，等. 瓦斯爆炸衰减规律和破坏效应. 煤矿安全, 2006, (2): 3-5.

[84] 居江宁，吴文权，吴中立，等. TVD 方法在瓦斯爆炸可压缩流场中的应用. 淮南工业学院学报: 自然科学版, 2000, (3): 10-14.

[85] 程磊，景国勋，杨书召. 煤尘爆炸冲击波传播规律及造成的伤害分区研究. 河南理工大学学报, 2011, 30(3): 257-261.

[86] 杨书召，景国勋，贾智伟. 矿井瓦斯爆炸冲击气流伤害研究. 煤炭学报，2009, 8(10): 1354-1358.

[87] Qiu Z H. Application of on-line detecting harmful substances in flue gas in safety assessment

and harmfulness forecast. Proceedings of the 2002 International Symposium on Safety Science and Technology, 2002.

[88] Tian G S.Study on the leakage processes of gas from indoor gas supply pope. The 4th International symposium on Heating,Ventilating and Air Conditioning, 2003.

[89] Wu Z T, Zhang D Z, Shao X Z, et al. Monitoring of CO gas diffusion in medium during chemical explosion test. Proceedings of the 3rd International Symposium on Instrumentation Science and Technology, 2004.

[90] 李恩良. 井巷紊流传质过程的纵向弥散模型及纵向弥散系数. 阜新矿业学院学报, 1989, 8(3): 65-69.

[91] Peng X Y, Hu F, Li H, et al.Analysis on research methods of harmful gas conveyance in large space buildings. Proceedings of the 2004 International Symposium on Safety Science and Technology, 2004.

[92] 张志泉. 事故性泄漏的有毒气体的风险性评价. 北方环境, 2004, 29(4): 77-80.

[93] 谷清. 我国大气模式计算的若干问题. 环境科学研究, 2000, 13(1): 40-43.

[94] 王克全. 煤尘与矿井特大爆炸伤亡事故的关系. 工业安全与防尘, 1998, (1): 25-29.

[95] 刘永立, 傅贵, 于鹏. 矿井瓦斯爆炸毒害气体传播规律初步研究. 煤矿安全, 2008, (5): 4-7.

[96] 景国勋, 乔奎红, 王振江. 瓦斯爆炸中的火球伤害效应. 工业安全与环保, 2009, 35(3): 37-38.

[97] 景国勋, 程磊, 杨书召. 受限空间煤尘爆炸毒害气体传播伤害研究. 中国安全科学学报, 2010, 20(4): 55-58.

[98] 赵雪娥, 孟亦飞, 刘秀玉. 燃烧与爆炸理论. 北京: 化学工业出版社, 2010.

[99] 冯长根, 陈林顺, 钱新明. 点火位置对独头巷道中瓦斯爆炸超压的影响. 安全与环境学报, 2001, 1(5): 56-59.

[100] 高建康, 菅从光, 林柏泉, 等. 壁面粗糙度对瓦斯爆炸过程中火焰传播和爆炸波的作用. 煤矿安全, 2005, 36(2): 4-6.

[101] Cybuski W. Dust Explosion and Their Suppression. Washington, DC:The Bureau of Mines, USA, 1975.

[102] Zelkowski J. 煤的燃烧理论与技术. 上海: 华东化工学院出版社, 1990: 150-163.

[103] 卢鉴章. 工业粉尘防爆与治理.北京: 中国科学技术出版社, 1990.

[104] 白春华. 工业粉尘“二次爆炸过程研究”. 中国安全科学学报, 1995, 5(1): 6-11.

[105] 王显政, 何学秋. “十五”国家安全生产优秀科技成果汇编(煤矿分册). 北京: 煤炭工业出版社, 2007.

[106] 叶钟元. 矿尘防治. 徐州: 中国矿业大学出版社, 1991.

[107] 范宝春. 两相系统的燃烧、爆炸和爆轰. 北京: 国防工业出版社, 1998.

[108] 张国伟, 韩勇, 敬瑞群. 爆炸作用原理. 北京: 国防工业出版社, 2006.

[109] 格鲁什卡 H D, 韦肯 F. 爆轰的气体动力学理论. 北京: 科学出版社, 1986.

[110] 陈彩云, 张国枢. 瓦斯爆炸对通风网络的影响研究综述及展望. 中国煤层气, 2009, 6(5): 14-16,34.

[111] 菅从光. 管内瓦斯爆炸传播特性及影响因素研究. 北京: 中国矿业大学, 2003.

[112] 蔡周全, 罗振敏, 程方明. 瓦斯煤尘爆炸传播特性的试验研究. 煤炭学报, 2009, 34(7): 938-941.

[113] 韩才元, 徐明厚, 周怀春. 煤粉燃烧. 北京: 科学出版社, 2001: 20-23.
[114] 林柏泉, 张仁贵, 吕恒宏, 等. 瓦斯爆炸过程中火焰传播规律及其加速机理的研究. 煤炭学报, 1999, (1): 14-16.
[115] 贾真真, 林柏泉. 管内瓦斯爆炸传播影响因素及火焰加速机理分析. 矿业工程研究, 2009, 24(1): 57-62.
[116] 史果. 直线巷道内煤尘爆炸火焰波的传播规律研究. 焦作: 河南理工大学, 2009: 18-20.
[117] 张连玉, 汪令羽, 苗瑞生. 爆炸气体动力学基础. 北京: 北京工业学院出版社, 1987.
[118] 巴彻勒. 流体动力学导论. 北京: 机械工业出版社, 2004.
[119] 孙珑. 可压缩流体动力学. 北京: 水利电力出版社, 1991.
[120] 徐旭常, 周力行. 燃烧技术手册. 北京: 化学工业出版社, 2007: 73-109.
[121] 苏铭德, 黄素逸. 计算流体力学基础. 北京: 清华大学出版社, 1997.
[122] 赵坚行. 燃烧的数值模拟. 北京: 科学出版社, 2002.
[123] 李荫藩. 双曲型守恒律的高阶、高分辨有限体积法. 力学进展, 2001, 31(2): 245-254.
[124] 国家安全生产监督管理总局, 国家煤矿安全监察局. 防治煤与瓦斯突出规定. 北京: 煤炭工业出版社, 2009.
[125] 曲志明, 周心权, 和瑞生, 等. 掘进巷道瓦斯爆炸衰减规律及特征参数分析. 煤炭学报, 2006, (3) :325-328.
[126] 王海燕, 曹涛, 周心权, 等. 煤矿瓦斯爆炸冲击波衰减规律研究与应用. 煤炭学报, 2009, 34(6): 771-782.
[127] 冯昌普. 最新风力发电新技术开发与发电工程安全运行管理标准规范实用手册. 北京: 中国科技出版社, 2006.
[128] 张董莉, 刘茂, 王炜, 等. 火球热辐射后果计算动态模型的应用. 安全与环境学报, 2007, 7(4): 131-135.
[129] Martinsen W E, Marx J D. An improved model for the prediction of radiant heat flux from fireball. Proceedings of CCPS International Conference and Workshop on Modeling Consequences of Accidental Releases of Hazardous Materials, San Francisco, 1999: 605-621.
[130] CCPS/AIChE. Guidelines for Consequence Analysis of Chemical Releases. New York: Center for Chemical Process Safety, American Institute of Chemical Engineers, 1999.
[131] Liu M, Yu S L, Li X L, et al.Analysis of consequences of flash fire.Journal of Safety and Environment, 2001, 1(4): 282-311.
[132] Liu M, Dong Z, Yu S L, et al. Risk analysis of free way propanet anker explosion. Journal of Safety and Environment, 2002, 2(5): 62-81.
[133] 王英敏. 矿内空气动力学与矿井通风系统. 北京: 冶金工业出版社, 1994.
[134] 刘晓兵, 周心权, 张景飞, 等. 煤矿井下烟流区域温度密度及浓度衰减规律. 矿业安全与环保, 2004, 31(4): 10-12.
[135] 贾智伟, 景国勋, 张强. 瓦斯爆炸事故有毒气体扩散及危险区域分析. 中国安全科学学报, 2007, 17(1): 91-95.
[136] 崔辉, 徐志胜, 宋文华, 等. 有毒气体危害区域划分之临界浓度标准研究. 灾害学, 2008, 23(3): 80-84.
[137] 邢志祥. 有毒化学品事故潜在危险区的预测. 劳动保护科学技术, 1999, 19(1): 59-61.